図でよくわかる電磁気学

工学博士　伊藤　彰義　編著

博士（工学）　中川　活二
博士（工学）　細野　裕行　共著
博士（工学）　塚本　　新

コロナ社

ま　え　が　き

『図でわかる電磁気学』を講談社より出版して，早いもので 18 年が経過した。振り返ると，当時から電磁気学に関する書籍は数多く出版されており，いまさらとの迷いの気持ちもあったが，少しでも多くの人々に楽しみながら電磁気学を学んでもらえたらとの思いから刊行したが，著者の浅学の故，目的を十分果たしたとは言えない。そこでこのたび，コロナ社のご厚意により，若手気鋭の 3 名の協力を得て『図でよくわかる電磁気学』として，例題および演習問題の解説を大幅に増加し，わかりやすさをさらに追求したものとして新たに刊行できることとなったことは大変嬉しいことである。

電磁気学は身の回りの多くの現象を説明できるにもかかわらず，物理の分野ではもう古い学問と言われることもあり，量子力学的な議論の際などにも「古典論では……」などと引用される。しかし，それにもかかわらず，初学者にとってこれを征服することはそう簡単ではない。今日の工学系の講義では「じっくり考える」ことを要求される電磁気学が少々軽んぜられているようにも思われる。しかし，電子工学はもちろんのこと，情報科学の分野でも演算素子，表示素子，記憶素子など電磁気学なしでは語れぬことばかりであり，体系が美しく整っている電磁気学をとおしてその論理の一貫性を学ぶことは，これらの分野をめざす人々にとっても重要であることに変わりない。

本書では，クーロンの法則から始まり，電界，電位の概念，磁気的な場の表現と進み，電磁波の基礎的な事柄までを述べており，導波管，分布定数線路，アンテナ，電波伝搬については割愛した。本書は大学，短期大学あるいは高等専門学校の電子・電気に加え，情報分野の専門教育におもに使用されることを念頭に書かれており，ベクトル解析，代数学，微分積分学，微分方程式の初歩的な知識を前提にしている。また，磁気的な場の導入に際し，単極磁荷の存在を仮定し，電荷の場合と同様に磁荷どうしのクーロンの法則から磁界の強さ $\boldsymbol{H}$ を定義する E-H 対応の方法がある。日本大学理工学部名誉教授であった故 細野敏夫先生の「存在しない単極磁荷を用いるこの方法は好ましくない」との議論をきっかけに，「磁気的な力は，運動する電荷すなわち電流どうしに働く力の実効的表現である」という，いわゆる E-B 対応を採用している。

第 1 章で「電磁気学の面白さ」と題して，スライド風に電磁気学全体の流れを示し，本書のめざす「楽しみながら学ぶ」ことの一端を具体的に表してみた。さらに理解を助けるための一方法として，できるだけ図を多くすることが当初からの方針で，それが本書の大きな特長となっている。加えて，材料科学における電磁気学的部分の入門にも役立つ記述が他書より多いこと，ラプラス，ポアソンの方程式の解法を静電界の章に含めず静電界，電流，磁界の章の後に置いて統一的に述べたこと，電磁波の項では，ポテンシャルの伝搬の表現まで含めたことも大きな特長である。理解しにくいと感じた事柄でも，何回かゆっくりと読んでいただければ，目から鱗が落ちることもあろうかと思う。その意味では，一度電磁気学を学んだがもう一歩理解が不足だと考えておられる方々の再挑戦にも大いに役立つと自負している。

電磁気学は「解かりにくい」,「難しい」との声があることを少しでも緩和し，電磁気現象の解釈ができるようにと，重要な事柄について，例題とその詳しい解答を説明の流れの中で解説し，理解を深められるように配慮している。また，演習問題もその解答を充実したものとした。さらに，「試してみよう」あるいは「まとめ」として，本文を読み進むうちに確かめておくとよいことや，その部分のまとめなどを，頭を柔軟にするためのちょっとした訓練の助けになればと随所に散りばめてあるので気楽に挑戦して欲しい。さらに，“Coffee time”には，知っておくと専門家気分になれるキーポイントが楽しく語られている。これを有効に活用すると，電磁気学も楽しいものとなることは間違いない。

本書の1章は伊藤が執筆した。他の章の執筆分担は，つぎのとおりである。それぞれの最も得意とするところを，各著者が学生時代に戻って，自身が当時理解しにくかった事柄を思い出しながらできるだけかみ砕いて解かりやすく記述することを心がけた。

2～6章：　中川活二

7～10章：　塚本　新

11～14章：　細野裕行

若手気鋭の方々が講義をしながらまとめていったので，それなりに現在の学生諸君の意見も反映していると思われるが，思い違いによる誤りもあろうかと思う。これについては読者諸賢のご叱声を得て改めることができれば幸いである。

筆を置くに当たり，参考にさせていただいた電磁気学，電磁気学例題演習の著者であられる恩師，故 川西健次，高橋寛両先生と E-B 対応の議論をしていただいた故 細野敏夫先生に感謝いたします。また，コロナ社のみなさんには適切な助言を数多くいただいた。そのため，かなり解かりやすくなった。厚くお礼申し上げます。

2014年3月

著者を代表して　伊藤彰義

目　　次

1　序論　電磁気学の面白さ

1.1　は じ め に …… 1
1.2　これから学ぶこと …… 1
　1.2.1　電気と磁気　1　／　1.2.2　クーロンの法則からマクスウェルの方程式まで　2

2　真空中の静電界Ⅰ　—電界と電位—

2.1　静　電　気 …… 4
2.2　クーロンの法則と静電界 …… 4
2.3　クーロン力の遠隔作用と場の作用（近接作用） …… 6
2.4　電界と電気力線 …… 6
　2.4.1　点電荷による電気力線の例　8　／　2.4.2　一様な電界　8
　2.4.3　複数の点電荷による電界の例　8
2.5　電　　位 …… 9
　2.5.1　有効成分と内積　9　／　2.5.2　電界中で電荷を運ぶ仕事　10
　2.5.3　保存場と電位・電位差　12　／　2.5.4　点電荷による電位差と電位　13
2.6　等電位面と電位の傾き …… 14
　2.6.1　等 電 位 面　14　／　2.6.2　電 位 の 傾 き　15
　2.6.3　円柱座標，極座標系における grad 演算子　17
2.7　1周積分の微分形（ベクトル場の回転） …… 18
第2章　演習問題 …… 19

3　真空中の静電界Ⅱ　—ガウスの定理・発散—

3.1　ガウスの定理 …… 21
　3.1.1　面積ベクトル　21　／　3.1.2　平面角と立体角　22
　3.1.3　ガウスの定理（積分形）　22　／　3.1.4　ガウスの定理（積分形）の使い方　24
3.2　静電界中の導体 …… 28
　3.2.1　導体と真空の境界での境界条件　29　／　3.2.2　導体表面での電気力線　29
　3.2.3　導体上での誘導電荷　30　／　3.2.4　静電シールド　30

3.2.5　導体がある場合のガウスの定理　*31*
3.3　電気力線の発散（ガウスの定理の微分形）…… *32*
3.3.1　積分形と微分形　*32*　／　3.3.2　電気力線の発散　*32*
3.3.3　ガウスの定理（微分形）　*33*　／　3.3.4　発散（ダイバージェンス）の計算　*33*
3.3.5　ベクトル解析におけるガウスの定理　*35*
第3章 演習問題 …… *35*

4　誘電体内の静電界Ⅰ　—分極と電束密度—

4.1　分　極　現　象 …… *37*
4.1.1　分極と電気双極子　*37*　／　4.1.2　双極子モーメントによる電位と電界　*38*
4.2　分極率と分極電荷 …… *40*
4.3　電　束　密　度 …… *42*
4.4　電　気　二　重　層 …… *44*
第4章 演習問題 …… *45*

5　誘電体内の静電界Ⅱ　—境界条件と誘電率の諸特性—

5.1　境界条件と $\boldsymbol{E}$ と $\boldsymbol{D}$ の屈折 …… *47*
5.1.1　境　界　条　件　*47*　／　5.1.2　境界での $\boldsymbol{E}$ と $\boldsymbol{D}$ の屈折　*49*
5.2　誘電体があるときのガウスの定理 …… *49*
5.3　分　極　の　種　類 …… *51*
5.3.1　電　子　分　極　*51*　／　5.3.2　イオン分極（原子分極）　*51*
5.3.3　配　向　分　極　*51*
5.4　誘電率の周波数特性（誘電分散） …… *52*
5.5　誘電率の異方性 …… *52*
5.6　分極のヒステリシス現象と強誘電体 …… *53*
第5章 演習問題 …… *53*

6　静電容量・静電界のエネルギー

6.1　静電容量とコンデンサ …… *55*
6.1.1　単一導体の静電容量　*55*　／　6.1.2　2導体の静電容量　*55*
6.2　多導体系の電位 …… *58*
6.3　帯電している系のエネルギー …… *59*
6.4　電界中のエネルギー密度 …… *62*
6.5　静電力のエネルギーによる記述 …… *63*

6.5.1 導体系内の電荷量が一定の場合 64
6.6.2 導体系の電位が一定の場合（外部電源と接続されているとき） 65
第6章 演習問題 …… 67

7 電　流

7.1 は じ め に …… 68
7.2 電流と電流密度 …… 68
7.3 オームの法則 …… 69
7.4 導電率と固有抵抗（抵抗率） …… 70
7.5 抵　抗 …… 71
7.6 電流の連続性 …… 72
7.7 導体内での電力損失とジュールの法則 …… 73
7.8 電流の境界条件 …… 73
7.9 定常電流の場 …… 74
7.10 静電界と定常電流の場の類似性 …… 74
7.10.1 静電界と電流の場で成立する式の類似性 74
7.10.2 抵抗の一つの計算法 75
7.11 金属の抵抗率の温度特性 …… 75
7.12 金属の電気伝導理論 …… 76
7.13 抵抗の周波数特性 …… 78
7.14 金属からの光電子放出・熱電子放出 …… 79
7.15 半　導　体 …… 79
第7章 演習問題 …… 81

8 真空中の静磁界

8.1 ローレンツ力とベクトル場（回転） …… 82
8.1.1 ローレンツ力 82 ／ 8.1.2 ベクトル場の回転 83
8.2 真空中の磁気的な場（磁束密度の場） …… 84
8.2.1 アンペアの周回積分の法則 85 ／ 8.2.2 「鎖交」と「鎖交数」の概念 86
8.3 ベクトルポテンシャル …… 87
8.4 インダクタンス …… 91
8.4.1 インダクタンスの定義 91
8.4.2 相互インダクタンスの相反性と相互インダクタンスに関するノイマンの公式 96
第8章 演習問題 …… 96

9 磁性体中の静磁界

9.1　は　じ　め　に ………… 98
9.2　磁　気　双　極　子 ………… 98
9.2.1　円状電流により生じる磁束密度分布　98　／　9.2.2　磁気双極子　100
9.3　磁化に等価な電流密度 ………… 101
9.3.1　磁化の定義　101　／　9.3.2　磁化の作るベクトルポテンシャル　101
9.3.3　磁化に等価な電流密度　103
9.4　磁界の強さと比透磁率 ………… 103
9.5　磁束密度と磁界の境界条件 ………… 105
9.5.1　**B**，**H**の法線成分の境界条件　105　／　9.5.2　**B**，**H**の接線成分の境界条件　105
9.6　永久磁石の作る磁束密度と磁界の分布 ………… 106
9.7　磁　気　回　路 ………… 108
9.8　磁気的エネルギー ………… 110
9.8.1　自己，相互インダクタンスによる表現　110
9.8.2　磁気的エネルギーの磁気的場の量による表現　112
9.9　磁気的な力と回転力 ………… 114
9.9.1　電流の流れている導線への力　114
9.9.2　一様な磁束密度中の円状電流に働くトルク　115
9.9.3　磁界中の棒磁石の持つエネルギー　115
9.10　スカラー磁気ポテンシャル ………… 116
第9章　演習問題 ………… 118

10 磁　性　材　料

10.1　磁性材料の分類 ………… 119
10.1.1　反 磁 性 体　119　／　10.1.2　常 磁 性 体　119
10.1.3　強磁性体，フェリ磁性体　120
10.2　強磁性体におけるヒステリシス現象 ………… 121
10.3　媒質を磁化するのに必要なエネルギー ………… 122
10.3.1　磁束密度が変化する場で磁気モーメントを運ぶ仕事　122
10.3.2　磁化に必要なエネルギー（**B**，**m**を変数とした表現）　123
10.3.3　磁化に必要なエネルギー（**H**，**B**を変数とした表現）　123
10.4　ヒステリシス損失 ………… 124
10.4.1　マイナーループ，メジャーループ　125　／　10.4.2　交 流 消 磁　126
10.5　強磁性体の磁化過程 ………… 126

10.6　強磁性の原因の簡単な説明 …… 127
10.6.1　強磁性体内の内部磁界　127　／　10.6.2　交換相互作用　128
10.7　永　久　磁　石 …… 128
10.8　磁 石 の 歴 史 …… 130
10.9　磁　気　記　録 …… 132
10.9.1　コアメモリの原理　132　／　10.9.2　磁気記録の原理　132
10.9.3　光磁気記録の原理と発展　133
第 10 章 演習問題 …… 134

11　ラプラス，ポアソンの方程式の解法

11.1　ラプラス，ポアソンの方程式の適用 …… 136
11.2　ポアソンの方程式の解法 …… 138
11.3　ポアソンあるいはラプラスの方程式の解の唯一性 …… 139
11.4　影　像　法 …… 140
11.5　誘電体と点電荷 …… 143
第 11 章 演習問題 …… 144

12　時間変化のある磁束密度の場　—電磁誘導—

12.1　電　磁　誘　導 …… 146
12.2　インダクタンスによる電磁誘導 …… 147
12.3　磁束密度の場の中で導体が運動するとき …… 148
12.3.1　フレミングの右手の法則を導く　148
12.3.2　変動する磁界中を導体が動くとき　148
12.4　磁束密度の場の中にある電流ループの位置エネルギー …… 149
12.5　磁束密度の場の中にある電流に働く力 …… 151
12.5.1　フレミングの左手の法則を導く　151　／　12.5.2　電流相互間に働く力　152
12.6　電流による磁束密度の場は運動する電荷の相対論的効果 …… 153
12.7　ホ ー ル 効 果 …… 154
第 12 章 演習問題 …… 155

13　電　磁　波

13.1　電磁界の基礎方程式 …… 156
13.1.1　電磁誘導の法則の微分形式　156　／　13.1.2　変 位 電 流　157
13.1.3　マクスウェルの電磁（基礎）方程式　158

13.2　真空中における電磁波 …… 159
13.3　時間的に正弦波状に変化する場合の一様な平面波 …… 160
13.4　波数ベクトル …… 163
13.5　空間の特性インピーダンス …… 163
13.6　一般の場合の波動方程式（損失のある媒質中での電磁波） …… 165
13.7　侵入の深さ δ …… 168
13.7.1　導電率の高い媒質中の電磁波　168
13.7.2　平面導体内の電流分布と侵入の深さ　169
13.8　損失のある媒質中での特性インピーダンスと位相速度 …… 170
13.9　ポインティングベクトル …… 171
13.10　損失のある媒質中の電磁波の例 …… 172
13.11　群速度 …… 175
第13章 演習問題 …… 178

14　電磁波の偏波，反射・屈折

14.1　電磁界における境界条件 …… 179
14.1.1　二つの無損失線形媒質境界での境界条件　180
14.1.2　無損失線形媒質と完全導体との境界での境界条件　180
14.2　偏波 …… 181
14.3　完全導体への平面波の垂直入射 …… 182
14.4　完全導体への平面波の斜め入射 …… 184
14.4.1　垂直偏波と水平偏波　184　／　14.4.2　導波管について　188
14.4.3　ビームの反射　188
14.5　誘電体への平面波の垂直入射 …… 189
14.6　誘電体への平面波の斜め入射 …… 190
14.6.1　屈折の法則の特別な例（全反射）　191　／　14.6.2　垂直偏波と水平偏波　192
14.7　時間的変化をする電磁界におけるポテンシャル …… 196
第14章 演習問題 …… 198

演習問題の解答　199
索　引　219

1 序論　電磁気学の面白さ

1.1 はじめに

現代の生活に欠かせない多くの電気・電子機器の根底にある電磁気的現象を説明する電磁気学

電磁気学の学問体系の美しさを学ぼう。

現在のわれわれの生活には電気・電子機器がなくてはならない存在になっている。その根底にある電気・磁気の現象を理解しておくことが重要である。

電磁気学は，電気と磁気に関する大変きれいにまとまった体系を持つ学問である。そのため，数学的すぎるとか，具体的なこととの結び付きがわかりにくいなどの声を聞くこともある。しかし，その根底の学問的美しさを理解すると視野は大きく広がる。

雷は自然現象としての静電気が原因であり，天然磁石の磁気的力も典型的な電磁気的現象として古来から知られている。一方，現在の多くの電子機器には半導体が，記憶装置には磁性体がよく用いられている。これらの動作原理は量子力学的にも理解されるが，量子力学的な効果が直接現れるようなナノメートル（nm＝10^{-9} m）サイズでの現象，あるいはレーザや超伝導のような巨視的量子効果以外，ほとんどの現象が電磁気学で説明できる。

本書では，この現状を踏まえ，電荷に働くクーロン力からマクスウェルの方程式に到達するまでの過程を追って学んでいく。マクスウェルの方程式によってすべての電磁気的現象の説明が可能であるが，個々の現象をマクスウェルの方程式から説明するのは煩雑であり理解しにくいことから，本書では歴史的な発展の順序に近い形で，静電気現象から始める構成とした。

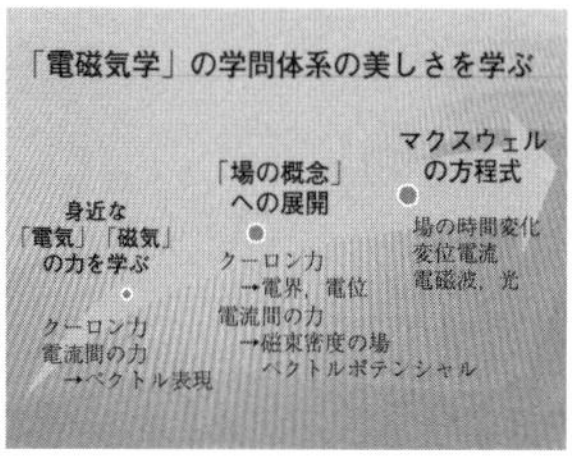

1.2 これから学ぶこと

これから電磁気学の美しい体系を順に紹介していく。今後の電磁気学を学ぶ楽しさを感じ取ろう。

1.2.1 電気と磁気

「電気」の「電」の字は稲光からきたといわれる。古くは「気」は目には見えない，なんらかの作用をするものを意味し，神秘的に取り扱われるときもあった。今では「電気」のことは電磁気学

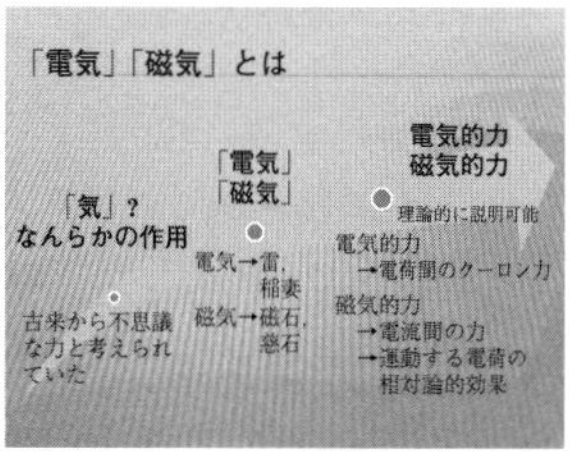

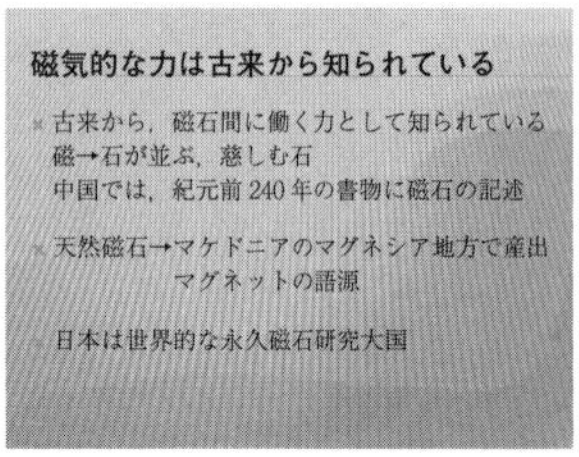

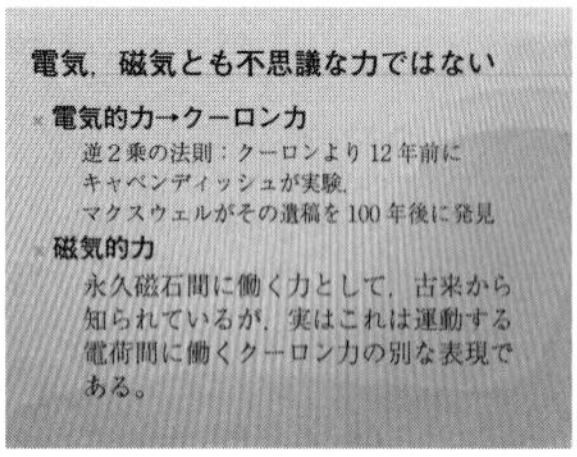

的に説明することができる。

「磁気」の「磁」は昔は「石」が「並」ぶと書かれていた。天然の磁石が並んだ様子から来たものと思われる。また，「慈しむ」，「慈悲」の「慈」とも関連しているといわれている。

英語ではmagnetの形容詞magneticは「親密な」と，東西とも同じ感覚を持っていることが面白い。「磁気」も電磁気学的に説明することができる。不思議な力ではない。

電磁気学において，電気的な力は，クーロン力として実験的に確かめられている電荷間に働く力を基礎としている。一方，磁気的力は，古くから永久磁石間に働く力として知られていたが，実は，運動する電荷に働くクーロン力の別な表現方法であることがわかっている。

このように，昔は不思議な力「気」といわれていた「電気」「磁気」ともに現在ではすべて電磁気学で説明することができ，その集大成が，マクスウェルの方程式なのである。

1.2.2　クーロンの法則からマクスウェルの方程式まで

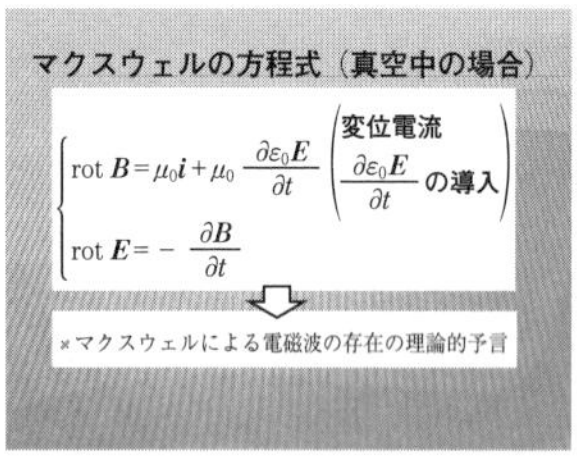

マクスウェルの方程式は，2組の式からなり（左のスライドを参照），一方は電流と磁界の関係，他方は磁束密度（磁界）の時間変化と電界の関係を示す。前者に「変位電流」の概念を持ち込んで整理し，この関係式を導いたのがマクスウェルである。彼はこの方程式から「電気」と「磁気」がたがいに関連し「伝搬」する未知の現象（＝電磁波の存在）であることを理論的に予言した。

ここで，クーロンの法則からマクスウェルの方程式までをたどっていってみよう。

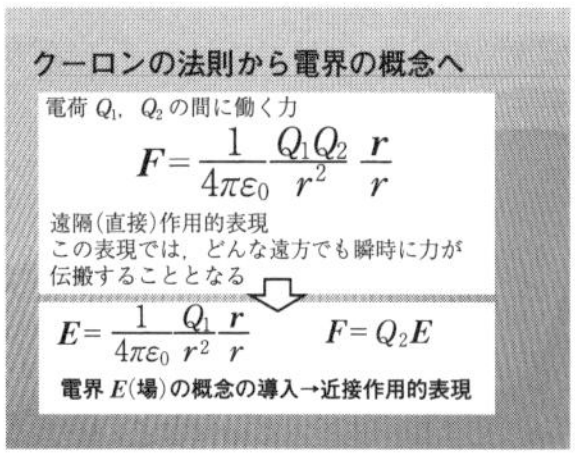

〔1〕 **クーロンの法則**　　クーロンの法則は，電荷間に働く力のベクトル表現で，電荷間に直接力が働くとする「直接（遠隔）作用」の表現である。これに代え，電荷が**電界**（**電場**）を作り，その中の電荷が力を受ける近接作用，すなわち**場の概念**を導入することで，世界が格段に広がる。この場の概念に習熟することが本書の目的である。

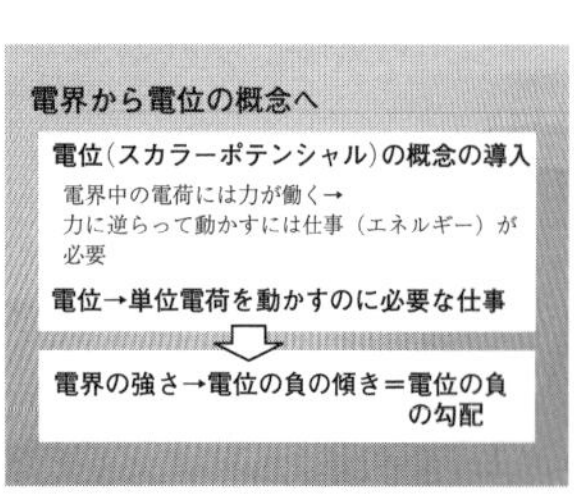

〔2〕 **電位の概念**　　電位の概念も重要である。電界はベクトル量なので，その合成をするときにベクトル和を用いなければならず，少し面倒である。電位は電界中での仕事を表すスカラー量であり，その合成は容易である。電位から電界の強さを求めるときは，電位の負の傾きを考えればよい。

〔3〕 **電　　流**　　磁気的な場は電流が作る。電流の流れる

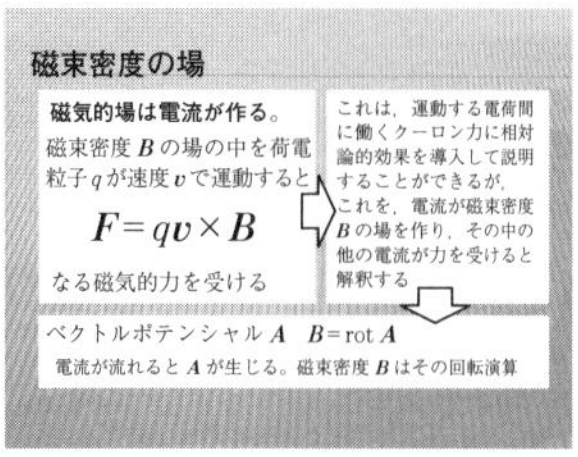

導体間に力が働く。すなわち運動する電荷間に働く力である。これは，静止している電荷間に働くクーロン力に特殊相対性理論を導入すると説明できる。これを，一方の電流の作る「磁束密度 $\boldsymbol{B}$ の場」により，他方の電流が磁気的作用を受けると考えるほうが実用的に便利であるため，磁束密度 $\boldsymbol{B}$ の場を考える。磁束密度 $\boldsymbol{B}$ の場の中を，荷電粒子 q が速度 $\boldsymbol{v}$ で運動すると $\boldsymbol{F}=q\boldsymbol{v}\times\boldsymbol{B}$ の力を受ける。

スカラーポテンシャルである電位の負の傾きが電界の強さであったように，ベクトルポテンシャル $\boldsymbol{A}$ の回転（微分演算の一種）をとると $\boldsymbol{B}$ が求められる。電流がベクトルポテンシャル $\boldsymbol{A}$ を作り，それが $\boldsymbol{B}$ の源となる。

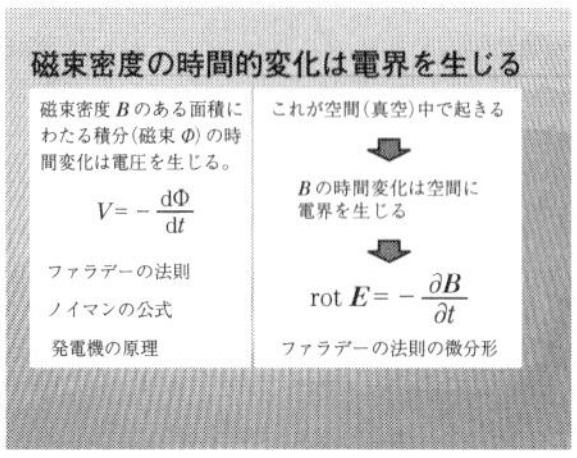

〔4〕 **時間的に変化する電界と磁束密度**　　磁束密度 $\boldsymbol{B}$ をある面積で積分したものを磁束という。ある巻線回路を貫く（鎖交する）磁束が時間変化すると回路の両端に電圧を生じる。これが巻線も何もない空間中で起きたとすると電圧ではなく電界が生じる。磁束密度 $\boldsymbol{B}$（真空中では磁界 $\boldsymbol{H}=\boldsymbol{B}/\mu_0$ として考える）の時間変化は空間に電界を生じさせることとなる。

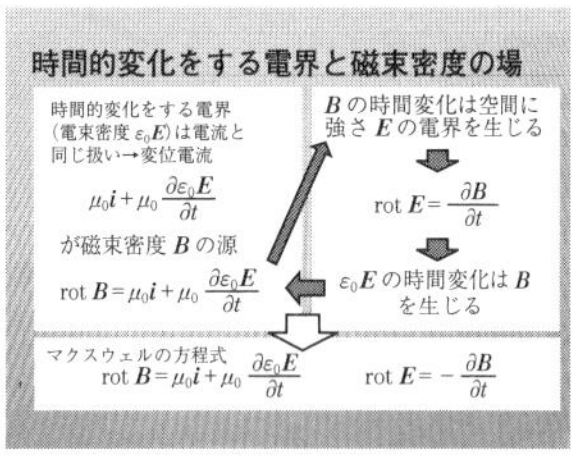

また，電流は荷電粒子が実際に移動する伝導電流だけでなく電界（正しくは電束密度）の時間的変化 $\partial\varepsilon_0\boldsymbol{E}/\partial t$ も「変位電流」として電流と同等に扱わねばならない。この変位電流の概念をマクスウェルが導入したことが，彼の電磁波の存在の理論的予測を可能にした最も重要な点である。

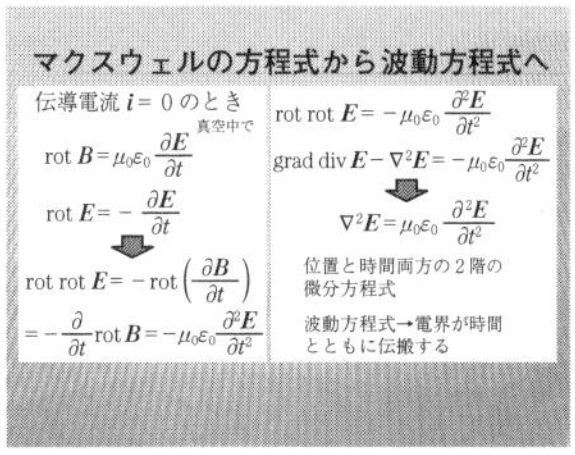

以上のように，電界（電束密度）と磁界（磁束密度）の時間変化が相互に関係することが明らかになり，これを表す**マクスウェルの方程式**を解くと電界と磁界が伝搬する電磁波の存在が示される。マクスウェルの方程式から，電界あるいは磁界の時間と位置に関する2階の微分方程式（波動方程式）が導出される。

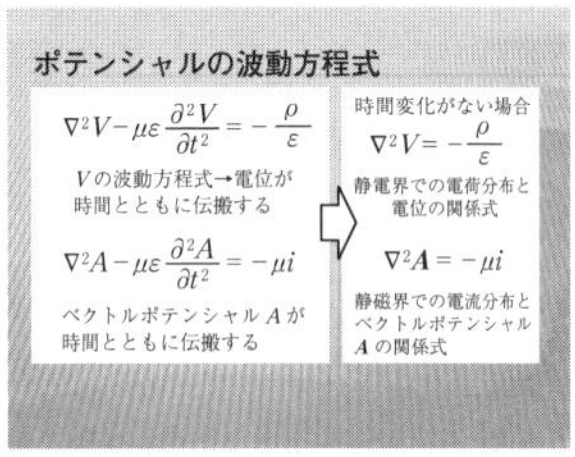

〔5〕 **ポテンシャルの伝搬**　　さらに，スカラーポテンシャル V およびベクトルポテンシャル $\boldsymbol{A}$ の波動方程式も導かれ，これらポテンシャルも空間を伝搬することがいえる。これらを遅延ポテンシャルという。ここで V および $\boldsymbol{A}$ の時間変化がないときを考えると，静電界，静磁界の V および $\boldsymbol{A}$ の電荷と電流に対する基本式（ラプラスの方程式）に帰着する。

これで，クーロンの法則→電界・電位，電流→磁界・ベクトルポテンシャル，それらの時間変化→電界・磁界の伝搬→ポテンシャルの伝搬，時間変化がないとき→静電界・静磁界の基本式，というように話が一巡した。これが電磁気学である。

真空中の静電界 I
— 電界と電位 —

2

2.1 静　電　気

冬の乾燥した時期にセーターを脱ぐとパチパチと音がしたり，脱いだセーターに髪の毛が引っ張られたりして目に見えない力が働いていることを感じる経験をしたことがあるだろう。これらは，静電気と呼ばれる電気的な現象であり，箔(はく)検電器（**図 2.1**）を使った実験をした人も多いのではないだろうか。物体を摩擦して電気を発生する実験では，摩擦する物質の組み合わせにより，引き付け合うときと，反発し合うときの 2 種類を体験できる。以下では，電気的力の源となる「正」と「負」の 2 種類の電荷が存在することを前提として話を進めることにしよう。

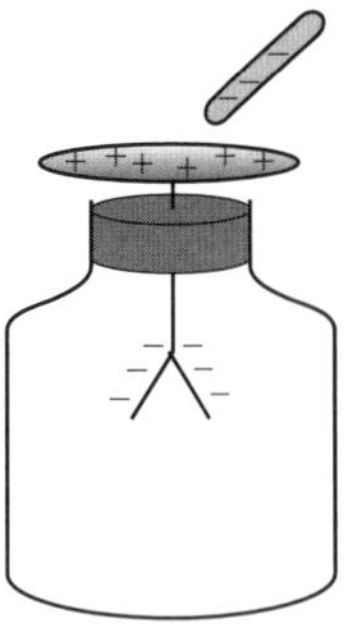

図 2.1　箔検電器

2.2 クーロンの法則と静電界

前述のような，電気的な力が及ぼされる場所を**電界**（electric field）（または**電場**）という。また，電荷が静止している特別な場合の電界を**静電界**という。まずは，静電界から議論を始めよう。

図 2.2 のように二つの**点電荷**[†1]（point charge）Q_1 と Q_2 が，距離 R_{12} を隔てて置かれたとき，Q_1 と Q_2 の間に働く力は次式で表せられる[†2]。

$$\boldsymbol{F}_{12} = k\boldsymbol{a}_{R_{12}} \frac{Q_1 Q_2}{R_{12}{}^2} \tag{2.1}$$

ここで，$\boldsymbol{F}_{12}$ は Q_1 によって Q_2 に働く力で，大きさと方向を持つベクトルである。$\boldsymbol{a}_{R_{12}}$ は Q_1 から Q_2 に向かって引いたベクトル $\boldsymbol{R}_{12}$ の単位ベクトル（$\boldsymbol{a}_{R_{12}} = \boldsymbol{R}_{12}/R_{12}$），$k$ は比例定数である。

つぎに，Q_2 によって Q_1 に働く力を考えると同様に次式で表現できる。

$$\boldsymbol{F}_{21} = k\boldsymbol{a}_{R_{21}} \frac{Q_1 Q_2}{R_{21}{}^2} = -\boldsymbol{F}_{12} \tag{2.2}$$

ここで，$\boldsymbol{a}_{R_{21}}$ は図 2.2 に示すように式 (2.1) の $\boldsymbol{a}_{R_{12}}$ とは逆に Q_2 から Q_1 に向かって引いたベクトルの単位ベクトル（$\boldsymbol{a}_{R_{12}} = \boldsymbol{R}_{21}/R_{21}$）

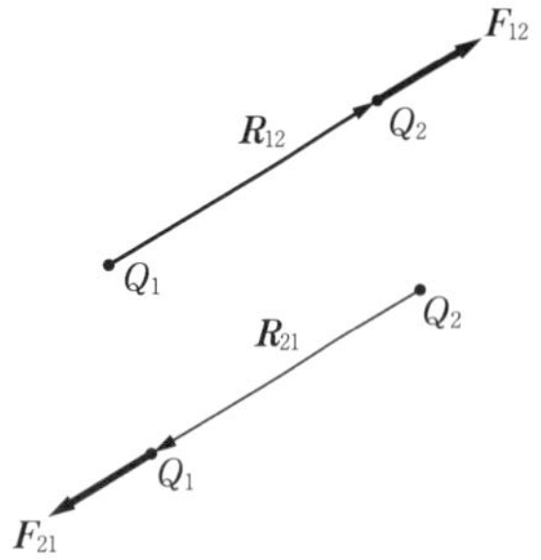

図 2.2　クーロンの法則によって二つの電荷 Q_1，Q_2 の間に働く力のベクトルによる表示。$\boldsymbol{F}_{12}$ は Q_1 によって Q_2 に働く力，$\boldsymbol{F}_{21}$ は Q_2 によって Q_1 に働く力であり，たがいに逆向きである。

†1　クーロンの法則を扱うとき，便宜的に「大きさを持たず電荷だけを持つ帯電体」を考える。これを点電荷という。「電荷を持つ帯電体が，距離に比べて十分小さい」場合を考えていることに相当する。

†2　本書を注意深く読んでいると，立体文字 F，斜体文字 F，立体文字の太文字 **F**，斜体文字の太文字 $\boldsymbol{F}$ などがあることに気付くだろう（ここでは，F を

であり，$\boldsymbol{a}_{R_{12}} = -\boldsymbol{a}_{R_{12}}$ であるから $\boldsymbol{F}_{21} = -\boldsymbol{F}_{12}$ となる。

すなわち，点電荷 Q_1，Q_2 が同符号であれば，Q_2 に働く $\boldsymbol{F}_{12}$ は Q_1 から遠ざかる方向に力が加わり，Q_1 に働く $\boldsymbol{F}_{21}$ は Q_2 から遠ざかる方向に力が加わる。つまり，二つの電荷には反発力が働く。一方，Q_1，Q_2 が異符号であれば，Q_1 と Q_2 に働く力の向きは，上記とは逆方向となり，吸引力となる。また，その力の大きさは，$|Q_1|$ と $|Q_2|$ の積に比例し，二つの点電荷間の距離の 2 乗に反比例する。これを**クーロンの法則**（Coulomb's law）といい，これらの力を**クーロン力**（Coulomb force）という。

式 (2.1) および (2.2) の比例定数 k の値は，電荷，距離の単位の取り方によって異なる。SI 単位系では，電荷をクーロン（C），距離をメートル（m），力をニュートン（N）とすると，式 (2.1) および (2.2) の k は

$$k = \frac{1}{4\pi\varepsilon_0} \approx 9 \times 10^9 \quad [\mathrm{m^2N/C^2}] \tag{2.3}$$

となる。ここで ε_0 は真空の誘電率といい，つぎのような値である。

$$\varepsilon_0 = 8.854\,2 \times 10^{-12} \quad [\mathrm{F/m}] \tag{2.4}$$

F はファラド（C/V）という。ε_0 の意味は第 3 章で述べる。

例として示している)。教科書などでは一般的に，それぞれ，F は定数，F は変数，**F** はベクトルで定数を，$\boldsymbol{F}$ はベクトルで変数を表している。学問分野によって異なることがあるが，本書では基本的にこのルールで記載されている。

まとめ

クーロン力は

$$\boldsymbol{F} = \frac{1}{4\pi\varepsilon_0}\boldsymbol{a}_R\frac{Q_1Q_2}{R^2} = \frac{1}{4\pi\varepsilon_0}\frac{Q_1Q_2}{R^2}\frac{\boldsymbol{R}}{R} \quad [\mathrm{N}]$$

$\varepsilon_0 = 8.854\,2 \times 10^{-12}$ 〔F/m〕

複数の電荷からの力を求めるには各電荷からの力のベクトルの和を求める（例題 2.1 を参照）。

試してみよう

二つの 1 C の電荷が 1 m 離れたところにあるときの力を求めてみよう。また，この力は，どれだけの重さの重りを持ち上げることができる力に相当するか考えてみよう。

例題 2.1　**3 個の電荷があるときに働く力（重ね合わせの理）**

これまでは，2 個の電荷の間に働く力を考えたが，3 個の電荷があるときを考える。**図 2.3** に示すように電荷 Q_1，Q_2，Q_3 があるとき，Q_1 に働く力を求めよう。

【解答例】

Q_1 に働く力は，Q_2 から Q_1 に働く力 $\boldsymbol{F}_{21}$ と，Q_3 から Q_1 に働く力 $\boldsymbol{F}_{31}$ の力の合成（重ね合わせの理）を考えればよい。まず，Q_2 から Q_1 に向かうベクトル $\boldsymbol{R}_{21}$ を使って，Q_2 から Q_1 に働く力 $\boldsymbol{F}_{21}$ を求める。同様に，Q_3 から Q_1 に向かうベクトル $\boldsymbol{R}_{31}$ を使って，Q_3 から Q_1 に働く力 $\boldsymbol{F}_{31}$ を求める。これらのベクトルを合成して，合計の力 $\boldsymbol{F}$ を求める。

$$\boldsymbol{F}_{21} = \frac{1}{4\pi\varepsilon_0}\frac{Q_1Q_2}{R_{21}{}^2}\frac{\boldsymbol{R}_{21}}{R_{21}} \quad [\mathrm{N}] \tag{2.5}$$

$$\boldsymbol{F}_{31} = \frac{1}{4\pi\varepsilon_0}\frac{Q_1Q_3}{R_{31}{}^2}\frac{\boldsymbol{R}_{31}}{R_{31}} \quad [\mathrm{N}] \tag{2.6}$$

$$\boldsymbol{F} = \boldsymbol{F}_{21} + \boldsymbol{F}_{31} \tag{2.7}$$

これを直角座標で表すと

$$\boldsymbol{F}_{21} = \mathbf{e}_xF_{21x} + \mathbf{e}_yF_{21y} + \mathbf{e}_zF_{21z} \tag{2.8a}$$

$$\boldsymbol{F}_{31} = \mathbf{e}_xF_{31x} + \mathbf{e}_yF_{31y} + \mathbf{e}_zF_{31z} \tag{2.8b}$$

と書ける。ここで，$\mathbf{e}_x$，$\mathbf{e}_y$，$\mathbf{e}_z$ は直角座標の各軸での単位ベクトル（大きさが 1 のベクトル）で，方向は各軸の正の方向である。二つのベクトルの加減算は，対応する成分（ここでは，$\mathbf{e}_x$，$\mathbf{e}_y$，$\mathbf{e}_z$ が成分となる）ごとに行えばよい。したがって，図 2.3 における加算は，式 (2.8c) と

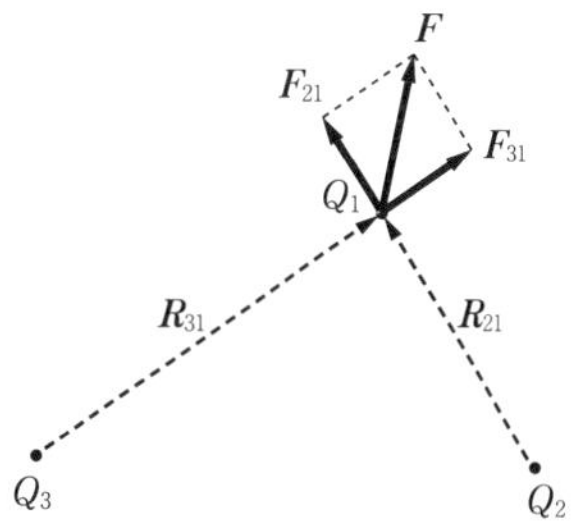

図 2.3　電荷 Q_1 が二つの電荷 Q_2, Q_3 から受ける力の合成（重ね合わせの理）

なる。

$$\begin{aligned}\boldsymbol{F}&=\boldsymbol{F}_{21}+\boldsymbol{F}_{31}\\&=\mathbf{e}_x(F_{21x}+F_{31x})+\mathbf{e}_y(F_{21y}+F_{31y})+\mathbf{e}_z(F_{21z}+F_{31z})\end{aligned} \tag{2.8c}$$

また，複数の電荷があるときは，上記と同様にすべての力をベクトルで足し算すればよい。このように，それぞれの結果を加えて求める結果が得られるような場合を「**重ね合わせの理**」が成立する場合であるという。電磁気学では多くの場合で「重ね合わせの理」が成立する。

2.3 クーロン力の遠隔作用と場の作用（近接作用）

あなたの右側に電荷 Q_1 があり，左側に電荷 Q_2 があるとして，静止している静電界を考えよう。この電荷間には，前述のクーロン力が働いており，2 電荷間の距離がどんなに離れていても式 (2.1) もしくは式 (2.2) に従って力が働く。もちろん，電荷 Q_1 を地球上の点 A に置き，電荷 Q_2 を月面上に置いても，距離の 2 乗に反比例するのでそのクーロン力は弱いが，式 (2.1) もしくは式 (2.2) によりクーロン力 $\boldsymbol{F}_{12}$ もしくは $\boldsymbol{F}_{21}$ が働く。このように，静電界だけを取り扱う限りは，電荷間に直接力が作用していると考える**遠隔作用説**に立って議論を進めても差し支えない。例えば，地上の電荷 Q_1 の位置を点 A でなく点 A′ に置いたときは，月に置かれている電荷 Q_2 には異なるクーロン力 $\boldsymbol{F}_{12}'$ が働く。では，電荷 Q_1 の位置を点 A から点 A′ に移動したとき，瞬時にクーロン力は $\boldsymbol{F}_{12}$ から $\boldsymbol{F}_{12}'$ に変化するのだろうか（**図 2.4**）。遠隔作用により，もし瞬時に力が変化するなら，何万光年も離れたところに光速よりも速く情報を伝えることができることになる。

図 2.4　点 A の電荷 Q_1 から働く力は，点 A′ にあるときとは異なる。電荷 Q_1 を点 A から点 A′ に移動すると，力の変化は瞬時に伝わるのだろうか。

実は，電荷が移動した場合は静電界ではなくなり，これまでの遠隔作用の考え方は成り立たない（つまり，光速よりも速く情報を伝えることはできない）。そこで，クーロン力の遠隔作用の考え方ではなく，電気的作用を及ぼす「場」の概念を取り入れる。電気的な力は，その場を介して力が働く「**場の作用（近接作用）**」と考える。今後，電界（電場），磁界（磁場），電磁界（電磁場）を順に学び，電磁界の章（第 14 章）では場の作用に遅延を導入した概念を学んでゆく。そこで，まず，電界から学んでいこう。

> **まとめ**
>
> 場の作用（近接作用）とは，電荷間のクーロン力が「場」を介して働くと考えること。
>
> 電気的な力の場を「**電界**」「**電場**」という。

2.4 電界と電気力線

電気的な影響を及ぼす場を，「電界」，「電場」と呼ぶ。この章では，「電界」と統一して記載する[†1]。

†1 「電界」は，電子工学や電気工学の分野で使われることが多く，「電場」は物理分野で使われることが多いが，どちらも同じ電気的な場である。

「電界」という場があるときを考えてみよう。電界があるということは，どこかに電荷があるのかもしれないが，どこに電荷があるかはここでは考えず，場があることだけを考える（**図 2.5**（a））。そこに，新たな別の電荷 δQ を置くと（図（b）），その電荷には場を介して力が働くはずである（図（c））。なぜなら，電気的な力を及ぼす場が電界であるから，そこに電荷を置けば，その電荷には力が働く。したがって，「ある電荷」に働く力を知れば，それにより電界を表現できる（図（d））。この「ある電荷」を「試験電荷」と呼ぼう。この試験電荷 δQ は，対象の電界を乱さないように電荷量が小さな電荷であるとする。この試験電荷が電界から受ける力を $\delta \boldsymbol{F}$ とすると，この力で**電界の強さ** $\boldsymbol{E}$ が定義できる。

$$\boldsymbol{E} = \frac{\delta \boldsymbol{F}}{\delta Q} \quad \text{〔N/C〕あるいは〔V/m〕} \qquad (2.9)$$

すなわち，電界の強さ $\boldsymbol{E}$ は単位電荷当りに働く力で表される。より厳密にいうと，未知の電界を調べる上で試験電荷 δQ は十分に小さいことが必要であるので，次式のように書くのがよい。

$$\boldsymbol{E} = \lim_{\delta Q \to 0} \frac{\delta \boldsymbol{F}}{\delta Q} \quad \text{〔N/C〕あるいは〔V/m〕} \qquad (2.10)$$

試験電荷が受ける力はベクトルなので，電界の強さもベクトルである。また，この絶対値（$|\boldsymbol{E}| = E$）を**電界の強さの大きさ**という。

この電界は，図でどのように示すとよいだろうか。「場」の表現方法はいくつか考えられる。場には，スカラー量で表されるスカラー場と，ベクトル量で表されるベクトル場とがある。スカラー場を表すためには，等高線のように，同じスカラー量の部分を線で結んだ図を用いることが多い。一方，ベクトル場は，ベクトル量の大きさとその方向を同時に表す必要があるので，「力線」を用いることが多い。したがって，力線の概念をしっかり把握しておくことが大切になる。

電界の強さ $\boldsymbol{E}$ を表すのが**電気力線**である。電気力線は電界の強さ $\boldsymbol{E}$ を表すために電界中に仮想された力線であり，ある点における電界の強さ $\boldsymbol{E}$ の方向は，その点における電気力線の接線の方向と一致し，ある点における電界の強さ $\boldsymbol{E}$ の大きさは，その点における電気力線の密度に比例する。電気力線の密度とは，電気力線に直交する面上での単位面積当りの電気力線の本数である。これより，電気力線どうしは決して交わらないという電気力

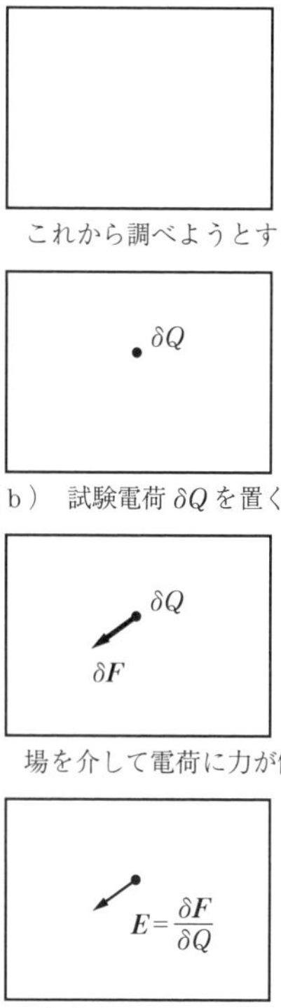

（a） これから調べようとする場
（b） 試験電荷 δQ を置く
（c） 場を介して電荷に力が働く
（d） 電界の表現

図 2.5 未知の場の電界を求めるとき，試験電荷 δQ を置く。すると，電界があれば力 $\delta \boldsymbol{F}$ が働く。この $\delta \boldsymbol{F}/\delta Q$ が電界の強さに相当する。ただし，δQ により電界が乱されないよう，数学的には δQ を無限小とする。

試してみよう
等高線以外のスカラー場の例として，どんなスカラー場があるか挙げてみよう。

試してみよう
天気図において，風向きと風の強さ（ベクトル場）を表すとき，どのような工夫がされているか考えてみよう。

まとめ
電　界　　：電気的な力の場
電界の強さ：単位電荷当りに働く力

$$\boldsymbol{E} = \lim_{\delta Q \to 0} \frac{\delta \boldsymbol{F}}{\delta Q}$$

電界の強さの大きさ：$E = |\boldsymbol{E}|$

線の性質が，容易にわかる。

試してみよう

電気力線が交わらない理由を説明してみよう。

2.4.1　点電荷による電気力線の例

点電荷による電気力線の例を考えてみよう。点電荷とは，大きさは0で，ある量の電荷を持つと考える仮想的なものである。いま，一つの点電荷のみがあるときを考えると，その周りにできる電界は点対称のはずだから，点電荷から出る電気力線は放射状に広がっていくはずである。したがって，その電気力線の様子は，**図 2.6** のようになる。その電界の強さ $\boldsymbol{E}$ は式 (2.11) で与えられる。

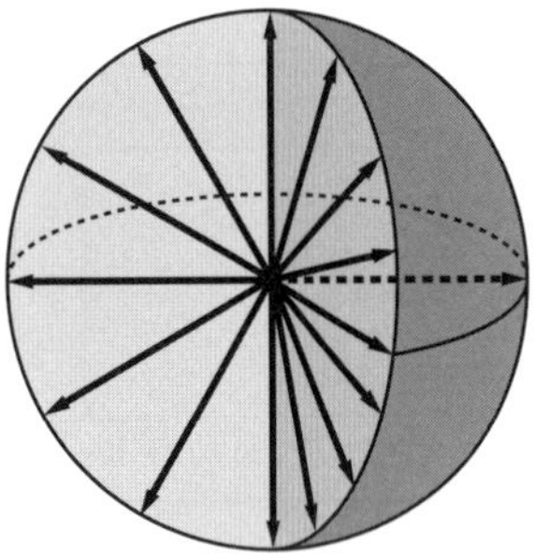

図 2.6　正の点電荷による電界中の電気力線の模式図。電界は電荷を中心点として点対称となる。

$$\boldsymbol{E} = \frac{Q}{4\pi\varepsilon_0 r^2}\frac{\boldsymbol{r}}{r} = \frac{Q}{4\pi\varepsilon_0 r^2}\,\mathbf{e}_r \tag{2.11}$$

ここで，$\mathbf{e}_r$ は r の正の方向を向いた単位ベクトルである。

もし点電荷 Q が正の電荷なら，電気力線は図のように放射状に広がりながら外に向かい，もし負なら，逆に内側に向かう。点電荷からの距離 r とともに，球の表面積は大きくなる。球の表面積は r^2 に比例する。したがって電気力線の密度は $1/r^2$ に比例する。すなわち点電荷による電界の強さ $\boldsymbol{E}$ の大きさ E は $1/r^2$ に比例することが，図から理解できる。すなわち，電界の強さ $\boldsymbol{E}$ は，式 (2.11) となる。

2.4.2　一 様 な 電 界

至るところで大きさも方向も等しい電界を「一様な電界」という。例えば，y 方向成分しか持たない一様な電界は，どこから見ても大きさは同じで，その電界の向きは y 方向を向いている。このような電界は，例えば $\boldsymbol{E}=4\,\mathbf{e}_y$ などと表される。この式は場所 (x, y, z) の関数ではないから，どこでも電界の強さは一定である。これを3次元空間上に図式的に示すと**図 2.7** のようになる。一様であるから，図の単位面積を通過する電気力線の本数はどこでも同じになる。

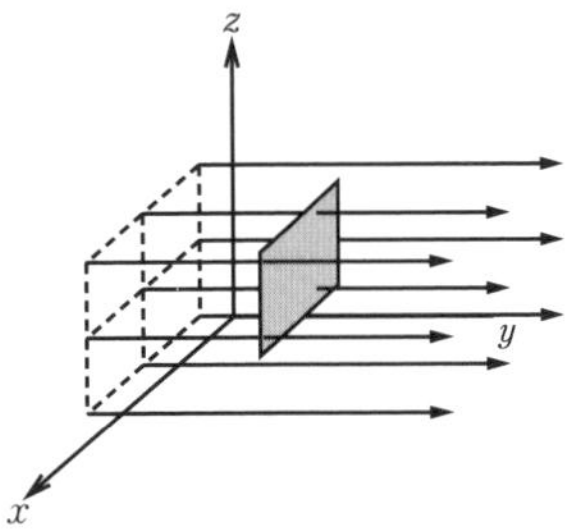

図 2.7　x 方向成分のみを持つ一様な電界（一部のみを示す）。電気力線に垂直な単位面積を通過する電気力線の本数，すなわち電界はどこでも同じ（一様）。

2.4.3　複数の点電荷による電界の例

図 2.8 に，1対の（同じ大きさの）正と負の電荷がある場合の電界，電気力線の様子を示す。電気力線は正の電荷から出て負の電荷に終わっている。この正負の電荷が対になっているものを**双極子**（**電気双極子**）という。これは，後でいろいろな場面で登場する大切な概念である。

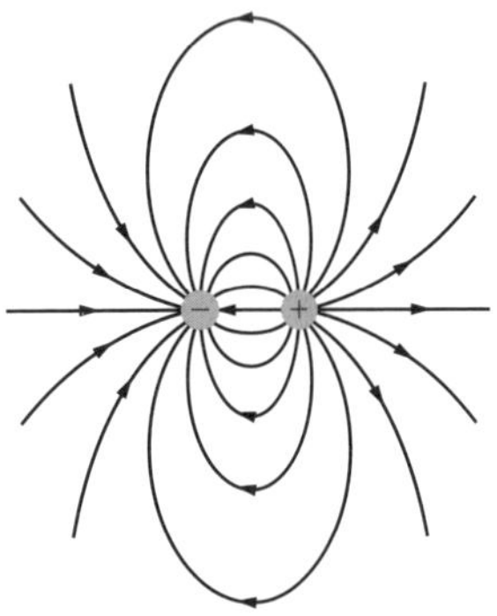

図 2.8　正と負の電荷による電界

まとめ

電気力線は
　正の電荷から出て，
　負の電荷に終わる。

いくつかの点電荷が存在するときの電界を求めるには，それぞれの点電荷による電界を合成すればよい（重ね合わせの理）。すなわち，電荷 Q_1 によるある点の電界が $\boldsymbol{E}_1$，電荷 Q_2 によるある点の電界が $\boldsymbol{E}_2$，電荷 Q_3 によるある点の電界が $\boldsymbol{E}_3$ のように合計 n 個の電荷による電界 $\boldsymbol{E}$ を求めるときは，以下のようにベクトルを合成すればよい（ベクトル和）。

$$\boldsymbol{E}=\boldsymbol{E}_1+\boldsymbol{E}_2+\boldsymbol{E}_3+\cdots \tag{2.12}$$

ベクトル和を求めるには，それぞれのベクトルをそれぞれの軸成分（3 方向成分）に分け，各軸成分の和をとればよい。

2.5 電　位

前節までの電界の概念を使って，複数個の電荷による電界は，ベクトル和を計算すればよいことがわかった。一方，電界を表すのに，なにかスカラー量で表現できたら，ベクトルの軸方向成分の計算をしないのですむから便利であろう。それが，**電位差**および**電位**（electric potential）の概念である。

電位差および電位の概念を理解するには，まず内積および線積分の概念を理解しておく必要がある。

2.5.1 有効成分と内積

二つのベクトル $\boldsymbol{A}$，$\boldsymbol{B}$ 間の**内積**は

$$\boldsymbol{A}\cdot\boldsymbol{B}=AB\cos\theta=(A\cos\theta)B=A(B\cos\theta) \tag{2.13}$$

と定義される。ここで，θ は二つのベクトル $\boldsymbol{A}$，$\boldsymbol{B}$ のなす角である。これを直角座標の成分で書けば

$$\begin{aligned}\boldsymbol{A}\cdot\boldsymbol{B}&=(\mathbf{e}_xA_x+\mathbf{e}_yA_y+\mathbf{e}_zA_z)\cdot(\mathbf{e}_xB_x+\mathbf{e}_yB_y+\mathbf{e}_zB_z)\\&=A_xB_x+A_yB_y+A_zB_z\end{aligned} \tag{2.14}$$

となる。

図 2.9 からわかるように二つのベクトル $\boldsymbol{A}$，$\boldsymbol{B}$ 間の内積は，$\boldsymbol{A}$ の $\boldsymbol{B}$ 方向成分 $A\cos\theta$ と $\boldsymbol{B}$ の大きさ $|\boldsymbol{B}|=B$ との積，あるいは，$\boldsymbol{B}$ の $\boldsymbol{A}$ 方向成分 $B\cos\theta$ と $\boldsymbol{A}$ の大きさ $|\boldsymbol{A}|=A$ の積と考えることができる。$|\boldsymbol{A}|$ あるいは $|\boldsymbol{B}|$ が 1 であるときを考えるとよくわかるように，内積演算により，あるベクトルのある方向への射影（有効成分）が求まる。

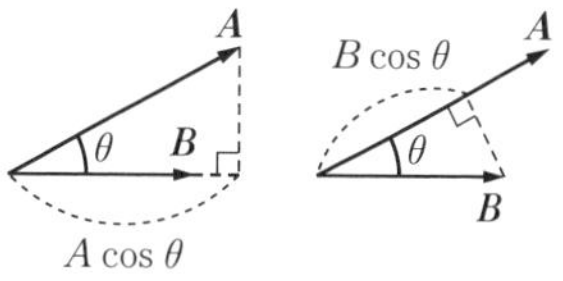

図 2.9　二つのベクトル $\boldsymbol{A}$，$\boldsymbol{B}$ 間の内積

ところで，内積が有効成分を表すことを，以下の面積ベクトルを使って考えてみよう

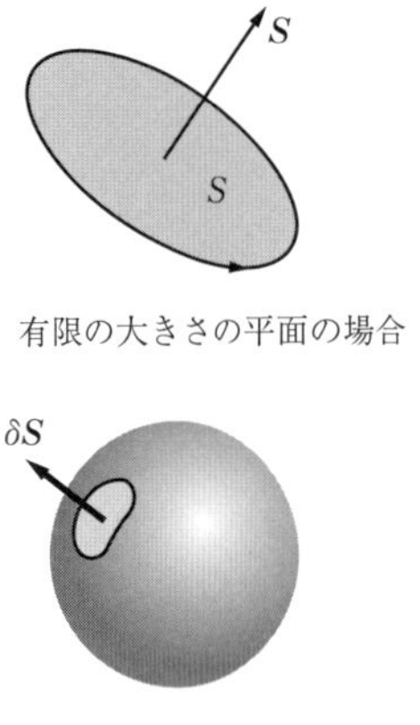

（a） 有限の大きさの平面の場合

（b） 閉曲面の場合

図 2.10 面積ベクトル
面積ベクトルとは，大きさは面積に等しく，面に垂直でその向きはつぎのように決める。
（a）有限の大きさの平面の場合： 有限の大きさの平面の周囲に沿って反時計回りに回ったときに右ねじの進む向き
（b）閉曲面（閉じている曲面）の場合： 曲面の外向き

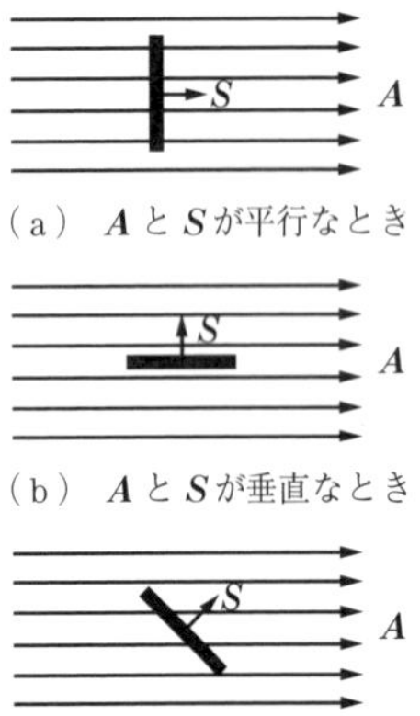

（a） $\boldsymbol{A}$ と $\boldsymbol{S}$ が平行なとき

（b） $\boldsymbol{A}$ と $\boldsymbol{S}$ が垂直なとき

（c） $\boldsymbol{A}$ と $\boldsymbol{S}$ が45°のとき

図 2.11 針金のリング（輪）が流れる水の中にあるとき，そのリング内を通り抜ける水の量を考察する図（図では，針金のリングを真横から見た断面で描いてあることに注意）

〔1〕 面積ベクトルと内積

平面上の針金のリング（輪）を考える。この針金の作る面を表す面積ベクトルを $\boldsymbol{S}$ と定義する。このとき針金の作る面積ベクトルは**図 2.10**（a）の有限の大きさの平面の場合である。また，面積ベクトル $\boldsymbol{S}$ の絶対値 $|\boldsymbol{S}|$ は針金のリングが作る面積 S とする。

図 2.11 のように，この針金のリングを流れる水に入れてみる。水の流れを表すベクトル $\boldsymbol{A}$ を，$\boldsymbol{A}=\mathbf{e}_x$ とする。$\boldsymbol{A}$ と $\boldsymbol{S}$ が平行なとき（図（a）），$\boldsymbol{A}$ と $\boldsymbol{S}$ が垂直なとき（図（b）），$\boldsymbol{A}$ と $\boldsymbol{S}$ が 45° のときを考えてみる（図（c））。

図（a）の $\boldsymbol{A}$ と $\boldsymbol{S}$ が平行（$\boldsymbol{S}=S\,\mathbf{e}_x$）なとき，リング内部を通過する水の量は最も多い。図（b）の $\boldsymbol{A}$ と $\boldsymbol{S}$ が垂直なときは，面積 S の大きさ $|\boldsymbol{S}|$ は変わらないが，向きは変わり，水はリング内を通過しない。図（c）では $\boldsymbol{A}$ と $\boldsymbol{S}$ が 45° であり，図（a）の場合の $1/\sqrt{2}$ の水量が通過する。ここで，$\boldsymbol{A}$ と $\boldsymbol{S}$ のなす角を θ とすると，$\boldsymbol{A}\cdot\boldsymbol{S}=AS\cos\theta=AS\cos 45°=AS/\sqrt{2}$ である。このように，内積により，有効な成分を求めることができる。針金のリングの面積 $|\boldsymbol{S}|$ を増やせば，$\boldsymbol{A}$ と $\boldsymbol{S}$ の間の内積も比例して増えるが，$\boldsymbol{S}$ を有効に水が通過する比率は $\cos\theta$ の項が決定している。

これと同様に，地面の水たまりを太陽光が照らして水を温めるのに有効な成分を考える場合も，**図 2.12** のように内積の考えが重要であることがわかる。

〔2〕 線　積　分

ある道筋の上をたどっていきながら，「ある量」を集めていくことを，「線積分」という。

・家を出てから駅に着くまでの間にすれ違う人の数の合計
・山麓から山頂に着くまでの間に観察した花の数の合計
・あるところから網を投げ入れ，あるところで上げるまでの間にトロールした網の中の漁獲量の合計
・山麓から山頂に着くまでの間に重力に逆らって荷物を運ぶのに要した仕事の合計

これらの例すべてが線積分である。最後の例は，重力加速度により荷物に働く力の方向と登山路上の進行方向をそれぞれ表すベクトル間の内積を取りながら，その結果を寄せ集める。このような線積分がこれからよく現れる。

2.5.2 電界中で電荷を運ぶ仕事

質量 m の物体を摩擦のある床の上で水平に引きずったとき，摩擦力 F に相当する力で x だけ移動すると，Fx だけ仕事をしたことになるがそれは熱になって失われる。一方，重力加速度 g に逆らって（g が加わっている方向と反対方向に），高さ h まで持ち上げると，持ち上げるのに使った仕事は，物体の位置エネルギー mgh となる。このとき，その物体は mgh 分の仕事ができる能力を持つようになる。逆に，それを落下してみよう。すなわち，重力加速度 g の方向に h だけ物体を移動すると，物体は

mgh 分の仕事をしたことになる。水力発電はこうして水の位置エネルギーを電気エネルギーに変えている。これと同じように，電界の強さ $\boldsymbol{E}$ の電界で電荷 Q を移動したときも，移動に使った仕事はその物体の位置エネルギー（ポテンシャルエネルギー）として蓄えられる。これを具体的に考えてみよう。

電荷が受ける力 $\boldsymbol{F}$ は $\boldsymbol{F}=Q\boldsymbol{E}$ である。このクーロン力に逆らって（すなわち $\boldsymbol{F}$ と反対方向に）$\mathrm{d}\boldsymbol{l}$ だけ移動すると，移動した電荷のポテンシャルエネルギーが増える。逆に $\boldsymbol{F}$ 方向に電荷を移動すると，電荷のポテンシャルエネルギーは減少する。すなわち電荷は外部に対して仕事をしたことになる。ここで，力 $\boldsymbol{F}$ を加えた状態で $\mathrm{d}\boldsymbol{l}$ 移動したときの仕事は，力 $\boldsymbol{F}$ の移動ベクトル $\mathrm{d}\boldsymbol{l}$ 方向成分（有効成分）$F\cos\theta$ と移動距離 $\mathrm{d}l$ との積 $F\mathrm{d}l\cos\theta$，つまり内積 $\boldsymbol{F}\cdot\mathrm{d}\boldsymbol{l}$ により求まる。この $\boldsymbol{F}\cdot\mathrm{d}\boldsymbol{l}$ は電荷のポテンシャルエネルギーの減少，すなわち電荷が外部に対してした仕事を表しているので，逆に外部から電界に加えたポテンシャルエネルギーの増加分は

$$-\boldsymbol{F}\cdot\mathrm{d}\boldsymbol{l}\quad〔\mathrm{J}〕\tag{2.15}$$

となる。このことから，電荷が点 A から点 B まで移動したときに，電荷が蓄えたポテンシャルエネルギーは，式 (2.16) となる。

$$-\int_{\mathrm{A}}^{\mathrm{B}}\boldsymbol{F}\cdot\mathrm{d}\boldsymbol{l}=-\int_{\mathrm{A}}^{\mathrm{B}}F\cos\theta\,\mathrm{d}l\tag{2.16}$$

さて，電荷 Q に働く力 $\boldsymbol{F}$ は，$\boldsymbol{F}=Q\boldsymbol{E}$ であるから，電荷を外部から力を与えて $\mathrm{d}\boldsymbol{l}$ だけ移動することによって，電荷が蓄えるポテンシャルエネルギー（ポテンシャルエネルギー）は

$$-Q\boldsymbol{E}\cdot\mathrm{d}\boldsymbol{l}\quad〔\mathrm{J}〕\tag{2.17}$$

であり，点 A から点 B まで移動したときに，この電荷が蓄えたポテンシャルエネルギーは

$$-\int_{\mathrm{A}}^{\mathrm{B}}Q\boldsymbol{E}\cdot\mathrm{d}\boldsymbol{l}=-Q\int_{\mathrm{A}}^{\mathrm{B}}\boldsymbol{E}\cdot\mathrm{d}\boldsymbol{l}=-Q\int_{\mathrm{A}}^{\mathrm{B}}E\cos\theta\,\mathrm{d}l\tag{2.18}$$

である。このとき，$Q=1\,\mathrm{C}$ すなわち，単位電荷を運ぶことを考えた場合を，AB 間の電位差 V_{AB} と呼び，その単位は V（ボルト）である（**図 2.13**）。すなわち

$$V_{\mathrm{AB}}=-\int_{\mathrm{A}}^{\mathrm{B}}\boldsymbol{E}\cdot\mathrm{d}\boldsymbol{l}\quad〔\mathrm{V}〕\tag{2.19}$$

である。したがって，1 C の電荷を運ぶのに 1 J の仕事を必要とするときの電位差が 1 V に相当する。

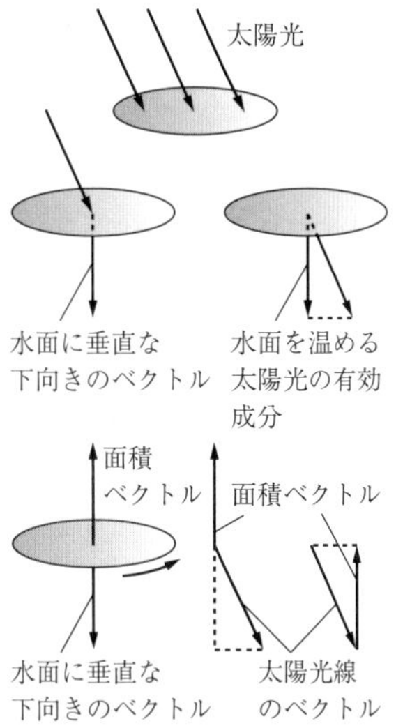

図 2.12　太陽光が水たまりに当たっているときの図。図 2.11 と同様に，水たまりの面に垂直な太陽光成分が，有効成分（水たまりを温めるのに有効）である。それは水面に垂直な下向きベクトル（面積ベクトルに負号を付けたもの）と太陽光線ベクトルとの内積を求めればよい。

まとめ

強さ $\boldsymbol{E}$ の電界中で電荷 Q を $\mathrm{d}\boldsymbol{l}$ 移動したときに電荷 Q が蓄えるポテンシャルエネルギーは

$-Q\boldsymbol{E}\cdot\mathrm{d}\boldsymbol{l}$　〔J〕

強さ $\boldsymbol{E}$ の電界中で電荷 Q を点 A から点 B に移動したときに，電荷 Q が蓄えるポテンシャルエネルギーは

$-\int_{\mathrm{A}}^{\mathrm{B}}Q\boldsymbol{E}\cdot\mathrm{d}\boldsymbol{l}$

まとめ

電位差：

単位は V（ボルト）。

1 C の電荷（単位電荷）を運ぶのに 1 J の仕事を必要とするときの電位差が 1 V

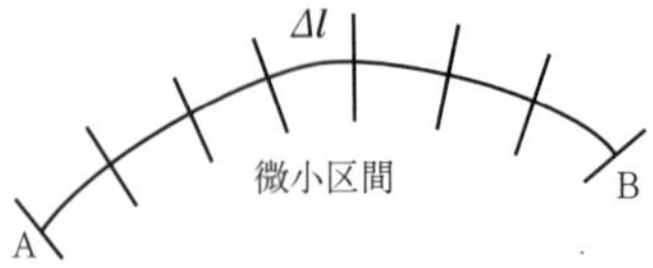

① 点 A から点 B までを微小区間に分割すると考える。

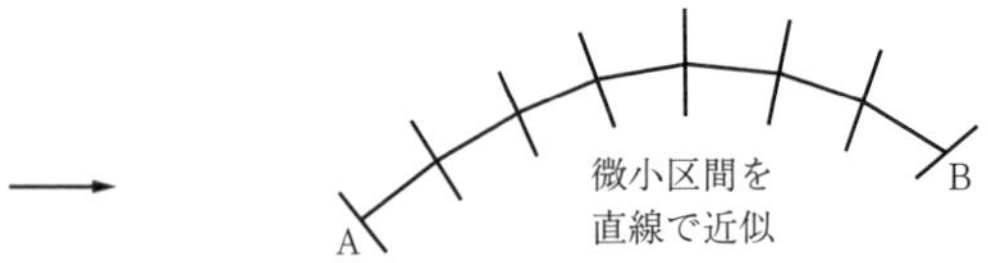

② 長さ Δl の各微小区間内では電界の強さは一定，と同時に各微小区間内で Δl は直線とする。

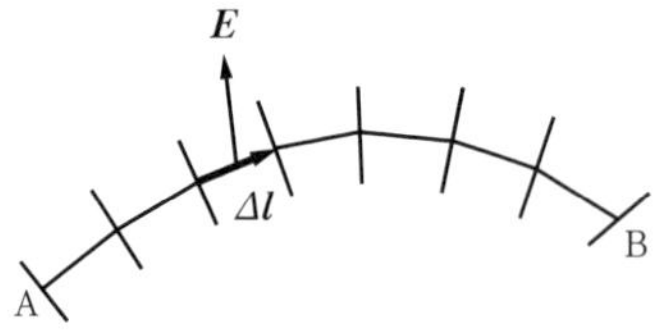

③ 各区間で $\boldsymbol{E}$ と Δl の内積を取る。これは各区間内で「電荷が外部に対してした仕事」になる。

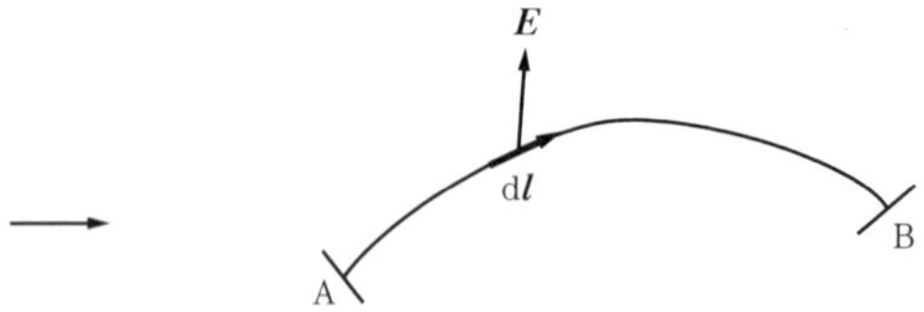

④ 各区間を極限まで小さくして，連続的に行う。各点では $\boldsymbol{E}\mathrm{d}\boldsymbol{l}$。これを点 A から点 B まで寄せ集める（積分 $\int_A^B \boldsymbol{E}\cdot\mathrm{d}\boldsymbol{l}$）と，点 A から点 B まで単位電荷を動かしたときの「電荷が外部に対してした仕事」になる。それに負号を付けた $-\int_A^B \boldsymbol{E}\cdot\mathrm{d}\boldsymbol{l}$ は外からした仕事であり，言い換えれば単位電荷が蓄えたポテンシャルエネルギーである。これを，点 A と点 B の電位差という。

図 2.13　電位差を求めるための内積を取りながらの積分を示す図

2.5.3　保存場と電位・電位差

さて，点 A と点 B が固定されていたとしても点 A から点 B へ至る道筋は無限に考えられる。例えば，**図 2.14** のような，点 A から点 B に至る道筋で，C_1 と C_2 の 2 通りの異なる道筋での線積分による電位差 $V_{AB_1=C_1}$ と $V_{AB_2=C_2}$ を想定してみる。

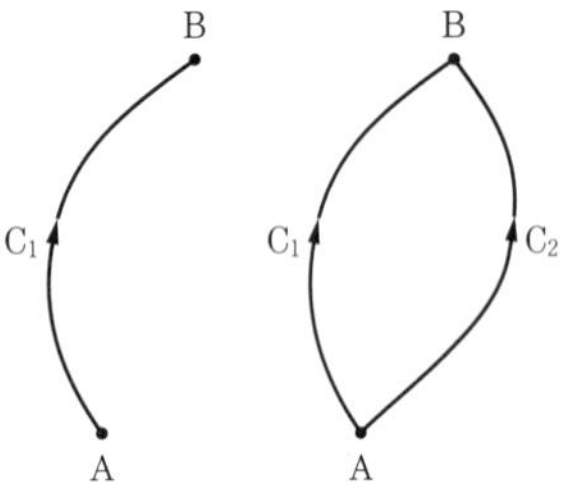

図 2.14　電界中での道筋 C_1 と C_2 に沿った線積分

$$V_{AB_1} = -\int_{C_1} \boldsymbol{E}\cdot\mathrm{d}\boldsymbol{l} \tag{2.20}$$

$$V_{AB_2} = -\int_{C_2} \boldsymbol{E}\cdot\mathrm{d}\boldsymbol{l} \tag{2.21}$$

ここで，もし V_{AB_1} と V_{AB_2} が異なる値を持つと，AB 間の電位差 V_{AB} が 2 通りの値を持つことになる。このときは電位差を一意に決定できない。一方，この積分が道筋によって異ならない場合には電位差を一意に決定できる。このような場を**保存的な場**という。静電界は保存的な場である。

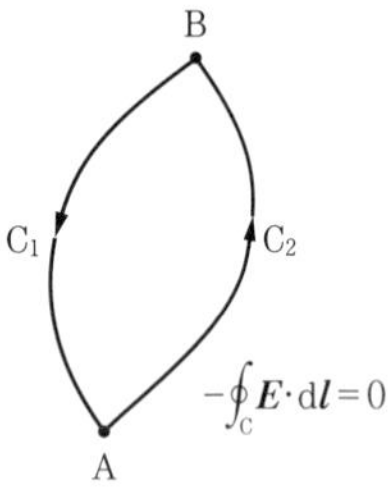

図 2.15　1 周積分の概念図。保存的な場では，1 周積分の値は 0 となる。

このことを表現する方法を考えてみよう。図 2.14 の C_1 の道筋を逆向きにすると，C_2 と合わせて**図 2.15** のように 1 周する積分となる。C_1 の道筋上では図 2.14 の場合とは逆向きであるので線積分の値は図 2.14 の場合の値の符号を変えたものとなり，この 1 周積分は

$$-\int_{C_1} \boldsymbol{E}\cdot\mathrm{d}\boldsymbol{l} + \int_{C_2} \boldsymbol{E}\cdot\mathrm{d}\boldsymbol{l} = 0 \tag{2.22}$$

となり，保存的な場では 0 となる。C_2 と逆向きの C_1 を合わせた

1周の積分路を改めてCと書くと，C上の電界の1周積分は0になる。

$$\oint_C \boldsymbol{E}\cdot \mathrm{d}\boldsymbol{l} = 0 \tag{2.23}$$

ここで，○の記号が1周積分を表す。

さて，AB間の電位差 V_{AB}

$$V_{AB} = -\int_A^B \boldsymbol{E}\cdot \mathrm{d}\boldsymbol{l} \tag{2.24}$$

は，単位電荷を点Aから点Bへ運ぶのに要する仕事と定義され，これを別の表現をすれば，点Aを基準とした点Bの電位ということもできる。

$$V_{基準点,B} = -\int_{基準点}^B \boldsymbol{E}\cdot \mathrm{d}\boldsymbol{l} \tag{2.25}$$

$$V_B = -\int_{基準点}^B \boldsymbol{E}\cdot \mathrm{d}\boldsymbol{l} \tag{2.26}$$

このように基準点からの電位差を**電位**（スカラーポテンシャル）という。実際上は静電現象のほとんど及ばない場所をその基準とし，地球上ではその基準点を大地（earth）とし，そこからの電位差を電位としている。

まとめ

保存場ならば，スカラーポテンシャル

$$V_{AB} = -\int_A^B \boldsymbol{E}\cdot \mathrm{d}\boldsymbol{l}$$

が一意に定まる。

点Aを基準（0電位）とすれば，V_{AB} は点Bの電位である。

2.5.4　点電荷による電位差と電位

最も簡単な，しかし基本的な例として，点電荷による電位差と電位を求める。点電荷が作る電界中を，**図2.16**のように点Aから点Bまで直線上で線積分を行う。線分AB上の微小ベクトルを $\mathrm{d}\boldsymbol{l}$ とする。$\mathrm{d}\boldsymbol{l}$ を，電界の強さ $\boldsymbol{E}$ を表現する座標系の微小線素で定義してみよう。この場合は点電荷の作る電界による電位を考えるので，極座標を用いると都合が良く

$$\mathrm{d}\boldsymbol{l} = \mathbf{e}_r\,\mathrm{d}r + \mathbf{e}_\phi r\sin\theta\,\mathrm{d}\phi + \mathbf{e}_\theta r\,\mathrm{d}\theta \tag{2.27}$$

とする。一方，点電荷による電界の強さは

$$\boldsymbol{E} = \frac{Q}{4\pi\varepsilon_0 r^2}\mathbf{e}_r \tag{2.28}$$

であるので，式(2.27)と式(2.28)より

$$\boldsymbol{E}\cdot \mathrm{d}\boldsymbol{l} = \frac{Q}{4\pi\varepsilon_0 r^2}\mathbf{e}_r\cdot\left(\mathbf{e}_r\mathrm{d}r + \mathbf{e}_\phi r\sin\theta\,\mathrm{d}\phi + \mathbf{e}_\theta r\,\mathrm{d}\theta\right) \tag{2.29}$$

$$\boldsymbol{E}\cdot \mathrm{d}\boldsymbol{l} = \frac{Q}{4\pi\varepsilon_0 r^2}\mathrm{d}r \tag{2.30}$$

となり，拡大図に示すように，$\mathrm{d}\boldsymbol{l}$ は $\mathbf{e}_r$ 成分と，$\mathbf{e}_r$ に垂直な成分から構成されるが，電界の強さ $\boldsymbol{E}$ の有効成分として残るのは $\mathrm{d}r$ の成分だけになる。すなわちAB間の電位差 V_{AB} は，点Aの半

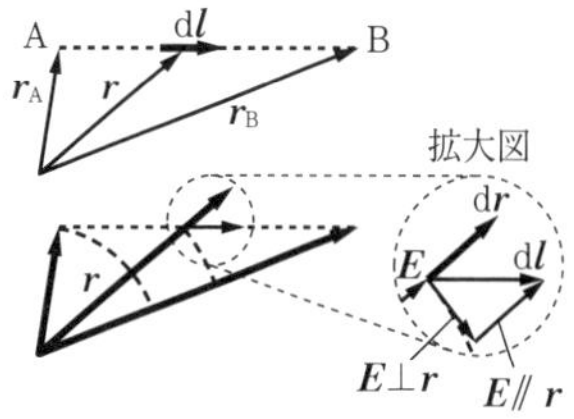

図2.16　点電荷によるA，B間の電位差を求める。$\mathrm{d}\boldsymbol{l}$ は $\boldsymbol{r}$ に平行成分と垂直な成分とに分けることができる。

試してみよう

図2.16の拡大図において，電界の強さ $\boldsymbol{E}$ の有効成分としてなぜ $\mathrm{d}\boldsymbol{r}$ の成分だけが残るのか説明してみよう。

径を r_A，点Bの半径 r_B とすると

$$V_{AB} = -\int_{r_A}^{r_B} \frac{Q}{4\pi\varepsilon_0 r^2}\,\mathrm{d}r = -\frac{Q}{4\pi\varepsilon_0}\int_{r_A}^{r_B}\frac{1}{r^2}\,\mathrm{d}r = \frac{Q}{4\pi\varepsilon_0}\left(\frac{1}{r_B} - \frac{1}{r_A}\right) \tag{2.31}$$

となる。このとき無限遠点を基準とすることを考えると，$r_A \to \infty$ として，式 (2.31) の（　）内 2 項目は 0 となり基準電位として都合が良い。そこで，$r_B = r$ と表記すると，無限遠点を基準点とした半径 r での点電荷による電位 V は

$$V = \frac{Q}{4\pi\varepsilon_0 r} \quad \text{〔V〕} \tag{2.32}$$

となる。この例のように，無限遠点で V の値が 0 になる場合は，その点を基準とし点Bの電位を表すことができる。

さて，**図 2.17**（a）のように複数の電荷による電位を求めるには，どのように考えるのだろうか。電界を求めたときと同様に，重ね合わせの理を使って，ある点Pの電荷 Q_1 による電位を V_1，電荷 Q_2 による電位を V_2 のように表すと，点Pの電位は ΣV_i のように単純に加算すれば求まる。電位の重ね合わせはスカラー和であり，電界のように方向成分がないので重ね合わせが簡単である。また，図（b），（c），（d）のように連続に配置された電荷分布がある場合は，点電荷とみなせるような微小領域からの電位を求めればよい。すなわち，図（b）では線状電荷分布密度の位置依存性，図（c）では面状電荷分布密度の位置依存性，図（d）では体積状電荷分布密度の位置依存性が与えられれば，点電荷とみなせるような微小領域に分割し，それぞれからの電位を図中の式のように積分すればよい。

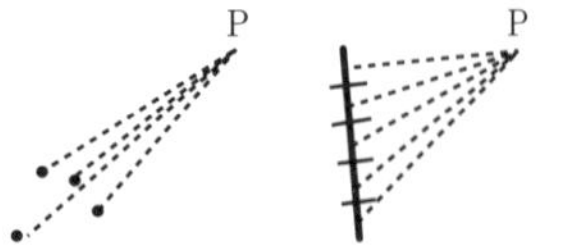

$V_P = \sum_i \frac{Q_i}{4\pi\varepsilon_0 r}$　　$V_P = \int_L \frac{\sigma_L}{4\pi\varepsilon_0 r}\,\mathrm{d}L$

（a） 複数の電荷　　（b） 線状電荷分布の場合

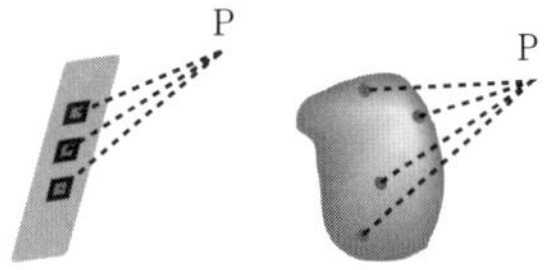

$V_P = \int_S \frac{\sigma_S}{4\pi\varepsilon_0 r}\,\mathrm{d}S$　　$V_P = \int_V \frac{\sigma_V}{4\pi\varepsilon_0 r}\,\mathrm{d}V$

（c） 面状電荷分布　　（d） 体積状電荷分布

図 2.17　任意の電荷分布がある場合に，任意の点Pの電位を求める方法

2.6　等電位面と電位の傾き

2.6.1　等　電　位　面

電界中で電位の等しい面を**等電位面**（equipotential surface）という。これは，地図上で高さが等しい場所を線で結んだ等高線と同じ概念であるが，地図のような平面上ではなく三次元空間で決まる。したがって，等しい電位を表す面になる。

・二つの等電位面は決して交わることはない。

・等電位面と電気力線はたがいに直交する。

1個の点電荷による電界では電荷からの距離が一定であれば電位は一定であるから，等電位面は先の図 2.6 のように同心球面で

まとめ

電界中で電位の等しい面を等電位面という。

・二つの等電位面は決して交わらない。

・電気力線と等電位面はたがいに直交する

試してみよう

二つの等電位面が交わらない理由を考えてみよう。

電気力線と等電位面がたがいに直交する理由を考えてみよう。

ある。

2.6.2 電位の傾き

2.5節では，電位の定義すなわち電界の強さ $\boldsymbol{E}$ から電位を求める方法を理解した。では逆に，電位 V の分布が与えられたとき電界の強さ $\boldsymbol{E}$ を求めるにはどう考えたらよいだろうか。

いま，簡単のために2次元平面上での電位の分布が直角座標表現で $V(x, y)$ で与えられたとしよう。**図2.18**のような $V(x, y)$ で与えられた二つの等電位面を考える。それぞれの電位は V_1, V_2 で，その間の電位差は δV であるとする。V_1 の等電位面上のある点 P_1 から V_2 の等電位面のある点までを図のように3通りの方法でたどってみる。一つは x 軸に沿って，もう一つは y 軸に沿って，最後は等電位面に垂直にたどる。それぞれの V_2 面上での位置を P_x, P_y, P_n とする。P_1-P_x, P_1-P_y, P_1-P_n の間の電位の変化は δV で同じであるのに，P_1-P_x, P_1-P_y, P_1-P_n の間の距離は P_1-P_n が1番小さい。P_1-P_x, P_1-P_y, P_1-P_n の間の距離 δl を，それぞれ δx, δy, δn とおくと

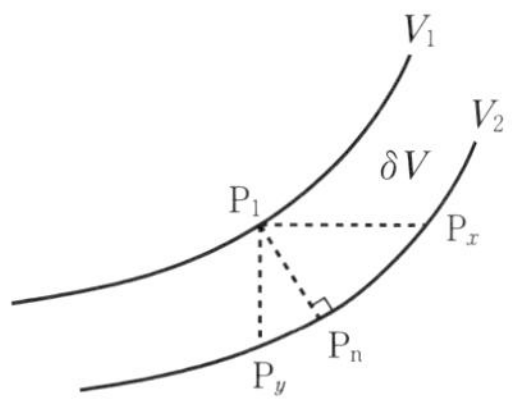

図2.18 電位の傾きを説明する図

$$\frac{\delta V}{\delta l} \tag{2.33}$$

の値は，δx, $\delta y > \delta n$ であるので，P_1-P_n 間が最大である。一方，P_1-P_x, P_1-P_y 間は P_1-P_n 間の値よりも小さな値を持つ。この値 $\delta V/\delta l$ すなわち，$\delta V/\delta x$, $\delta V/\delta y$, $\delta V/\delta n$ は電位 V の傾きを表す量である。つまり，電位 V の傾き（電位勾配）の大きさは等電位面に垂直な方向で最大になる。一方，式(2.33)に δl を掛ければ

$$\delta V = \frac{\delta V}{\delta l}\delta l \tag{2.34}$$

であり，これを δx, δy, δn を使って書き直せば

$$\delta V = \frac{\delta V}{\delta x}\delta x, \quad \delta V = \frac{\delta V}{\delta y}\delta y, \quad \delta V = \frac{\delta V}{\delta n}\delta n \tag{2.35}$$

となる。ここで，電位勾配の最も大きくなる等電位面に垂直な方向の $\delta V/\delta n$ の意味と，$\delta V/\delta x$ と $\delta V/\delta y$ との関係を考えよう。

δV は δn の間を単位電荷を運ぶのに必要な仕事だから，式(2.19)から，電界の強さ $\boldsymbol{E}$ の等電位面に垂直な方向成分の大きさ E_n を使って

$$\delta V = -E_n\,\delta n \tag{2.36}$$

と書ける。すなわち

$$E_n = -\frac{\delta V}{\delta n} \tag{2.37}$$

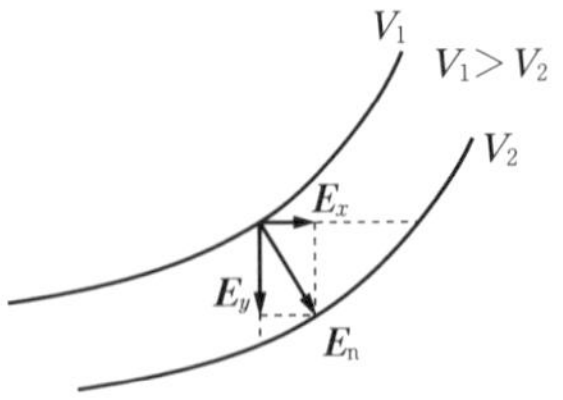

図 2.19　電界と電位の傾きの関係

と書ける。ここで，E_n は，V_1 から V_2 へ向かう向きを正としている。これを単位ベクトル $\mathbf{e}_n$ で表すと

$$\boldsymbol{E}_n = -\frac{\delta V}{\delta n}\mathbf{e}_n \tag{2.38}$$

である（**図 2.19**）。さて，$\delta V/\delta x$ は x のみを，$\delta V/\delta y$ は y のみをそれぞれ変化したときの V の変化であるから，δx，$\delta y \to 0$ の極限で

$$\frac{\delta V}{\delta x} \Rightarrow \frac{\partial V}{\partial x}, \qquad \frac{\delta V}{\delta y} \Rightarrow \frac{\partial V}{\partial y} \tag{2.39}$$

と偏微分で書ける。したがって，式 (2.37) と同様に

$$E_x = -\frac{\partial V}{\partial x}, \qquad E_y = -\frac{\partial V}{\partial y} \tag{2.40a}$$

となる。この二つの成分を合成すると図 2.19 のように

$$\boldsymbol{E}_n = \mathbf{e}_x E_x + \mathbf{e}_y E_y = -\mathbf{e}_x\frac{\partial V}{\partial x} - \mathbf{e}_y\frac{\partial V}{\partial y} \tag{2.40b}$$

となる。最も電位勾配の大きな方向を電界の強さの方向とするから

$$\boldsymbol{E} = -\mathbf{e}_x\frac{\partial V}{\partial x} - \mathbf{e}_y\frac{\partial V}{\partial y} \tag{2.40c}$$

となる。同様に，3 次元の場合はこれに z 成分が加わり

$$E_z = -\frac{\partial V}{\partial z} \tag{2.41}$$

となる。すなわち

$$\begin{aligned}\boldsymbol{E} &= \mathbf{e}_x E_x + \mathbf{e}_y E_y + \mathbf{e}_z E_z \\ &= -\mathbf{e}_x\frac{\partial V}{\partial x} - \mathbf{e}_y\frac{\partial V}{\partial y} - \mathbf{e}_z\frac{\partial V}{\partial z}\end{aligned} \tag{2.42}$$

である。したがって，電界の強さ $\boldsymbol{E}$ の単位は，電位の単位 V を長さの単位 m で割った V/m となる。ところで

$$\frac{\partial V}{\partial x}, \qquad \frac{\partial V}{\partial y}, \qquad \frac{\partial V}{\partial z} \tag{2.43}$$

をそれぞれ x，y，z 成分とするベクトル

$$\mathbf{e}_x\frac{\partial V}{\partial x} + \mathbf{e}_y\frac{\partial V}{\partial y} + \mathbf{e}_z\frac{\partial V}{\partial z} \tag{2.44}$$

を電位 V の**傾き**または**勾配**といい，grad V と書く（grad：グレーディエントと読む。正しい綴りは gradient）。すなわち grad はスカラー量に対して演算するときは，傾きの大きさと方向を求める演算を示す。

$$\text{grad}\, V = \mathbf{e}_x\frac{\partial V}{\partial x} + \mathbf{e}_y\frac{\partial V}{\partial y} + \mathbf{e}_z\frac{\partial V}{\partial z} \tag{2.45a}$$

まとめ

電界の強さ $\boldsymbol{E}$ は電位の負の傾き

$\boldsymbol{E} = -\text{grad}\, V$

直角座標の場合は

$$\boldsymbol{E} = -\text{grad}\, V = -\left(\mathbf{e}_x\frac{\partial V}{\partial x} + \mathbf{e}_y\frac{\partial V}{\partial y} + \mathbf{e}_z\frac{\partial V}{\partial z}\right)$$

まとめ

電界の強さ $\boldsymbol{E}$ は電位の負の傾きで，∇（**ナブラ**）**演算子**を用いて

$\boldsymbol{E} = -\nabla V$

直角座標の場合は

$$\nabla = \left(\mathbf{e}_x\frac{\partial V}{\partial x} + \mathbf{e}_y\frac{\partial V}{\partial y} + \mathbf{e}_z\frac{\partial V}{\partial z}\right)$$

$$\boldsymbol{E} = -\,\mathrm{grad}\,V = -\left(\mathbf{e}_x \frac{\partial V}{\partial x} + \mathbf{e}_y \frac{\partial V}{\partial y} + \mathbf{e}_z \frac{\partial V}{\partial z}\right) \tag{2.45b}$$

すなわち，電界の強さ $\boldsymbol{E}$ は電位の負の傾きといえる。ここで，次式で示されるベクトル演算子 ∇（nabla，ナブラと読む）を定義する。

$$\nabla = \left(\mathbf{e}_x \frac{\partial}{\partial x} + \mathbf{e}_y \frac{\partial}{\partial y} + \mathbf{e}_z \frac{\partial}{\partial z}\right) \tag{2.46}$$

式 (2.46) の ∇ は直角座標に関するもので，極座標，円筒座標では，これを座標変換すればよい。この ∇ を用いて式 (2.45b) を表せば

$$\boldsymbol{E} = -\,\mathrm{grad}\,V = -\nabla V \tag{2.47}$$

となる。

Coffee time

ここで現れたナブラの記号∇は，発案者の名前からハミルトン演算子とも呼ばれる。この記号は，デルタ（delta）Δを逆さにした形をしていることから，delta の綴りを逆順にして atled とも呼ぶそうだが，アポロンの竪琴（現在のハープ）の形と似ていることから，その竪琴の名前である「ナブラ」という名前で呼ばれるようになったそうである。

例題 2.2　点電荷の電位から電界を求める

点電荷 Q による電位は

$$V = \frac{Q}{4\pi\varepsilon_0 r}\quad \text{〔V〕} \tag{2.48}$$

であるが，この電位の式から電界の強さ $\boldsymbol{E}$ を求めよう。

【解答例】

式 (2.48) は，点対称で r のみの関数である。したがって，r 方向の電界の強さを求めればよい。r 方向の負の電位勾配は

$$-\frac{\partial V}{\partial r} \tag{2.49}$$

である。これに r 方向の単位ベクトル $\mathbf{e}_r$ を掛ければ r 方向の電界の強さだから

$$\boldsymbol{E} = -\frac{\partial V}{\partial r}\mathbf{e}_r = -\frac{Q}{4\pi\varepsilon_0}\frac{\partial}{\partial r}\left(\frac{1}{r}\right)\mathbf{e}_r = \frac{Q}{4\pi\varepsilon_0 r^2}\mathbf{e}_r \quad \text{〔V/m〕} \tag{2.50}$$

以上から，負の電位勾配を求めることで，電位分布から電界の強さを求めることができた。この結果は，式 (2.11) に等しい。

2.6.3 円柱座標，極座標系における grad 演算子

円柱座標表示と極座標表示の grad 演算子を求めておこう。x，y，z 成分の大きさが dx，dy，dz であるようなベクトル d$\boldsymbol{r}$ を，直交座標，円柱座標（**図 2.20**，**図 2.21**），極座標（**図 2.22**，**図 2.23**）で表すと，それぞれ以下のようになる。

（直交座標）　$\mathrm{d}\boldsymbol{r} = \mathbf{e}_x \mathrm{d}x + \mathbf{e}_y \mathrm{d}y + \mathbf{e}_z \mathrm{d}z$　(2.51a)

（円柱座標）　$\mathrm{d}\boldsymbol{r} = \mathbf{e}_\rho \mathrm{d}\rho + \mathbf{e}_\phi \rho \mathrm{d}\phi + \mathbf{e}_z \mathrm{d}z$　(2.51b)

（極座標）　$\mathrm{d}\boldsymbol{r} = \mathbf{e}_r \mathrm{d}r + \mathbf{e}_\theta r \mathrm{d}\theta + \mathbf{e}_\phi r \sin\theta\, \mathrm{d}\phi$　(2.51c)

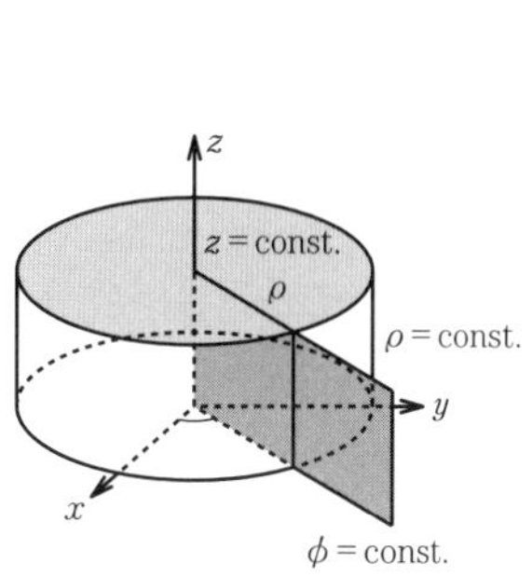

図 2.20　円柱座標

一方，電位 V の各座標系での全微分 dV は

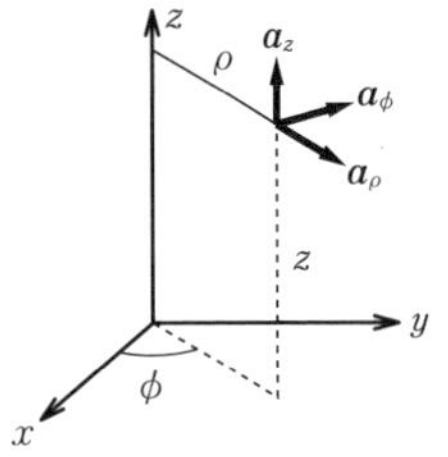

図 2.21　円柱座標の単位ベクトル

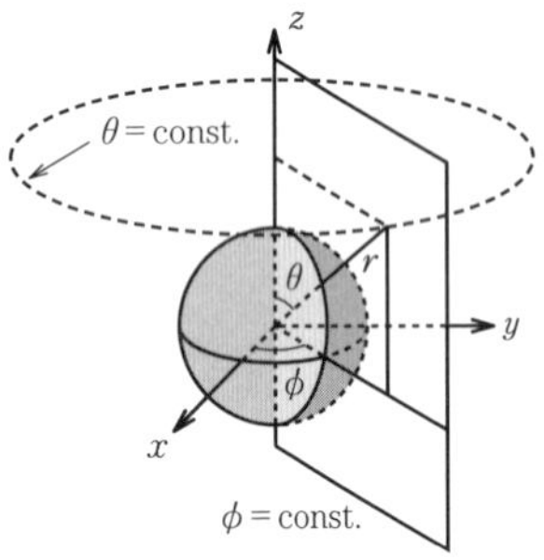

図 2.22　極座標

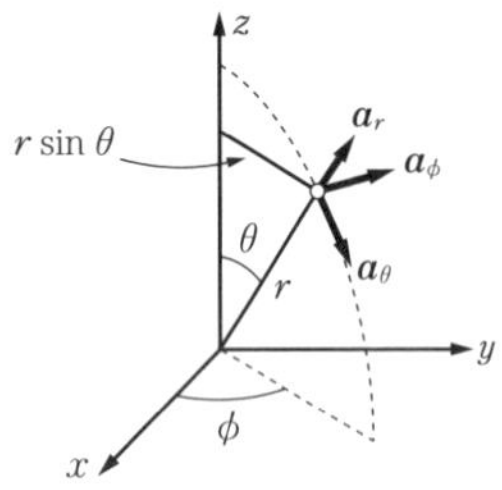

図 2.23　極座標における単位ベクトル

試してみよう
式 (2.55) を導いてみよう。

(直交座標)　$$\mathrm{d}V = \frac{\partial V}{\partial x}\mathrm{d}x + \frac{\partial V}{\partial y}\mathrm{d}y + \frac{\partial V}{\partial z}\mathrm{d}z \qquad (2.52\mathrm{a})$$

(円柱座標)　$$\mathrm{d}V = \frac{\partial V}{\partial \rho}\mathrm{d}\rho + \frac{\partial V}{\partial \phi}\mathrm{d}\phi + \frac{\partial V}{\partial z}\mathrm{d}z \qquad (2.52\mathrm{b})$$

(極座標)　$$\mathrm{d}V = \frac{\partial V}{\partial r}\mathrm{d}r + \frac{\partial V}{\partial \theta}\mathrm{d}\theta + \frac{\partial V}{\partial \phi}\mathrm{d}\phi \qquad (2.52\mathrm{c})$$

となる。また，電界の強さ $\boldsymbol{E}$ を各座標系で表すと

(直交座標)　$$\boldsymbol{E} = \mathbf{e}_x E_x + \mathbf{e}_y E_y + \mathbf{e}_z E_z \qquad (2.53\mathrm{a})$$

(円柱座標)　$$\boldsymbol{E} = \mathbf{e}_\rho E_\rho + \mathbf{e}_\phi E_\phi + \mathbf{e}_z E_z \qquad (2.53\mathrm{b})$$

(極座標)　$$\boldsymbol{E} = \mathbf{e}_r E_r + \mathbf{e}_\theta E_\theta + \mathbf{e}_\phi E_\phi \qquad (2.53\mathrm{c})$$

である。ここで，式 (2.51)，式 (2.53)，および

$$\boldsymbol{E}\cdot\mathrm{d}\boldsymbol{r} = -\mathrm{d}V \qquad (2.54)$$

より

(直交座標)　$$E_x = -\frac{\partial V}{\partial x},\qquad E_y = -\frac{\partial V}{\partial y},\qquad E_z = -\frac{\partial V}{\partial z} \qquad (2.55\mathrm{a})$$

(円柱座標)　$$E_\rho = -\frac{\partial V}{\partial \rho},\qquad E_\phi = -\frac{1}{\rho}\frac{\partial V}{\partial \phi},\qquad E_z = -\frac{\partial V}{\partial z} \qquad (2.55\mathrm{b})$$

(極座標)　$$\left.\begin{aligned} &E_r = -\frac{\partial V}{\partial r},\qquad E_\theta = -\frac{1}{r}\frac{\partial V}{\partial \theta},\\ &E_\phi = -\frac{1}{r\sin\theta}\frac{\partial V}{\partial \phi}\end{aligned}\right\} \qquad (2.55\mathrm{c})$$

である。

したがって，円柱座標表示と極座標表示の grad 演算子はつぎのようになる。

(円柱座標)　$$\boldsymbol{E} = -\mathrm{grad}\,V = -\left(\mathbf{e}_\rho\frac{\partial V}{\partial \rho} + \mathbf{e}_\phi\frac{1}{\rho}\frac{\partial V}{\partial \phi} + \mathbf{e}_z\frac{\partial V}{\partial z}\right)$$

(極座標)　$$\boldsymbol{E} = -\mathrm{grad}\,V = -\left(\mathbf{e}_r\frac{\partial V}{\partial r} + \mathbf{e}_\theta\frac{1}{r}\frac{\partial V}{\partial \theta} + \mathbf{e}_\phi\frac{1}{r\sin\theta}\frac{\partial V}{\partial \phi}\right)$$

2.7　1 周積分の微分形（ベクトル場の回転）

2.5 節では，電界が保存場であり，電界の 1 周積分の値は 0 となること学んだ。

1 周積分　$$\oint_{\mathrm{C}}\boldsymbol{E}\cdot\mathrm{d}\boldsymbol{l} = 0 \qquad (2.56)$$

電磁気学では，種々の現象をこのように積分形で表すとともにつぎに述べるような微分形で表す。ここでは電界が保存場であることを表す式 (2.56) の微分形を求めておこう。

また，第8章の静磁界では，1周積分が0とならない（保存場でない）ベクトル場を議論し，1周積分を微小部分で考える（微分形）**ベクトル場の回転**（rotation of vector field）と呼ばれる微分演算が必要となる。

ベクトル場（ここでは電界 $\boldsymbol{E}$ を例として）の回転とは，つぎのとおりである。**図2.24**のように，面積 δs を有する有限の円周C上で，強さ $\boldsymbol{E}$ の電界を1周積分するとき，この1周積分を δs で割った「単位面積当りの1周積分値」を考える。

$$\frac{1}{\delta s}\oint_{\mathrm{C}} \boldsymbol{E}\cdot \mathrm{d}\boldsymbol{l} \tag{2.57}$$

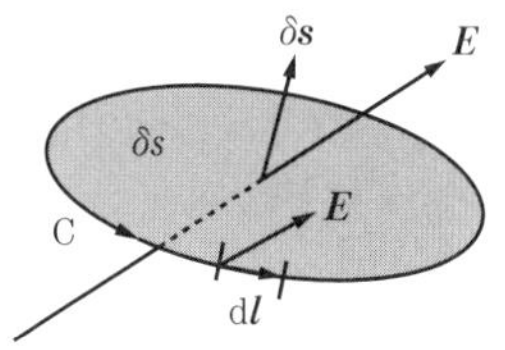

図2.24 ベクトルの回転 rot $\boldsymbol{E}$ の説明

この円周の半径を小さくしていき，δs を無限小とする極限を取ると，「ある点での単位面積当りのベクトル場の1周積分値」を定義することができる。

$$\lim_{\delta s\to 0}\frac{1}{\delta s}\oint_{\mathrm{C}} \boldsymbol{E}\cdot \mathrm{d}\boldsymbol{l} \tag{2.58}$$

この式 (2.58) は，回転演算結果の大きさのみ（スカラー）を表す。回転の演算結果は，ベクトルであり，大きさは式 (2.58)，方向は $\delta\boldsymbol{s}$ の方向である。すなわち，図2.24に示すように，1周積分に用いる $\mathrm{d}\boldsymbol{l}$ の回転方向で右ねじが進む方向を $\delta\boldsymbol{s}$ の方向とする。$\delta\boldsymbol{s}$ の単位ベクトルは $\delta\boldsymbol{s}/\delta s$ であるから，これを用いて

$$\boldsymbol{G} = \mathrm{rot}\,\boldsymbol{E} = \lim_{\delta s\to 0}\frac{\delta\boldsymbol{s}}{\delta s}\frac{1}{\delta s}\oint_{\mathrm{C}} \boldsymbol{E}\cdot \mathrm{d}\boldsymbol{l} \tag{2.59}$$

というベクトル $\boldsymbol{G}$ を定義できる。このベクトル $\boldsymbol{G}$ をベクトル $\boldsymbol{E}$ の回転と呼び，rot $\boldsymbol{E}$ と書く（ローテーション $\boldsymbol{E}$ と読む）[†1]。

この結果を用いて，保存場を表す式 (2.56) の積分形に相当する微分形は

$$\mathrm{rot}\,\boldsymbol{E} = \boldsymbol{0} \tag{2.60}$$

である。

この回転の演算（rot）は，第8章以降で，電流により磁界が発生する概念，電磁波の存在を示すマクスウェルの式などで重要な役割を果たす。

†1 左記の説明のように，ベクトルの回転という演算（rot）では，「方向」の定義が含まれ，どのような面上で積分を行い，かつ，積分路Cにおいて1周積分する際の「向き」の概念が含まれていることに注意。
rot 演算子の定義は8.1節で改めてする。

第2章 演 習 問 題

【1】 二つの点電荷 Q_1，Q_2 が点（1, 3, 0）と（4, 0, 0）にある。試験電荷 δQ を点P（−2, 2, 0）に置いたときの図を描き，つぎの問に答えなさい。

（a） 試験電荷に加わる力の x 成分が0になる Q_1，Q_2 の関係を求めなさい。

（b） 試験電荷に加わる力の y 成分が0になる Q_1，Q_2 の関係を求めなさい。

【2】 半径 a〔m〕の円状の線電荷分布がある。線電荷密度は ρ〔C/m〕である。その円の中心軸上で円のある面に垂直に h〔m〕の距離のところに点電荷 Q〔C〕がある。この図を描き，Q に働く力を h の関数として求めなさい。また，$h=0$ の点における力の大きさと $h \gg a$ としたときの近似式を求めなさい。

【3】 一様な線電荷密度 λ〔C/m〕で帯電した長さ $2l$〔m〕の太さを無視できる棒がある（**問図 2.1**）。いま，この棒の垂直二等分線上で，棒から a〔m〕だけ離れた点 P の電界の強さ $\boldsymbol{E}$ を求めなさい。

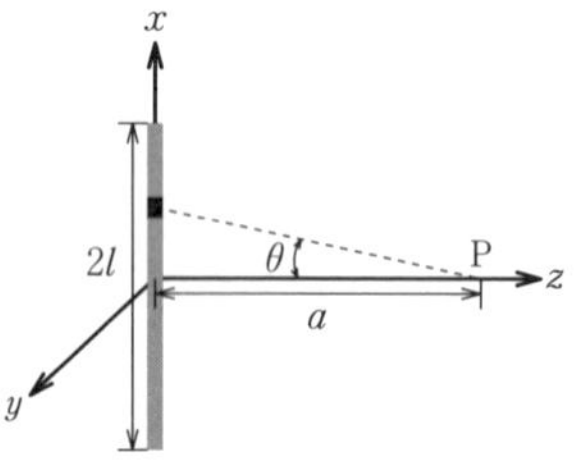

問図 2.1　棒状電荷による電界

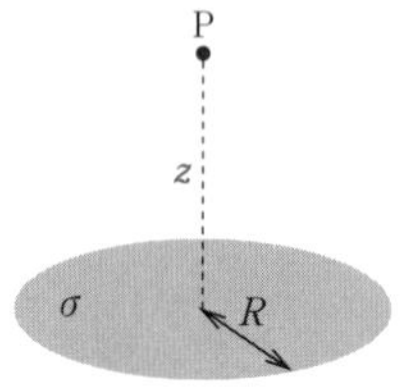

問図 2.2　円板状電荷による電界

【4】 一様な面電荷密度 σ〔C/m^2〕で帯電した半径 R〔m〕の厚さが無視できる円板がある（**問図 2.2**）。円板に垂直で中心位置から距離 z〔m〕の点 P での電界の強さ $\boldsymbol{E}$ を求めなさい。また，$R \gg z$ の場合はどのような結果になるか考察しなさい。

【5】 $V(x, y) = \dfrac{1}{r} = \dfrac{1}{\sqrt{x^2+y^2}}$ のとき，grad V を求めなさい。

【6】 $\boldsymbol{B} = y^2 z \mathbf{e}_x + 2(x+1)yz\mathbf{e}_y - (x+1)z^2\mathbf{e}_z$ のとき，rot $\boldsymbol{B}$ を求めなさい。

なお，直角座標系では，$\boldsymbol{B}(x, y, z) = B_x(x, y, z)\mathbf{e}_x + B_y(x, y, z)\mathbf{e}_y + B_z(x, y, z)\mathbf{e}_z$ のとき，rot $\boldsymbol{B}$ は以下の式で求められる。

$$\text{rot}\,\boldsymbol{B}(x, y, z) = \begin{vmatrix} \mathbf{e}_x & \mathbf{e}_y & \mathbf{e}_z \\ \dfrac{\partial}{\partial x} & \dfrac{\partial}{\partial y} & \dfrac{\partial}{\partial z} \\ B_x(x, y, z) & B_y(x, y, z) & B_z(x, y, z) \end{vmatrix}$$

真空中の静電界 II —— ガウスの定理・発散 ——

3

3.1 ガウスの定理

第2章でプラスの電荷から電気力線が発生し，マイナスの電荷に終わることを学び，電気力線の密度は電界の強さに比例すると定義した。電気力線を発生する電荷の量が増加すればそれに比例して電気力線の本数が増し，密度が高くなるので，電界が強くなる。プラスの電荷からは電気力線が出ていき，マイナス電荷には電気力線が入っていく。すなわち，電気力線の本数は発生源（プラスの電荷）あるいは吸収源（マイナスの電荷）の電荷量の絶対値に比例する。これを図で表すと，**図3.1**（a）のように$+Q$〔C〕の電荷からN本の電気力線が発生するなら，$+2Q$〔C〕の電荷からは$2N$本の電気力線が発生すると考える。すると，図（b）のように膨らませた風船の外側から見て風船が作る面（閉じた面であり，以後**閉曲面**と呼ぶ）から出てくる電気力線の本数を数えると，風船の中，すなわち閉曲面の中に何Cの電荷が入っているかがわかることになる。図（c）のように，閉曲面の中に電気力線が入っていくのであれば中にはマイナスの電荷があるとわかる。こんな性質を整理して**ガウスの定理**（Gauss' theorem）（積分系）を導き，対称性の良い条件下で簡単に電荷が作る電界を求めることができる。このためにまず面積積分，立体角の概念を学ぼう。

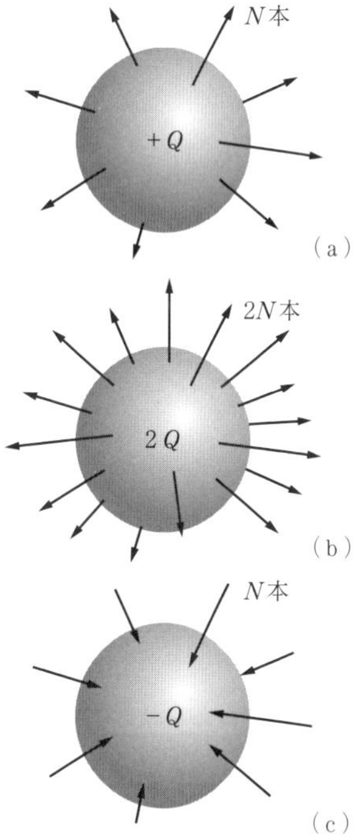

図3.1 発生する電気力線と閉曲面内部にある電荷量

3.1.1 面積ベクトル

図3.2のように閉曲面の表面に微小面積要素δSを考え，δSに対する電界の強さ$\boldsymbol{E}$の有効成分の大きさで電気力線の本数が決まると考える。この微小面積要素を表すベクトルとして$\delta\boldsymbol{S}$を考え，**図3.3**のようにその大きさδSが微小面積に等しく，その方向を微小面に垂直とする。方向はガウスの定理を用いるときは，図2.10（b）のように閉曲面の外向きとする。微小面積要素$\delta\boldsymbol{S}$を通過する電気力線の本数は，電界の強さ$\boldsymbol{E}$の微小面積要素に対する有効成分が最大になるとき，すなわち$\boldsymbol{E}$と$\delta\boldsymbol{S}$が平行のとき，通過する電気力線の本数は最大となり$E\delta S$である。本数は，

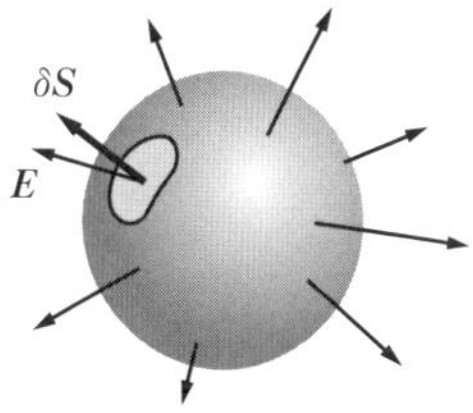

図3.2 閉曲面の一部に考えた小さな面積要素$\delta\boldsymbol{S}$と電界$\boldsymbol{E}$

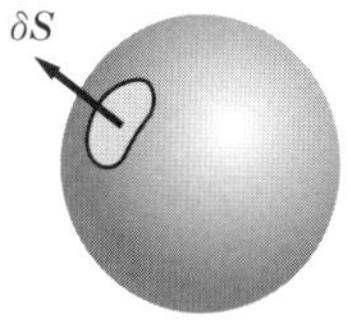

図3.3 閉曲面上の外向き微小面積ベクトル（図2.10（b）再掲）

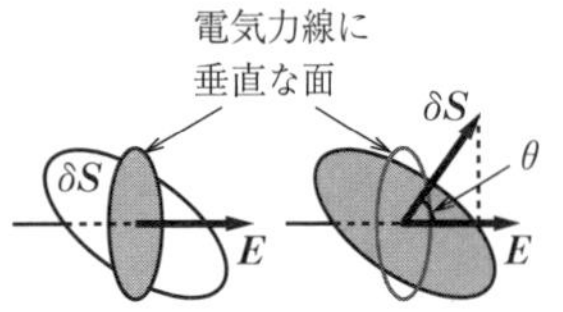

図 3.4　$\delta\boldsymbol{S}$ を通過する電気力線の数 $\boldsymbol{E}\cdot\delta\boldsymbol{S}=E\delta S\cos\theta$

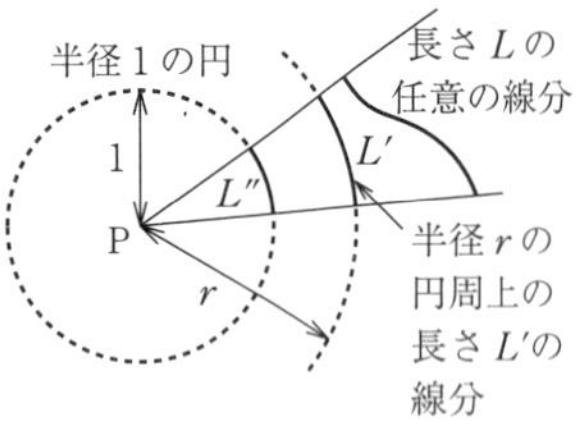

図 3.5　平面角（ラジアン）表示

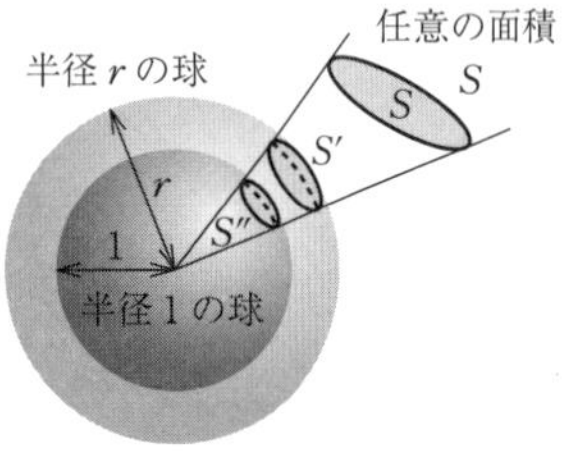

S'：半径 $\boldsymbol{r}$ の球表面上に投影した面積
S''：半径１の球表面上に投影した面積

図 3.6　立体角（ステラジアン）表示

電界の強さ $\boldsymbol{E}$ と微小面積要素を表すベクトル $\delta\boldsymbol{S}$ とのなす角度によって異なり，ベクトルの内積を使って $\boldsymbol{E}\cdot\delta\boldsymbol{S}=E\delta S\cos\theta$（$\theta$ は $\boldsymbol{E}$ と $\delta\boldsymbol{S}$ がなす角）で表される（**図 3.4**）。

3.1.2　平面角と立体角

平面角を弧度法（ラジアン）で表すには，**図 3.5** のようにある点 P から長さ L の任意の線分の両端を見たとき，それが点 P を中心とする半径 r の円を切り取る弧の長さ L' の半径 r に対する比 L'/r で表す。すなわち「長さ L の任意の線分を半径１の円へ投影した長さ L'' により角度を表す方法」である。したがって平面角の全角度は 2π である。

この考え方の次元を上げて３次元としたのが**立体角**（ステラジアン）である。すなわち**図 3.6** のように「任意の面積 S を見る立体角 ω は，それを半径 r の球上に投影した面積 S' を半径 r の２乗で除したもの」である。

すなわち，次式で表される。

$$\omega=\frac{S'}{r^2}=\frac{S''}{1^2}=S'' \tag{3.1}$$

上式２項目の表現は，「立体角は単位半径の球（半径が１の球）上に投影された面積である」ことを示すものである。任意の微小面積 $\delta\boldsymbol{S}$ を距離 r のところから見た立体角は，次式で表される。

$$\mathrm{d}\omega=\frac{1}{r^2}\frac{\boldsymbol{r}}{r}\cdot\mathrm{d}\boldsymbol{S} \tag{3.2}$$

すなわち，$\delta\boldsymbol{S}$ の $\boldsymbol{r}$ 方向成分を r^2 で除したものとなる。なお，立体角の全角度は 4π である。

3.1.3　ガウスの定理（積分形）

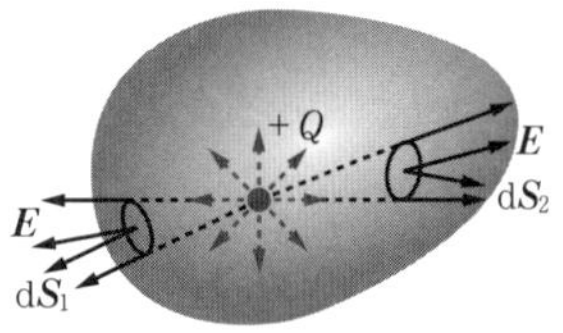

図 3.7　ある閉曲面から出ていく電気力線の総数を数える

さて，この立体角を用いて，**図 3.7** に示すような，ある閉曲面から出ていく電気力線の総数を数えてみる。簡単のために，閉曲面内には単一の点電荷 $+Q$〔C〕があるとする。$+Q$ からの電気力線は図のように周囲に平等に出ていく。閉曲面の一部 $\mathrm{d}\boldsymbol{S}_1$，$\mathrm{d}\boldsymbol{S}_2$ を図のように定める。$\mathrm{d}\boldsymbol{S}_1$，$\mathrm{d}\boldsymbol{S}_2$ を通過する電気力線の数 $\mathrm{d}\varphi_1$，$\mathrm{d}\varphi_2$ はそれぞれ

$$\mathrm{d}\varphi_1=\boldsymbol{E}\cdot\mathrm{d}\boldsymbol{S}_1,\qquad \mathrm{d}\varphi_2=\boldsymbol{E}\cdot\mathrm{d}\boldsymbol{S}_2 \tag{3.3}$$

である。いま点電荷を考えているから

$$\boldsymbol{E}=\frac{Q}{4\pi\varepsilon_0 r^2}\frac{\boldsymbol{r}}{r} \tag{3.4}$$

$$d\varphi = \frac{Q}{4\pi\varepsilon_0 r^2}\frac{\boldsymbol{r}}{r}\cdot d\boldsymbol{S} \tag{3.5}$$

となる。このとき

$$\frac{1}{r^2}\frac{\boldsymbol{r}}{r}\cdot d\boldsymbol{S} \tag{3.6}$$

の部分は，式(3.2)に定義するように $d\boldsymbol{S}$ を点電荷のある位置から見る立体角である。$d\varphi$ を閉曲面全体に渡って積分すると

$$\Phi = \int_S d\varphi = \frac{Q}{4\pi\varepsilon_0}\int_S \frac{\boldsymbol{r}}{r^2 r}\,d\boldsymbol{S} = \frac{Q}{4\pi\varepsilon_0}\int_S d\omega = \frac{Q}{4\pi\varepsilon_0}4\pi = \frac{Q}{\varepsilon_0} \tag{3.7}$$

となる。すなわち，ある閉曲面から出ていく**電気力線の総数** Φ は，その閉曲面内に含まれる電荷の量の $1/\varepsilon_0$ 倍に等しいことがわかる。これが**ガウスの定理**（**積分形**）である。

では，外部にある電荷はどう影響するであろうか。**図 3.8** のように閉曲面の外部に点電荷がある場合を考える。外部の電荷から出た電気力線は閉曲面に $d\boldsymbol{S}_1$ から入って $d\boldsymbol{S}_2$ から出ていく。すなわち，$\boldsymbol{E}$ と $d\boldsymbol{S}_1$ は逆向きで $d\varphi_1 = \boldsymbol{E}\cdot d\boldsymbol{S}_1$ は負，$\boldsymbol{E}$ と $d\boldsymbol{S}_2$ は同じ向きで $d\varphi_2 = \boldsymbol{E}\cdot d\boldsymbol{S}_2$ は正となり，それらの合計は 0 となる。電気力線は交わることはないから，$d\boldsymbol{S}_1$ から入った（$d\boldsymbol{S}_1$ を見る立体角内にある電気力線）は必ず $d\boldsymbol{S}_2$ から出ていく。その結果，閉曲面の外部にある電荷は式(3.7)の積分の右辺には関係しない。任意の電荷分布に対しては，それを点電荷に分割して考えればそれらの重ね合わせとなるから，結局，以下のようにまとめることができる。

閉曲面から出ていく電気力線の総数は，閉曲面内に含まれる電荷の総量の $1/\varepsilon_0$ に等しい。これを電荷密度分布 ρ が与えられている場合について表せば，次式のとおりである。

$$\Phi = \oint_S \boldsymbol{E}\cdot d\boldsymbol{S} = \frac{Q}{\varepsilon_0} = \frac{1}{\varepsilon_0}\int_V \rho\, dV \tag{3.8}$$

この右辺は，電荷分布 ρ を閉曲面内の体積 V 内で積分した閉曲面内の全（総）電荷量の $1/\varepsilon_0$ である。

このガウスの定理の積分形を，つぎのように例えてみる。**図 3.9** のように水道の蛇口から流出している水を風船で受けていると考える。その風船に穴が開いていれば流入している水はすべてそこから出ていくはずである（図(c)）。これを図 3.8 の外部に電荷のある場合に相当すると考える。この場合，蛇口（湧出し口）からの水の流出は等方的ではないが，正の点電荷（湧出し口）であれば，電気力線は等方的に出ていく。水の流出する湧き

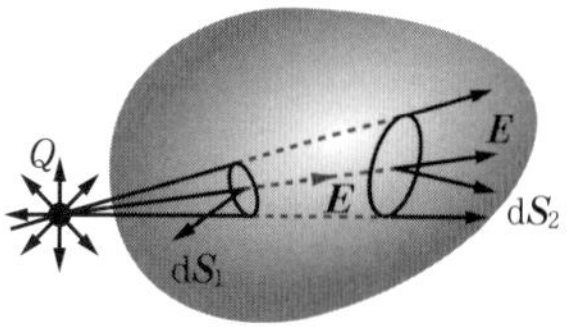

図 3.8 閉曲面の外側から入った電気力線はすべて閉曲面の外側に出ていく。すなわち，この図では電気力線の入ってくる $d\boldsymbol{S}_1$ の部分で $d\varphi_1 = \boldsymbol{E}\cdot d\boldsymbol{S}_1$ は負，出ていく $d\boldsymbol{S}_2$ の部分では $d\varphi_2 = \boldsymbol{E}\cdot d\boldsymbol{S}_2$ は正となり，外側から入ってきた電気力線の合計量 $d\varphi_1 + d\varphi_2$ は 0 となる。そのため，閉曲面全体から出ていく電気力線（これを単純に閉曲面から出ていく電気力線という）の総数 Φ は，外部の電荷には関係せず，閉曲面内部の電荷にのみ依存することになる。

まとめ

ガウスの定理の積分形：
「閉曲面」から出ていく電気力線の総数 Φ は，「閉曲面内のみ」に含まれる電荷の総量の $1/\varepsilon_0$ 倍に等しい。
すなわち

$$\Phi = \oint_S \boldsymbol{E}\, d\boldsymbol{S} = \frac{1}{\varepsilon_0}\int_V \rho\, dV$$

である。ここで ρ は閉曲面内の電荷密度分布である。

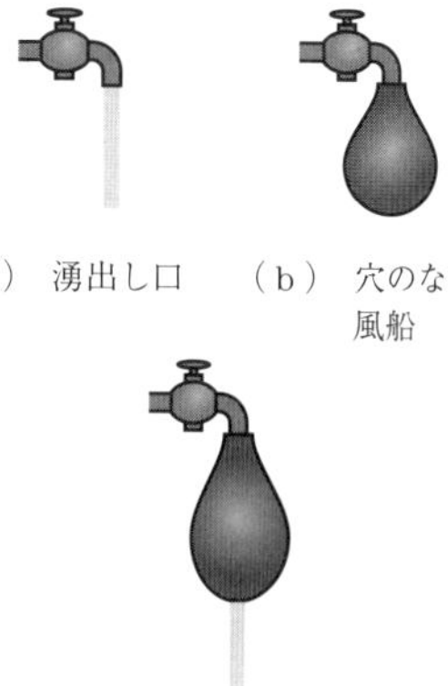

（a） 湧出し口　（b） 穴のない風船

（c） 穴から流出する水，入った水はすべて出ていく

図 3.9 ガウスの定理を理解するための蛇口と風船

出し口に対して，吸い込み口があったとしてそれを負の湧き出し口と考えれば前者が正の電荷で，後者が負の電荷に相当する。もし風船の表面に小さな穴が無数にあったとしたらそこから水は流入した分だけ出ていくに違いない。これが図3.7の場合を説明する。湧き出し口をソース（source），吸い込み口をシンク（sink）という。正の電荷は電気力線のソース，負の電荷は電気力線のシンクである。

3.1.4　ガウスの定理（積分形）の使い方

例題を解きながら，ガウスの定理の使い方を学ぼう。

例題 3.1　**一様電荷密度の球状電荷**

体積電荷密度 ρ〔C/m^3〕で半径 a〔m〕の球内に一様に分布した電荷による電界の強さ $\boldsymbol{E}$ および電位 V の分布を求めてみよう。

【解答例】

（1）　まず，発生する電界分布を考える。球状の電荷は球の中心点を原点とする点対称の構造であり，発生する電界ベクトルも点対称となる。すなわち，電界の強さは半径 r だけの関数であり，θ，ϕ に依存せず，電界の強さの $\mathbf{e}_\theta$，$\mathbf{e}_\phi$ 方向成分どちらも 0 でなければならない。なぜなら，$\mathbf{e}_\theta$ 方向成分あるいは $\mathbf{e}_\phi$ 方向成分が有限の値を持つと，点対称のベクトル場にならないからである。したがって，$\boldsymbol{E}(r)=E(r)\,\mathbf{e}_r$ と r 方向成分のみのベクトル場で表すことができる。

（2）　さて，ガウスの定理を利用するときは，上記のように想定した電界に対して，つねに垂直な面あるいは平行な面で構成される閉曲面を考えることで実際の計算ができるようになる。その理由は，この解答例の中で順次説明する。

本例題では $\boldsymbol{E}(r)=E(r)\,\mathbf{e}_r$ の電界の強さが想定されるので，これにつねに平行な $\mathrm{d}\boldsymbol{s}$ を有する閉曲面を考えると便利である。すなわち，**図 3.10** に示すように，球状電荷の中心と同じ中心を持ち球状電荷を覆うような球状の閉曲面を考える。

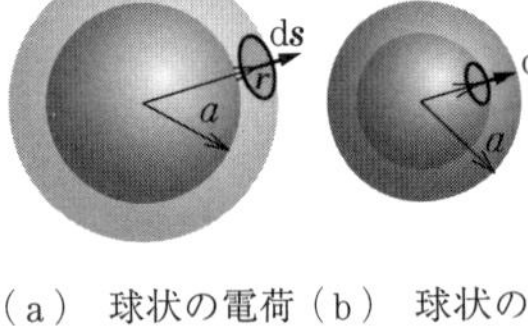

（a）　球状の電荷分布の外側で電界の強さを求めるための閉曲面。球状電荷分布と中心が同じで球状の閉曲面である。

（b）　球状の電荷分布の内側で電界の強さを求めるための閉曲面。球状電荷分布と中心が同じだが半径の小さい閉曲面である。

図 3.10　電荷の作る球状に一様に分布する電界の強さをガウスの定理の積分形と問題の対称性を利用して求める

（3）　この閉曲面から出てくる電気力線の総数を表す式 (3.8) の左辺は $\boldsymbol{E}(r)$ と $\mathrm{d}\boldsymbol{s}$ の内積を積分したものである。その内積は，$\boldsymbol{E}(r)$ と $\mathrm{d}\boldsymbol{s}$ は平行だから $\boldsymbol{E}(r)\cdot\mathrm{d}\boldsymbol{s}=E(r)\,\mathbf{e}_r\cdot\mathrm{d}s\,\mathbf{e}_r=E(r)\,\mathrm{d}s$ である。したがって積分は次式となる。

$$\oint_S \boldsymbol{E}(r)\cdot\mathrm{d}\boldsymbol{S}=\oint_S E(r)\mathrm{d}S=E(r)\oint_S \mathrm{d}S=4\pi r^2E(r) \tag{3.9}$$

このとき，ある半径 r 上の閉曲面上で面積積分するときの $\boldsymbol{E}(r)$ は r が一定だから $\boldsymbol{E}(r)$ の絶対値も一定で，積分の外に出すことができた。

（4）　一方，式 (3.8) の右辺の閉曲面内の総電荷量は，電界の強さを求める点の原点からの距離 r（閉曲面の半径 r）が球状電荷の半径 a とどのような関係かによって 2 通りの場合（$r>a$，$r\leqq a$）に分けて考える。

（5）　$r>a$ の場合，閉曲面は，球状電荷の外にあるから，その中の総電荷量は球状電荷の全体の電荷量であるから $r(r>a)$ が変化しても変化せず一定であるから，Q/ε_0 は次式で表される。

$$\frac{Q}{\varepsilon_0}=\frac{1}{\varepsilon_0}\int_v \rho\,\mathrm{d}v=\frac{\rho}{\varepsilon_0}\int_v \mathrm{d}v=\frac{\rho}{\varepsilon_0}\frac{4}{3}\pi a^3 \tag{3.10}$$

（6） 式 (3.9)，式 (3.10) から，式 (3.8) の両辺が求まり

$$4\pi r^2 E(r) = \frac{\rho}{\varepsilon_0}\frac{4}{3}\pi a^3 \tag{3.11}$$

$$\therefore E(r) = \frac{a^3\rho}{3\varepsilon_0 r^2} \quad \left(= \frac{4\pi a^3 \rho}{3}\frac{1}{4\pi\varepsilon_0 r^2} = \frac{Q}{4\pi\varepsilon_0 r^2} \right) \tag{3.12}$$

となる。電界の強さの向きを表すためベクトルを追加して，以下のとおり。

$$\boldsymbol{E}(r) = \frac{a^3\rho}{3\varepsilon_0 r^2}\mathbf{e}_r \quad 〔\mathrm{V/m}〕 \tag{3.13}$$

（7） $r \leqq a$ の場合，式 (3.8) の右辺 Q'/ε_0 の積分範囲は閉曲面の半径 r 内であり，式 (3.10) とは異なり，次式のように r の関数となる。

$$\frac{Q'}{\varepsilon_0} = \frac{1}{\varepsilon_0}\int_{\mathrm{v}} \rho\,\mathrm{d}v = \frac{\rho}{\varepsilon_0}\int_{r=0}^{r=r}\int_{\theta=0}^{\pi}\int_{\phi=0}^{2\pi} r^2 \sin\theta\,\mathrm{d}r\,\mathrm{d}\theta\,\mathrm{d}\phi = \frac{\rho}{\varepsilon_0}\left(\frac{4}{3}\pi r^3\right) \tag{3.14}$$

（8） したがって，左辺は式 (3.9) のままであるが，右辺は式 (3.14) となるので，以下のようになる。

$$4\pi r^2 E(r) = \frac{4}{3\varepsilon_0}\pi r^3 \rho \quad \Rightarrow \quad \therefore \boldsymbol{E}(r) = \frac{\rho}{3\varepsilon_0} r\,\mathbf{e}_r \tag{3.15}$$

このように r が a より大きいか小さいかで電界の強さの関数が異なることがわかる。

（9） つぎに，ここまでに求めた電界の強さの式を用いて電位差，電位を求める。

まず，$r > a$ の場合の半径 r_α の点の電位を基準電位とした r_β の点の電位（電位差 $V_{\alpha\beta}$）を求める。

$$V_{\alpha\beta} = -\int_{r=r_\alpha}^{r=r_\beta} \boldsymbol{E}(r)\cdot \mathrm{d}\boldsymbol{r} = -\int_{r=r_\alpha}^{r=r_\beta} \frac{a^3\rho}{3\varepsilon_0 r^2}\mathbf{e}_r \cdot \mathrm{d}\boldsymbol{r} = -\int_{r=r_\alpha}^{r=r_\beta}\frac{a^3\rho}{3\varepsilon_0 r^2}\mathrm{d}r = \frac{a^3\rho}{3\varepsilon_0}\left(\frac{1}{r_\beta} - \frac{1}{r_\alpha}\right) \tag{3.16}$$

これで点 r_α と点 r_β 間の電位差が求まった。ここで無限遠点を基準点とした $r_\alpha = r$ の点の電位 V_r は，$r_\alpha \to \infty$，$r_\beta \to r$ として，式 (3.15) から容易につぎのように導かれる。

$$V(r) = \frac{a^3\rho}{3\varepsilon_0}\frac{1}{r} = \frac{1}{r}\frac{4\pi\varepsilon_0}{4\pi\varepsilon_0}\frac{a^3\rho}{3\varepsilon_0} = \frac{4\pi a^3\rho}{3}\frac{1}{4\pi\varepsilon_0 r} = \frac{Q}{4\pi\varepsilon_0 r} \quad 〔\mathrm{V}〕 \tag{3.17}$$

ここで，$Q = (4/3)\pi a^3 \rho$ は一様球状電荷分布の全電荷量である。これらの結果から，球状電荷分布の外側では，電界および電位は全電荷が球の中心に集まっているときと結果として同じ形をしていることが理解された。

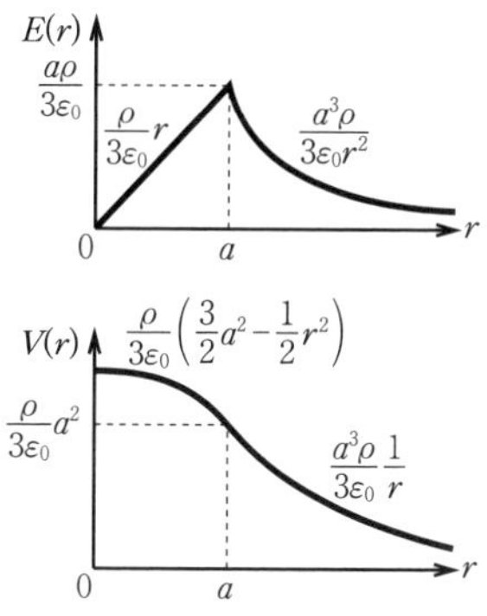

図 3.11 一様球状電荷分布による電界 E と電位 V の分布。球の中心からの距離 r の関数である。

（10） 一方，$r \leqq a$ の場合，無限遠点を基準とした半径 r の点での電位 V は，積分範囲が $r = \infty$ から a までのときの電界の式 (3.13) と，$r = a$ から 0 までのときの電界の式 (3.15) のように二つの場合で電界が異なるので，電位を求めるときの積分範囲によって用いる電界の式を以下のように使い分けなければならない。

$$\begin{aligned} V(r) &= -\int_\infty^r \boldsymbol{E}(r)\cdot \mathrm{d}\boldsymbol{r} = -\int_\infty^a \frac{a^3\rho}{3\varepsilon_0 r^2}\mathbf{e}_r\cdot \mathrm{d}\boldsymbol{r} - \int_a^r \frac{\rho r}{3\varepsilon_0}\mathbf{e}_r \cdot \mathrm{d}\boldsymbol{r} \\ &= \left[\frac{a^3\rho}{3\varepsilon_0 r}\right]_\infty^a - \left[\frac{\rho r^2}{2\cdot 3\varepsilon_0}\right]_a^r = \left[\frac{a^2\rho}{3\varepsilon_0} - 0\right] - \left[\frac{\rho r^2}{2\cdot 3\varepsilon_0} - \frac{a^2\rho}{2\cdot 3\varepsilon_0}\right] \\ &= \frac{\rho}{3\varepsilon_0}\left(\frac{3}{2}a^2 - \frac{1}{2}r^2\right) \quad 〔\mathrm{V}〕 \end{aligned} \tag{3.18}$$

となる。これらの結果から電界および電位の r に関する関数を図示すると**図 3.11** のとおりである。

例題 3.2　体積電荷密度が $\rho(r) = kr$ の場合の球状電荷

体積電荷密度 $\rho(r) = kr$〔$\mathrm{C/m^3}$〕（ただし k は定数）で電荷が分布している半径 a〔m〕の球状の電荷による電界の強さ $\boldsymbol{E}$ および電位 V の分布を求めてみよう。

【解答のヒント】

この例題も例題 3.1 と同様に電荷分布が点対称であるので，電界分布も点対称であり，したがって求める

電界分布は $\boldsymbol{E}(r)=E(r)\,\mathbf{e}_r$ と考えてよい。また例題 3.1 と同様，ガウスの定理で用いる閉曲面も，球状電荷の中心と同じ中心を持つ球状の閉曲面を考えればよい。したがって，ガウスの定理の左辺は，式 (3.9) と同一となる。しかし，右辺の全電荷量を求めるとき球状電荷分布は例題 3.1 の一様な場合とは異なるのでその点に注意しなければならない。$r>a$ の場合のガウスの定理の式の右辺は

$$\frac{Q}{\varepsilon_0}=\frac{1}{\varepsilon_0}\int_{\mathrm{v}}\rho(r)\,\mathrm{d}v=\frac{1}{\varepsilon_0}\int_{r=0}^{r=a}\rho(r)\,4\pi r^2\,\mathrm{d}r=\frac{4\pi}{\varepsilon_0}\int_{r=0}^{r=a}kr\,r^2\,\mathrm{d}r=\frac{\pi k a^4}{\varepsilon_0} \tag{3.19}$$

となる。$r\leqq a$ の場合は，積分範囲を $r=0\sim r$ として閉曲面内の全電荷量が r の関数になることに注意する。電位を求めるときには，例題 3.1 と同様に $r>a$，$r\leqq a$ の二つの場合に分けて電界分布関数が変化することに注意して積分しなければならない。電界の強さおよび電位の分布は，つぎのようになる。

$$\boldsymbol{E}(r)=\frac{k}{4\varepsilon_0}r^2\mathbf{e}_r\ \ 〔\mathrm{V/m}〕\ (r\leqq a),\qquad \boldsymbol{E}(r)=\frac{ka^4}{4\varepsilon_0 r^2}\mathbf{e}_r\ \ 〔\mathrm{V/m}〕\ (r>a) \tag{3.20}$$

$$V(r)=\frac{k}{12\varepsilon_0}\left(4a^3-r^3\right)\ \ 〔\mathrm{V}〕\ (r\leqq a),\qquad V(r)=\frac{ka^4}{4\varepsilon_0 r}\ \ 〔\mathrm{V}〕\ (r>a) \tag{3.21}$$

例題 3.3　一様電荷分布の無限長直線状の電荷

無限長直線状電荷を考える。単位長さ当り σ〔C/m〕の電荷を有するとしたとき，中心軸上から r だけ離れた点での電界の強さを求めよう。また半径 b の点での電位を基準としたときの半径 a での電位を求めてみよう。

【解答例】

まず問題の性質を考える。(以下（　）内の番号は**図 3.12** の番号と対応している。)

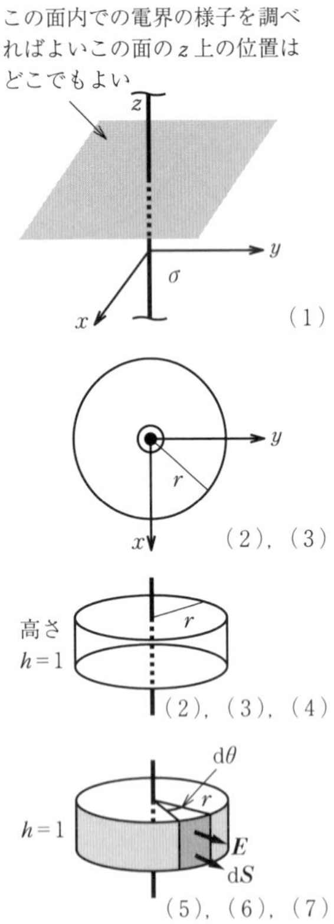

図 3.12　無限長直線状電荷分布による電界と電位

（1）　無限長直線状導体なので，z の値が変化しても電界の様子は変化しない。すなわち，ある z の値のところで (x, y) 平面上の電界の強さの分布を考えればよい。

（2）　電荷分布は z 軸上のみにあるのだから，電界の強さの分布は z 軸を中心にして (x, y) 平面上で点対称である。

（3）　すなわち電界の強さは (x, y) 平面上原点からの距離のみ，すなわち図 (2)，(3) の r のみの関数であり，$\boldsymbol{E}(r)=E(r)\mathbf{e}_\rho$ と推定できる ($\mathbf{e}_\rho$ は円筒座標の半径方向の単位ベクトル)。これらのことをふまえてガウスの定理を適用する閉曲面を決める。

（4）　図のように z 軸に沿って高さ $h=1$，半径 r の円筒状の閉曲面を考える。

（5）　円筒状の閉曲面の上下の底面からは電気力線は出ていかない。なぜなら，上下の面の微小面積ベクトル $\mathrm{d}\boldsymbol{s}$ と $\boldsymbol{E}(r)$ は垂直であるから。

（6）　(3) で述べたように電界の強さの向きは図示するように側面に垂直である。

（7）　円筒の側面から出ていく電気力線の総数を計算するために，まず円筒の側面に図のように微小面積ベクトル $\mathrm{d}\boldsymbol{S}$ を考える。$\mathrm{d}\boldsymbol{S}=\mathrm{d}S\,\mathbf{e}_\rho=r\mathrm{d}\theta\times 1\mathbf{e}_\rho$ である。

（8）　したがってガウスの定理左辺は，以下のように書き下せる。

$$\oint_{\mathrm{S}}\boldsymbol{E}\cdot\mathrm{d}\boldsymbol{S}=\int_{\theta=0}^{2\pi}\boldsymbol{E}\cdot\boldsymbol{r}\,\mathrm{d}\theta \tag{3.22}$$

（9）　$\boldsymbol{E}$ は半径 r の円周上で一定でどこでも $\boldsymbol{r}$ 方向を向いているから式 (3.22) は

$$\int_{\theta=0}^{2\pi}\boldsymbol{E}\cdot\boldsymbol{r}\,\mathrm{d}\theta=Er\int_{\theta=0}^{2\pi}\mathrm{d}\theta=2\pi rE \tag{3.23}$$

(10)　一方，ガウスの定理右辺は，$\sigma\times 1/\varepsilon_0$ であるから

$$2\pi r E = \frac{\sigma \times 1}{\varepsilon_0} \tag{3.24}$$

(11) これから電界の強さの大きさは次式となる。

$$E = \frac{\sigma}{2\pi\varepsilon_0 r} \tag{3.25}$$

(12) この電界の強さを，半径 $r=b$ での電位を基準として，$r=a$ の電位（電位差 V_{ba}）を求める。点 b から点 a まで式 (3.25) を積分して，つぎのとおりとなる。

$$V_{ba} = -\int_b^a \boldsymbol{E}\cdot \mathrm{d}\boldsymbol{r} = -\int_b^a \boldsymbol{E}\cdot \mathrm{d}\boldsymbol{r} = -\int_b^a \frac{\sigma}{2\pi\varepsilon_0 r}\,\mathrm{d}r = \frac{\sigma}{2\pi\varepsilon_0}(\ln b - \ln a) \tag{3.26}$$

(13) このとき，点 b を無限遠点とすると，式 (3.26) より電位差 V_{ba} は発散し，この場合は基準点を無限遠点に取れない。

例題 3.4　板状電荷による電界の強さ

面電荷密度 σ〔C/m^2〕で一様に分布している無限平面状の電荷分布がある。このときの電界の強さおよび電位の分布を求めてみよう。

【解答のヒント】

この例題は，電界の強さが無限平面に垂直な方向の成分しか持たないことが理解できれば非常に簡単に解ける。なぜ電界の強さがこの無限平面に垂直となるか。それを示すことに意義のある例題である。その論理を順序良く理解することが重要である。

面上に微小面積 ds を考えると，この板は面電荷密度 σ〔C/m^2〕であるからこの部分の電荷 $\mathrm{d}q$ は，**図 3.13**（a）に示すように，$\mathrm{d}q=\sigma\mathrm{d}s$ である。ds は微小なため点 P から見ると $\mathrm{d}q$ は点電荷のように見える。ds から点 P へ引いたベクトルを $\boldsymbol{r}$ とすると点 P での $\mathrm{d}q$ による電界の強さ $\mathrm{d}\boldsymbol{E}$ が決まる。この電界の強さ $\mathrm{d}\boldsymbol{E}$ は，図（a）のように面に垂直成分と面に平行成分を有する。

一方，点 P から面に垂線を下ろし，その足を点 S とする。ds の点 S に対する点対称な点に $\mathrm{d}s_1$ なる同じ大きさの領域を考え，それが点 P に作る電界の強さを求めると，図（b）に示すように距離の絶対値は同じなので ds の部分が作る電界の強さと向きだけが異なり大きさの等しい電界となることがわかる。

この二つの電界の強さを足し合わせると，平板と平行な成分は打ち消され，平板に垂直な成分しか残らない。このように，平板上のどのような点にある $\mathrm{d}q$ から発生する電界の任意の点での強さ $\mathrm{d}\boldsymbol{E}$ も，その点から垂線を下ろして上記のような対称な点の $\mathrm{d}q_1$ を考えれば，発生する電界の強さの向きはつねに平板に垂直になる（図（c））。ガウスの定理を適用する閉曲面を図（c）のように，上下に面積 $\mathrm{d}\boldsymbol{s}$ の蓋を持つ，高さ h の円筒とする。上下の $\mathrm{d}\boldsymbol{s}$ からそれぞれ $\boldsymbol{E}\cdot\mathrm{d}\boldsymbol{s}$ の電気力線が出ていくので，ガウスの定理は，$2E\mathrm{d}s=\sigma\mathrm{d}s/\varepsilon_0$ となり，電界の強さは以下のとおりとなる。

$$\boldsymbol{E}(z) = \frac{\sigma}{2\varepsilon_0}\mathbf{e}_z \quad \text{〔V/m〕} \ (z>0),$$

$$\boldsymbol{E}(z) = -\frac{\sigma}{2\varepsilon_0}\mathbf{e}_z \quad \text{〔V/m〕} \ (z<0) \tag{3.27}$$

一方，電界の強さは，無限遠点を基準点に取ると発散するため，ここでは，$z=0$ を基準電位とすると

$$V(z) = -\frac{\sigma}{2\varepsilon_0}|z| \quad \text{〔V〕} \tag{3.28}$$

となる。

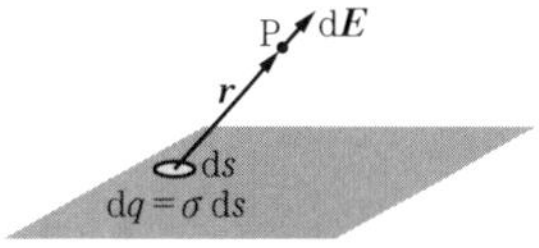

（a）

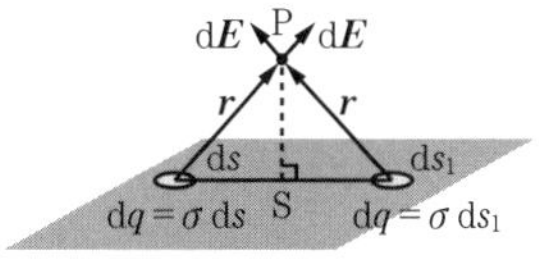

（b）

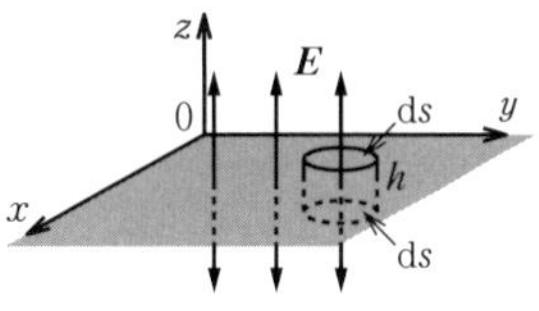

（c）

図 3.13　無限平板状電荷による電界の強さ

3.2 静電界中の導体

世の中の物質を電気的性質で分類するとすれば，導体，半導体，絶縁体（あるいは誘電体）の3種類に大別することができる。導体は導電率（その定義や単位などは後で登場する）が大きい物質（$10^4 \sim 10^6$ S/m 以上）を，絶縁体は導電率が小さい物質（$10^{-6} \sim 10^{-8}$ S/m 以下）をいう。場合によっては導体を導電率無限大，絶縁体を導電率0の理想化した状態で考えることもある。絶縁体（誘電体）については次章で扱い，ここでは，電荷が移動しやすい物質である導体について議論する。ただし，電荷には正負2種類のものがあり，導体中で電界によってそれらが力を受けるが，しばらくの間は，電荷の移動がない「静電界」での導体について考える。

例題 3.5　導体中の電荷と電界

導電率無限大の導体中に正の電荷がいくらか与えられたとしよう。その導体中の電荷の分布および導体中の電界は，静電界（すべての電荷の移動が終了し，電荷の移動がない状態）ではどのようになるか考えてみよう。

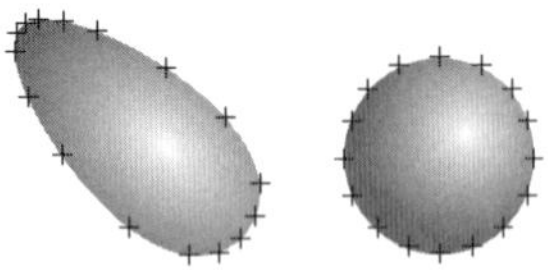

（a）　　（b）

図 3.14　静電状態では導体内に電荷はない。導体内でガウスの定理を適用すれば，導体内には電界はないことがわかる。球状導体ならば球表面に電荷は一様に分布する。

> **まとめ**
> 導体内は静電状態で
> $\rho=0$
> $E=0$

【解答のヒント】

まず，電荷によって導体内に電界が生じ，それがたがいの電荷に力を与える。同じ符号の電荷どうしは移動が可能な限りたがいに離れていく。この電荷の移動はすべての電荷が移動できなくなる導体の表面に到達するまで続き，その結果，導体内の電荷および電界が0となり，平衡状態に達する。すなわち，静電状態では導体内の電界は0，導体内には電荷は存在しない。電荷は導体表面にのみ存在する。導体内に電荷がないとき（$\rho=0$），導体内の電界が0になることは，導体内での任意の閉曲面を考え，そこでガウスの定理を適用すればその閉曲面内には電荷が存在せず閉曲面から出ていく電気力線はないことから容易にわかる。（**図 3.14**（a））

導体表面上の電荷分布は表面の形状および導体系の分布（どんな導体がどのような位置にあるかということ）によって異なる。ごく単純な例として，1個の球状の導体に電荷を与えたとき（図（b））は，その表面に一様に電荷が分布することは容易にわかる。

もし導体表面で表面に平行な電界の成分があったとすると，その電界によって表面にある電荷は力を受けて移動するから，これは静電状態ではない。したがって，静電状態では導体表面での電界の強さの向きは表面に垂直となっている（表面から垂直に電気力線が出ている）はずである。言い換えると，導体表面は等電位面となっている。導体内には電界はないから，導体全体が等電位となる。

3.2.1 導体と真空の境界での境界条件

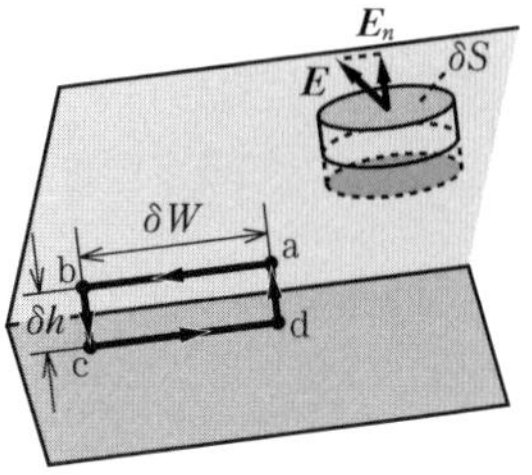

図 3.15 導体と真空（空気）の境界での電界の考察図

図 3.15 のように導体と真空（空気）の境界を考える。境界の両側にそれを挟んだ図のような 1 周積分路 a-b-c-d-a を考える。$ab = cd = \delta w$, $bc = da = \delta h$ とし，δh は限りなく小さくする。その上で電界の強さ $\boldsymbol{E}$ を 1 周積分すれば，導体内に電界はないから cd の部分の積分は 0 となり，bc，da の部分は δh が小さく無視できるから真空中での電界の強さの面内成分（境界面に平行な成分＝接線成分）を E_t とすれば

$$\oint_{\mathrm{abcda}} \boldsymbol{E} \cdot \mathrm{d}\boldsymbol{l} = E_t \delta w = 0 \tag{3.29}$$

となる。これから

$$E_t = 0 \tag{3.30}$$

が得られる。

つぎに，電界の強さの境界表面に垂直な成分 E_n を求めることを考える。図 3.15 のように境界を挟んだ円柱状の閉曲面を考える。境界条件を考えるので，円柱の高さは無限小と考えると円柱側面からの電気力線の出入りは無視できる（式 (3.30) のように境界面に平行な電界の強さの成分が 0 であるので，円柱側面の電気力線の出入りはない)。したがって，円柱上面と底面の二つの面を考えればよい。このとき，底面（金属内部）では電界は 0 なので，結局円柱の上面だけの面積積分をすればよい。したがって

$$\oint_{\mathrm{S}} \boldsymbol{E} \cdot \mathrm{d}\boldsymbol{s} = E_n \delta S = \frac{\rho_s \delta S}{\varepsilon_0} \tag{3.31}$$

となる。ここで ρ_s は境界面上の金属の表面電荷面密度である。これから結局つぎの関係が得られる。

$$E_n = \frac{\rho_s}{\varepsilon_0} \quad \text{〔V/m〕} \tag{3.32}$$

すなわち，導体表面での電界の強さは表面に垂直であり，その大きさは導体表面の面電荷密度に比例する。

3.2.2 導体表面での電気力線

例題 3.5 の「解答のヒント」で述べたように，導体は等電位になっており，その表面は等電位面である。等電位面と電気力線は直交するから，導体表面では電気力線は表面に垂直に出入りする（**図 3.16**）。

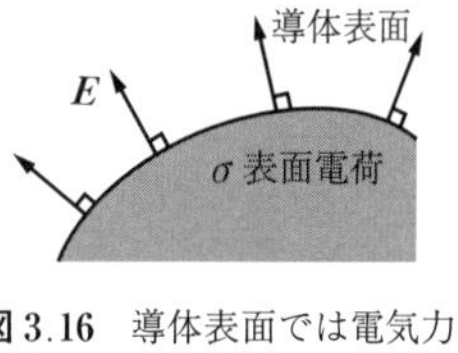

図 3.16 導体表面では電気力線は導体に垂直に出入りする

3.2.3　導体上での誘導電荷

帯電していない（正負の電荷の量が等しく外部から見たとき電荷がないように見える状態）導体を静電界中に置くと，導体中の電子は動きやすいわけであるから，電界によって電界の向きと反対方向へ移動する。その結果，電子が減った部分が相対的に正に帯電する。導体内に正の電荷の偏った部分と負の電荷の偏った部分ができるから，これによって電界ができる。しかし，導体中は静電状態であり電界がないはずである。実は，このように電荷の偏りによって導体内に電界が生じようとしても，それを打ち消し合うように導体表面に電荷分布が生じるので，導体内の電荷は0に保たれるのである。このようにして生じた電荷を**誘導電荷**という。

3.2.4　静電シールド

静電シールドの概念を理解するのに，簡単のために**図 3.17**（a）のように内半径 b，外半径 c の導体球の殻（shell）について考える。この中心に点電荷 $+q$ を置く。この導体は，初めは帯電していないとする。

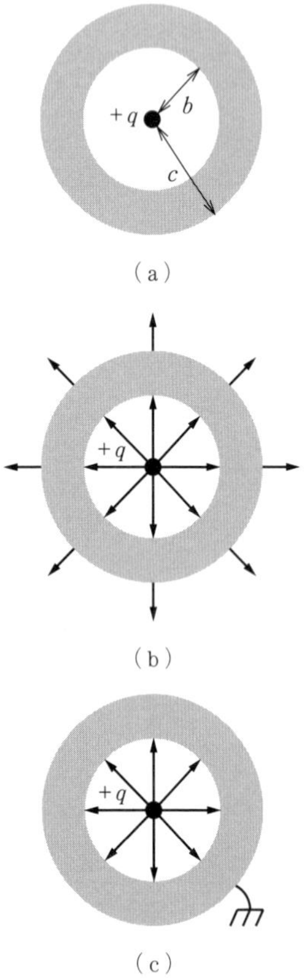

図 3.17　静電シールドしたときの内部にある電荷からの電気力線

（1）　点電荷 $+q$ から電気力線が出る（図（b））。点電荷 $+q$ は中心に置かれ，球殻も点対称であるから，点電荷から出た電気力線は点対称に放射状に広がっていくはずである。

（2）　点電荷 $+q$ の周りで半径 a の球面（$0<a<b$）でガウスの定理を適用すれば，電気力線の総数は $+q/\varepsilon_0$ である。

（3）　導体球殻の内側半径 b に到達した電気力線は，導体に垂直になっていなければならない。すなわち電気力線は，導体の内側の表面に垂直に入射する。

（4）　電気力線の終わったところには電荷があるはずである。電気力線がそこで終わっているのだから，そこには負の電荷が誘起されているはずである。したがって，半径 b の球殻内表面の面電荷密度は，$-q/4\pi b^2$〔$\mathrm{C/m^2}$〕である。

（5）　導体中（内半径 b から外半径 c までの部分）について考えると，導体中なので，電界は0である。

（6）　導体球殻の外部表面には，全体で $+q$ だけの正の電荷があることになる。したがってその密度は導体球殻の外半径を c とすれば $+q/4\pi c^2$ となる。

（7）　つぎに，この球殻を図（c）のように接地する。これによって球殻の電位は0電位で一定に保たれ，導体球殻の外部表面

試してみよう

球殻中心にある電荷 $+q$ の量を変化したとき外部表面の電荷密度は変化するか，それとも変化しないか。その理由を説明してみよう。

の $+q$ の電荷は接地点から球殻外に流れ出る。したがって球殻内部での，電荷による電気力線は（4）の球殻内表面のマイナスの電荷で終わるため，外には現れない。

以上のように，球殻の電位を一定に保つことによって，導体球殻内外の電界の関連を断ち切ることができることを意味する。これを一般化すると，電位を一定にした導体で区切られた内部と外部（あるいは両側）は，静電的に独立にできることを意味する。これを**静電シールド**という。

3.2.5　導体がある場合のガウスの定理

例題 3.6

電荷 Q を有する半径 a の導体球による電界と電位を求めてみよう。

【解答のヒント】

静電界では，例題 3.5 の「解答のヒント」で述べたように与えられた電荷は球の表面に分布し，導体内には電界はない。この例題は点対称であるので，球の表面の電荷分布は一様である。また，生ずる電界も球の中心に対して点対称で放射状である。すなわち電気力線は放射状に発散していくはずである。このことを想定して，**図 3.18** のように半径 r の閉曲面を考えてガウスの定理を用いればよい。面積積分での面積要素を**図 3.19** に記載する。

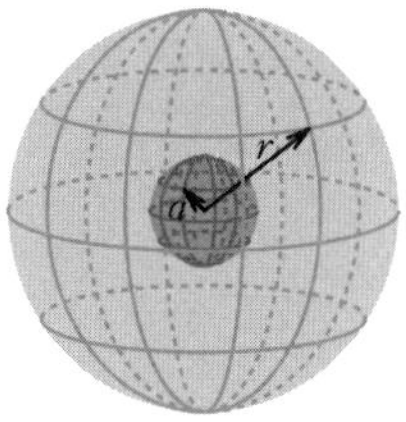

図 3.18　閉曲面

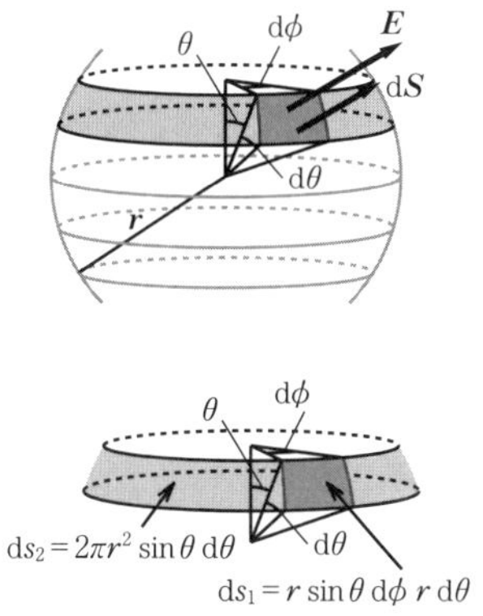

図 3.19　面積積分での面積要素

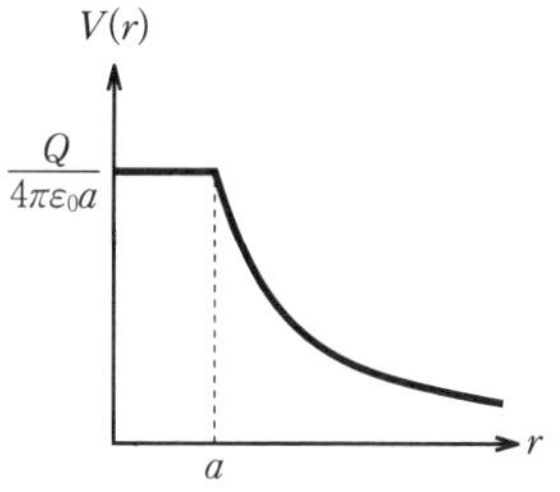

図 3.20　半径 $r=a$ の導体球の電位分布

$$E(r) = \frac{Q}{4\pi\varepsilon_0 r^2} \quad \text{〔V/m〕} \quad (r > a) \tag{3.33}$$

$$E(r) = 0 \quad \text{〔V/m〕} \quad (r \leqq a) \tag{3.34}$$

$$V(r) = \frac{Q}{4\pi\varepsilon_0 r} \quad \text{〔V〕} \quad (r > a) \tag{3.35}$$

$$V(r) = \frac{Q}{4\pi\varepsilon_0 a} \quad \text{〔V〕} \quad (r \leqq a) \tag{3.36}$$

ここで注意すべきことは，導体中（$r \leqq a$）では式 (3.34) のように電界が 0 であるので，導体内は同電位である。導体球の表面電位は式 (3.35) で半径 $r=a$ のときだから，導体球内部の電位は式 (3.36) で与えられる（**図 3.20**）。

3.3　電気力線の発散（ガウスの定理の微分形）

3.3.1　積分形と微分形

図 3.21　仮想の電気力線

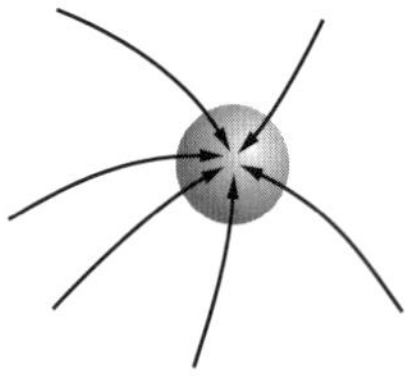

図 3.22　ガウスの定理（積分形）で電荷を探す

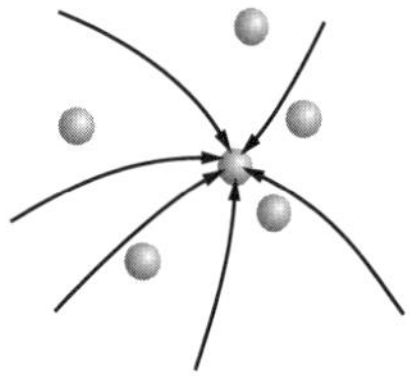

図 3.23　ガウスの定理（積分形）で電荷を探す（小さな閉曲面を使った場合）

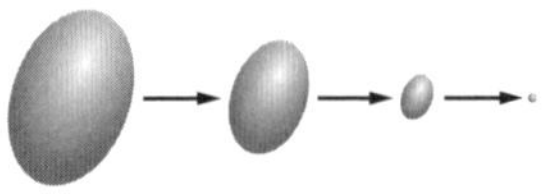

図 3.24　大きな閉曲面から点とみなせるくらい小さくした閉曲面へ

図 3.21 に示す電気力線を見たとき，どこにどんな電荷があると思われるか，図にその電荷を書き入れてみよう。

ここまで学んだ諸君は，おそらく電気力線が集まっている中心にマイナスの電荷を書き入れたことだろう。これまで学んだように，電気力線はプラスの電荷から発生し，マイナスの電荷で終わるので，諸君の解答は正しいと思われる。では，これを今まで学んだガウスの定理（積分形）で考えてみよう。図 3.21 に，球状の閉曲面を書き入れたものを，**図 3.22** に示す。確かにこの閉曲面には，6 本の電気力線が入り込んでいるから，この閉曲面内にマイナスの電荷があるだろう。では，どこの部分に電荷があるのか，さらに詳しく見てみよう。それには，閉曲面の大きさを小さくしていけば，細かい部分の電荷の有無がわかるはずである。すなわち，**図 3.23** に示すように，図 3.22 で示した閉曲面よりも小さな閉曲面を使えば，空間的に細かく電荷の存在の様子がわかってくる。

これをさらに発展させ，**図 3.24** に示すように，閉曲面の大きさをどんどん小さくし，点と見なせるくらい小さな閉曲面で電荷密度（単位体積当りの電荷量）で議論するのがガウスの定理の微分形である。各点で成り立つ微分形式でガウスの定理を記述しておくことは電磁気学で重要であり，それが**電気力線の発散**（divergence of electric lines of force）の概念である。

3.3.2　電気力線の発散

ガウスの定理を考えている閉曲面を小さくしていった微小閉曲面を考える。その内側の体積を δV，表面を $\delta \boldsymbol{S}$ としてガウスの定理を適用する。電荷の体積密度を ρ とすれば

$$\int_{\delta S} \boldsymbol{E}\cdot \mathrm{d}\boldsymbol{S} = \frac{\rho}{\varepsilon_0}\delta V \tag{3.37}$$

となる。これを単位体積当りに直し，さらにその微小曲面を点とみなせるくらい小さくする（図 3.24 参照）と，その内側の体積 δV も 0 に近づくので，上式は

$$\lim_{\delta V \to 0}\frac{1}{\delta V}\int_{\delta S} \boldsymbol{E}\cdot \mathrm{d}\boldsymbol{S} = \frac{\rho}{\varepsilon_0} \tag{3.38}$$

となる。これは「点と見なせるぐらい微小な体積中から単位体積

まとめ

電気力線の発散

$$\lim_{\delta V \to 0}\frac{1}{\delta V}\int_{\delta S} \boldsymbol{E}\cdot \mathrm{d}\boldsymbol{S} = \frac{\rho}{\varepsilon_0}$$

すなわち，点ほどの微小体積の表面から出ていく電気力線の単位体積当りの総数

当り出ていく電気力線の総数は，その微小体積中に単位体積中に含まれる電荷の総量の $1/\varepsilon_0$ 倍に等しい」ことを示している。

3.3.3　ガウスの定理（微分形）

式 (3.38) の左辺のような演算を，**発散**（divergence，ダイバージェンス）と呼び，div $\boldsymbol{E}$ と書く。すなわち

$$\mathrm{div}\,\boldsymbol{E} = \frac{\rho}{\varepsilon_0} \tag{3.39}$$

式 (3.38) は，体積 δV からは div $\boldsymbol{E}\,\delta V$ だけの電気力線が発散していくことを意味している。これはガウスの定理を微分形で表したものである。したがって，体積内に正の電荷があるときは電気力線は出ていき，負の電荷があるときは入ってくる。この div $\boldsymbol{E}$ を直角座標上で計算しておこう。

まとめ

ガウスの定理の微分形

$$\mathrm{div}\,\boldsymbol{E} = \frac{\rho}{\varepsilon_0}$$

各点での電気力線の発散は，その点の電荷密度に比例する。

3.3.4　発散（ダイバージェンス）の計算

図 3.25（a），（b）のように 3 辺の長さがそれぞれ δx，δy，δz であるような微小体積の直方体があり，その内部に電荷があり，外部からも電気力線が入ってきている。この直方体から出ていく電気力線の総数を数えるためには，出ていったものから入ってきたものを引いておく必要がある。

いま，直方体の中心座標を (x, y, z) とする。すると面 ABCD の中心は $(x-\delta x/2, y, z)$，面 EFGH の中心は $(x+\delta x/2, y, z)$ となる。

面 ABCD から入ってくる電気力線の数を求める。面 ABCD に垂直な電界の成分は，$(x-\delta x/2, y, z)$ における E_x である。これに面 ABCD の面積 $\delta y \delta z$ を乗ずれば求まる。したがって

$$\delta\phi_{\mathrm{ABCD}} = E_x\left(x - \frac{\delta x}{2}, y, z\right)\delta y\,\delta z \tag{3.40}$$

が面 ABCD から入る電気力線の数となる。面 EFGH から出ていく分を求めるには，面 EFGH の中心における電界の強さを知る必要がある。

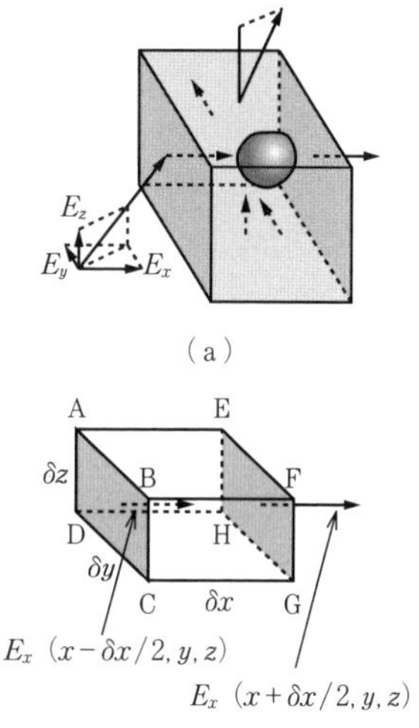

図 3.25　div $\boldsymbol{E}$ を求める手順を示す図

面 EFGH の中心座標は $(x+\delta x/2, y, z)$ であり，面 ABCD の中心 $(x-\mathrm{d}x/2, y, z)$ とは，x のみが δx だけ異なる。したがって，x が δx だけ変化したとき E_x が変化する量を知ればよい。それは $(x-\delta x/2, y, z)$ における E_x の傾きに δx を乗ずればよいことは明らかである。

すなわち，E_x の変化分は

$$\delta E_x = \frac{\partial E_x\left(x - \dfrac{\delta x}{2}, y, z\right)}{\partial x}\delta x \tag{3.41}$$

と書ける。したがって面 EFGH での E_x は

$$E_x\left(x + \frac{\delta x}{2}, y, z\right) = E_x\left(x - \frac{\delta x}{2}, y, z\right) + \delta E_x \tag{3.42}$$

となる。ゆえに，面 EFGH から出ていく電気力線の数は

$$\delta\phi_{\mathrm{EFGH}} = \left[E_x\left(x - \frac{\delta x}{2}, y, z\right) + \Delta E_x\right]\delta y\,\delta z \tag{3.43}$$

となる。したがって，面 ABCD と面 EFGH の 2 面より差し引き出ていく電気力線の数 $\delta\phi_x$ は

$$\begin{aligned}\delta\phi_x &= \delta\phi_{\mathrm{EFGH}} - \delta\phi_{\mathrm{ABCD}}\\ &= \left[E_x\left(x - \frac{\delta x}{2}, y, z\right) + \delta E_x\right]\delta y\,\delta z - E_x\left(x - \frac{\delta x}{2}, y, z\right)\delta y\,\delta z\\ &= \frac{\partial E_x}{\partial x}\delta x\,\delta y\,\delta z \end{aligned}\tag{3.44}$$

となる。同様に y 軸，z 軸に垂直な面からそれぞれ差し引き出ていく電気力線の数は $\delta\phi_y$，$\delta\phi_z$ は

$$\delta\phi_y = \frac{\partial E_y}{\partial y}\delta x\,\delta y\,\delta z \tag{3.45}$$

$$\delta\phi_z = \frac{\partial E_z}{\partial z}\delta x\,\delta y\,\delta z \tag{3.46}$$

となる。これらの $\delta\phi_x$，$\delta\phi_y$，$\delta\phi_z$ を合計すれば，この微小な直方体から出ていく電気力線の総本数となる。

$$\delta\phi = \delta\phi_x + \delta\phi_y + \delta\phi_z = \left(\frac{\partial E_x}{\partial x} + \frac{\partial E_y}{\partial y} + \frac{\partial E_z}{\partial z}\right)\delta x\,\delta y\,\delta z \tag{3.47}$$

ゆえに，式 (3.38) から div $\boldsymbol{E}$ は

$$\begin{aligned}\mathrm{div}\,\boldsymbol{E} &= \lim_{\delta V \to 0}\frac{\delta\phi}{\delta V} = \lim_{\delta V \to 0}\frac{\delta\phi}{\delta x\,\delta y\,\delta z}\\ &= \frac{\partial E_x}{\partial x} + \frac{\partial E_y}{\partial y} + \frac{\partial E_z}{\partial z}\end{aligned}\tag{3.48}$$

すなわち

$$\mathrm{div}\,\boldsymbol{E} = \frac{\partial E_x}{\partial x} + \frac{\partial E_y}{\partial y} + \frac{\partial E_z}{\partial z} \tag{3.49}$$

となる。これを式 (3.50) の ∇ の演算子を用いると

$$\nabla = \boldsymbol{e}_x\frac{\partial}{\partial x} + \boldsymbol{e}_y\frac{\partial}{\partial y} + \boldsymbol{e}_z\frac{\partial}{\partial z} \tag{3.50}$$

$$\mathrm{div}\,\boldsymbol{E} = \nabla\cdot\boldsymbol{E} \tag{3.51}$$

と表記できる。

このように div $\boldsymbol{E}$ は直角座標の場合はベクトル $\boldsymbol{E}$ とベクトル ∇ との内積と考えられる（他の座標系でも形式的にこの表現を用いるが，実際の形は異なるので注意が必要である）。

真空中の静電界では，先にも述べたとおり

$$\mathrm{div}\,\boldsymbol{E} = \frac{\rho}{\varepsilon_0} \qquad (3.39)\ 再掲$$

である。このようにダイバージェンスが有限の値を持つ場を「**泉ありの場**」という。

3.3.5 ベクトル解析におけるガウスの定理

ところで，前述の式 (3.38) で記したように

$$\lim_{\delta V \to 0} \frac{1}{\delta V} \int_{\delta S} \boldsymbol{E} \cdot \mathrm{d}\boldsymbol{S} = \frac{\rho}{\varepsilon_0} \qquad (3.38)\ 再掲$$

であるので，両辺を体積積分すると

$$\int_{\mathrm{S}} \boldsymbol{E} \cdot \mathrm{d}\boldsymbol{S} = \int_{\mathrm{V}} \frac{\rho}{\varepsilon_0}\,\mathrm{d}V = \int_{\mathrm{V}} \mathrm{div}\,\boldsymbol{E}\,\mathrm{d}V \qquad (3.52)$$

したがって

$$\int_{\mathrm{S}} \boldsymbol{E} \cdot \mathrm{d}\boldsymbol{S} = \int_{\mathrm{V}} \mathrm{div}\,\boldsymbol{E}\,\mathrm{d}V \qquad (3.53)$$

となる。これは，ベクトル場における，面積積分と体積積分の関係を表す式で，大変有用である。

まとめ

div $\boldsymbol{E}$ は，点とみなせるくらい小さな体積から出ていく電気力線の単位体積当りの本数であり，直角座標で

$$\mathrm{div}\,\boldsymbol{E} = \frac{\partial E_x}{\partial x} + \frac{\partial E_y}{\partial y} + \frac{\partial E_z}{\partial z}$$

となる。

これは直角座標では

$$\nabla = \boldsymbol{i}\frac{\partial}{\partial x} + \boldsymbol{j}\frac{\partial}{\partial y} + \boldsymbol{k}\frac{\partial}{\partial z}$$

という演算子を用いて

div $\boldsymbol{E} = \nabla \cdot \boldsymbol{E}$

と書ける。

これは直角座標のときのみであるから注意！

これが**電気力線の発散**を表す。各点での電気力線の発散は，電荷密度に比例する。

ガウスの定理の微分形：

$$\mathrm{div}\,\boldsymbol{E} = \frac{\rho}{\varepsilon_0}$$

電界は「泉ありの場」

ベクトルのガウスの定理：

$$\int_{\mathrm{S}} \boldsymbol{E} \cdot \mathrm{d}\boldsymbol{S} = \int_{\mathrm{V}} \mathrm{div}\,\boldsymbol{E}\,\mathrm{d}V$$

第3章 演 習 問 題

【1】 点電荷 q〔C〕が座標（$a, 0, 0$）にある。原点（0, 0, 0）を中心とした半径 r〔m〕（$0<a<r$ とする）の閉曲面を考えたとき，つぎの問いに答えなさい。このとき，まず問題を説明する図を描くことから始めなさい。

（a） 上記の閉曲面上で点電荷から発生する電界の強さ $\boldsymbol{E}$ の面積分を行ったとき，以下のガウスの定理の式は成り立つか否かを説明しなさい。

$$\oint_{\mathrm{S}} \boldsymbol{E} \cdot \mathrm{d}s = \frac{q}{\varepsilon_0}$$

（b） 上記の状態で座標（$0, b, 0$）に新たに点電荷 q〔C〕を置いた。このとき，$0<b<r$ として図を描き，閉曲面から出てくる電気力線の総数はいくらになるか求めなさい。

（c）（a）の状態で，ガウスの定理の式の左辺の積分を行って電界の強さを求めるにはどのような難しさがあるかを説明しなさい。

【2】 50 mC の電荷が原点にある。原点に中心を持つ半径 1 の球面を通過する電気力線の総数 Φ について，つぎの場合について求めなさい。

（a）　$0 \leqq \theta \leqq \dfrac{\pi}{2}$,　　$0 \leqq \phi \leqq \dfrac{\pi}{2}$

（b）　$0 \leqq \theta \leqq \dfrac{\pi}{4}$,　　$\dfrac{\pi}{5} \leqq \phi \leqq \dfrac{\pi}{2}$

【3】 半径 b〔m〕の球状の電子雲がある。球内での電荷分布は一様でその密度は ρ〔C/m^3〕として，電界の強さの分布を求め，r〔m〕の関数として図示しなさい。

【4】 厚さを無視できる無限平面状の導体が平行に2枚間隔 d〔m〕で向き合っている。それぞれに $+\sigma$，$-\sigma$〔C/m^2〕の面電荷密度で一様に電荷が分布している。導体間の電界分布，電位分布を求めなさい。また，2枚の導体間の中間に厚さ t〔m〕の導体板（$d>t$）を挿入すると，電界分布，電位分布，電荷分布はどのようになるか答えなさい。

【5】 以下の場合の div $\boldsymbol{E}$ を求めなさい。

（a）　$\boldsymbol{E} = x\mathbf{e}_x + y\mathbf{e}_y + z\mathbf{e}_z$

（b）　$\boldsymbol{E} = y\mathbf{e}_x + z\mathbf{e}_y + x\mathbf{e}_z$

誘電体内の静電界 I
— 分極と電束密度 —

4

4.1 分極現象

4.1.1 分極と電気双極子

これまでは真空中での静電界を議論してきた。実際には，われわれの世界には，水，木材，プラスチックなど多くの物質がある。ここからは，これらの物質中（媒質中）での電気的な現象を考えよう。

物質は原子でできており，電荷を持った原子核（+）や電子（−）からできている。また，塩のようなイオン結晶も，Na イオン（+）や Cl イオン（−）から構成されている。一般的に，これらのプラスとマイナスの電荷を持った粒子間の物質内での距離はきわめて小さいので，分離するか，あるいは原子や分子の大きさの程度まで近づかないと分かれては見えない。すなわち，少し離れたプラスとマイナスで相殺されて見えるため，そこに電荷があることすら関知するのは難しい。このような物質に電界が加わると，プラスの粒子の位置とマイナスの粒子の位置がわずかにずれ，これによって電気的な影響が新たに付加される。プラスとマイナスの位置がずれることを**分極現象**と呼び，このような分極現象が起こる物質を**誘電体**と呼ぶ。また，特に正負等量の電荷がわずかな距離を隔てて，対で存在するものを**電気双極子**（electric dipole）（単に**双極子**ともいう）という。この電気双極子を表すために，両電荷間の距離の絶対値を δl とし，負の電荷から正の電荷に向かう方向を正にとったベクトルを $\boldsymbol{\delta l}$ として

$$\boldsymbol{M} = Q\boldsymbol{\delta l} \tag{4.1}$$

となる**双極子モーメント**（dipole moment）$\boldsymbol{M}$〔C·m〕を定義する。

誘電体に外部から電界を加えると，例えば**図 4.1** のように双極子モーメントが発生する。強さ $\boldsymbol{E}$ の外部電界が加わったときの双極子の分布を求めるときは，つぎのように考える。図 4.1 において，中央部分を考えると，そこに生じた双極子は隣どうしの正負の電荷が打ち消し合うように分布している。左右の両端を考えると，そこには打ち消し合うものはなく，図 4.1 の場合は点線の両側に示されるように左端で正の，右端で負の電荷が「見える」

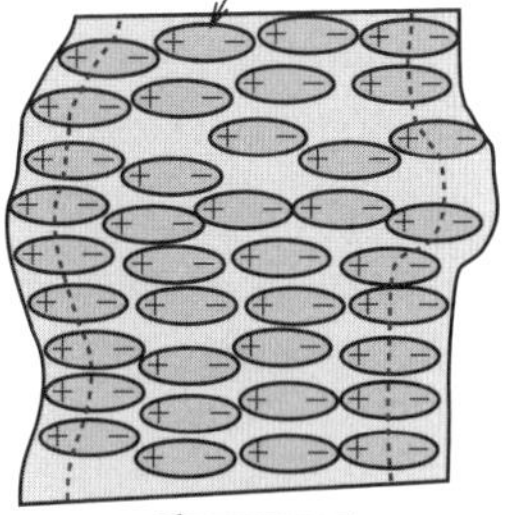

図 4.1　誘電体中の分極現象

ことに気が付くであろう。このように分極が引き起こす現象の一つとして，誘電体の端に電荷が現れることをまず理解しておこう。このようにして新たに生じた電荷による電界を考える。

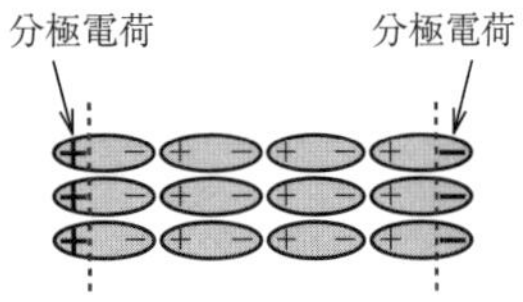

図 4.2　一様な分極（分極が一様なときは，誘電体表面に分極電荷が現れる）

図 4.1，**図 4.2** でいえば左端に正，右端に負の電荷がある。そのため，誘電体内に生じる電界は，外から印加されている強さ $\boldsymbol{E}$ の外部電界とは逆向きになる。このように分極によって誘電体の内外で電界の向きが変化する。図 4.2 のように誘電体内部で分極が一様に起こるときは，生じた双極子により誘電体表面に電荷が現れる。これを**分極電荷**という。一方，**図 4.3** のように誘電体内部で分極が一様でないときは，誘電体の境界でない内部にも分極電荷が現れる。

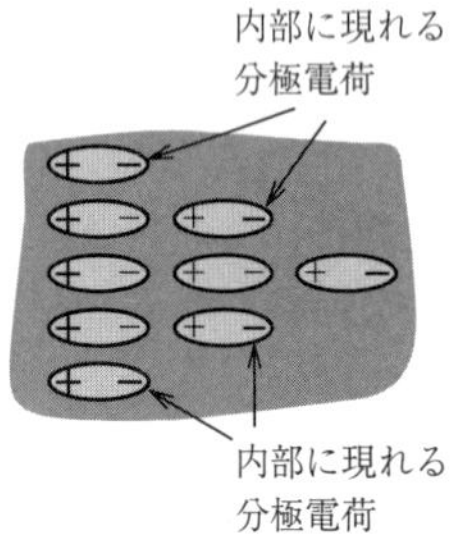

図 4.3　一様でない分極（分極が一様でないときは誘電体内部にも分極電荷が現れる）

このように誘電体の分極の影響は

（1）　誘電体内部に分極電荷を生じる（分極が一様でないとき）。

（2）　誘電体境界に分極電荷を生じる。

（3）　（1），（2）の結果，誘電体の内外で電界の強さが変化する。

この分極によって発生した分極電荷の関係を理論的に明確にするために，まず双極子モーメントから発生する電界と電位について考察してみよう。

4.1.2　双極子モーメントによる電位と電界

一つの双極子モーメント $\boldsymbol{M}$ による電位と電界を求めよう。

図 4.4 に示すように，正負 Q の電荷による双極子モーメント $\boldsymbol{M}$ から $\boldsymbol{r}$ 離れた点 P での電位と電界を求める。このとき，$\boldsymbol{\delta l}$ と $\boldsymbol{r}$ とのなす角を θ とする。正負 Q の電荷から発生する点 P での電位は

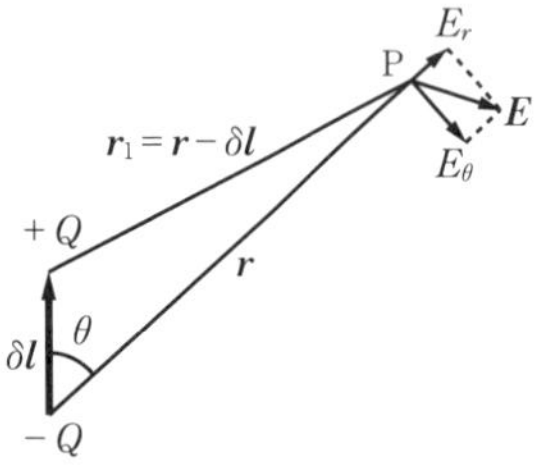

図 4.4　電気双極子モーメント $\boldsymbol{M}=Q\boldsymbol{\delta l}$ による電位と電界を求める

$$V_P=\frac{-Q}{4\pi\varepsilon_0}\frac{1}{r}+\frac{Q}{4\pi\varepsilon_0}\frac{1}{|\boldsymbol{r}-\boldsymbol{\delta l}|}=\frac{-Q}{4\pi\varepsilon_0}\left(\frac{1}{r}-\frac{1}{|\boldsymbol{r}-\boldsymbol{\delta l}|}\right)$$
$$=\frac{-Q}{4\pi\varepsilon_0}\left(\frac{1}{r}-\frac{1}{|\boldsymbol{r}_1|}\right) \tag{4.2}$$

である。ここで，$\boldsymbol{r}-\boldsymbol{\delta l}=\boldsymbol{r}_1$ とおいた。また，余弦定理[†1]から

$$r_1^2=r^2+\delta l^2-2r\delta l\cos\theta \tag{4.3}$$

となるから

$$r_1=\sqrt{r^2+\delta l^2-2r\delta l\cos\theta}=r\left\{1+\left(\frac{\delta l}{r}\right)^2-2\frac{\delta l}{r}\cos\theta\right\}^{\frac{1}{2}} \tag{4.4}$$

† 1　三角形のある角を θ としたとき，その角を挟む二つの辺の長さをそれぞれ a，b とし，残りの辺の長さを c とすると
$$c^2=a^2+b^2-2ab\cos\theta$$
が成り立つ。これを余弦定理という。

である。さらに，$r \gg dl$ であるから，上式の $(\delta l/r)^2$ を無視して $\{\quad\}^{\frac{1}{2}}$ の部分を展開すると

$$\left(1+\left(\frac{\delta l}{r}\right)^2-2\frac{\delta l}{r}\cos\theta\right)^{\frac{1}{2}} \simeq \left(1-2\frac{\delta l}{r}\cos\theta\right)^{\frac{1}{2}} \simeq 1-\frac{\delta l}{r}\cos\theta \tag{4.5}$$

となるので，式 (4.4) は

$$r_1 = r\left(1-\frac{\delta l}{r}\cos\theta\right) \tag{4.6}$$

となる。したがって，式 (4.2) の（　）内は

$$\frac{1}{r}-\frac{1}{|r_1|}=\frac{1}{r}-\frac{1}{r\left(1-\dfrac{\delta l}{r}\cos\theta\right)}=\frac{1}{r}\left(1-\frac{1}{1-\dfrac{\delta l}{r}\cos\theta}\right)=\frac{1}{r}\left(\frac{-\delta l\cos\theta}{r-\delta l\cos\theta}\right)$$

$$\approx\frac{1}{r}\left(\frac{-\delta l\cos\theta}{r}\right)=\frac{-\delta l\cos\theta}{r^2} \tag{4.7}$$

これを式 (4.2) に代入すると

$$V_{\mathrm{P}} = \frac{-Q}{4\pi\varepsilon_0}\frac{-\delta l\cos\theta}{r^2} = \frac{M\cos\theta}{4\pi\varepsilon_0 r^2} \tag{4.8}$$

$$V_{\mathrm{P}} = \frac{M\cos\theta}{4\pi\varepsilon_0 r^2} = \frac{\boldsymbol{M}\cdot\boldsymbol{r}}{4\pi\varepsilon_0 r^3} \tag{4.9}$$

式 (4.8) より，双極子による電位は双極子からの距離の 2 乗で小さくなっていくことがわかる[†1]。

また

$$\nabla\left(\frac{1}{r}\right) = \mathrm{grad}\left(\frac{1}{r}\right) = -\frac{1}{r^2}\frac{\boldsymbol{r}}{r} = -\frac{\boldsymbol{r}}{r^3} \tag{4.10}$$

であるから，これを式 (4.9) に適用すると

$$V_{\mathrm{P}} = \frac{-1}{4\pi\varepsilon_0}\boldsymbol{M}\cdot\nabla\left(\frac{1}{r}\right) = \frac{-1}{4\pi\varepsilon_0}\boldsymbol{M}\cdot\mathrm{grad}\left(\frac{1}{r}\right) \tag{4.11}$$

である。以上から，電位の負の傾きを求めれば電界の強さ $\boldsymbol{E}$ が求まるが，式 (4.9) が r，θ の関数であるから，r 方向と θ 方向の電界の強さ E_r および E_θ は

$$E_r = -\frac{\partial V_{\mathrm{P}}}{\partial r} = \frac{M\cos\theta}{2\pi\varepsilon_0 r^3} \tag{4.12}$$

$$E_\theta = -\frac{\partial V_{\mathrm{P}}}{r\,\partial\theta} = \frac{M\sin\theta}{4\pi\varepsilon_0 r^3} \tag{4.13}$$

となり，これをまとめると

$$\boldsymbol{E} = \frac{M}{4\pi\varepsilon_0 r^3}\left(\boldsymbol{e}_r 2\cos\theta + \boldsymbol{e}_\theta\sin\theta\right) \tag{4.14}$$

となる。ここで求めた双極子モーメントから発生する電位の式を利用して，分極電荷の取り扱いを次節で明らかにしていこう。

†1　点電荷による電位は距離に反比例して小さくなっていくのに対し，双極子モーメントによる電位は距離の 2 乗に反比例して小さくなる。すなわち，双極子モーメントによる電位は，点電荷の場合に比べて，距離が離れるに従って急峻に減少する。

試してみよう

式 (4.10) を導いてみよう。

4.2 分極率と分極電荷

前節で述べたように，電界中に誘電体を置くと分極する。ここで分極現象により生じた双極子モーメントの単位体積当りの量を**分極**（polarization）$\boldsymbol{P}$と呼ぶ。

例えば，ある体積δVにn個の双極子モーメント$\boldsymbol{M}_i$（$i=1$ ～ n）があるとすると，単位体積当りの双極子モーメント（分極）$\boldsymbol{P}$〔C/m^2〕は

$$\boldsymbol{P}=\frac{\sum_{i=1}^{n}\boldsymbol{M}_i}{\delta V} \tag{4.15}$$

で求まる。しかし，この定義では，ある有限の大きさの中での双極子モーメントの平均値になってしまうので，δVを無限小とすることで，ある点での分極$\boldsymbol{P}$を次式で定義する。

$$\boldsymbol{P}=\lim_{\delta V\to 0}\frac{\sum_{i=1}^{n}\boldsymbol{M}_i}{\delta V} \tag{4.16}$$

このような分極$\boldsymbol{P}$は，普通の物質では加えられた電界の方向に起こり，しかもその電界の強さ$\boldsymbol{E}$に比例するから

$$\boldsymbol{P}=\chi\boldsymbol{E} \tag{4.17}$$

と書ける。このとき，χを**分極率**（polarizability）または**電気的感受率**（electric susceptibility）という。

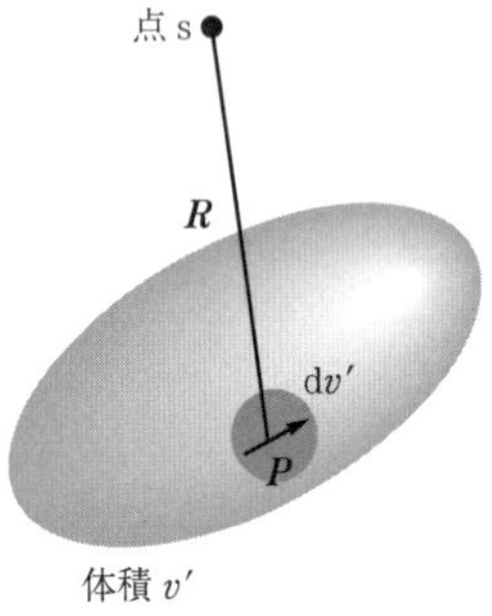

図 4.5　分極の分布が作る電位を求める

図 4.5 のように，体積v'の中に分極があるとき，それがある点 s に作る電位を考える。体積v'中に微小体積dv'を考える。微小体積dv'中の双極子モーメントは$\boldsymbol{P}dv'$であるから，その部分による点 s での電位dVは，式 (4.9) の$\boldsymbol{M}$を$\boldsymbol{P}dv'$，$\dfrac{\boldsymbol{r}}{r^3}$を$\dfrac{\boldsymbol{a}_R}{R^2}$とおき

$$dV=\frac{\boldsymbol{P}\cdot\boldsymbol{a}_R}{4\pi\varepsilon_0 R^2}dv' \tag{4.18}$$

となる。ここで，Rは微小体積dv'と点 s 間の距離，$\boldsymbol{a}_R$は微小体積dv'から点 s へ引いたベクトルの単位ベクトルである。これを体積v'にわたって積分すれば

$$V=\frac{1}{4\pi\varepsilon_0}\int_{v'}\frac{\boldsymbol{P}\cdot\boldsymbol{a}_R}{R^2}dv' \tag{4.19}$$

を得る。

直角座標系で表すと，点 s の座標を（x, y, z），微小体積中心の座標を（x', y', z'）として

$$R^2=(x-x')^2+(y-y')^2+(z-z')^2 \tag{4.20}$$

である。式 (4.19) の中には $\boldsymbol{a}_\mathrm{R}/R^2$ がという項がある。これは式 (4.10) で求めたように

$$\mathrm{grad}\left(\frac{1}{R}\right)=-\frac{\boldsymbol{R}}{R^3}=-\frac{\boldsymbol{a}_\mathrm{R}}{R^2} \tag{4.21}$$

である[†1]。ところで，点 s での電位を求めるには，式 (4.19) で示されるように，点 s を固定して微小体積 $\mathrm{d}v'$ のほうを動かして積分する。そのとき，図 4.4 とは逆に点 s から微小体積 $\mathrm{d}v'$ のほうを見ることになるから，$\boldsymbol{a}_\mathrm{R}$ ではなく，$-\boldsymbol{a}_\mathrm{R}=\boldsymbol{a}_{\mathrm{R}'}$ としなければならない。そこで，式 (4.21) の代わりに，R を R' として

$$\mathrm{grad}\left(\frac{1}{R'}\right)=\nabla'\left(\frac{1}{R'}\right)=\frac{\boldsymbol{a}_{\mathrm{R}'}}{R'^2} \tag{4.22}$$

として，$\mathrm{d}v'$ の座標 (x', y', z') を変数として式 (4.19) の積分をする。式 (4.19) は，座標 (x', y', z') 上の grad 演算を ∇' とおいて

$$V=\frac{1}{4\pi\varepsilon_0}\int_{\mathrm{v}'}\boldsymbol{P}\cdot\nabla'\left(\frac{1}{R'}\right)\mathrm{d}v' \tag{4.23}$$

となる。ところで

$$\nabla'\cdot\left(\frac{1}{R'}\boldsymbol{P}\right)=\frac{1}{R'}\nabla'\cdot\boldsymbol{P}+\boldsymbol{P}\nabla'\frac{1}{R'} \tag{4.24}$$

であるから

$$V=\frac{1}{4\pi\varepsilon_0}\left[\int_{\mathrm{v}'}\nabla'\cdot\left(\frac{\boldsymbol{P}}{R'}\right)\mathrm{d}v'-\int_{\mathrm{v}'}\frac{\nabla'\cdot\boldsymbol{P}}{R'}\mathrm{d}v'\right] \tag{4.25}$$

となる。この式の第 1 項は面積分に直すことができるので

$$V=\frac{1}{4\pi\varepsilon_0}\int_{\mathrm{S}'}\frac{\boldsymbol{P}\cdot\boldsymbol{a}'_\mathrm{n}}{R'}\mathrm{d}S'+\frac{1}{4\pi\varepsilon_0}\int_{\mathrm{v}'}\frac{-\nabla'\cdot\boldsymbol{P}}{R'}\mathrm{d}v' \tag{4.26}$$

と書ける。ここで $\boldsymbol{a}'_\mathrm{n}$ は，体積 v′ の表面に垂直で外側に向かう単位ベクトルである。この式は，分極の影響が 2 種類の電荷として表せることを示している。すなわち，第 1 項目が表す誘電体境界面に生ずる表面電荷 ρ_s，と，第 2 項目が表す誘電体内部に分布する電荷 ρ_p である。

$$\rho_\mathrm{s}=\boldsymbol{P}\cdot\boldsymbol{a}'_\mathrm{n}=P_\mathrm{n} \tag{4.27}$$

$$\rho_\mathrm{p}=-\nabla\cdot\boldsymbol{P}=-\mathrm{div}\,\boldsymbol{P} \tag{4.28}$$ [†2]

これらの電荷を分極電荷という。前者が，図 4.1，図 4.2 における誘電体表面に現れた電荷であり，後者が，図 4.3 に示したような分極が一様でないために誘電体内部に現れる電荷である。誘電体表面には分極 $\boldsymbol{P}$ の表面に垂直な成分が単位面積当り，誘電体内部は $-\mathrm{div}\,\boldsymbol{P}$ に相当する電荷が単位体積当り存在すると考え

---

† 1　$\boldsymbol{a}_\mathrm{R}$ は単位ベクトルで $\boldsymbol{a}_\mathrm{R}=\dfrac{\boldsymbol{R}}{R}$ である。

† 2　式 (4.28) の $\rho_\mathrm{p}=-\nabla\cdot\boldsymbol{P}$ は式 (4.23) の表記と同様に $-\nabla'\cdot\boldsymbol{P}$ ではあるが，任意の点に生じる分極電荷 ρ_s，ρ_p を扱うときは (x', y', z') ではなく一般的に (x, y, z) で表せばよいから

$$\rho_\mathrm{p}=-\nabla\cdot\boldsymbol{P}=-\mathrm{div}\,\boldsymbol{P}$$

とした。同様に

$$\rho_\mathrm{s}=\boldsymbol{P}\cdot\boldsymbol{a}_\mathrm{n}=P_\mathrm{n}$$

である。

る。

すなわち分極の影響は，誘電体を取り除き，その代わりに，上記の２種類の電荷が誘電体の存在した場所の表面と内部に分布していると考えればよいことを示している。

4.3　電　束　密　度

前節で述べたように，誘電体は電界中に置かれると分極により，その内部に等価的な電荷密度 ρ_p が現れる。これが現れることによって，電界も影響を受ける。分極が生じた後の電界の様子を求めるには，分極電荷の分布を知り，それによる電界を求め，元からある電界に加えることによって誘電体の影響を受けた電界の様子を知ることができる。

ここではまず，誘電体内部の電界を求めることにしよう。いま，考えている空間全体が誘電体であり，境界はないとする。境界で起こることは後で境界条件として扱うので，しばらくの間は忘れていてよい。

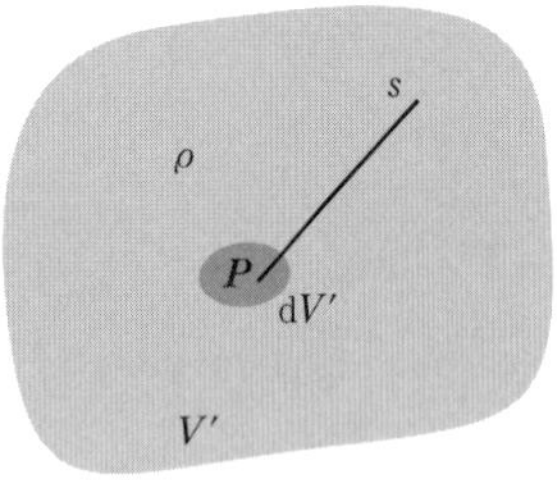

図 4.6　誘電体内部で，分極を考慮した任意の点での電位。分極 $\boldsymbol{P}$ の影響を $\rho_p = -\mathrm{div}\,\boldsymbol{P}$ という電荷（分極電荷）として取り扱う。

図 4.6 のように，誘電体内の分極の影響は，$-\mathrm{div}\,\boldsymbol{P}$ という分極電荷 ρ_p で表せる。分極電荷も考慮してガウスの定理を適用すると

$$\mathrm{div}\,\boldsymbol{E} = \frac{1}{\varepsilon_0}\left(\rho + \rho_\mathrm{p}\right) \tag{4.29}$$

を得る。これに，前節の式 (4.28)

$$\rho_\mathrm{p} = -\nabla\cdot\boldsymbol{P} = -\,\mathrm{div}\,\boldsymbol{P} \tag{4.30}$$

を代入すると

$$\mathrm{div}\,\boldsymbol{E} = \frac{1}{\varepsilon_0}\left(\rho - \mathrm{div}\,\boldsymbol{P}\right) \tag{4.31a}$$

となる。これの積分形で求められる電気力線の総数 ϕ は

$$\phi = \int_\mathrm{S} \boldsymbol{E}\cdot\mathrm{d}\boldsymbol{S} = \frac{1}{\varepsilon_0}\int_\mathrm{v}\left(\rho - \mathrm{div}\,\boldsymbol{P}\right)\mathrm{d}v \tag{4.31b}$$

である。式 (4.31a) を整理すると

$$\mathrm{div}\left(\varepsilon_0\boldsymbol{E} + \boldsymbol{P}\right) = \rho \tag{4.32}$$

を得る。この式は，（　）内の量の発散は分極により生じた分極電荷 ρ_p には関係なく，元々存在していた電荷密度 ρ のみに関係していることを示す。そこで，（　）内の量をつぎのように定義し，**電束密度 $\boldsymbol{D}$** と呼ぶ。

$$\boldsymbol{D} = \varepsilon_0\boldsymbol{E} + \boldsymbol{P} \tag{4.33}$$

これを式 (4.32) に適用すると，電束密度 $\boldsymbol{D}$ に関して

$$\mathrm{div}\,\boldsymbol{D}=\rho \tag{4.34}$$

というガウスの定理が成り立つ。この両辺を積分すると

$$\int_{\mathrm{v}}\mathrm{div}\,\boldsymbol{D}\,\mathrm{d}v=\int_{\mathrm{v}}\rho\,\mathrm{d}v \tag{4.35}$$

となり，式 (3.53) の関係を使って式 (4.35) の左辺を変形して

$$\int_{\mathrm{S}}\boldsymbol{D}\cdot\mathrm{d}\boldsymbol{S}=\int_{\mathrm{v}}\rho\,\mathrm{d}v \tag{4.36}$$

となる。これは **$\boldsymbol{D}$ に関するガウスの定理の積分形**である。

ここで，式 (4.36) の右辺の ρ は，分極によって現れたものではなく，**真電荷**と呼ぶ。

ところで，電束密度 $\boldsymbol{D}$ の力線を「電束密度 $\boldsymbol{D}$ の方向を持ち，密度が $\boldsymbol{D}$ の絶対値に比例する力線」と定義すると，つぎのようにいえる（Coffee time 参照）。電束密度の力線は真電荷のみから出入りし，分極電荷からは出入りしない。これに対し，第 2 章の 2.4 節で定義した電界の強さ $\boldsymbol{E}$ を表す電気力線は真電荷および分極電荷の両方から出入りする。真電荷と分極電荷の両方を合わせて**自由電荷**ということもある。

このようにして，誘電体の分極をも含めた形での力線「**電束密度 $\boldsymbol{D}$**」が定義された。この $\boldsymbol{D}$ と $\boldsymbol{E}$，$\boldsymbol{P}$ との関係を求めておこう。

$$\boldsymbol{D}=\varepsilon_0\boldsymbol{E}+\boldsymbol{P} \tag{4.37}$$

であるから，これに

$$\boldsymbol{P}=\chi\boldsymbol{E} \tag{4.38}$$

を代入して

$$\boldsymbol{D}=\varepsilon_0\boldsymbol{E}+\chi\boldsymbol{E} \tag{4.39}$$

を得る。このように $\boldsymbol{D}$ は $\boldsymbol{E}$ に比例するから

$$\boldsymbol{D}=\varepsilon\boldsymbol{E} \tag{4.40}$$

と書く。

ここで ε は，誘電体の**誘電率**（dielectric constant あるいは permittivity）といわれる。理想的な均質誘電体では電界の強さの大きさに無関係な定数である。第 2 章で出てきた ε_0 は真空の誘電率となる。ε と ε_0 の比を**比誘電率**（relative dielectric constant）ε_r という。すなわち

$$\varepsilon=\varepsilon_0\varepsilon_r \tag{4.41}$$

である。式 (4.39)，(4.41) から

$$\chi=\varepsilon_0(\varepsilon_r-1) \tag{4.42}$$

$$\boldsymbol{P}=\varepsilon_0(\varepsilon_r-1)\boldsymbol{E} \tag{4.43}$$

> **試してみよう**
> 式 (4.34)，式 (4.36) を言葉で説明してみよう。

> **Coffee time**
>
> **電気力線と電束密度の力線**
>
> 第 2 章の 2.4 節で定義したように，電界の強さ $\boldsymbol{E}$ の方向と大きさで電気力線の方向と密度が決まる。また，閉曲面とそこから出入りする電気力線の総数 ϕ の関係は，式 (4.31a) と式 (4.31b) よりつぎのガウスの定理（積分形あるいは微分形）で表される。
>
> $$\phi=\int_{\mathrm{S}}\boldsymbol{E}\cdot\mathrm{d}\boldsymbol{S}=\frac{1}{\varepsilon_0}\int_{\mathrm{v}}(\rho-\mathrm{div}\,\boldsymbol{P})\mathrm{d}v$$
> (4.31b) 再掲
>
> $$\mathrm{div}\,\boldsymbol{E}=\frac{1}{\varepsilon_0}(\rho-\mathrm{div}\,\boldsymbol{P})$$
> (4.31a) 再掲
>
> これは電気力線の起源（起点あるいは終点）がプラスあるいはマイナスの自由電荷（真空中では真電荷，誘電体がある場合は真電荷と分極電荷）であることを意味する。
>
> 一方，電気力線と同じように，電束密度 $\boldsymbol{D}$ に対応する力線を考えると，閉曲面とそこから出入りする電束密度 $\boldsymbol{D}$ の力線の総数 ϕ'（これを電束という）の関係は式 (4.36) と式 (4.34) より
>
> $$(\phi'=)\int_{\mathrm{S}}\boldsymbol{D}\cdot\mathrm{d}\boldsymbol{S}=\int_{\mathrm{v}}\rho\,\mathrm{d}v$$
> (4.36) 再掲
>
> $\mathrm{div}\,\boldsymbol{D}=\rho$　(4.34) 再掲
>
> と表される。ここで右辺は，式 (4.36) では閉曲面内の全真電荷量（真電荷密度の閉曲面内での積分値），式 (4.34) では各点の真電荷密度である。すなわち $\boldsymbol{D}$ の力線は，各点での $\boldsymbol{D}$ の方向と大きさに比例し，真電荷のみから出入りする。

を得る。

後の電磁波の章で，損失のある媒体中での電磁波の伝搬が出てくるが，そこでは誘電率が複素数で表されることがある。このように一般的に，ε は複素数であり，その虚数部分が損失を示すと解釈できる。実際の誘電体材料では，ε は周波数特性を持ち，その分極の生じる原因によって周波数特性も異なる。また，一般的に誘電率は等方的でなく，加わる電界の方向に対して異なる方向に分極を生じる。これについては第5章で述べる。

ここまで，電束密度 $\boldsymbol{D}$ の性質を考えてきた。誘電体が存在することの影響を，2種類の分極電荷で代表して電界の強さ $\boldsymbol{E}$ を求めるときは，分極電荷分布を知り，誘電体の存在した部分の誘電率を ε_0 と考えるが，これは面倒である。一方，分極の影響を考慮した電荷密度 $\boldsymbol{D}$ の力線を導入すると，真電荷の存在だけを考慮して電束密度 $\boldsymbol{D}$ の分布を求めることができる。電界の強さ $\boldsymbol{E}$ は，それを誘電率で割れば求まるので，このほうがずっと楽である。しかし，楽になったと喜んでばかりはいられない。異なる誘電体の境界では，第5章で述べるような境界条件を考えなければいけないからである。

4.4　電気二重層

双極子モーメントが**図4.7**のように層状に並んだものを**電気二重層**と呼ぶ。物理現象では，このような状態が起こるので，ここでは電気二重層から発生する電位について学んでおこう。

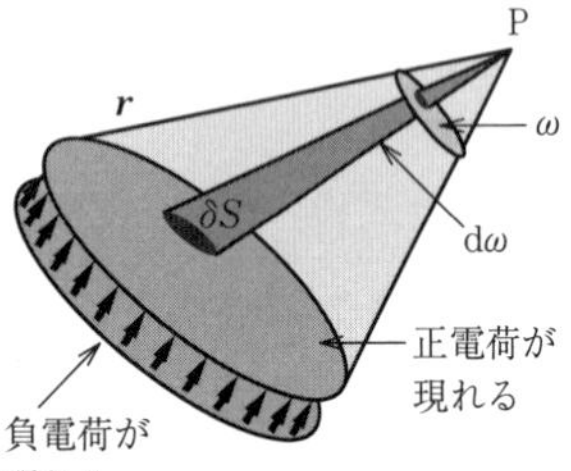

図4.7　電気二重層から離れた点Pでの電位を求める。電気二重層の両表面には正と負の電荷が生じている。

図4.7のように，電荷面密度 σ と $-\sigma$〔C/m^2〕の平面が2枚，微小距離 $\delta\boldsymbol{l}$ を隔ててある電気二重層を考える。微小面積 δS には $\sigma\,\delta S$ と $-\sigma\,\delta S$ の電荷が $\delta\boldsymbol{l}$ 隔てて存在するから，これは双極子として考えることができる。$\delta\boldsymbol{l}$ の方向を負の電荷から正の電荷の方向へとる。このとき

$$\boldsymbol{M} = \sigma\,\delta\boldsymbol{l} \tag{4.44}$$

を電気二重層の強さという。すなわち，単位面積当りの双極子モーメントを電気二重層の強さという。式(4.8)から，δS の部分による点Pでの電位 δV_{P} は

$$\delta V_{\mathrm{P}} = \frac{\boldsymbol{M}\cdot\boldsymbol{r}}{4\pi\varepsilon_0 r^3}\,\delta S \tag{4.45}$$

である。$\boldsymbol{M}$ と $\delta\boldsymbol{S}$ の方向は同じであるから

$$\delta V_{\mathrm{P}} = \frac{M\boldsymbol{r}\cdot\delta\boldsymbol{S}}{4\pi\varepsilon_0 r^3} \tag{4.46}$$

ここで，$\boldsymbol{r}\cdot\delta\boldsymbol{S}/r^3$ の項は δS を点Pから見た立体角であるから，これを立体角 $\mathrm{d}\omega$ とすれば

$$\delta V_{\mathrm{P}} = \frac{M}{4\pi\varepsilon_0}\,\mathrm{d}\omega \tag{4.47}$$

を得る。したがって二重層全体による点Pの電位 V_P は

$$\int_{\mathrm{S}} \mathrm{d}\,V_{\mathrm{P}} = \frac{M}{4\pi\varepsilon_0}\int_{\mathrm{S}} \mathrm{d}\omega = \frac{M\omega}{4\pi\varepsilon_0} \tag{4.48}$$

となり，二重層を見る立体角の大きさのみで決まることがわかる。すなわち，電気二重層による任意の点の電位は，その点から電気二重層の周囲を見る立体角のみにより決まる。この関係から，電気二重層の表から見たときと裏から見たときの電位に違いがあることを以下に示そう。

図4.8で，点Pは表側から表面に近づいたとき，点P′は裏側から近づいたときを意味する。点Pと点P′が最も近づいた極限では同じ点になるが，点Pと点P′から二重層を見る立体角 ω_{f}, ω_{b} は，図4.8のように 4π だけ異なる。

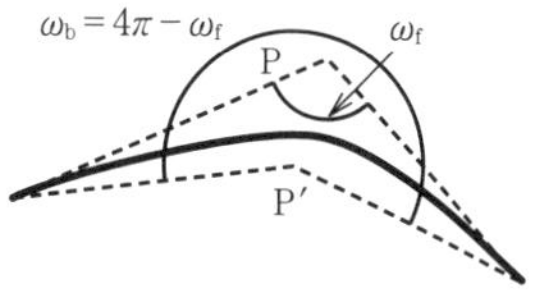

図4.8　電気二重層を断面から見た図。太線が電気二重層。

$$V_{\mathrm{P}} = \frac{M\omega_{\mathrm{f}}}{4\pi\varepsilon_0} \tag{4.49}$$

$$V_{\mathrm{P'}} = \frac{M\omega_{\mathrm{b}}}{4\pi\varepsilon_0} = \frac{M(4\pi - \omega_{\mathrm{f}})}{4\pi\varepsilon_0} = \frac{M}{\varepsilon_0} - \frac{M\omega_{\mathrm{f}}}{4\pi\varepsilon_0} \tag{4.50}$$

$$V_{\mathrm{P'}} = \frac{M}{\varepsilon_0} - V_P = -\left(V_P - \frac{M}{\varepsilon_0}\right) \tag{4.51}$$

すなわち，V_{P} と $V_{\mathrm{P'}}$ の間には M/ε_0 だけの電位の差がある。これは**図4.9**に示すように，**電気二重層内部**には双極子の向きとは逆向きに電界ができているからである。その電界は，表裏に現れた電荷によって作られる。

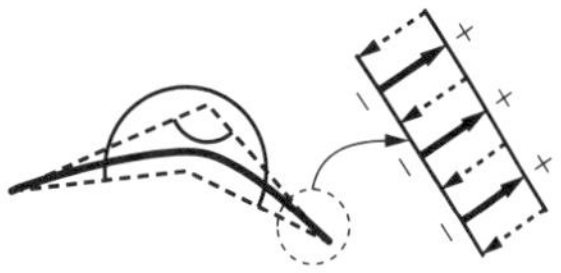

図4.9　電気二重層内部に生じる電界。電界の大きさは二重層の厚さを h として，$M/h\varepsilon_0$ である。

第4章　演　習　問　題

【1】　一つの水分子は大きさ $M=6.1\times10^{-30}$〔C·m〕の双極子モーメントを有する。また，水の分子量は18であり，この水分子の双極子モーメントが一様に同一方向を向いたとき，この水の分極 $\boldsymbol{P}$ の大きさ P を求めなさい。

【2】　比誘電率 $\varepsilon_{\mathrm{r}}=5$ の誘電体の平面板を電界の強さの向きに対して垂直に**問図4.1**のように置いたとき，板上の分極面電荷密度が $\sigma_{\mathrm{P}}=0.5\,\mathrm{C/m^2}$ で一様であった。このとき，誘電体中の分極 $\boldsymbol{P}$，および誘電体中の電束密度 $\boldsymbol{D}$ と電界の強さ $\boldsymbol{E}$ を求めなさい。

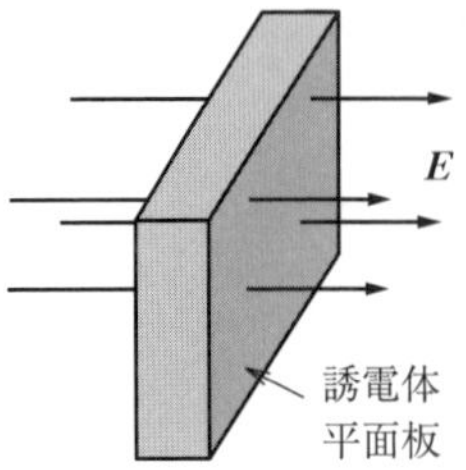

問図 4.1　電界に垂直に置いた誘電体平面板

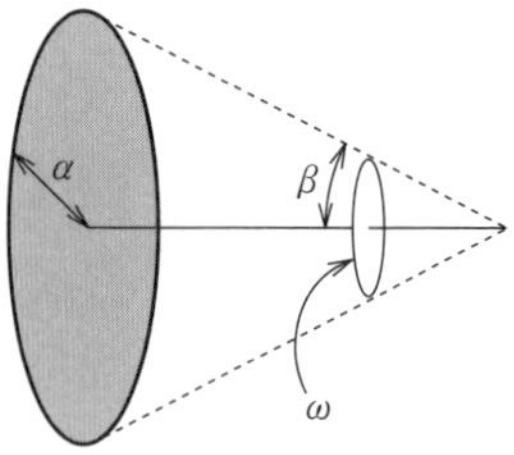

問図 4.2　円板の軸上から見る立体角

【3】 半径 a の円板がある。その中心を通り，円板に垂直な軸上で円板を見るときの立体角 ω を求めなさい。このとき，**問図 4.2** の平面角 β を用いて表しなさい。

5

誘電体内の静電界 II
— 境界条件と誘電率の諸特性 —

5.1 境界条件と $\boldsymbol{E}$ と $\boldsymbol{D}$ の屈折

5.1.1 境 界 条 件

第 4 章で述べたように，一様な誘電体であったとしても，誘電体の境界があるとそこに分極電荷が発生して電界を変化する。電界は自由電荷[†1]から生じるから，電界の強さ $\boldsymbol{E}$ を求めるには，分極電荷の存在も考慮しなければならない。一方，真電荷からしか出入りしない電束密度 $\boldsymbol{D}$ の力線は，分極電荷の存在に関係せずに求めることができる。したがって，誘電体が存在するとき，電界の強さ $\boldsymbol{E}$ ではなく電束密度 $\boldsymbol{D}$ をまず求め，それから誘電率 ε を用いて電界の強さ $\boldsymbol{E}$ に変換する方法（式 (4.40)）のほうが便利な場合が多い。

ところで，電界の強さ $\boldsymbol{E}$ は誘電体の内外で変化するが，電束密度 $\boldsymbol{D}$ は，誘電体に垂直に出入りしている場合は，誘電体の内外で（つまり誘電率 ε が変化しても）連続している。それらのことをより深く理解するために導体と空気の境界で求めたように，誘電体の境界で成立する条件を求めておこう。

図 5.1 のように誘電率 ε_1 と ε_2 の誘電体が接しているとする。まず，電束密度 $\boldsymbol{D}$ の条件を考える。境界の両側に図に示すように円筒状の閉曲面を考える。円筒の高さは十分小さいとすると，電束密度は上下の底面からのみ出入りする。図では上から入り下へ出ていくように描いてある。境界面の法線方向を n とする。入ってくる電束密度の総数，すなわち電束 $D_{1\mathrm{n}}\delta s$ は

$$\boldsymbol{D}_1 \cdot \delta \boldsymbol{s} = D_{1\mathrm{n}}\,\delta s \tag{5.1}$$

同様に，下面から出ていく電束 $D_{2\mathrm{n}}\delta s$ は

$$\boldsymbol{D}_2 \cdot \delta \boldsymbol{s} = D_{2\mathrm{n}}\,\delta s \tag{5.2}$$

である。つまりこの閉曲面から出ていく電束は，差し引き

$$D_{2\mathrm{n}}\,\delta s - D_{1\mathrm{n}}\,\delta s \tag{5.3}$$

である。ガウスの定理から，これはその閉曲面内に含まれる真電荷の総量に等しい。ただし，ここでは高さが十分小さいとしているので，境界面内の真電荷の総量と考えてよい。σs を境界面の真電荷の密度とすると

†1 真電荷と分極電荷を合わせて自由電荷という。4.3 節参照。

まとめ

誘電率が不均一：分極電荷
⇓
異なる誘電体：境界に分極電荷
⇓
電界の強さ $\boldsymbol{E}$：真電荷と分極電荷分布
⇓
電束密度 $\boldsymbol{D}$：真電荷分布
境界での境界条件

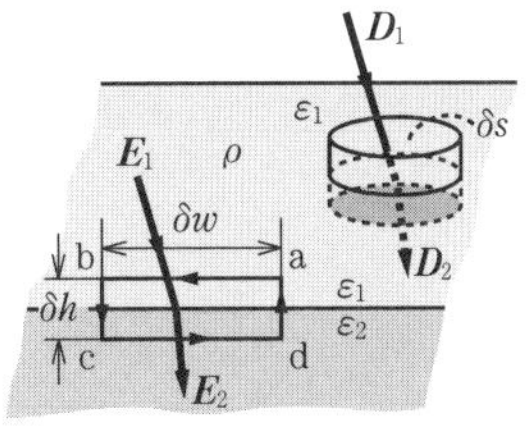

図 5.1 誘電体の境界での境界条件

$$D_{2n}\,\delta s - D_{1n}\,\delta s = \sigma_S\,\delta s \qquad (5.4)$$

したがって

$$D_{2n} - D_{1n} = \sigma_S \qquad (5.5)$$

を得る。もし $\sigma_S=0$ ならば

$$D_{2n} - D_{1n} = 0 \qquad (5.6)$$

となる。すなわち，境界面に真電荷がなければ（$\sigma s=0$），電束密度の境界面に垂直な成分は境界面の上下で連続（値が等しい）である。

まとめ
誘電体境界での境界条件：
境界面に真電荷のないときは電束密度の法線成分は連続。
$D_{1n}=D_{2n}$
電界の強さの接線成分は等しい。
$E_{1t}=E_{2t}$

つぎに，電界の強さ $\boldsymbol{E}$ に関する境界条件を求めよう。

図5.1のように，境界を挟んで微小高さの1周積分路abcdaを考える。ab＝cd＝δw，bc＝da＝δh とし，δh を限りなく小さくする。そうしておいて，電界の強さ $\boldsymbol{E}$ を1周積分すれば，bc，daの部分は δh が限りなく小さく無視できる。したがって，電界の強さの面内（接線）成分を E_{1t}，E_{2t} とすれば

$$\oint_{\mathrm{abcda}} \boldsymbol{E}\cdot \mathrm{d}\boldsymbol{l} = E_{2t}\,\delta w - E_{1t}\,\delta w = 0 \qquad (5.7)$$

となる[†1]。これから

$$E_{1t} = E_{2t} \qquad (5.8)$$

を得る。すなわち電界の強さの境界に平行な成分はたがいに等しい。

† 1　静電界は保存的な場であるため。2.5.3項を参照。

式(5.6)，(5.8)の別の表現を考えよう。誘電体境界両側の電位を V_1，V_2 とする。境界の法線（normal）方向をn，接線（tangent）方向をtとして表すことにする。式(5.6)は $D_{1n}=D_{2n}$ すなわち $\varepsilon_1 E_{1n}=\varepsilon_2 E_{2n}$ であるので

$$\varepsilon_1 \frac{\partial V_1}{\partial n} = \varepsilon_2 \frac{\partial V_2}{\partial n} \qquad (5.9)$$

と書ける。式(5.8)は $E_{1t}=E_{2t}$ であるので

$$\frac{\partial V_1}{\partial t} = \frac{\partial V_2}{\partial t} \qquad (5.10)$$

と書けるから，これを積分して

$$V_1 = V_2 + \mathrm{C} \qquad (5.11)$$

となる。ここでCは積分定数である。もし境界面のどこかで

$$V_1 = V_2 \qquad (5.12)$$

が成立すれば，C＝0となり，境界面のすべての点の両側で，式(5.12)が成立する。すなわち，境界面での電界の強さの接線成分が等しいという代わりに，境界面の両側で電位は等しいということもできる。

まとめ
誘電体境界での境界条件
（別の表現方法）：
境界に真電荷のないとき，電束密度の法線成分は連続。
$\varepsilon_1 \frac{\partial V_1}{\partial n} = \varepsilon_2 \frac{\partial V_2}{\partial n}$
境界面の両側で電位は等しい。
$V_1 = V_2$

5.1.2 境界での $\boldsymbol{E}$ と $\boldsymbol{D}$ の屈折

図 5.2 に示すように，誘電率 ε_1 と ε_2 の誘電体が接している場合を考える。境界には真電荷はなく，誘電体 1 の中の電束密度，電界と境界の法線との間の角度は θ_1 とおく。誘電体 2 ではその角度が θ_2 であるとする。これらの間の関係を求める。

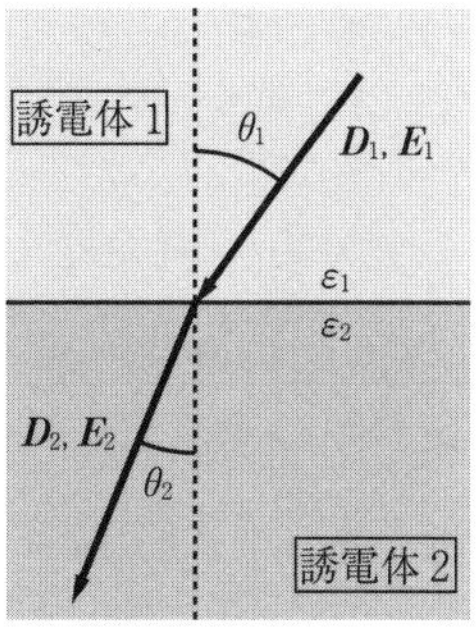

図 5.2 誘電体の境界での $\boldsymbol{E}$ と $\boldsymbol{D}$ の屈折

二つの角度が未知数であるから，二つの式が必要である。境界条件が二つあるので，それを用いる。まず電界の強さの接線成分の境界条件，式 (5.8) から

$$E_1 \sin\theta_1 = E_2 \sin\theta_2 \tag{5.13}$$

そして電束密度の境界条件（式 (5.6)[†1]）から

$$\varepsilon_1 E_1 \cos\theta_1 = \varepsilon_2 E_2 \cos\theta_2 \tag{5.14}$$

式 (5.13) を式 (5.14) で割って

$$\frac{\tan\theta_2}{\tan\theta_1} = \frac{\varepsilon_2}{\varepsilon_1} \tag{5.15}$$

が得られた。

† 1 $D_{1n} = D_{2n}$
$D_{1n} = \varepsilon_1 E_{1n} = \varepsilon_1 E_1 \cos\theta_1$
$D_{2n} = \varepsilon_2 E_{2n} = \varepsilon_2 E_2 \cos\theta_2$

5.2 誘電体があるときのガウスの定理

第 3 章では真空中でのガウスの定理を取り扱ったが，誘電体があるときは，前述のように自由電荷（真電荷と分極電荷）から電界が発生するので，分極電荷分布がわからないと電界の強さ $\boldsymbol{E}$ を求めることができない。しかしながら，第 4 章で示したように，真電荷からしか出入りしない電束密度 $\boldsymbol{D}$ の力線は，分極電荷分布がわからなくても求めることができる。$\boldsymbol{D}$ を使って以下の例題を解いてみよう。

例題 5.1

図 5.3 のように，誘電率 ε の誘電体中に，電荷 Q を有する半径 a〔m〕の導体球がある。このときの電界分布と電位分布を求めてみよう。

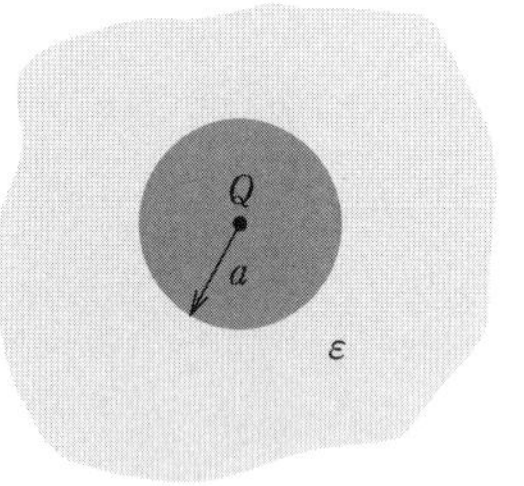

図 5.3 誘電率 ε の誘電体中に，半径 a の帯電導体球のある場合

【解答のヒント】

この例題と，例題 3.6 との違いは，電荷を持った球が真空中にあるのか，誘電体中にあるのかの違いだけである。この場合は，分極電荷の分布が不明なので，電束密度 $\boldsymbol{D}$ についてのガウスの定理（式 (4.36)）を使わなければいけない。導体球の中心が同じ半径 r の閉曲面を考えると，$r > a$ のときは

$$\int_S \boldsymbol{D} \cdot d\boldsymbol{S} = Q \tag{5.16}$$

例題3.6と同様に

$$D = \frac{Q}{4\pi r^2}\mathbf{e}_r \tag{5.17}$$

$$E = \frac{D}{\varepsilon} = \frac{Q}{4\pi\varepsilon r^2}\mathbf{e}_r \tag{5.18}$$

$r < a$ のときは，やはり例題3.6と同様に

$$D = 0 \tag{5.19}$$

$$E = 0 \tag{5.20}$$

また，電位 V を求めるには，例題3.1や例題3.6に記載されている注意事項の積分時に用いる電界の式が $r > a$ と $r < a$ とで異なることに注意して，無限遠点を基準電位とすると

$$V = \frac{Q}{4\pi\varepsilon r} \quad (r \geqq a) \tag{5.21}$$

$$V = \frac{Q}{4\pi\varepsilon a} \quad (r < a) \tag{5.22}$$

となる。

このように誘電体が存在するときも D に関するガウスの定理により，D が容易に求められる。これから E，V を求めればよい。

例題5.2

図5.4 のように，誘電体中に電荷 Q を有する半径 a〔m〕の導体球がある。誘電体の誘電率は導体球の表面から半径 b〔m〕（b > a）において，誘電率が ε_1 であり，半径 b 以上の領域は誘電率が ε_2 である。このときの電界分布と電位分布を求めよう。

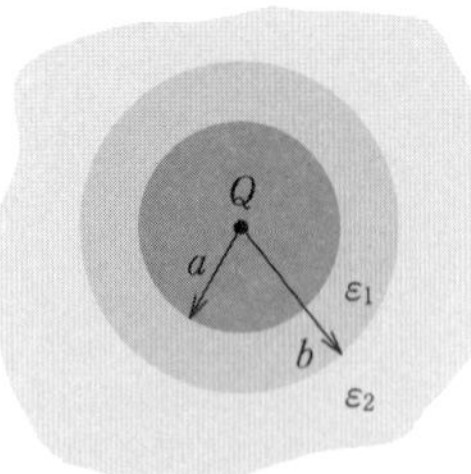

図5.4　2重の誘電体に囲まれた半径 a の帯電導体球

【解答のヒント】

例題5.1と比較すると，真電荷のある場所はまったく同じである。したがって，電束密度 D は例題5.1と同じように放射状に発生するから，誘電率 ε_1 と ε_2 の境界面に垂直に入射し，5.1.2項で議論した D，E の屈折は起こらない。したがって，例題5.1と同様にガウスの定理から，$r > a$ のときは

$$D = \frac{Q}{4\pi r^2}\mathbf{e}_r \tag{5.23}$$

$r < a$ のときは

$$D = 0 \tag{5.24}$$

となり，D は例題5.1と同一の解となる。一方，電界の強さ E については，$a < r < b$ のときは，誘電率は ε_1 だから

$$E = \frac{D}{\varepsilon_1} = \frac{Q}{4\pi\varepsilon_1 r^2}\mathbf{e}_r \tag{5.25}$$

となる。$r > b$ のときは

$$E = \frac{D}{\varepsilon_2} = \frac{Q}{4\pi\varepsilon_2 r^2}\mathbf{e}_r \tag{5.26}$$

となる。以上から，各部の電位は

$$V = \frac{Q}{4\pi\varepsilon_2 r} \quad (r \geqq b) \tag{5.27}$$

$$V = \frac{Q}{4\pi}\left(\frac{1}{\varepsilon_1 r} - \frac{1}{\varepsilon_1 b} + \frac{1}{\varepsilon_2 b}\right) \quad (a \leqq r < b) \tag{5.28}$$

$$V = \frac{Q}{4\pi}\left(\frac{1}{\varepsilon_1 a} - \frac{1}{\varepsilon_1 b} + \frac{1}{\varepsilon_2 b}\right) \quad (r \leqq a) \tag{5.29}$$

となる。

5.3 分極の種類

分極の原因は物質により異なり，大きく分けてつぎの３種類がある。

5.3.1 電子分極

アルゴンなどの希ガスの単原子についての例を考える。原子の中心には$+Ze$の電荷があり，周囲には総量$-Ze$の電子がある。この電子の分布状態は複雑であるが，大胆に半径aの球の中に均一に分布していると仮定して考える（**図5.5**（a））。これが外部電界にさらされると周囲の電子が偏って，結果として中心の電荷も少し偏る。それによって，中心のプラスの電荷の位置（図中の＋印）とマイナスの電荷の中心位置が相対的にずれることで双極子モーメントが発生する（図（b））。これを**電子分極**(electronic polarization）という。

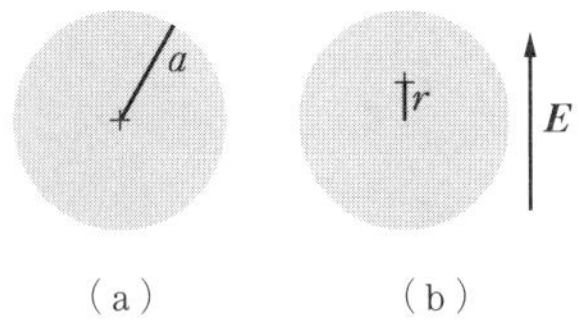

図5.5　電子分極の概念図
原子内での原子核と周囲の電子（電子雲）の相対的位置ずれによる分極

5.3.2 イオン分極（原子分極）

図5.6に示すような，イオン結晶において正負のイオンが電界によってたがいに少しだけ偏ることで起こる分極を**イオン分極**(ionic polarization）という。変位するイオンは，電子に比べて重いので，先に述べた電子分極に比べ，分極には電界の変化に対して遅れが生じる。すなわち，分極の周波数特性は電子分極に比べて悪い。

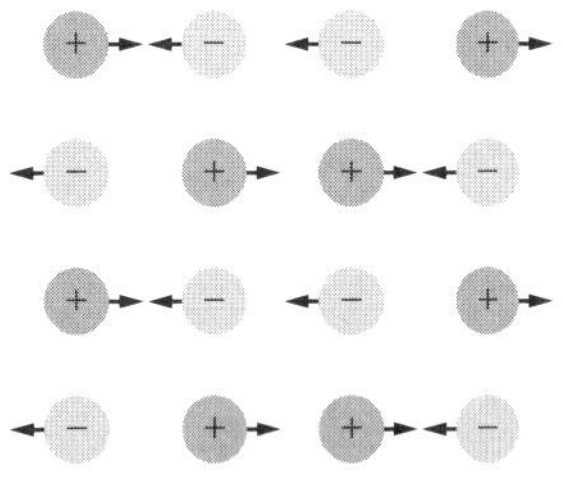

図5.6　イオン分極の概念図
正負のイオンが規則正しく並んだイオン結晶において，外部電界によりその相互位置がわずかだけずれて生じる分極

5.3.3 配向分極

有極性分子と呼ばれる分子は，電界が加わっていないときにも，双極子を形成している。有極性分子も，室温ではそれぞれの分子がランダムな方向を向いており，全体としては分極していないように見える。しかし，電界が加わると分子の向きが揃い，分極が起こる。これを**配向分極**（displacement polarization）という。配向分極は分子が向きを変えることにより起こるので，前二者の電子分極，イオン分極と比べ，印加された電界に対して分極する遅れ時間が長く，周波数特性は悪い。

5.4　誘電率の周波数特性（誘電分散）

誘電率が周波数特性を持つことを**誘電分散**という。5.3節で，媒質内での分極現象には，電子分極，イオン分極，配向分極などの種類があることを述べた。電子分極およびイオン分極は，正・負の電荷の分布が電界によってわずかだけ変位して生じる分極であり，電荷の担い手の応答速度で誘電分散特性が異なる。大きな分子が動く配向分極が最も応答特性が悪く，無線周波数程度（kHz～MHzオーダー）が応答速度の上限である。イオン分極は原子の質量によって応答速度が決まっているので，おおむね赤外光の周波数辺り（数十～数百THz）が応答速度の限界である。最も応答速度が速いのは原子分極であり，紫外光の周波数前後（数百THz程度）まで応答できる。

5.5　誘電率の異方性

これまでは誘電率 ε はスカラーの定数であることを暗黙の前提にしていた。しかし物質によっては，これがテンソルで表されることかある。すなわち，電界の強さ $\boldsymbol{E}$ と電束密度 $\boldsymbol{D}$ の各成分の間に

$$\begin{bmatrix} D_x \\ D_y \\ D_z \end{bmatrix} = \begin{bmatrix} \varepsilon_{11} & \varepsilon_{12} & \varepsilon_{13} \\ \varepsilon_{21} & \varepsilon_{22} & \varepsilon_{23} \\ \varepsilon_{31} & \varepsilon_{32} & \varepsilon_{33} \end{bmatrix} \begin{bmatrix} E_x \\ E_y \\ E_z \end{bmatrix} \tag{5.30}$$

が成り立つような場合である。電界の強さの向きと電束密度の向きが一致しない，すなわち，分極が電界の強さの向きにはできない場合である。

このような誘電率がテンソルとなる材料は，多くの電子材料・電子デバイスに使われている。例えば

$$\begin{bmatrix} D_x \\ D_y \\ D_z \end{bmatrix} = \begin{bmatrix} \varepsilon_{xx} & \varepsilon_{xy} & 0 \\ -\varepsilon_{xy} & \varepsilon_{xx} & 0 \\ 0 & 0 & \varepsilon_{zz} \end{bmatrix} \begin{bmatrix} E_x \\ E_y \\ E_z \end{bmatrix} \tag{5.31}$$

の特性を持つ物質内を光が伝搬するときは，光の伝搬とともに偏光方向が円状に回転する円偏光として伝搬し，右回りと左回りの円偏光に対する屈折率が異なる。これは磁気光学効果と呼ばれる効果の原因となる。

5.6 分極のヒステリシス現象と強誘電体

誘電率が定数でなく電界の強さEの関数であり，分極Pが電界の強さEに比例しないような誘電体がある。このような現象は**強誘電体**と呼ばれる物質に見られる。

このような強誘電体で，過去に一度も電界を加えていないものに電界を加えると，分極は**図5.7**のO-A-B-Cのように非線形的に増加し，やがて一定値に達し，その後は変化しなくなる（飽和する）。その状態から電界の強さEを小さくしていくと，先とは異なった道筋をたどってP_rに達する。P_rはEが0のときの分極で**残留分極**と呼ばれる。

さらに電界を逆向きにして加えていくとE_cのところで初めて分極Pが0になる，このときの電界の大きさE_cを**抗電力**という。さらに電界を加えて点Fに到達し，そこから電界を減じていくと，点Fから点Gへ，また，点Gから点Cへと1周する。このような曲線を**ヒステリシス曲線**という。このことは，あるEの大きさのときのPまたはDの値が，その前に加えた電界の強さによって異なることを意味する。

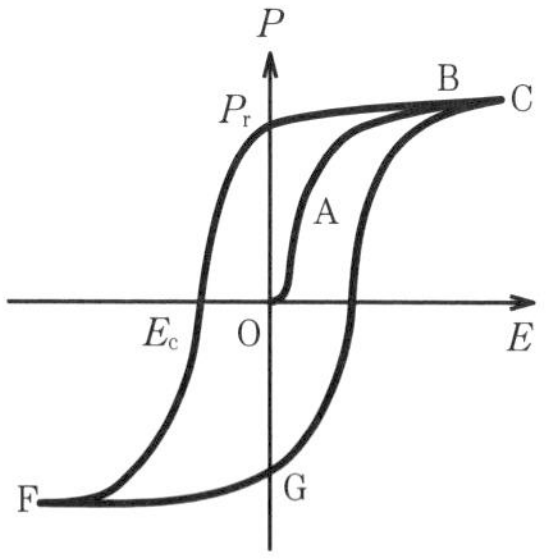

図5.7 誘電分極のヒステリシス

強誘電体は電界が加わっていないときにも分極を示し，**自発分極**と呼ばれる。ある方向の自発分極を持つ部分を**分域**（domain）という。電界が0のときは，それぞれの分域内での分極が全体として打ち消し合い，外部には分極しているようには見えない。電界の増加とともに，電界の方向成分を持つ分域の面積が増加して全体として分極する。すべての分域の分極の方向が，加えた電界の方向を向いたとき，全体としての分極はそれ以上増加せず，飽和する。

後で述べる磁性体にも同様なヒステリシス現象があり，電気自動車のモータの磁石や，磁気ディスク等に見られる磁気記憶に利用されて今日のコンピュータ時代を支えている。

第5章 演 習 問 題

【1】 問図5.1のように，真空中に$\boldsymbol{E}_1$，$\boldsymbol{D}_1$があるとき，比誘電率がε_rの誘電体板を置いた。境界面の法線からθ_1で$\boldsymbol{E}_1$，$\boldsymbol{D}_1$が入射したとき，以下の問に答えなさい。ただし，境界面には真電荷がないものとする。

（a） θ_2を比誘電率ε_rと入射角θ_1を用いて表しなさい。

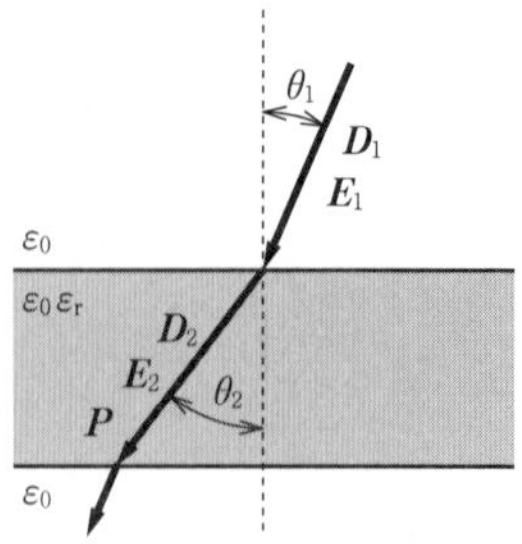

問図 5.1　誘電体境界

（b）　与えられた変数を用いて，$\boldsymbol{E}_2$，$\boldsymbol{D}_2$ を表しなさい。

（c）　比誘電率 $\varepsilon_r=3$，$\theta_1=30°$ の場合の θ_2 および分極 $\boldsymbol{P}$ を求めなさい。

（d）　分極 $\boldsymbol{P}$ の境界面に垂直な成分から境界面での分極面電荷密度 ρ_s を求めなさい。

【2】　電子分極について，5.2.1 項の図 5.5 の説明では，半径 a〔m〕の球の中に均一に電荷が分布していると仮定して説明している。図 5.5 の半径 a〔m〕内に一様にマイナスの電荷が分布し，そのトータルの電荷が $-q_0$〔C〕であるとき，半径 r〔m〕（$r<a$）にプラスの電荷 q_0〔C〕が置かれている電子分極の状態で，このプラスの電荷に働く力を求めなさい。

静電容量・静電界のエネルギー　6

6.1　静電容量とコンデンサ

二つの電極を近づけておき，一方にプラスの電荷，もう一方にマイナスの電荷を与えると，プラスとマイナスの電荷は引き合うので，異符号の電荷が引き合ったままの状態で電荷を蓄えることができる。これが**コンデンサ**（あるいはキャパシタ）である。この電極間に誘電体を入れると電荷を貯める能力（**静電容量**）が増加する。この節では，まず静電容量の定義から学ぼう。

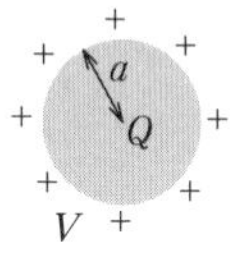

図 6.1　空気中にある半径 a の導体球の静電容量は $4\pi\varepsilon_0 a$〔F〕

6.1.1　単一導体の静電容量

初めに，孤立した単一導体の静電容量の定義を述べておこう。例題 3.2.2 で求めたように，孤立した導体球の電位は，球に与えられた電荷の量に直接比例する。すなわち，導体球の電位と，そこに蓄えられている電荷の量との間には

$$Q = CV \tag{6.1}$$

という比例関係が成立している。この比例定数 C を（孤立した）導体の静電容量という。単位は，クーロン/ボルトで，これをファラド（F）という。**図 6.1** に示す半径 a の導体球の静電容量 C は，空気中で $4\pi\varepsilon_0 a$〔F〕である。

> 試してみよう
> 空気中にある半径 a の導体球の静電容量が $4\pi\varepsilon_0 a$〔F〕であることを証明しよう。

> **まとめ**
> $$\text{導体の静電容量} = \frac{\text{電荷の量の絶対値}}{\text{その導体の電位}}$$

6.1.2　2 導体の静電容量

実用的に重要なのは，一つの導体の静電容量よりもむしろ二つの導体間の静電容量である。つまり，コンデンサとして使用される場合の静電容量である。

二つの導体間に電位差 V_{12} を与えたときを考える。一方の導体には正の，他方の導体には負の電荷が表面に現れ，その量はたがいに等しい。このとき，それぞれの導体に現れた電荷 Q の絶対値を両導体間の電位差で割った値を 2 導体間の静電容量という（**図 6.2**）。言い換えると，2 導体間に単位電位差を与えるために，それぞれの導体に与えなければならない電荷の絶対値が，2 導体間の静電容量である。

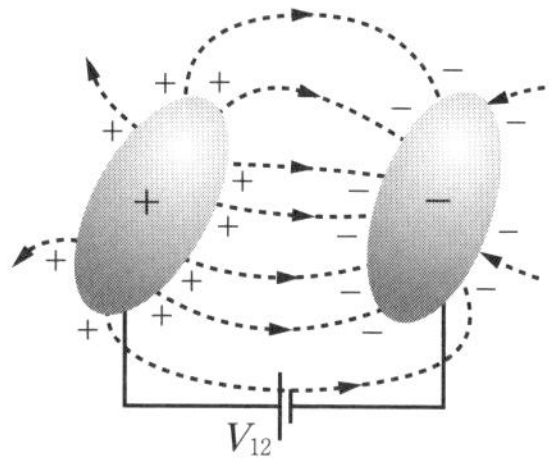

図 6.2　2 導体間の静電容量

> **まとめ**
> 2 導体間の静電容量 C
> $$= \frac{Q}{V}\ \text{〔F〕}$$
> $$= \frac{\text{片方の電極にある電荷の量の絶対値}}{\text{2 導体間の電位差}}$$
> $$= \frac{\text{2 導体間に単位電位差を与える電荷}}{\text{2 導体間は単位電位差}}$$

例題 6.1

二つの無限平面状導体電極が，間隔 d で平行に向き合っている。導体電極間には誘電率 ε の誘電体を挿入する。このときの単位面積当りの静電容量 C を求めてみよう。

【解答例】

単位面積当りの静電容量を求めるために，単位面積当りの電荷量から電束密度を求め，これから電界の強さを求めて電位差を求める。

図 6.3（a）のように上下の電極にそれぞれ電荷密度 $+\sigma$ と $-\sigma$ を想定すると，これは図（b）のように $+\sigma$ と $-\sigma$ の電荷密度を有する無限平板それぞれが図（c）のように重ね合わされた状態と考えることができる。$+\sigma$ の無限平板だけを考えると，例題 3.4 と同様に図 3.13（c）のような閉曲面を考えると，上下の d$\boldsymbol{s}$ からそれぞれ $\boldsymbol{D}\cdot \mathrm{d}\boldsymbol{s}$ の電束が出ていくので，ガウスの定理より $2D\mathrm{d}s=\sigma \mathrm{d}s$ となり電束密度 $\boldsymbol{D}$ の絶対値 $|\boldsymbol{D}|$ は $\sigma/2$ となる。一方，$-\sigma$ の無限平板では $|\boldsymbol{D}|$ は $-\sigma/2$ となる。図（c）のように，電極間の外側では $+\sigma$ と $-\sigma$ から発生した $\boldsymbol{D}$ の向きは逆向きで同じ値なので重ね合わせると打ち消されて 0 になる。一方，電極間で $\boldsymbol{D}$ の向きは同一なので図（d）のように 2 倍になり

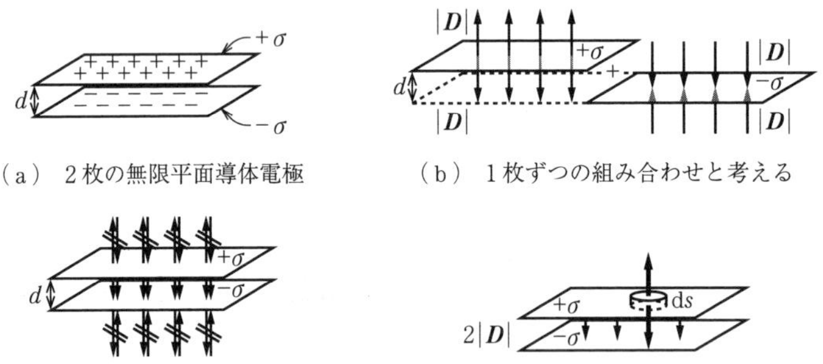

（a） 2 枚の無限平面導体電極　　（b） 1 枚ずつの組み合わせと考える

（c） 重ね合わせると $|\boldsymbol{D}|$ は極板外では打ち消す　　（d） 極板間では 2 倍になる。上側の電極でガウスの定理を適用する

図 6.3　平行平板電極での電束密度 $\boldsymbol{D}$

$$|\boldsymbol{D}|=\sigma \tag{6.2}$$

と求められる。これから電界の強さ $\boldsymbol{E}$ は

$$|\boldsymbol{E}|=\frac{\sigma}{\varepsilon} \tag{6.3}$$

となる。この電界の強さ $\boldsymbol{E}$ を負の電荷のある電極の側（$l=a$）から正の電荷のある側（$l=b$）へと積分する。極板間の電位差 V_{ab} は

$$V_{ab}=-\int_a^b \boldsymbol{E}\cdot \mathrm{d}\boldsymbol{l}=-\frac{\sigma}{\varepsilon}\times(b-a)=-\frac{\sigma}{\varepsilon}\times(-d)=\frac{\sigma}{\varepsilon}d \tag{6.4}$$

となる。したがって，単位面積当りの静電容量 C は

$$C=\frac{\sigma}{V_{ab}}=\frac{\varepsilon}{d}\quad〔\mathrm{F/m^2}〕 \tag{6.5}$$

となる。面積 S を持つ場合は

$$C=\frac{\varepsilon S}{d}\quad〔\mathrm{F}〕 \tag{6.6}$$

となる。

例題 6.1 の結果から，静電容量 C の値は誘電体の誘電率 ε に比例することがわかる。

例題 6.2

図 6.4 のように 2 種類の誘電体が使われた同軸ケーブルを考える。内導体の半径は a，外導体の内径を b とする。また，半径 c を境とし，半径 c の内側の誘電体 1 の誘電率 $\varepsilon_1=\varepsilon_0\varepsilon_{r1}$，外側の誘電体 2 の誘電率を $\varepsilon_2=\varepsilon_0\varepsilon_{r2}$ とする。このとき各部での電界分布，電位分布を求め，単位長さ当りの静電容量 C を求めてみよう。また，このような方法で何が改善されるかを考察しなさい。

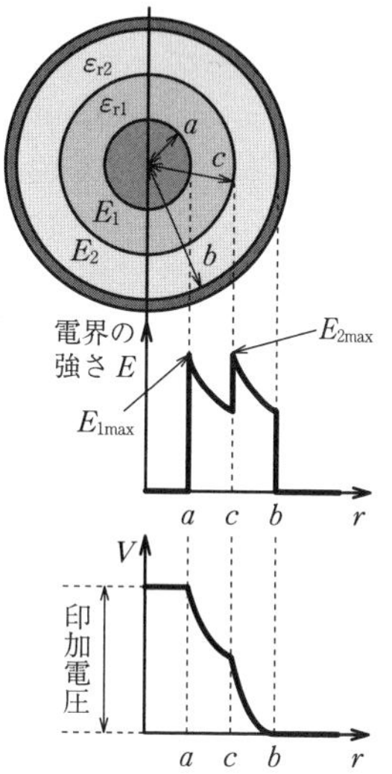

図 6.4 2 種類の誘電体で構成された同軸ケーブルと内部の電界，電位分布

【解答例】

内外導体間に誘電体があるので，電束密度についてのガウスの定理を用いる。同軸ケーブルの中心軸と同一の中心軸を有する半径 r，高さ h の円柱の閉曲面を考える。円柱閉曲面内外導体間の空間の円筒状閉曲面に適用しよう。同軸ケーブル内導体に σ，外部導体には $-\sigma$ の単位長さ当りの電荷密度を置いたとする。軸対象であるので電束密度 $\boldsymbol{D}$ は，内導体表面から放射状に発生し，外導体内径で終わる。また，誘電体境界面には電束密度 $\boldsymbol{D}$ は垂直に入射するので，$\boldsymbol{D}$ は連続であり，屈折はしない。したがって

$$\int_S \boldsymbol{D}\cdot \mathrm{d}\boldsymbol{s}=\sigma h \tag{6.7}$$

電束密度の大きさ D は，円柱閉曲面の上下の面からの出入りがなく，円柱閉曲面側面で $\boldsymbol{D}$ は垂直であり，一定値なので

$$D\,2\pi r h=\sigma h \tag{6.8}$$

$$\boldsymbol{D}=\frac{\sigma}{2\pi r}\mathbf{e}_\rho \tag{6.9}$$

である。誘電体 1，誘電体 2 内部の電界の強さを $\boldsymbol{E}_1$，$\boldsymbol{E}_2$ と表記すると

$$\boldsymbol{E}_1=\frac{\boldsymbol{D}}{\varepsilon_1}=\frac{\sigma}{2\pi\varepsilon_1 r}\mathbf{e}_\rho \tag{6.10}$$

$$\boldsymbol{E}_2=\frac{\boldsymbol{D}}{\varepsilon_2}=\frac{\sigma}{2\pi\varepsilon_2 r}\mathbf{e}_\rho \tag{6.11}$$

となる。つまり，誘電率 ε が異なると，同じ電束密度 $\boldsymbol{D}$ でも電界の強さ $\boldsymbol{E}$ が異なることになる。

外部導体を基準電位とすると，誘電体 2 の内部での電位分布 V は

$$V=-\int_{r=b}^{r}\boldsymbol{E}_2\cdot \mathrm{d}\boldsymbol{r}=\frac{\sigma}{2\pi\varepsilon_2}(\ln b-\ln r)=\frac{\sigma}{2\pi\varepsilon_2}\ln\frac{b}{r} \tag{6.12}$$

となり，誘電体 1 の内部での電位分布 V は

$$V=-\int_{r=b}^{c}\boldsymbol{E}_2\cdot \mathrm{d}\boldsymbol{r}-\int_{r=c}^{r}\boldsymbol{E}_1\cdot \mathrm{d}\boldsymbol{r}=\frac{\sigma}{2\pi\varepsilon_2}\ln\frac{b}{c}+\frac{\sigma}{2\pi\varepsilon_1}\ln\frac{c}{r} \tag{6.13}$$

となる。したがって，内外導体間の電位差 V_{ba} は

$$V_{ba}=\frac{\sigma}{2\pi}\left(\frac{1}{\varepsilon_2}\ln\frac{b}{c}+\frac{1}{\varepsilon_1}\ln\frac{c}{a}\right) \tag{6.14}$$

となる。以上から，この同軸ケーブルの単位長さ当りの静電容量 C は

$$C=\frac{\sigma}{V_{ba}}=\frac{2\pi}{\left(\dfrac{1}{\varepsilon_2}\ln\dfrac{b}{c}+\dfrac{1}{\varepsilon_1}\ln\dfrac{c}{a}\right)} \tag{6.15}$$

となる。

誘電体 1 と誘電体 2 それぞれの最大の電界の強さ $\boldsymbol{E}_{1\max}$，$\boldsymbol{E}_{2\max}$ は

$$\boldsymbol{E}_{1\max}=\frac{\boldsymbol{D}}{\varepsilon_1}=\frac{\sigma}{2\pi\varepsilon_1 a}\boldsymbol{e}_\rho \tag{6.16}$$

$$E_{2\max} = \frac{D}{\varepsilon_2} = \frac{\sigma}{2\pi\varepsilon_2 c} e_\rho \tag{6.17}$$

である。

誘電体が破壊（絶縁破壊）するかどうかは，電界の強さ $\boldsymbol{E}$ で決まる。しかし，図6.4の電界分布の図で示したように，二つの誘電体の誘電率 ε_1，ε_2 をうまく選択し，同じ電束密度 $\boldsymbol{D}$ であっても，電界の強さの最大値 $\boldsymbol{E}_{1\max}$，$\boldsymbol{E}_{2\max}$ を抑えたまま電位差 V_{ba} を上げることが可能となる。逆にいうと，異なる誘電体を組み合わせることによって，高い電圧を加えても絶縁破壊しない同軸ケーブルを作ることができる。このような方法を段絶縁という。

例題6.2の結果から，両電極それぞれに異符号の電荷密度 $\pm\sigma$ があるときは，間に誘電体が挿入されても電束密度 $\boldsymbol{D}$ は変化しないことがわかる。つまり，誘電率 ε の高い誘電体を電極間に挿入すると，誘電率 ε に反比例して電界の強さ $\boldsymbol{E}$ が減少する。

試してみよう
なぜ，電束密度 $\boldsymbol{D}$ が変わらないのに，電界 $\boldsymbol{E}$ が減少するのだろうか。

6.2　多導体系の電位

電荷が複数あるときの任意の点の電位は，それぞれの電荷によるものを重ね合わせて求めることができた。このように電磁気学では，**重ね合わせの理**が成立する。

重ね合わせの理を用いて，ここでは導体がいくつか存在する系について，各導体の電位，電荷，導体間の静電容量について考える。n 個の導体のそれぞれの電位 V_i と電荷 Q_i の間の関係を式(6.18)に示す。

$$\left.\begin{aligned} V_1 &= p_{11}Q_1 + p_{12}Q_2 + \cdots\cdots\cdots + p_{1n}Q_n \\ V_2 &= p_{21}Q_1 + p_{22}Q_2 + \cdots\cdots\cdots + p_{2n}Q_n \\ &\vdots \\ V_n &= p_{n1}Q_1 + p_{n2}Q_2 + \cdots\cdots\cdots + p_{nn}Q_n \end{aligned}\right\} \tag{6.18}$$

この p_{ij} を**電位係数**という。この単位は1/Fである。

例えば，p_{11} を考えてみる。式(6.18)の $Q_2 \sim Q_n$ までが0であり，Q_1 のみが有限であるときの V_1 を決めるものが p_{11} である。すなわち，導体1のみに単位電荷を与えたときの V_1 が p_{11} である。そのときの他の導体の電位 $V_2 \sim V_n$ から $p_{21} \sim p_{n1}$ がわかる。$p_{ij}=p_{ji}$ で，各 p_{ii} は各導体の形によって，p_{ij} は各導体の配置によって決まる定数であり，もちろん空間の誘電率によっても変わるが，各導体の電荷とは独立な定数である。

もしこの導体系が，まったく外部と孤立している系であれば

$$Q_1 + Q_2 + \cdots\cdots\cdots\cdots + Q_n = 0 \tag{6.19}$$

である。

式 (6.18) の n 個の線形方程式を書き直し，各導体の電荷を求める式にすることかできる。すなわち，式 (6.18) を行列式に書き直して

$$\begin{bmatrix} V_1 \\ V_2 \\ \vdots \\ V_n \end{bmatrix} = \begin{bmatrix} p_{11} & p_{12} & \cdots & p_{1n} \\ p_{21} & p_{22} & \cdots & p_{2n} \\ \vdots & \vdots & \cdots & \vdots \\ p_{n1} & p_{n2} & \cdots & p_{nn} \end{bmatrix} \begin{bmatrix} Q_1 \\ Q_2 \\ \vdots \\ Q_n \end{bmatrix} \tag{6.20}$$

とする。電位係数 p_{ij} の行列の逆行列を式 (6.20) の左側から掛ければ

$$\begin{bmatrix} Q_1 \\ Q_2 \\ \vdots \\ Q_n \end{bmatrix} = \begin{bmatrix} c_{11} & c_{12} & \cdots & c_{1n} \\ c_{21} & c_{22} & \cdots & c_{2n} \\ \vdots & \vdots & \cdots & \vdots \\ c_{n1} & c_{n2} & \cdots & c_{nn} \end{bmatrix} \begin{bmatrix} V_1 \\ V_2 \\ \vdots \\ V_n \end{bmatrix} \tag{6.21}$$

を得る。この c_{ij} を**静電誘導係数**，c_{ii} を**静電容量係数**という。単位は，C/m すなわち，F であるが，その意味は前節に述べた2導体間の容量と異なるので注意すること。

式 (6.12) を書き下せば

$$\left.\begin{aligned} Q_1 &= c_{11}V_1 + c_{12}V_2 + \cdots\cdots\cdots + c_{1n}V_n \\ Q_2 &= c_{21}V_1 + c_{22}V_2 + \cdots\cdots\cdots + c_{2n}V_n \\ &\vdots \\ Q_n &= c_{n1}V_1 + c_{n2}V_2 + \cdots\cdots\cdots + c_{nn}V_n \end{aligned}\right\} \tag{6.22}$$

となる。これを2導体間の静電容量 C_{ij} を使って書き直す。

$$\left.\begin{aligned} Q_1 &= C_{11}V_1 + C_{12}(V_1 - V_2) + \cdots\cdots\cdots + C_{1n}(V_1 - V_n) \\ Q_2 &= C_{21}(V_2 - V_1) + C_{22}V_2 + \cdots\cdots\cdots + C_{2n}(V_2 - V_n) \\ &\vdots \\ Q_n &= C_{n1}(V_n - V_1) + C_{n2}(V_n - V_2) + \cdots\cdots\cdots + C_{nn}V_n \end{aligned}\right\} \tag{6.23}$$

式 (6.23) の $n=3$ のときの関係を**図 6.5** に示す。このとき，C_{ii} を無限遠点との間の静電容量と考えてよい。

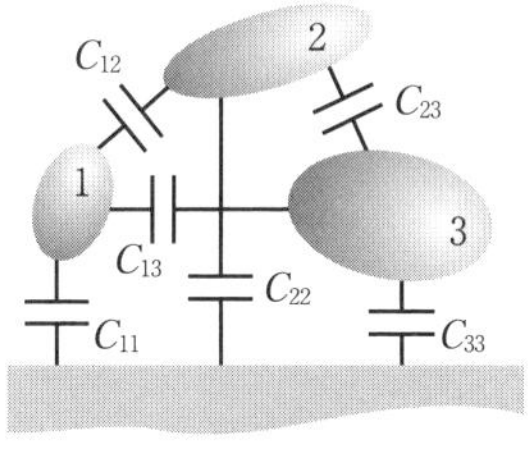

図 6.5　導体系の（等価）静電容量表示。下の部分は無限遠点（電位が0に定まっているという意味で実用的には接地）

6.3 帯電している系のエネルギー

第2章でわれわれは，電界中のある点での電位は，正の単位電荷を無限遠点（電位の基準点）からその点まで運ぶのに外部から与える（必要とする）仕事であることを学んだ。

図 6.6 のように，電荷 Q_1 が作っている電界中で電荷 Q_2 をその電界に逆らって，無限遠点から距離 R_{12} のところ（R_{12} は Q_1 があ

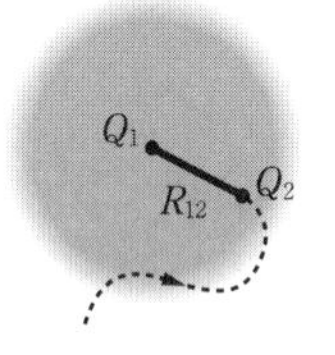

図 6.6　Q_1 の作る電界中で Q_2 を運ぶ。このときの仕事は Q_2V_2 であり，ここで V_2 は Q_1 が作る Q_2 の位置での電位で，$Q_1/(4\pi\varepsilon_0 R_{12})$ である。

る点からの距離）まで運ぶことを考えると，そのとき要する仕事 W_2 は

$$W_2 = Q_2 V_2 = Q_2 \frac{Q_1}{4\pi\varepsilon_0 R_{12}} \tag{6.24}$$

である。ここで V_2 は Q_2 の点での Q_1 が作る電位である。

静電界は保存場であるから，W_2 は Q_2 を運んでくる道筋には関係しない。つぎに Q_1 と Q_2 を運んでくる順番を逆に，すなわち Q_2 の作る電界中で Q_1 を運ぶと考えると，そのときに要する仕事 W_1 は

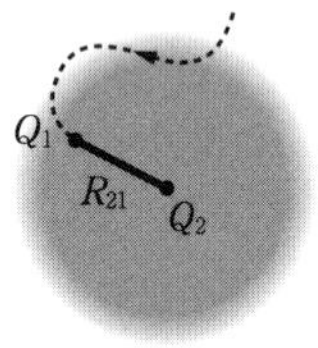

図 6.7　Q_2 の作る電界中で Q_1 を運ぶ。このときの仕事は，$Q_1 V_1$ であり，V_1 は Q_2 が作る Q_1 の位置での電位で，$Q_2/(4\pi\varepsilon_0 R_{21})$ である。

$$W_1 = Q_1 V_1 = Q_1 \frac{Q_2}{4\pi\varepsilon_0 R_{21}} = W_2 \tag{6.25}$$

となる。ここで V_1 は，Q_1 の点での Q_2 が作る電位である（**図 6.7**）。

この仕事，W_1，W_2 は，どちらもこれら二つの電荷が $R_{12} = R_{21}$ だけ隔たって存在している状態にするために必要な仕事であり，同一の値であり，この状態でこの系のポテンシャルエネルギーとして蓄えられている。そこで同一の値 W である $W_1 = Q_1 V_1$ と $W_2 = Q_2 V_2$ を加えてみると

$$W_1 + W_2 = 2W = Q_1 V_1 + Q_2 V_2 \tag{6.26}$$

であるから，結局

$$W = \frac{1}{2}\left(Q_1 V_1 + Q_3 V_3\right) \tag{6.27}$$

となる。

つぎに，**図 6.8** のように，上の状態に加えて 3 番目の電荷 Q_3 を無限遠点から Q_1 から R_{13}，Q_2 から R_{23} という点まで運ぶことを考える。その系のポテンシャルエネルギー W_3 は

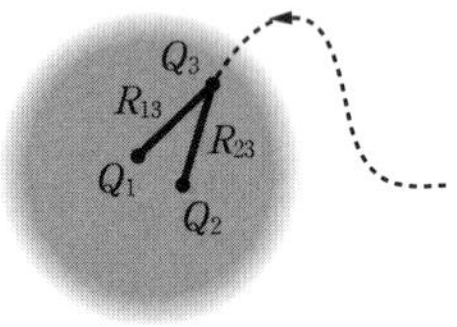

図 6.8　Q_1，Q_2 の作る電界中で Q_3 を運ぶ。Q_1 と Q_2 が作る Q_3 の点での電位を V_3 とすると Q_3 を運ぶ仕事は $Q_3 V_3$

$$W_3 = W + Q_3 V_3 = W + Q_3\left(\frac{Q_1}{4\pi\varepsilon_0 R_{13}} + \frac{Q_2}{4\pi\varepsilon_0 R_{23}}\right) \tag{6.28}$$

ここで V_3 は Q_3 を運んで到達した点の Q_1 と Q_2 による電位である。これを整理すると

$$W_3 = \frac{1}{4\pi\varepsilon_0}\left(\frac{Q_1 Q_2}{R_{12}} + \frac{Q_2 Q_3}{R_{23}} + \frac{Q_3 Q_1}{R_{31}}\right) \tag{6.29}$$

ここで，式 (6.27) と同様に，Q_1，Q_2，Q_3 がたがいに発生したそれぞれの位置での電位 V_1，V_2，V_3 を使って[†1]それぞれの積の合計を求めると

$$Q_1 V_1 + Q_2 V_2 + Q_3 V_3$$
$$= \frac{1}{4\pi\varepsilon_0}\left[Q_1\left(\frac{Q_2}{R_{12}} + \frac{Q_3}{R_{13}}\right) + Q_2\left(\frac{Q_3}{R_{23}} + \frac{Q_1}{R_{21}}\right) + Q_3\left(\frac{Q_1}{R_{31}} + \frac{Q_2}{R_{32}}\right)\right]$$

†1　ここでは，
V_1：Q_2 と Q_3 が作る Q_1 の点での電位
V_2：Q_1 と Q_3 が作る Q_2 の点での電位
V_3：Q_1 と Q_2 が作る Q_3 の点での電位
である。

$$= \frac{2}{4\pi\varepsilon_0}\left(\frac{Q_1Q_2}{R_{12}} + \frac{Q_2Q_3}{R_{23}} + \frac{Q_3Q_1}{R_{31}}\right) = 2W_3 \tag{6.30}$$

以上から，系のエネルギーは，三つの電荷が作った3か所の電位[†1]を使って表すと

$$W_3 = \frac{1}{2}\left(Q_1V_1 + Q_2V_2 + Q_3V_3\right) \tag{6.31}$$

となる。

† 1 前ページの側注† 1の3か所の電位の説明を参考にしよう。

この手続き，すなわち，つぎつぎに別の電荷を運んでくることを続けていけば，N個の電荷がある場合の一般的な系のエネルギー W_e（ポテンシャルエネルギー）の式に到達する。すなわち，k番目の電荷 Q_k の場所での電位 V_k は，Q_k 以外の全電荷によって生じる。したがって，V_k をつぎのように書き

$$V_k = \frac{1}{4\pi\varepsilon_0}\sum_{i=1(i\neq k)}^{N}\frac{Q_i}{R_{ik}} \tag{6.32}$$

$$W_e = \frac{1}{2}\sum_{k=1}^{N} Q_kV_k \quad \text{〔J〕} \tag{6.33}$$

となる。

ところで，式 (6.33) は電荷を離散的に運んでくる場合を示している。空間中に連続的に電荷が密度 ρ で分布しているときの系のエネルギーは，Q_k の代わりに $\rho \mathrm{d}v$ を用いて，和を積分にすることにより求まる。すなわち

$$W_e = \frac{1}{2}\int_v \rho V \,\mathrm{d}v \tag{6.34}$$

と書ける。ここで v は電荷の分布している体積を表す。V は電荷密度 ρ の点の電位である。

例題 6.3

半径 a の球内に，電荷密度 ρ で電荷が一様に分布した球状の電荷の塊がある（**図 6.9**）。この系のエネルギー W を求めてみよう。

ヒント　トータル電荷量を Q として，一様に帯電した半径 a の球体のエネルギーを求めてみよう。

【解答例】

例題 3.1 で求めた電荷を持った球内の電位分布 V は

$$V = \frac{\rho}{3\varepsilon_0}\left(\frac{3}{2}a^2 - \frac{1}{2}r^2\right) \tag{6.35}$$

であった。したがって，この V を半径 a の球の体積 v にわたって積分すればよい。

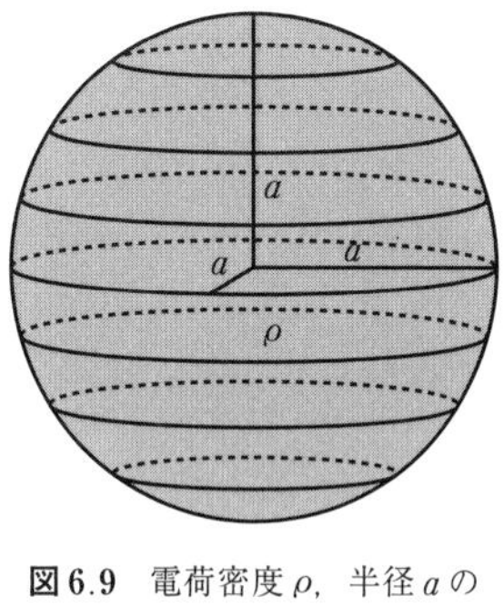

図 6.9　電荷密度 ρ，半径 a の電荷の塊

> **Coffee time**
>
> なぜ電荷の塊にエネルギーがあるのだろうか。例えば，おにぎりのご飯粒に電荷があったと考えてみよう。ご飯粒どうしは電荷を持っていてたがいに反発している。もし，ご飯粒どうしにくっつく力がなかったら，たがいの反発力でご飯粒は四方八方に飛び散ってしまうだろう。これまで議論した電荷の塊も，ご飯粒の電荷同様に飛び散ってしまう力がある。すなわち，飛び散らせるためのエネルギーを蓄えているということになる。

$$W=\frac{1}{2}\int_v \rho\frac{\rho}{3\varepsilon_0}\left(\frac{3}{2}a^2-\frac{1}{2}r^2\right)\mathrm{d}v \tag{6.36}$$

これを解くと，以下のようになる。

$$\begin{aligned}W&=\frac{\rho^2}{12\varepsilon_0}\int_v\left(3a^2-r^2\right)\mathrm{d}v\\&=\frac{\rho^2}{12\varepsilon_0}\left(3a^2\times\frac{4}{3}\pi a^3-\int_{r=0}^{a}r^2\cdot 4\pi r^2\mathrm{d}r\right)\\&=\frac{\rho^2}{12\varepsilon_0}\left(4\pi a^5-4\pi\left[\frac{1}{5}r^5\right]_{r=0}^{a}\right)\\&=\frac{\rho^2}{12\varepsilon_0}\left(4\pi a^5-\frac{4}{5}\pi a^5\right)\\&=\frac{4\pi\rho^2a^5}{15\varepsilon_0}\end{aligned}\tag{6.37}$$

6.4 電界中のエネルギー密度

6.3節では，帯電している系のエネルギーを求めるために，微小電荷を順次運んでくるときのエネルギーを計算した。このエネルギーが電界全体中に蓄えられていると考えてみよう。

電荷密度 ρ を用いずに，$\boldsymbol{E}$ と $\boldsymbol{D}$ を用いて表すほうが便利なこともある。そこで，ρ の代わりに $\mathrm{div}\,\boldsymbol{D}$ を用いることにする。

これを式 (6.34) に代入して

$$W_\mathrm{e}=\frac{1}{2}\int_{\mathrm{v}'}V\,\mathrm{div}\,\boldsymbol{D}\,\mathrm{d}v'=\frac{1}{2}\int_{\mathrm{v}'}V\,\nabla\cdot\boldsymbol{D}\,\mathrm{d}v' \tag{6.38}$$

を得る。ところで

$$\nabla\cdot(V\boldsymbol{D})=V\,\nabla\cdot\boldsymbol{D}+\boldsymbol{D}\cdot\nabla V \tag{6.39}$$

であるから，式 (6.38) は

$$\begin{aligned}W_\mathrm{e}&=\frac{1}{2}\int_{\mathrm{v}'}\left(\nabla\cdot(V\boldsymbol{D})-\boldsymbol{D}\cdot\nabla\,V\right)\mathrm{d}v'\\&=\frac{1}{2}\int_{\mathrm{v}'}\left(\mathrm{div}\,(V\boldsymbol{D})-\boldsymbol{D}\cdot\mathrm{grad}\,V\right)\mathrm{d}v'\end{aligned}\tag{6.40}$$

となる。ここで発散に関するガウスの定理を用いて

$$\begin{aligned}W_\mathrm{e}&=\frac{1}{2}\int_{\mathrm{S}'}V\boldsymbol{D}\,\mathrm{d}S'-\frac{1}{2}\int_{\mathrm{v}'}\boldsymbol{D}\cdot\mathrm{grad}\,V\,\mathrm{d}v'\\&=\frac{1}{2}\int_{\mathrm{S}'}V\boldsymbol{D}\,\boldsymbol{a}_n\mathrm{d}S'+\frac{1}{2}\int_{\mathrm{v}'}\boldsymbol{D}\cdot\boldsymbol{E}\,\mathrm{d}v'\end{aligned}\tag{6.41}$$

となる。ここで，積分する空間を半径 R の球と考え，全空間に渡って積分するため $R\to\infty$ と考える。R とともに電位 V は，少なくとも $1/R$，電束密度 $\boldsymbol{D}$ は $1/R^2$ の関数で小さくなっていく。したがって，$R\to\infty$ で式 (6.41) の第1項の被積分関数は，$1/R^3$

で小さくなる。積分範囲は，R^2 で大きくなるから，結局，第1項の積分は $R \to \infty$ で0となる。全エネルギー W_e は

$$W_e = \frac{1}{2}\int_{v'} \boldsymbol{D}\cdot\boldsymbol{E}\,\mathrm{d}v' \tag{6.42}$$

となる。これはエネルギー密度 w が

$$w = \frac{1}{2}\boldsymbol{D}\cdot\boldsymbol{E} \quad [\mathrm{J/m^3}] \tag{6.43}$$

であると考えてよいことを示している。

まとめ
電界中のエネルギー密度：
$w = \frac{1}{2}\boldsymbol{D}\cdot\boldsymbol{E}$

例題 6.4

誘電率 ε の誘電体を間に挟んだ面積 S，電極間隔 d の平行平板コンデンサがある。蓄えられている電荷は Q であるとする。このときのエネルギー密度 w，全エネルギー W_e を求めてみよう。ただし，平行平板コンデンサ端部の影響は無視しなさい。

【解答例】

まず，一方の極板の表面について，電束密度 $\boldsymbol{D}$ についてのガウスの定理を適用して，電界の強さ $\boldsymbol{E}$ を求めると例題6.1より

$$D = \frac{Q}{S}, \quad E = \frac{Q}{S\varepsilon} \tag{6.44}$$

であるから，エネルギー密度 w は

$$w = \frac{1}{2}\boldsymbol{D}\cdot\boldsymbol{E} = \frac{1}{2}\frac{Q}{S}\frac{Q}{S\varepsilon} = \frac{1}{2}\frac{Q^2}{S^2\varepsilon}$$

となる。また，極板間の電位差 V は

$$V = -\int_d^0 \boldsymbol{E}\cdot\mathrm{d}\boldsymbol{l} = \int_0^d \frac{Q}{S\varepsilon}\,\mathrm{d}l = \frac{Q}{S\varepsilon}d \tag{6.45}$$

であり，極板間の全エネルギー W_e は

$$W_e = \frac{1}{2}\int_v \frac{Q}{S}\frac{Q}{S\varepsilon}\,\mathrm{d}v = \frac{1}{2}\frac{Q^2}{S^2\varepsilon}Sd = \frac{1}{2}\frac{\varepsilon S}{d}V^2 \tag{6.46}$$

となる。これはさらに

$$W_e = \frac{1}{2}\frac{\varepsilon S}{d}V^2 = \frac{1}{2}CV^2 = \frac{1}{2}QV = \frac{Q^2}{2C} \tag{6.47}$$

と書き直せる。

6.5　静電力のエネルギーによる記述

静電力はクーロンの法則で表されるので，複雑な電荷分布の場合でも，原理的にはそれを点電荷に分割して全体の力を計算すればよいが，それでは複雑すぎる場合が多い。電荷が与えられたいくつかの導体（導体系）の場合に，以下に述べる仮想変移法が有効なときがある。

（1）　対象となる導体系で電荷の量が一定のとき

（2）　電源が接続されていて，導体系の電位が一定のとき

の2種類に分けて考える。

6.5.1 導体系内の電荷量が一定の場合

いま，当初の静電エネルギーが W_e とする。このとき導体系内の電荷量が一定で，クーロン力によってある導体が動いたと考える。導体が静電力 $\boldsymbol{F}$ を受けて $d\boldsymbol{l}$ だけ変移すれば，

$$\mathrm{d}W = \boldsymbol{F}\cdot\mathrm{d}\boldsymbol{l} \qquad (6.48)$$

の仕事が W_e から使われたことになる。その結果，導体系の静電エネルギーが W_e' になったとすると

$$W_e = W_e' + \boldsymbol{F}\cdot\mathrm{d}\boldsymbol{l} = 一定 \qquad (6.49)$$

であり，結果の静電的な系のエネルギー W_e' は当初の W_e より減少していなければならない。このエネルギーの減少分 $\mathrm{d}W_e$ は

$$\mathrm{d}W_e = W_e' - W_e = -\boldsymbol{F}\cdot\mathrm{d}\boldsymbol{l} \qquad (6.50)$$

である。したがって，$\mathbf{e}_n$ を $\mathrm{d}\boldsymbol{l}$ 方向の単位ベクトルとすると

$$\boldsymbol{F} = -\frac{\mathrm{d}W_e}{\mathrm{d}l}\mathbf{e}_n = -\mathrm{grad}\,W_e \quad 〔\mathrm{N}〕 \qquad (6.51)$$

となる。すなわち

$$\boldsymbol{F} = \mathbf{e}_x F_x + \mathbf{e}_y F_y + \mathbf{e}_z F_z = -\mathbf{e}_x\frac{\partial W_e}{\partial x} - \mathbf{e}_y\frac{\partial W_e}{\partial y} - \mathbf{e}_z\frac{\partial W_e}{\partial z} \qquad (6.52)$$

である。

例題 6.5　帯電導体表面の力

電荷一定の場合の例として帯電した導体表面での力を考えてみよう。**図 6.10** のように誘電率 ε の媒質の中に導体があるとする。導体表面での電界の強さ，電束密度をそれぞれ $\boldsymbol{E}$，$\boldsymbol{D}$ とするとき，導体表面で単位面積当りに働く力 $\boldsymbol{f}$ を求めてみよう。

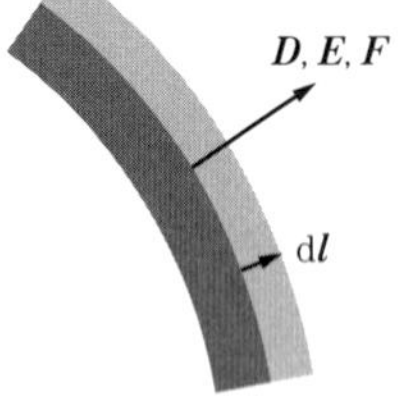

図 6.10　導体表面に働く力

【解答例】

導体表面には，単位体積当り

$$\frac{1}{2}\boldsymbol{E}\cdot\boldsymbol{D} \quad 〔\mathrm{J/m^3}〕$$

の静電的なエネルギーがある。導体中は電界も電束密度も0なので，系のエネルギーに寄与するエネルギーはない。そこで，図6.10に示すように，境界面に垂直方向に $\mathrm{d}l$ だけ導体表面が変位したとすると，表面 $\mathrm{d}s$ の面積を考えると

$$\mathrm{d}W_e = -\frac{1}{2}ED\,\mathrm{d}s\,\mathrm{d}l \qquad (6.53)$$

である。したがって，導体表面単位面積当りに働く力を $\boldsymbol{f}$ とすると

$$\boldsymbol{F} = \boldsymbol{f}\,\mathrm{d}s = -\frac{\mathrm{d}W_e}{\mathrm{d}l}\mathbf{e}_n = \frac{1}{2}ED\,\mathrm{d}s\,\mathbf{e}_n \qquad (6.54)$$

$$\boldsymbol{f} = \frac{1}{2}ED\,\mathbf{e}_n \quad 〔\mathrm{N/m^2}〕 \qquad (6.55)$$

である。このとき，d$\boldsymbol{l}$ の単位ベクトルを $\mathbf{e}_n$ とした。

導体表面の電荷密度を ρ_s〔C/m^2〕とすると，導体表面では $D=\rho_s$，$E=D/\varepsilon=\rho_s/\varepsilon$ であるから

$$\boldsymbol{f}=\frac{\rho_s^{\ 2}}{2\varepsilon}\mathbf{e}_n \quad \text{〔N/m}^2\text{〕} \tag{6.56}$$

6.5.2 導体系の電位が一定の場合（外部電源と接続されているとき）

導体系のある電極が移動したとき，その電極に電源が接続され，電位が一定に保たれているときを考える。このときは，式(6.49) が成り立たず，つぎの式 (6.57) のとおりとなる。

$$W_e \neq W_e' + \boldsymbol{F}\cdot \mathrm{d}\boldsymbol{l} \neq 一定 \tag{6.57}$$

なぜなら，例えば k 番目の導体が d$\boldsymbol{l}_k$ だけ動いたとすると，電源は導体の電位を一定に保つために電荷を供給するからである。

例題 6.6

図 6.11 のように電極面積 S の並行平板コンデンサに電圧 V が印加されていたとき，コンデンサの電極間隔 d を変化すると，蓄積されていた電荷 Q はどのように変化するか考察してみよう。

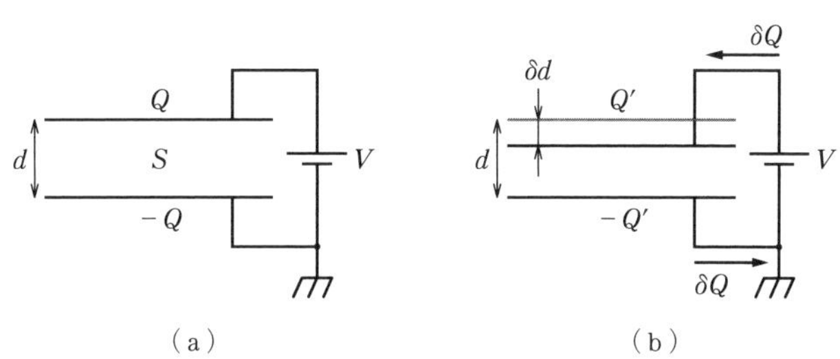

図 6.11 コンデンサの電極間隔 d の変化

【解答例】

電極間の誘電率を ε_0，並行平板コンデンサの端部の影響を無視すると，静電容量 C は

$$C=\varepsilon_0\frac{S}{d} \tag{6.58}$$

であり，電極間距離 d で，電源電圧 V がつながれているときに蓄えられている電荷 Q は

$$Q=CV=\varepsilon_0\frac{SV}{d} \tag{6.59}$$

である。

図（b）のように電極を電位が低い側に δd だけ移動すると，すなわち d を δd だけ小さくすると，電源 V は電荷 δQ を供給して電極の電位を一定値 V に保とうとする。すなわち

$$C'=\varepsilon_0\frac{S}{d-\delta d} \tag{6.60}$$

$$Q'=C'V=\varepsilon_0\frac{SV}{d-\delta d} \tag{6.61}$$

$$\delta Q = Q' - Q = \varepsilon_0 \frac{SV}{d - \delta d} - \varepsilon_0 \frac{SV}{d} = \varepsilon_0 SV \frac{\delta d}{(d - \delta d)d} \tag{6.62}$$

で決まる δQ の電荷が電源から＋側電極に移動し，－側電極からは δQ の電荷が電源に移動する。＋電極で考えると，電位の低い側に電極を移動すると，一定の電位を保つために δQ の電荷が電源から供給されて電位 V を保つことになる。

逆に，電位の高い側に電極を移動すると，負の電荷が供給され移動前と同じ電位になる。

例題6.6からわかるように，電極に電源がつながっているときは，つねに電極の電位が一定になるように電荷が移動する。k 番目の導体の電位が V_k のとき，その導体を $\mathrm{d}\boldsymbol{l}_k$ だけ移動し，その導体の電荷が $\mathrm{d}Q_k$ だけ増加した場合を考えてみよう。移動後の電位も電源が k 番目の導体の電位を一定に保とうとするので，その電位は V_k である。したがって，電源はその導体に $V_k\mathrm{d}Q_k$ のエネルギーを与える[†1]。移動前後のエネルギー関係は

$$W_\mathrm{e} + \sum_k V_k \mathrm{d}Q_k = W_\mathrm{e}' + \sum_k \boldsymbol{F}_k \cdot \mathrm{d}\boldsymbol{l}_k \tag{6.63}$$

と表される。左辺は移動前の全静電エネルギーと電源が与えたエネルギーの和であり，右辺は移動後の全静電エネルギーと移動に要するエネルギーの和である。移動後は，k 番目の導体の電荷が $Q_k + \mathrm{d}Q_k$ となるので，導体移動後の全静電エネルギー W_e' は

$$W_\mathrm{e}' = \sum_k \frac{1}{2} V_k \left(Q_k + \mathrm{d}Q_k\right) = W_\mathrm{e} + \sum_k \frac{1}{2} V_k \mathrm{d}Q_k \tag{6.64}$$

となる。式(6.64)を式(6.63)に代入すると

$$W_\mathrm{e} + \sum_k V_k \mathrm{d}Q_k = W_\mathrm{e} + \sum_k \frac{1}{2} V_k \mathrm{d}Q_k + \sum_k \boldsymbol{F}_k \cdot \mathrm{d}\boldsymbol{l}_k \tag{6.65}$$

これらから

$$\sum_k \boldsymbol{F}_k \cdot \mathrm{d}\boldsymbol{l}_k = \sum_k \frac{1}{2} V_k \mathrm{d}Q_k \tag{6.66}$$

であることがわかる。すなわち，k 番目の導体が移動するに要するエネルギーは電源が供給したエネルギーの半分であることがわかる。1番目から n 番目までの導体を移動したときは

$$\sum_{i=1}^{n} \boldsymbol{F}_i \cdot \mathrm{d}\boldsymbol{l}_i = \sum_{i=1}^{n} \frac{1}{2} V_i dQ_i \tag{6.67}$$

となる。これから，電源が接続されている場合に，ある導体が $\mathrm{d}\boldsymbol{l}$ だけ移動する場合働く力 $\boldsymbol{F}$ は

$$\boldsymbol{F} \cdot \mathrm{d}\boldsymbol{l} = \mathrm{d}W_\mathrm{e} \tag{6.68}$$

$$\boldsymbol{F} = \frac{\mathrm{d}W_\mathrm{e}}{\mathrm{d}l} \mathbf{e}_\mathrm{n} = \mathrm{grad}\, W_\mathrm{e} \tag{6.69}$$

となる。このとき，$\mathbf{e}_\mathrm{n}$ は $\mathrm{d}\boldsymbol{l}$ 方向の単位ベクトルである。このよ

†1　電源がつながれているとき，電源がエネルギーの供給源になる。

うに，電源を接続して電荷の移動がある場合（電位を一定に保った場合）は，導体の移動に伴って電源からエネルギーが供給され，その半分が移動に使われ，半分が静電エネルギーとして導体系に蓄えられる。電荷量が一定の場合とは異なり，移動後の系のエネルギーは増加する。この移動後の系のエネルギー増加分は，電源から供給されている。

第6章　演　習　問　題

【1】 **問図6.1**のように，極板間距離 d〔m〕の平行平板のコンデンサの中央部に厚さ x〔m〕の導体が極板と平行に挿入されている。このコンデンサの単位面積当りの静電容量 C〔F/m^2〕と，極板間の電位差が V〔V〕のときに平行平板コンデンサの単位面積当りに蓄えられるエネルギーを求めなさい。

問図6.1

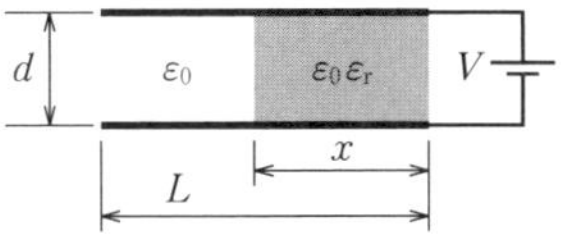

問図6.2

【2】 1辺が L の正方形の平行平板コンデンサがある（電極面積は L^2）。**問図6.2**のように，平行平板のコンデンサの中に一部分誘電体が挿入されている。このとき，挿入を δx 増やすと蓄えられる電荷の変化量はいくらか求めなさい。

【3】 問題【2】において，各部の $\boldsymbol{D}, \boldsymbol{E}$ を求めなさい。また，誘電体部分全体での静電エネルギーと，空気部分全体での静電エネルギーとが等しくなる条件を求めなさい。

【4】 **問図6.3**のように，面積 S〔m^2〕の電極それぞれに $\pm Q$〔C〕の電荷が蓄えられた平行平板コンデンサの厚さ方向の一部分に誘電体が挿入されている。このとき，下記のものに加わる単位面積当りの力を仮想変移法で求めなさい。

（a） 上部の極板　（b） 下部の極板

（c） 誘電体と空気との境界における誘電体

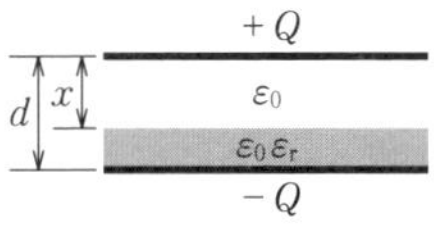

問図6.3

【5】 **問図6.4**のように面積 S〔m^2〕の平行平板コンデンサの極板に加わる単位面積当りの力を以下の二つの場合について求めなさい。

（a） 極板の電荷 Q〔C〕が一定であるとき

（b） 極板間に電位差 V〔V〕の電源か接続されているとき

問図6.4

電　流　　7

7.1 はじめに

第2～6章まで，われわれは静止した電荷により生じる力，すなわち静電界における力について，「電界」および「電位」という概念の助けによって考えてきた。この章では電荷の移動すなわち「電流」を扱う。

動いている電荷には，「電界」からの力のほかにもう一つの力が働く。それは磁気的な力であり，これについては第8章で論ずる。この章では，そのときのために電流についての基礎を学んでおこう。電荷が動くと電流が生ずる。電流には，電荷が実際に移動して生じる「伝導電流」と，後に登場する電荷の移動によらない電流「変位電流」とがある。後者については，電磁波の理解に不可欠であり，これについては第13章で学ぶ。

7.2 電流と電流密度

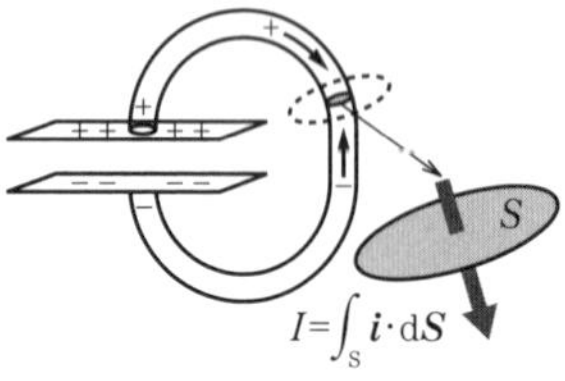

図7.1　非定常電流。一定の電流でない，電流とともに電荷はやがてなくなる。

図7.1のように，極板間をある電位差になるまで充電したコンデンサの極板を導体で結ぶ。両極板上にある正負の電荷はたがいに引き合っているが，電荷の移動が容易な導体が接続されると，正負の電荷はその中を伝わってたがいに出合い，中和し，消滅する。電荷が移動するということは，導体内に電界が存在し，等電位ではないことを意味する。

このような電荷の移動，すなわち電流の大きさは，単位時間当りにある面を通過する電荷の量で表され，その単位は，ある面を1秒間に1Cの電荷が通過したときを1A（Ampere，アンペア）とする。dt秒間にdQの電荷が通過したとすると電流の大きさIは

$$I=\frac{\mathrm{d}Q}{\mathrm{d}t} \tag{7.1}$$

となる。また，電流の流れ方が断面内で分布を持つような場合，空間中の各点で通過する電流の大きさと方向を考える必要がある。そこで，任意の点において，大きさは単位面積当りの電流の

まとめ

電流の大きさI：ある面を単位時間当りに通過する電荷量

$I=\dfrac{\mathrm{d}Q}{\mathrm{d}t}$，　$I=\int_S \boldsymbol{i}\cdot\mathrm{d}\boldsymbol{S}$

1 A＝1 C/1 s
（1秒間に1クーロンで1アンペア）

電流密度$\boldsymbol{i}$：
- 大きさ　単位面積当りの電流の大きさ
- 方　向　その点の電流の方向
- 単　位　A/m^2

大きさ，方向はその点における電流と同じ方向を持つ電流密度ベクトル $\boldsymbol{i}$〔A/m^2〕を用いる。ある面を通過する電流の大きさ I は，電流密度 $\boldsymbol{i}$ と微小面のベクトル d$\boldsymbol{s}$ を用いて次式のように表せる。

$$I = \int_S \boldsymbol{i} \cdot \mathrm{d}\boldsymbol{s} \tag{7.2}$$

ここで，電流の通路すなわち電気回路を作る際によく用いられる導体（金属）について，電荷と電流密度の関係を考えてみよう。金属中の自由電子は，特定の原子に束縛されているのではなく，原子から原子へと渡り歩く。強さ $\boldsymbol{E}$ の電界が加わると負の電荷 $-e$ を持つ電子は $-e\boldsymbol{E}$ の力を受け，原子との衝突を繰り返しながら移動し，平均として電界と逆向きの方向の速度 $\boldsymbol{v}$ を持つ（**図 7.2**）。電界による力は，原子にも働いているが，原子間に働く強い力によって結晶格子の位置に束縛されているので動けない。したがって，導体（金属）の中で電流を担うのは電子であり，電流密度は

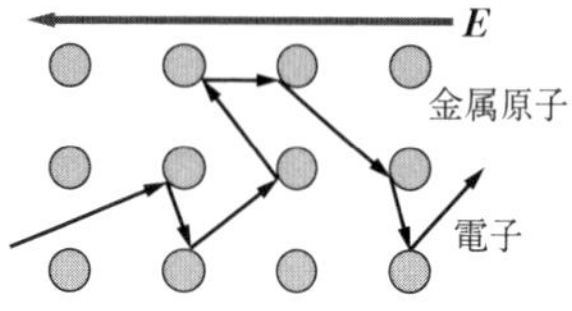

図 7.2 金属中の電子の伝導の様子

$$\boldsymbol{i}_{\mathrm{n}} = \frac{\mathrm{d}\rho}{\mathrm{d}t}\boldsymbol{n} = -Ne\boldsymbol{v} \tag{7.3}$$

となる。ここで $\boldsymbol{n}$ は電流に垂直な面の法線ベクトル，N は単位体積中の自由電子の数，e は電子の電荷（絶対値）である。ρ は**図 7.3** の体積内にある電荷の総量である。

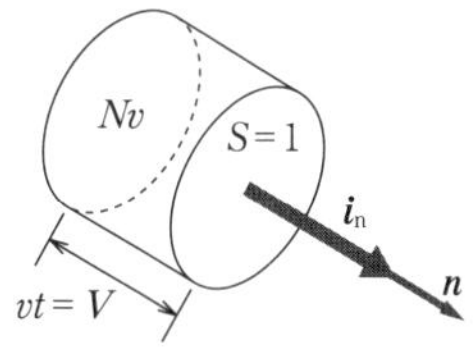

図 7.3 電流密度の定義

例題 7.1 **導体を流れる電流**

断面積 S〔m^2〕の導体に I〔A〕の電流が流れている。導体中の電子密度が N〔m^{-3}〕であるとき，電子の速度 v〔m/s〕を求めよう。なお，電子の電荷量（絶対値）は q〔C〕とする。

【解答例】

定義より 1 A は単位時間当りにある断面を通過する電荷量が 1 C であることを示す。よって，断面積 S〔m^2〕を単位時間当りに通過する電荷量は I〔C/s〕×1 s＝I〔C〕である。一方，電子が一様に断面を速度 v〔m/s〕で通過しているとすると，単位時間当りに断面を通過した電子集団の体積は v〔m/s〕×1 s×S〔m^2〕＝vS〔m^3〕，通過した電子の個数は vS〔m^3〕×N〔m^{-3}〕＝vSN〔個〕，よって通過した電荷量は q〔C〕×vSN〔個〕＝$qvSN$〔C〕である。この値が I〔C〕であるので，$qvSN=I$ の関係が得られ，$v=I/(NqS)$〔m/s〕が導かれる。

7.3 オームの法則

図 7.4 のように，断面積が一様の導体に電流 I が流れているとする。電流 I が場所にかかわらず一定で，周囲の温度が一定であれば，断面 S_1，S_2 を流れる電流 I は S_1，S_2 間の電位差 $V=V_1-$

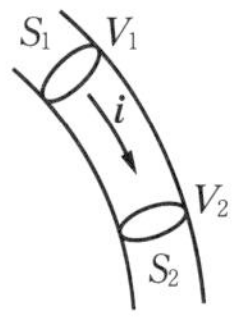

図 7.4　オームの法則
一様断面導体に電流 I〔A〕が流れており，ある 2 点間の電位差が V〔V〕であるとき
$I = GV = \dfrac{V}{R}$
である。

V_2 に比例することが，オーム（Ohm）によって実験的に求められている。これは

$$I = GV = \frac{V}{R} \tag{7.4}$$

と表され，**オームの法則**（Ohm's law）という。このときの比例定数 G を 1 と 2 の間の**コンダクタンス**，その逆数 R を**電気抵抗**，あるいは単に**抵抗**という。抵抗の単位は 1 A の電流が流れているときの電位差が 1 V のとき，1 Ω（ohm，オーム）である。抵抗の逆数であるコンダクタンスの単位は，電位差が 1 V の間を 1 A の電流が流れているとき 1 S（siemens，ジーメンス）である。

> Coffee time
> **コンダクタンスの旧単位**
> コンダクタンスは抵抗の逆数であるから，以前はこのことにちなんで，コンダクタンスの単位を ohm を逆から読んで mho，モーとして使っていた。その記号も Ω を逆さまにした ℧ であった。科学の世界にウィットに富んだこのような単位を使っていた先人を尊敬し，mho をなつかしく思うのは筆者だけであろうか。

7.4　導電率と固有抵抗（抵抗率）

一般には導体の断面積が場所により異なるなど，ある点における電流密度と電界の関係を表すオームの法則の微分形が必要になる場合が多い。微小部分の電流の性質から考えてみよう。

図 7.5 のように，電流の流線に沿った断面積 δS，長さ δl の微小体積 δv を考える。これと同じものを並列に二つ並べた場合，電流は 2 倍になるが，両端の電位差 δV は変わらない。したがって，抵抗は半分になる。同様に，直列に 2 個の微小体積を連結させた場合，電流の値は変わらないが，両端の電位差は 2 倍になるから抵抗は 2 倍になる。すなわち，微小部分の抵抗 δR は断面積 δS に反比例し，長さ δl に比例することがわかる。これらの関係は

$$\delta R = \frac{1}{\sigma}\frac{\delta l}{\delta S} \tag{7.5}$$

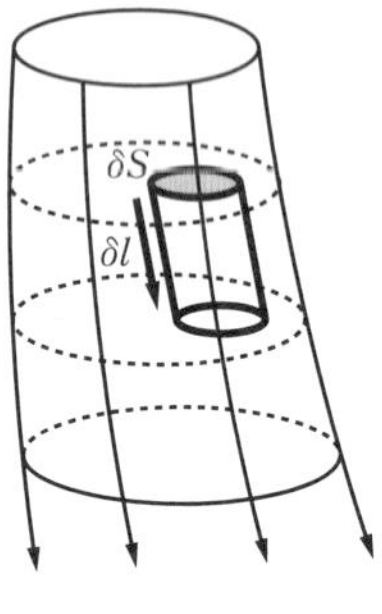

図 7.5　導電率を説明する図

と書き表せる。ここで σ は**導電率**（conductivity）〔S/m〕と呼ばれる。これを逆数に書き直すと

$$\delta G = \frac{1}{\delta R} = \sigma\frac{\delta S}{\delta l} \quad \text{〔S〕} \tag{7.6}$$

となり，微小部分のコンダクタンスは，面積に比例し長さに反比例することがわかる。一方，微小体積部分の電流と両端の電位差 δV の関係を改めて書き下せば

$$\delta V = -i\,\delta S\,\delta R \tag{7.7}$$

を得る。負号は電流の向きと電位差の向きがたがいに逆であることを意味する。電流密度ベクトル $\boldsymbol{i}$ に関する式を誘導するため，式 (7.7) の両辺に電流と同じ方向の単位ベクトル $\boldsymbol{n}$ を掛けると

$$\boldsymbol{n}\,\delta V = -\boldsymbol{n}\,i\,\delta S\,\delta R = -\boldsymbol{i}\,\delta S\,\delta R \tag{7.8}$$

> **まとめ**
> **導電率**：　単位面積，単位長さ当りのコンダクタンス。単位は〔S/m〕。
> $\boldsymbol{i} = \sigma \boldsymbol{E}$
> **抵抗率**（**固有抵抗**）：　導電率の逆数
> $\boldsymbol{E} = \dfrac{1}{\sigma}\boldsymbol{i} = \rho \boldsymbol{i}$

となる。これに式 (7.5) を代入すると

$$\boldsymbol{n}\,\delta V = -\frac{1}{\sigma}\,\boldsymbol{i}\,\delta l \quad \rightarrow \quad \boldsymbol{n}\frac{\partial V}{\partial l} = -\frac{1}{\sigma}\,\boldsymbol{i} \tag{7.9}$$

となる。式 (7.9) および $\boldsymbol{E} = -\mathrm{grad}\ V$ から

$$\boldsymbol{E} = \frac{1}{\sigma}\boldsymbol{i} = \rho\boldsymbol{i}, \qquad \boldsymbol{i} = \sigma\boldsymbol{E} = \frac{1}{\rho}\boldsymbol{E} \tag{7.10}$$

を得る。導電率 σ の逆数 ρ を**抵抗率**（resistivity）という。抵抗率は**固有抵抗**（あるいは比抵抗）ともいい，単位面積，単位長さ当りの抵抗を表す（抵抗率の記号には ρ がよく使われる。本書では，電荷密度としても用いているので注意が必要だが，使われているときの状況から的確に判断すれば間違えることはない）。

式 (7.10) が示す内容は，導体中では電流は電界の方向と一致し，その大きさは電界の強さの大きさに比例するということである。しかしこれは，導電率 σ がスカラーで表わされる等方的な媒質の中でのみ成り立つ。これらの式は，微小体積中において単位面積，単位長さ当りで成り立つ式 (7.5) とまったく同様なものだから，これを**オームの法則の微分形**と考えることができる。

電流が分布する場では，一般に電位差を与える起電力の存在により電流が流れるため，導体内はもはや等電位でない。つまり電界が存在し，電流密度との間には，式 (7.10) に示したように，

$$\boldsymbol{i} = \sigma\boldsymbol{E} \tag{7.11}$$

が成立する。導体内に生じるこの電界を回路中で 1 周積分したものは，加わる起電力 ε と釣り合うはずだから

$$\varepsilon = \oint \boldsymbol{E}\cdot \mathrm{d}\boldsymbol{l} \tag{7.12}$$

が成り立つ。

7.5 抵　　抗

式 (7.5) より，図 7.5 に示した微小体積の部分の抵抗 δR が，断面積 δS に逆比例し，長さ δl および抵抗率 $1/\sigma = \rho$ に比例することがわかった。したがって，断面，抵抗率が場所の関数であるような抵抗体を考える場合，その全抵抗は，一般的に

$$R = \int_a^b \rho \frac{1}{S}\,\mathrm{d}l \tag{7.13}$$

で表される。ここで，a，b は抵抗を考えている区間の始点と終点である。特にその区間内で，断面積，抵抗率とも一様で変化のないときは，中学・高校でも習った式

$$R = \rho \frac{L}{S} \tag{7.14}$$

を得る。

例題 7.2　円筒状物体の抵抗

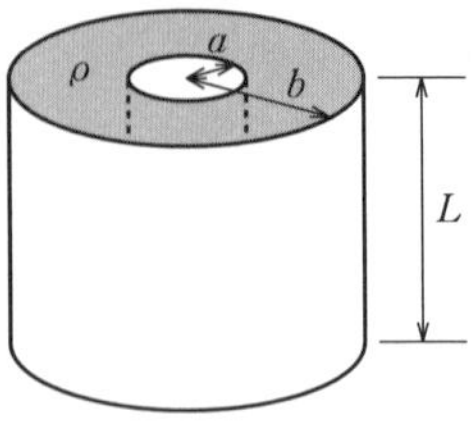

図 7.6　円筒状抵抗体

長さ L〔m〕，外半径 b〔m〕，内側空洞部分の半径が a〔m〕の円筒状抵抗体（**図 7.6**）の長さ方向の抵抗が R〔Ω〕だった。この抵抗体の抵抗率 ρ を求めてみよう。

【解答例】

抵抗体内において抵抗率は一様であるとすると，式 (7.13) において ρ は積分の外に出せ，$R = \rho \times \int 1/S\,\mathrm{d}l$ となる。また，同様にして円筒の断面積 S は長さ方向に対し一様であるため，$R = \rho/S \times \int \mathrm{d}l = \rho L/S$ $\left(\because \int \mathrm{d}l = L\right)$ となる。これに，円筒の断面積 $S = \pi b^2 - \pi a^2 = \pi(b^2 - a^2)$ を代入し整理すると，$\rho = RS/L = R\pi(b^2 - a^2)/L$ が得られる。

7.6　電流の連続性

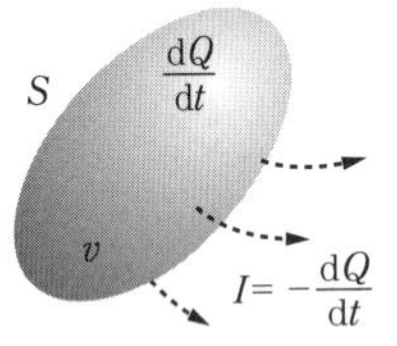

図 7.7　電荷の保存性

> **まとめ**
> 電荷の保存性は大切な物理的原則である。
> ある領域内の電荷が変化するとき，表面から電流として流入し，電荷の総量は保存されなければならない。
> $\mathrm{div}\,\boldsymbol{i} = -\dfrac{\partial \rho}{\partial t}$

電荷の保存性は大切な物理的原則の一つである。表面積 S，体積 v の領域を考え，その領域内に全電荷 Q があるとする。もし，電荷 Q が減少しているなら，表面から必ず出ていっていなければならないから，電流として流れ出ていくことを考慮して

$$I = \oint_{\mathrm{S}} \boldsymbol{i} \cdot \mathrm{d}\boldsymbol{S} = -\frac{\mathrm{d}Q}{\mathrm{d}t} = -\frac{\mathrm{d}}{\mathrm{d}t}\int_{\mathrm{v}} \rho\,\mathrm{d}v \tag{7.15}$$

と書ける。（**図 7.7**）。これに発散に関するガウスの定理から

$$\int_{\mathrm{v}} \nabla \cdot \boldsymbol{i}\,\mathrm{d}v = -\frac{\mathrm{d}}{\mathrm{d}t}\int_{v} \rho\,\mathrm{d}v \tag{7.16}$$

と書き直せることから

$$\nabla \cdot \boldsymbol{i} = -\frac{\partial \rho}{\partial t} \tag{7.17}$$

となる。したがって**定常電流**[†1]の場合は

$$\mathrm{div}\,\boldsymbol{i} = 0 \tag{7.18}$$

と書ける。これを積分形式で表現すると

$$\oint_{\mathrm{S}} \boldsymbol{i} \cdot \mathrm{d}\boldsymbol{S} = 0 \tag{7.19}$$

を得る。上式を離散的な場合に書き直すと，電流の通路，すなわち回路の各接点における

$$\sum_j I_j = 0 \tag{7.20}$$

という**キルヒホッフの法則**（Kirchhoff's law）になる。

†1　時間に対し変化せず一定の電流が流れている状態。

> **まとめ**
> 定常電流では
> $\mathrm{div}\,\boldsymbol{i} = 0$
> すなわち電流は連続である。
> これは
> $\sum_j I_j = 0$
> という，回路におけるキルヒホッフの法則を導く。

7.7 導体内での電力損失とジュールの法則

強さ $\boldsymbol{E}$ の電界が存在する導体内で，電荷 q を有するものが速度 $\boldsymbol{v}$ で δt 秒間動いたとする。電荷 q は力 $q\boldsymbol{E}$ を受けて $\boldsymbol{v}\Delta t$ だけ動くのだから，その仕事 W は $q\boldsymbol{E}\cdot\boldsymbol{v}\Delta t$ で表される。したがって，導体内単位体積当りでは，単位体積中の電子の数を N として

$$\Delta W = Nq\boldsymbol{E}\cdot\boldsymbol{v}\,\Delta t \tag{7.21}$$

となる。両辺を δt で割ると，単位時間当りの電気的仕事すなわち**電力**（J/s＝W，ワット）となる。まとめて表して

$$\Delta P = \frac{\Delta W}{\Delta t} = Nq\boldsymbol{E}\cdot\boldsymbol{v} \quad 〔\mathrm{J/(sm^3) = W/m^3}〕 \tag{7.22}$$

$$\Delta P = \boldsymbol{E}\cdot\boldsymbol{i} \quad 〔\mathrm{W/m^3}〕 \tag{7.23}$$

を得る。式 (7.23) は導体内での単位体積当りの**電力損失**を表す。これを導体全体にわたって積分して

$$P = \int \boldsymbol{E}\cdot\boldsymbol{i}\,\mathrm{d}v \quad 〔\mathrm{W}〕 \tag{7.24}$$

となる。$\mathrm{d}v = \mathrm{d}s\,\mathrm{d}l$ であるから

$$P = \int_{\mathrm{v}} \boldsymbol{E}\cdot\boldsymbol{i}\,\mathrm{d}v = \int i\,\mathrm{d}s \int E\,\mathrm{d}l = IV = I^2R \quad 〔\mathrm{W}〕 \tag{7.25}$$

と書ける。これを**ジュールの法則**（Joule's law）という。

7.8 電流の境界条件

図 7.8 のような導電率が異なる境界において電流が満たす条件を考えよう。電流は連続であることから，$\mathrm{div}\,\boldsymbol{i}=0$ すなわち

$$i_{1\mathrm{n}} = i_{2\mathrm{n}} \quad 〔\mathrm{A/m^2}〕 \tag{7.26}$$

が成り立つ。また，電界に関する 1 周積分より，境界において

$$E_{1\mathrm{t}} = E_{2\mathrm{t}} \quad 〔\mathrm{V/m}〕 \tag{7.27}$$

が成り立つ。これから，次式を得る。

$$\frac{i_{1\mathrm{t}}}{\sigma_1} = \frac{i_{2\mathrm{t}}}{\sigma_2}, \qquad \frac{i_{1\mathrm{t}}}{i_{2\mathrm{t}}} = \frac{\sigma_1}{\sigma_2} \tag{7.28}$$

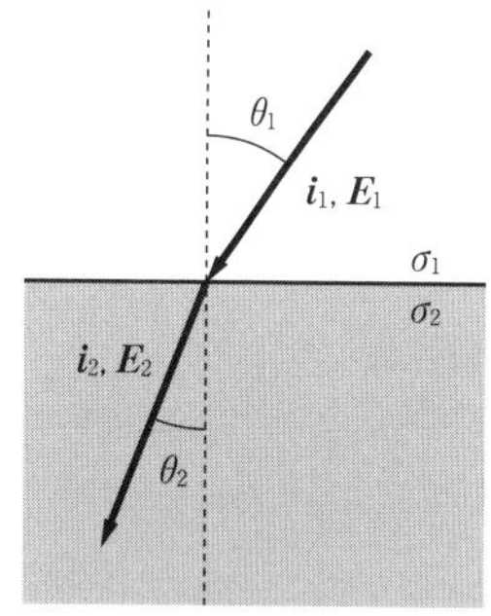

図 7.8 電流の境界条件

静電界のときと同様に，図 7.8 のように境界面の法線から θ_1 だけ傾いて電流が流れ込む場合を考える。式 (7.26)，(7.28) から

$$i_1\cos\theta_1 = i_2\cos\theta_2 \tag{7.29}$$

$$\sigma_2 i_1 \sin\theta_1 = \sigma_1 i_2 \sin\theta_2 \tag{7.30}$$

が得られ，さらにつぎの関係が得られる。

$$\frac{\tan\theta_2}{\tan\theta_1} = \frac{\sigma_2}{\sigma_1} \tag{7.31}$$

7.9 定常電流の場

流れる向きと大きさが時間に対し変化せず一定な電流が分布している空間，すなわち定常電流の場の性質について考えよう。任意の点において，電流密度の満たす関係式

$$\mathrm{div}\,\boldsymbol{i} = 0 \tag{7.32}$$

$$\mathrm{rot}\,\frac{\boldsymbol{i}}{\sigma} = 0 \tag{7.33}$$ †1

は

$$\nabla\cdot(\sigma\boldsymbol{E}) = 0 \tag{7.34}$$

$$\nabla\times\boldsymbol{E} = 0 \tag{7.35}$$

と書ける。式 (7.35) から

$$\boldsymbol{E} = -\nabla\cdot V \tag{7.36}$$

である。したがって

$$\nabla\cdot(\sigma\nabla V) = 0 \tag{7.37}$$

を得る。もし σ が場所によらず一様なら

$$\nabla^2 V = 0 \tag{7.38}$$

である。そうでないときは

$$\Psi = \sigma V \tag{7.39}$$

なるポテンシャルを導入して

$$\nabla^2\Psi = 0 \quad (\nabla^2\sigma V = 0) \tag{7.40}$$

を得る。これは定常電流の場の**ラプラスの方程式**（Laplace's equation）である。

† 1　rot 演算については 8.1 節を参照のこと。

7.10 静電界と定常電流の場の類似性

7.10.1　静電界と電流の場で成立する式の類似性

静電界では，真電荷がないところで電束密度は連続である。電流の場では，定常電流ならば電流は連続である。また，電束密度 $\boldsymbol{D}$ は $\boldsymbol{D}=\varepsilon\boldsymbol{E}$，電流密度 $\boldsymbol{i}$ は $\boldsymbol{i}=\sigma\boldsymbol{E}$ と表されるように，静電界と電流の場で成立する式は同様な形をとるものが多い。

この類似性をうまく利用すると，抵抗とキャパシタンスの関係が求まる。どちらか一方が判明すると他方も判明するという，便利な関係が導かれる。

まとめ

静電界と電流の場の類似性

静電界	電流の場
$\mathrm{div}\,\boldsymbol{D}=\rho$	$\mathrm{div}\,\boldsymbol{i}=-\dfrac{\partial\rho}{\partial t}$
$\mathrm{div}\,\boldsymbol{D}=0$	$\mathrm{div}\,\boldsymbol{i}=0$
$\boldsymbol{D}=\varepsilon\boldsymbol{E}$	$\boldsymbol{i}=\sigma\boldsymbol{E}$
$\mathrm{rot}\,\boldsymbol{E}=0$	$\mathrm{rot}\,\dfrac{\boldsymbol{i}}{\sigma}=0$
$\nabla^2 V=0$ （$\rho=0$ で）	$\nabla^2\sigma V=0$ （定常電流）

7.10.2　抵抗の一つの計算法

3.5 節では，誘電率 ε の誘電体の中にある二つの導体間のキャパシタンスの計算法を学んだ。ここではそれを用いて，導電率 σ の媒質中にある同一形状の 2 導体間の抵抗を求める方法を考える。

図 7.9 のように一様な誘電率 ε，あるいは導電率 σ の媒質とその中の二つの導体を考える。媒質が誘電体の場合，キャパシタンス C は

$$C=\frac{Q}{V}=\frac{\oint_S \boldsymbol{D}\cdot \mathrm{d}\boldsymbol{S}}{-\int_L \boldsymbol{E}\cdot \mathrm{d}\boldsymbol{l}}=\frac{\oint_S \varepsilon\boldsymbol{E}\cdot \mathrm{d}\boldsymbol{S}}{-\int_L \boldsymbol{E}\cdot \mathrm{d}\boldsymbol{l}} \tag{7.41}$$

となる。一方，媒質が導体の場合，抵抗 R は

$$R=\frac{V}{I}=\frac{-\int_L \boldsymbol{E}\cdot \mathrm{d}\boldsymbol{l}}{\oint_S \boldsymbol{i}\cdot \mathrm{d}\boldsymbol{S}}=\frac{-\int_L \boldsymbol{E}\cdot \mathrm{d}\boldsymbol{l}}{\oint_S \sigma\boldsymbol{E}\cdot \mathrm{d}\boldsymbol{S}} \tag{7.42}$$

となる。ここで，面積積分は，正の電荷が蓄えられている導体の外側における閉曲面で行う。また，線積分は，両導体間のある経路で行う。式 (7.41) と (7.42) の積をとれば

$$RC=\frac{\varepsilon}{\sigma} \tag{7.43}$$

となる。これを書き直せば次式を得る。

$$R=\frac{\varepsilon}{\sigma C} \tag{7.44}$$

すなわち，同じ形をした静電容量と抵抗の関係が導かれた。

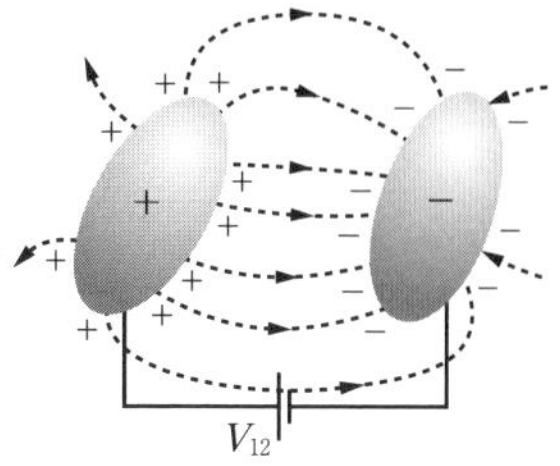

図 7.9　静電容量と抵抗の関係

まとめ

静電界と電流の場の類似性から

$RC=\dfrac{\varepsilon}{\sigma}$

$R=\dfrac{\varepsilon}{\sigma C}$,　　$C=\dfrac{\varepsilon}{\sigma R}$

7.11　金属の抵抗率の温度特性

良導体である金属の抵抗率 ρ の温度特性は，実験事実として非常に低温の場合以外は，温度 t に比例して

$$\rho_t=\rho_{t0}\left\{1+\alpha_{t0}\left(t-t_0\right)\right\} \tag{7.45}$$ [†1]

と表される。実用的には，t_0 は 20 ℃とする。ハンドブックなどに抵抗の温度係数として α_{20} の値が掲載されている。

種々の電子装置には抵抗素子が使われている。温度変化のある環境でこれらの機器が，安定して作動することを考えるためには，抵抗素子の温度特性の基礎を理解しておかなければならない。

† 1　場合によっては

$$\rho_t=\rho_{10}+\beta_{t0}(t-t_0) \tag{7.45a}$$

$$\beta_{t0}=\alpha_{t0}+\rho_{t0} \tag{7.45b}$$

で書かれている場合もあるので注意。

まとめ

温度変化のある環境での電子装置の動作　⇒　各種素子の温度特性が重要

例題 7.3　導線抵抗の温度変化

20℃のときの抵抗が 8 Ω の導線がある。100℃におけるこの導線の抵抗を求めよう。ただし，20℃における温度係数を $\alpha_{20}=4.0\times10^{-3}$〔1/℃〕とし，温度変化による導線形状の変化はわずかなため無視する。

【解答例】

形状の温度変化を無視し，抵抗 R は抵抗率 ρ に比例することから，100℃における抵抗値 R_{100} は，式 (7.45) より，$R_{100}=8\{1+\alpha_{20}(100-20)\}=8\{1+4.0\times10^{-3}\times80\}=10.56\ \Omega$ となる。

7.12　金属の電気伝導理論

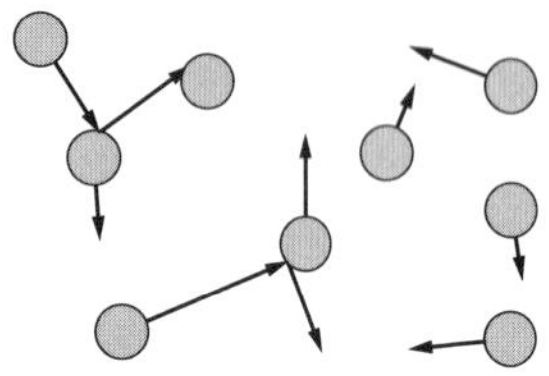

図 7.10　気体分子の運動の模式図

金属の抵抗の温度係数は，なぜ生ずるのだろうか。それを理解するには金属の自由電子論を学ばなければならないが，ここではそれをできるだけ平易に解説してみよう。

1897 年に J. J. トムソン（Thomson）が電子を発見した。その 3 年後，P. ドルーデ（Drude）は，気体中の分子の運動理論（**図 7.10**）を金属中の電子の運動に応用することにより，電気伝導と熱伝導の理論を構築した。これを金属伝導の**ドルーデモデル**という。

最も簡単化した気体中の分子運動は，つぎのように記述される。

（1）　気体分子は，それぞれ等しい剛体の球である。

（2）　たがいに衝突するまでは，直線運動をしている。

（3）　衝突に要する時間は無視する。

（4）　衝突のとき，瞬間的に働く力以外，粒子の運動中には粒子間に力は働かない。

このような性質を持つ最も簡単な気体では 1 種類の気体分子を考えるが，金属では正と負の電荷を持つ 2 種類の粒子を考えなければならない。ドルーデは正の電荷を担うものは，負の電荷を担う電子に比べて，ずっと重く動かないと考えた[†1]。

† 1　今でこそ，この正の電荷を担うものは正イオンであり，ドルーデの仮定はまさに正しいことをわれわれは知っているが，当時はまだこのことは明らかでなかった。

金属元素の原子が集まって金属結晶を作るとき，それぞれの原子の価電子は，原子から遊離して金属結晶中を自由に動き回れるようになる（逆にこのような状態をとるのが，金属結晶を作る金属結合である）。金属結晶中の正のイオンはそのまま残って，ドルーデモデルの動かない正電荷粒子の役を果たしている。

1 個の孤立した金属元素は，原子番号 Z_a に対応して電荷 eZ_a の原子核を持ち，一つの原子核の周りには電荷 $-e$ の電子を全部

で Z_a 個持っている（**図 7.11**（a））。そのうち Z 個は，原子核による束縛が比較的緩やかで，これを価電子と呼ぶ。これらが金属結晶となると遊離する。このモデルを図（b）に示す。すなわち，原子核に強く束縛された芯電子と束縛されていない価電子，その中央に原子核がある。これらが集まり金属結晶を作ると，価電子は，元の原子核から遠く離れ，金属結晶の中を自由に動き回れるようになる。これを伝導電子という。金属結晶内の正電荷と負電荷は平均すれば打ち消し合うので，伝導電子へのクーロン力はかなり弱くなる結果，伝導電子に働く力を無視できる。この意味で，この考え方を**自由電子近似**という。この自由電子の集団を自由電子気体と呼ぶこともある。このような簡単なモデルによっても，いろいろなこと[†1]が説明できる。

上の説明では，金属結晶内の伝導電子どうしの衝突（作用）を無視したので，先に述べた気体中の分子と同じ取り扱いができる。ただし，気体と違うのは，衝突が電子と重いイオンとの間で起こると考える点である。

上記のことと抵抗の温度特性とにはどのような関係があるのであろうか。それがはっきりするには，もう少し考えなければならないが，この時点では，図 7.11 から，イオンとの衝突が関係しているように想像できる。そこで，電界によって力を受けて速度の変化を受ける電子とイオンとの衝突による現象をうまく表現することを試みよう。

電子を電荷 $-e$，質量 m を持つ粒子[†2]と考える。電界が加わっていなくても，熱運動により電子は速度 $\boldsymbol{v}=\boldsymbol{p}/m$（ここでは $\boldsymbol{p}$ は運動量：$\boldsymbol{p}=\hbar\boldsymbol{k}$，$\hbar=h/2\pi$，$h$ はプランク定数。$\boldsymbol{k}$ は電子波の波数あるいは伝搬定数である[†3]）で運動しているが，その方向はランダムであるから，平均的にはそれらの電子の速度は 0 となり，電流は流れない。この状態に電界が加わると，電界の影響による加速が付け加わる。そのまま加速が続けば，電流が増え続けるのみである。しかし，主として結晶中の各格子点にある正イオンとの衝突でその運動方向が変化する。これを格子による電子の散乱という。図 7.2 に示したように，散乱前後の運動方向は散乱ごとに異なり，まったくランダムである。電子が電界によって加速されて得た運動量は，散乱によって散乱体に移る。こうして，加速が続き電流が増え続けることはなく，平衡状態になる。

ここまで述べてきたことを，運動方程式を使って明確に表しておこう。$\bar{\boldsymbol{v}}$ を電子が電界によって運ばれる平均速度（ドリフト速

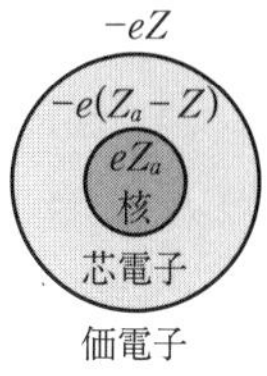

（a） 孤立原子

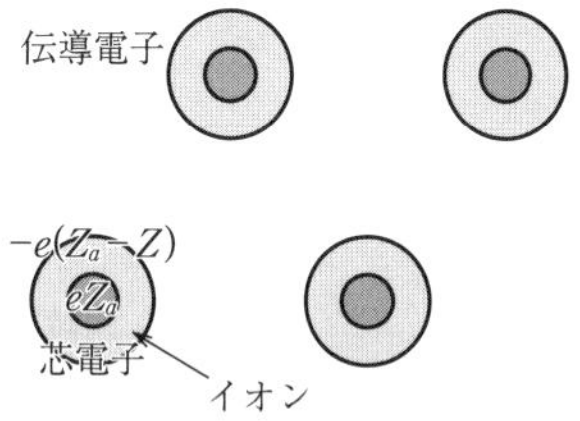

（b） 金属結晶中の原子

図 7.11 ドルーデの金属における伝導のモデル。金属結晶中では，原子核と芯電子からなる重くて動かない正イオンの周りを，原子から遊離した価電子が伝導電子となって動き回る。

まとめ

金属中の伝導：
結晶中に固定された正イオンの間を，伝導電子が自由に動きまわっている（**ドルーデモデル**）。

†1 金属中の電子に交流電界（電磁波）が加わった際の振舞いや分極現象，金属光沢の起源など金属に光を当てた際のさまざまな性質を説明できる。

†2 電子は波動性と粒子性を持つが，衝突を考えるときには粒子と考える。

†3 運動量を考えるときには波動として扱う。

度と呼ぶ）であるとすれば

$$m\frac{\mathrm{d}\bar{\boldsymbol{v}}}{\mathrm{d}t}+\frac{m}{\tau}\bar{\boldsymbol{v}}=-e\boldsymbol{E} \tag{7.46}$$

という運動方程式が得られる。左辺の第2項は速度に比例する力を表し，衝突に関するものである。τ を衝突時間あるいは散乱時間と呼ぶ。1回の散乱からつぎの散乱までに要する平均の時間である。この τ の間に電子が動いた距離 λ_e を平均自由行路†1という。

τ を単位時間当りの衝突の確率の逆数と捉えることができ，1個の電子が単位時間当り確率 $1/\tau$ で衝突するとも考えられる。

定常状態では速度の変化はないから

$$\frac{\mathrm{d}\bar{\boldsymbol{v}}}{\mathrm{d}t}=0 \tag{7.47}$$

とおけるので，式 (7.46) から

$$\bar{\boldsymbol{v}}=-\frac{e\tau}{m}\boldsymbol{E} \tag{7.48}$$

を得る。ここで

$$\mu=\frac{e\tau}{m} \tag{7.49}$$

とし，μ を**移動度**と呼ぶ。

電子の波動性を考えると，原子が規則正しく並んでいるときは，電子の波はその間を位相を揃えて伝搬するので散乱を起こさない†2。そうだとすると，図7.2で原子による散乱といったのは嘘かということになる。

しかし嘘ではない。現代では詳しい理解が進み，量子力学によりこのようなことは論じられる。実は原子は正確には規則正しく並んではいないのである。電子を散乱させるのは，このような規則正しい配列からのずれである。例えば，不純物もその一つの原因である。最も大きな散乱の原因となるのは，熱運動による各原子の振動である。これを格子振動による散乱という。より正確な議論では，格子振動エネルギーの離散化（量子化）現象（音子，フォノン）のもと，フォノンと電子波の散乱現象として理解される。

7.13 抵抗の周波数特性

実際の抵抗素子には必ず電極およびリード線の部分がある。電極間，リード線間には小さくともキャパシタンスが必ず存在するから，その等価回路は**図 7.12**（a）のようになる。

†1　平均自由行程ともいう。

まとめ

電界による加速と衝突による減速とが釣り合った定常状態では，電子の電界による平均速度の増加は

$$\bar{\boldsymbol{v}}=-\frac{e\tau}{m}\boldsymbol{E}$$

である。

†2　川辺の葦の間を抜けていくさざ波や，海苔の養殖のための規則正しく並んだ杭の間を抜けていく波などを想像しよう。

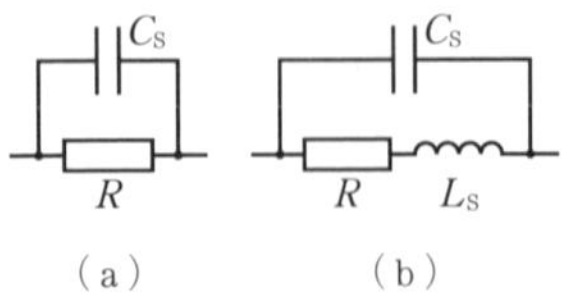

図 7.12　抵抗素子の実際の等価回路

高い周波数になると並列に存在する寄生容量（ストレーキャパシティ）が効いてくるようになり，純粋な抵抗素子ではなくなる。もう少し正確には，リード線のインダクタンスもあるので図（b）のような等価回路となる。

この等価回路により，抵抗の周波数特性が明らかになる。

これについては読者の問題としておく。

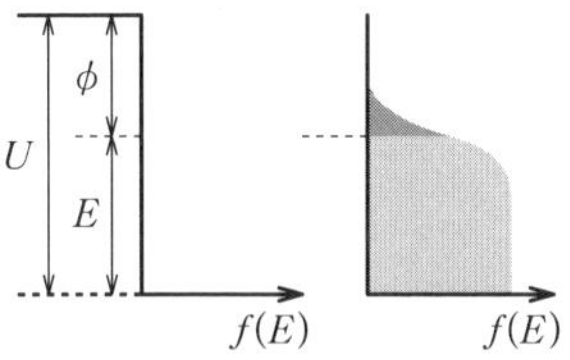

（a） 絶対0度（b） 有限温度

図 7.13　金属の電子状態

7.14 金属からの光電子放出・熱電子放出

金属内の自由電子はよく動くことができて，それが伝導に寄与する。しかし，その自由電子でも，金属外に容易に出てくることはできない。これは，導体から外部に向かって電流が流れないことからも容易にわかる。これは，つぎのように解釈される。金属から電子が外部へ飛び出すには，金属結晶からの束縛を逃れないといけないわけであるから，電子には電位という障壁がある。これを金属の内部と外部のポテンシャルエネルギー差として考える。金属における電子のエネルギー状態図を描くと，絶対零度ではフェルミ準位と呼ばれるエネルギー $E_F{}^0$ まで電子が充満している。有限の温度では，**図 7.13** のようにフェルミ準位付近のエネルギーを持つ電子のみのエネルギー分布が変化する。

すなわち有限温度では $E_F{}^0$ 付近まで電子が詰まっている。この電子が外に飛び出すためにはおよそ

$$\phi = U - E_F{}^0 \tag{7.50}$$

のエネルギーが必要である。ϕ を**仕事関数**（work function）という。光あるいは熱によってそれ以上のエネルギーを得て電子が外部に飛び出すことを，それぞれ光電子放出，熱電子放出と呼ぶ。かつてテレビ受像器やコンピュータ用のモニタなどによく用いられていたブラウン管には電子銃が用いられていたが，その電子の源は熱電子放出によって得られていた。

7.15 半　導　体

半導体（semiconductor）とは，その抵抗率が金属と絶縁体との中間的なものであると説明されることがあるが，これだけでは不十分である。半導体の特徴を表す最も良い基準は，抵抗率の温度変化である。すなわち半導体は，導電率が温度上昇に伴って増加する性質を持ち，金属の場合に導電率が温度に反比例するのと

Coffee time

フォノンと伝導電子の散乱と抵抗

結晶とは原子が規則正しく並んだものである。これを格子あるいは結晶格子という。格子状に並んだ原子の間には結晶構造を保つ力が働いており，原子が熱運動によって動くと復元力が働くことから，原子の振動を生じる（格子波という）。格子波はたがいに独立な波として結晶中を伝わり，許される振動の種類は結晶中の原子の数に比例し，各振動数の格子波の持つエネルギーはその振動の振幅が増すにつれ大きくなる。しかし，量子論的な効果から，そのエネルギーの値はとびとびの値しか取れず，振動の角周波数を ω で表すとき $\hbar\omega_0$ が最小単位となる。このとびとびの値のエネルギーの状態を，フォノン（phonon）と呼ぶ。角周波数 ω の振動の振幅が大きいということを，エネルギー $\hbar\omega$ のフォノンがたくさん励起されたと解釈するのである。

格子振動は，温度が上がるにつれて激しくなる，すなわちフォノンの数は温度上昇とともに増加する。散乱もそれに伴い激しくなる。比較的高い温度では散乱のされ方はフォノンの密度に比例し，フォノンの密度は温度に比例する。フォノンの密度が増すと散乱のチャンスが増す。すなわち $1/\tau$ は絶対温度 T に比例する。したがって，抵抗は温度に比例することになる。

⊕：原子核
⋂：電子に対するポテンシャル

図 7.14　結晶内の原子による周期的ポテンシャル

Coffee time

絶縁体，金属，半導体

図に示すバンド構造模型により，絶縁体，金属，半導体の電気伝導の性質を定性的に説明する。

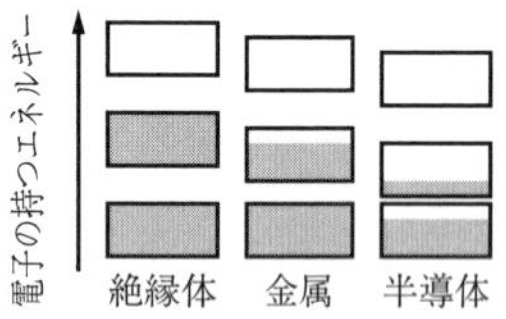

図

箱は実際に電子が許される（取りうる）領域を示し，許容帯（バンド）と呼ばれ，色の付いている領域が電子によって占有されていることを示す。占有が許されない箱と箱の中間領域を禁制帯（バンドギャップ）という。

絶縁体：　ある領域内がすべて占有されており，電界で加速しエネルギーを増加しようとしてもそのような状態が許されない。つまり電流は流れない。

金属：　ある許容帯の途中までしか占有されず，電界で加速されエネルギーの増加が可能。よって，電流が流れる。

半導体：　禁制帯の幅が小さく，熱エネルギーによって，電子が上のバンドに遷移し一部を占有することがある。これにより電流が流れることができる。遷移量は温度とともに増加するため電導率は正の温度係数を示す。

相反する。

これは，金属では先に述べたように，伝導にあずかる電荷担体（キャリヤと呼ばれる，金属では電子）の数は温度によって変化せず，その移動度が変化する。一方，半導体では，温度上昇に伴ってキャリヤの数が増加することが本質的な違いである。さらに，絶縁体も電気伝導度は正の温度係数を持つが，半導体と異なりキャリヤの数は圧倒的に少なく抵抗率が大きい。

半導体を正しく定義するには，このような性質を正しく記述しなければならない。これらはバンド理論によるエネルギーバンド構造の概念により理解することができる。以下に一部紹介する。

金属では，図 7.9 のように伝導電子は結晶中に固定された正イオンの間を自由に動き回ることができ，運動エネルギーは連続の値を取りうる。しかし，半導体ではそうはいかず，特定の運動エネルギーを持つことができなくなり，取りうるエネルギーが帯状になる。これを**バンド（帯）構造**という。これを理解するには，孤立した原子で取りうるエネルギーの値がとびとびであったものが，結晶構造を取り，原子が近づくに従い，原子間に力が働き，それぞれの取りうるエネルギー準位が分かれていくと考える「孤立原子からの近似」を考える方法がある。一方，金属内の自由電子のように結晶全体に共有されている電子に対して，結晶を作っている原子が**図 7.14** のように周期的なポテンシャルを与えていることを考慮する「集団電子からの近似」を考える方法もある。周期的ポテンシャルの中では伝導電子の波動性が効いてきて，ある条件を満たす範囲のみのエネルギーの状態しか取れなくなる。電子による占有を禁じられているエネルギー領域を，エネルギーギャップあるいはバンドギャップと呼ぶ。このような電子の取りうるエネルギー状態が帯状になることを理解することで，物質の電導特性，電導率の温度特性，光導電現象等，種々の性質が説明できるようになる。

第7章 演 習 問 題

【1】 導電率 σ〔S/m〕，断面半径 a〔m〕の円筒状導体がある。その周囲を導電率 0.1σ〔S/m〕の導体で断面半径 b〔m〕まで覆う。このとき，単位長さ当りの抵抗値が覆う前の半分になるために必要な覆った導体の厚さ $b-a$ を求めなさい。

【2】 **問図 7.1** のような厚み h のドーナツ状の一部（開き角 120°）からなる導電率 σ の導体がある。このときの A，B 電極間の抵抗 R を求めなさい。

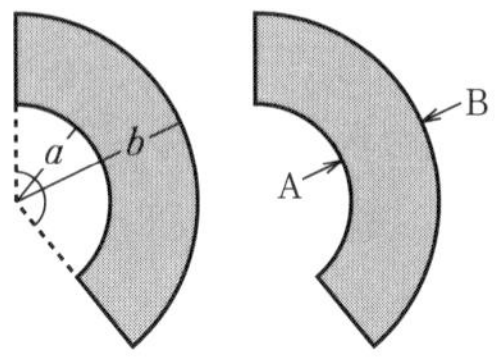

問図 7.1

【3】 直径 1 mm の銅線が 100 m ある。このときの長さ方向の抵抗値 R および，銅線に 1 A 流した際の電圧降下 V を求めなさい。ただし，銅の抵抗率を 1.68×10^{-8}〔Ω·m〕とする。

【4】 誘電率，導電率がそれぞれ（ε_1，σ_1），（ε_2，σ_2）なる二つの損失のある誘電体 1 と 2 が境界を接している。境界を通して流れる電流の境界条件を求めなさい。

【5】 半径が a〔m〕，b〔m〕の二つの導体でできた球が，中心間の間隔 d（$d \gg a, b$）で誘電率 ε〔F/m〕，導電率 σ〔S/m〕の媒質の中に埋め込まれている。このときの 2 導体間の静電容量 C と抵抗 R を求めなさい。

真空中の静磁界

8

8.1 ローレンツ力とベクトル場（回転）

第2～6章までわれわれは静止した電荷により生じる「静電界」を扱ってきた。そこでは，自由空間では，電界の強さ $\boldsymbol{E}$ が場を表す唯一の基本ベクトルであったのに対し，物質の中では，分極の効果を考慮する必要から電束密度 $\boldsymbol{D}$ という2番目のベクトルを定義すると便利であることがわかった。静電界，すなわち時間的な変化のない電界では，つぎのように電界に関する量だけを関係付ける三つの式が成り立つ。

$$\mathrm{div}\,\boldsymbol{D} = \rho \tag{8.1}$$

$$\mathrm{rot}\,\boldsymbol{E} = \boldsymbol{0} \tag{8.2}$$ [†1]

$$\boldsymbol{D} = \varepsilon_0 \boldsymbol{E} + \boldsymbol{P} \tag{8.3}$$

†1 保存場であることを表す。

特に，真空中では $\boldsymbol{P} = \boldsymbol{0}$，すなわち $\boldsymbol{D} = \varepsilon_0 \boldsymbol{E}$ であるから

$$\mathrm{div}\left(\varepsilon_0 \boldsymbol{E}\right) = \rho \tag{8.4}$$

となり，静電界に関することはすべて，電界の強さ $\boldsymbol{E}$ と電荷密度 ρ との関係を表す式 (8.2)，(8.4) に帰着する。物質中では，その物質の性質によって $\boldsymbol{D}$ と $\boldsymbol{E}$ の関係が決められる。

8.1.1 ローレンツ力

よく知っているように，静止している試験電荷 q が静電界から受ける力 $\boldsymbol{F}_\mathrm{e}$ は，次式で与えられる。

$$\boldsymbol{F}_\mathrm{e} = q\boldsymbol{E} \tag{8.5}$$

これに対し，電荷が動いて電流が生じているとき，そして電界とともにさらに磁界が存在しているときは，電荷に対して，つぎの性質を持つもう一つの力 $\boldsymbol{F}_\mathrm{m}$ が働く（**図 8.1**）。

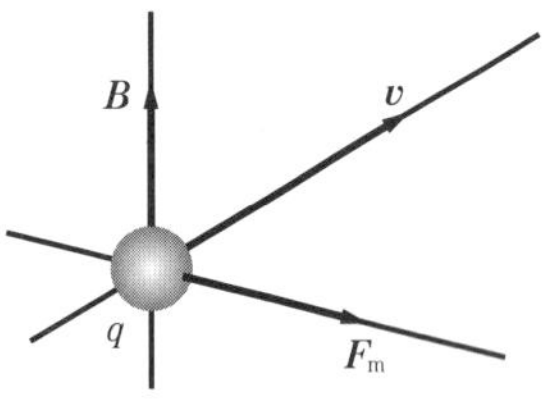

$\boldsymbol{F}_\mathrm{m} = q\boldsymbol{v} \times \boldsymbol{B}$

図 8.1 電荷に働く磁気的な力

1） $\boldsymbol{F}_\mathrm{m}$ の大きさは q に比例する。

2） 任意の点での $\boldsymbol{F}_\mathrm{m}$ の方向は，その点での q の速度ベクトル $\boldsymbol{v}$ と，その点でのある決まった方向を示すベクトル（仮に $\boldsymbol{K}$ とおく）にそれぞれ直角である。

3） $\boldsymbol{F}_\mathrm{m}$ の大きさは，q の速度ベクトル $\boldsymbol{v}$ の $\boldsymbol{K}$ 方向成分，および $\boldsymbol{K}$ の大きさの積に比例する。

この力 $\boldsymbol{F}_{\mathrm{m}}$ は磁気的な力であり，$\boldsymbol{D}$ や $\boldsymbol{E}$ では説明できない。$\boldsymbol{F}_{\mathrm{m}}$ の性質は，新しいベクトル場，すなわち磁束密度 $\boldsymbol{B}$ という量を定義することによって表すことができる。上記の 2)，3) で述べた $\boldsymbol{K}$ が $\boldsymbol{B}$ である。MKS（SI）単位では，$\boldsymbol{F}_{\mathrm{m}}$ は

$$\boldsymbol{F}_{\mathrm{m}} = q\boldsymbol{v} \times \boldsymbol{B} \quad \text{〔N〕} \tag{8.6}$$

で表される。ここで，$\boldsymbol{B}$ の単位はテスラ（T）[†1] である。結果として，q に働く合計の電磁気力 $\boldsymbol{F}$ は $\boldsymbol{F}_{\mathrm{e}}$ と $\boldsymbol{F}_{\mathrm{m}}$ の和となり，次式で表される。

$$\boldsymbol{F} = q(\boldsymbol{E} + \boldsymbol{v} \times \boldsymbol{B}) \quad \text{〔N〕} \tag{8.7}$$

この式は**ローレンツ力の式**といわれ，この力 $\boldsymbol{F}$ を**ローレンツ力**という。

われわれは，以前に電界の強さ $\boldsymbol{E}$ の定義をしたとき，小さな q に対して $\boldsymbol{E}=\boldsymbol{F}_{\mathrm{e}}/q$ を用いた。それと同様に，$\boldsymbol{F}_{\mathrm{m}}/q=\boldsymbol{v}\times\boldsymbol{B}$ を磁束密度 $\boldsymbol{B}$ の定義に用いることにする。これは，ローレンツ力の式を電磁気的力の公理として考えることになる。

$$\frac{\boldsymbol{F}_{\mathrm{m}}}{q} = \boldsymbol{v} \times \boldsymbol{B} \quad \Rightarrow \quad \boldsymbol{F}_{\mathrm{m}} = q\boldsymbol{v} \times \boldsymbol{B} \tag{8.8}$$

$$\boldsymbol{F}_{\mathrm{m}} = \boldsymbol{I} \times \boldsymbol{B} \tag{8.9}$$

移動する電荷 $q\boldsymbol{v}=\boldsymbol{I}$，すなわち電流に働く力が，磁気的力および磁束密度 $\boldsymbol{B}$ の定義のもとになっている。$\boldsymbol{B}$ の性質を学んでいこう。

物質の存在しない自由空間において，時間に対し様子の変わらない静磁界における磁束密度 $\boldsymbol{B}$ の性質を調べることから始めよう。ここでは，電流が存在する場には磁束密度を生じること，そして電流と磁束密度の場の関係の特徴を理解することが重要である。例として，無限長線状電流の周りには**図 8.2** に示すように，還流状磁束密度の分布を生じる。このようなベクトル場において，（a）のように還流に沿って磁束密度 $\boldsymbol{B}$ の 1 周積分を行うと，電流値に比例した有限の値を持つ。これは，2.5.3 項で述べたように静電界において場が保存的であれば電界の強さ $\boldsymbol{E}$ の 1 周積分がつねに 0 となったのとは大きく異なる点であり，重要な性質である。このような磁束密度の場を扱うには 2.7 節で説明したベクトル場に対する演算である「回転」の概念が重要となるため，つぎの 8.1.2 項で少し復習しよう。

8.1.2　ベクトル場の回転

ベクトル場の回転の概念は，ベクトル場の 1 周積分の概念から

まとめ
磁束密度 $\boldsymbol{B}$ とは，速度 $\boldsymbol{v}$ で動く電荷 q に
$\boldsymbol{F}_{\mathrm{m}} = q\boldsymbol{v} \times \boldsymbol{B}$
という力を与える磁気的な場を表す量である。

†1　テスラ（T）は（Wb/m^2；ウェーバ /m^2）と同じである。

まとめ
ローレンツ力の式：
$\boldsymbol{F} = q(\boldsymbol{E} + \boldsymbol{v} \times \boldsymbol{B})$ 〔N〕
電荷 q〔C〕，
電界 $\boldsymbol{E}$〔V/m〕，
速度ベクトル $\boldsymbol{v}$〔m/s〕，
磁束密度 $\boldsymbol{B}$〔T〕，
この力 $\boldsymbol{F}$ をローレンツ力という。

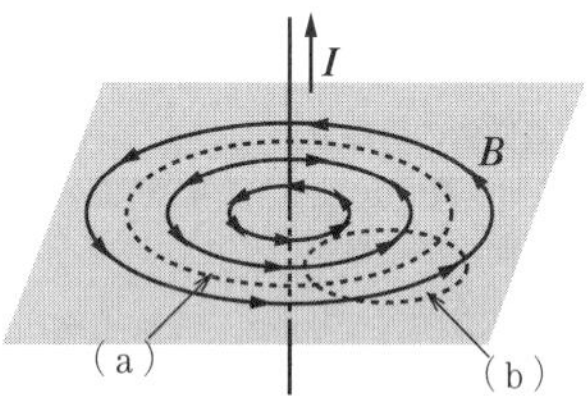

図 8.2　無限長線状電流の周りに生じる環状磁束密度の場
（a）　積分路の中に電流が含まれる（鎖交する）場合：$\boldsymbol{B}\cdot\mathrm{d}\boldsymbol{l}$ の 1 周積分値は電流に比例
（b）　積分路中に電流を含まない（鎖交しない）場合：$\boldsymbol{B}\cdot\mathrm{d}\boldsymbol{l}$ の 1 周積分値は 0。
なお，鎖交については，8.2.2 項で詳細に述べる。

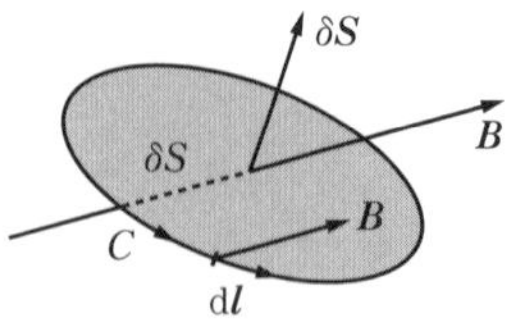

図 8.3　ベクトルの回転 rot $\boldsymbol{B}$ の説明

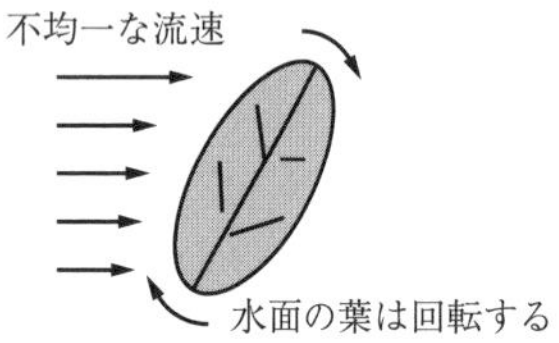

図 8.4　渦ありのベクトル場の説明

出発する。まず，**図 8.3** に示すような微小な積分路上各点における $\boldsymbol{B}$ と微小線素ベクトル $\mathrm{d}\boldsymbol{l}$ の内積 $\boldsymbol{B}\cdot\mathrm{d}\boldsymbol{l}$ の1周積分の値を，積分路内部の面積 δS で割った単位面積当りの値を考える。その値をベクトルの大きさとし，かつ積分路内部の面積ベクトル $\delta\boldsymbol{S}$ と同一の方向を持つベクトル $\boldsymbol{A}$ を考える。この積分路をしだいに狭めていき，その極限を考える。上記の演算を式で表現すると

$$\boldsymbol{A}=\mathrm{rot}\,\boldsymbol{B}=\lim_{\delta S\to 0}\frac{\delta\boldsymbol{S}}{\delta S}\frac{1}{\delta S}\oint_{\mathrm{C}}\boldsymbol{B}\cdot\mathrm{d}\boldsymbol{l} \tag{8.10}$$

となり，このように定義されるベクトル量 $\boldsymbol{A}$ をベクトル $\boldsymbol{B}$ の回転と呼び，rot $\boldsymbol{B}$ と書く（ローテーション $\boldsymbol{B}$ と読む）。ただし，ベクトル $\boldsymbol{A}$ と閉曲線 C の向きは右ねじの関係を満たすとする。

身近な例として，川面に落ちた葉を想像しよう。**図 8.4** に示すように，川の流れ（ベクトル量）に不均一がある場合，葉は回転を始める。このようなベクトル場を，渦ありの場と呼ぶ。

直交座標系において rot $\boldsymbol{B}$ の演算を行うには，$\boldsymbol{B}$ の線積分を三つの直交軸それぞれに垂直な面上での線積分に分解し，それぞれの1周積分を寄せ集め，単位面積当りの量を求めることで得られる。結果として次式のようにして演算を行うことができる。

$$\mathrm{rot}\,\boldsymbol{B}=\boldsymbol{e}_x\left(\frac{\partial B_z}{\partial y}-\frac{\partial B_y}{\partial z}\right)+\boldsymbol{e}_y\left(\frac{\partial B_x}{\partial z}-\frac{\partial B_z}{\partial x}\right)+\boldsymbol{e}_z\left(\frac{\partial B_y}{\partial x}-\frac{\partial B_x}{\partial y}\right) \tag{8.11}$$

> **試してみよう**
> 直交座標系における rot の演算を導出してみよう。

> **まとめ**
> **真空中の静磁界**：
> div $\boldsymbol{B}=0$　→　磁束密度の湧き出しはない。
> $\int_{\mathrm{S}}\boldsymbol{B}\cdot\mathrm{d}\boldsymbol{S}=0$　→　磁束密度は閉じている。

8.2　真空中の磁気的な場（磁束密度の場）

真空中の定常な磁気的な場では，磁束密度 $\boldsymbol{B}$ に関するつぎの二つの重要な定理が成り立つ。すなわち，真空中において

$$\mathrm{div}\,\boldsymbol{B}=0 \tag{8.12}$$

$$\mathrm{rot}\,\boldsymbol{B}=\mu_0\boldsymbol{i} \tag{8.13}$$

ここで，$\boldsymbol{i}$ は電流密度である。また，μ_0 は真空の透磁率と呼ばれ

$$\mu_0=4\pi\times10^{-7}\ \text{〔H/m〕} \tag{8.14}$$

で与えられる。

式 (8.13) の両辺の div をとる，すなわち div rot $\boldsymbol{B}$ は恒等的に0であるから

$$\mathrm{div\,rot}\,\boldsymbol{B}=\mathrm{div}\,\mu_0\boldsymbol{i}=0 \tag{8.15}$$

である。したがって

$$\mathrm{div}\,\boldsymbol{i}=0 \tag{8.16}$$

を得る。これは，第7章で定常電流のときに得られた結果と同じ

> **試してみよう**
> div rot $\boldsymbol{B}$ は恒等的に0であることを証明してみよう。

である。式 (8.12) を静電界での場合の式 (3.39)，(4.34) と比べると，磁気の場合は静電気の場合と異なり，電荷 ρ に対応する単極磁荷[†1] と呼ぶようなものは存在しないことがわかる。式 (8.12) の体積積分を行い，積分に関するガウスの定理を適用すれば

$$\int_S \boldsymbol{B}\cdot \mathrm{d}\boldsymbol{S} = 0 \tag{8.17}$$

を得る。式 (8.17) を式 (3.37) と比べれば，上述した単極磁荷が存在しないことが，もう一度確認される。すなわち，磁束密度の湧き出しはなく，磁束密度はつねにそれ自身閉じていることがわかる。

8.2.1 アンペアの周回積分の法則

ここでは，式 (8.13) と同様，電流と磁束密度の間の関係を示す重要な法則について述べる。

磁束密度 $\boldsymbol{B}$ は磁石の一つの端面から出て他の端面へ到達し，そして磁石内部を通り抜けて初めの端面まで連続してつながっている。式 (8.13) の両辺をある面積で積分すると

$$\oint_S (\mathrm{rot}\,\boldsymbol{B})\cdot \mathrm{d}\boldsymbol{S} = \int_S \mu_0 \boldsymbol{i}\cdot \mathrm{d}\boldsymbol{S} \tag{8.18}$$

となり，ストークスの定理[†2] を使うと，面積積分をその周辺での周回積分に書き換えることができる。すなわち

$$\oint_C \boldsymbol{B}\cdot \mathrm{d}\boldsymbol{l} = \mu_0 I \tag{8.19}$$

となり，磁束密度 $\boldsymbol{B}$ の 1 周積分はその面積を通過する全電流の μ_0 倍に等しいという，式 (8.13) の積分形が得られた。

式 (8.18)，(8.19) をそれぞれ（自由空間での）**アンペアの（周回積分の）法則**（Ampere's circuital law）といい，式 (8.18) の積分の中，すなわち式 (8.13) が**微分形**で，式 (8.19) が**積分形**である。つまり，電流が原因で磁束密度が生じることを意味している。式 (8.19) で，積分路 C は面積 S の縁を 1 周するものであり，I は面積 S を通過する全電流である（**図 8.5**）。このとき，積分路 1 周の方向と電流の向きとの間に，右ねじの法則が成立する。すなわち，式 (8.19) の左辺の積分が正となるように積分路 C を巡るとき（d$\boldsymbol{l}$ を $\boldsymbol{B}$ の向きにとる），I の向きは d$\boldsymbol{s}$ の向きと同じである（**図 8.6**）。

アンペアの（周回積分の）法則をまとめると，「自由空間における，ある 1 周積分絡についての磁束密度の線積分値は，その積

†1 単極磁荷については，9.8 節を参照のこと。

Coffee time

昔から親しんでいる永久磁石における北極（N 極），南極（S 極）の存在それ自身が単極磁荷の存在を保証するものではない。その端に N 極，S 極を持つ棒磁石を考えよう。この磁石を二つに分割すると，その分割後の端面には新しく N 極，S 極が現われ，二つの小さな磁石ができることになる。この二つの磁石をさらに二つに分割すると同様に**図**のように，結局，四つの小棒磁石ができる。このプロセスは棒磁石が原子レベルまで小さくなるまで続けることができ，N 極あるいは S 極を単独に取り出すことはできない。

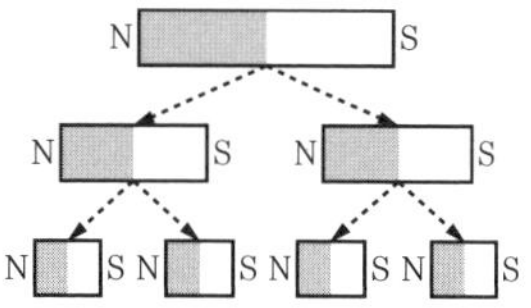

図 小棒磁石の切断

†2 $\oint_C \boldsymbol{A}\cdot \mathrm{d}\boldsymbol{l} = \int_S \mathrm{rot}\,\boldsymbol{A}\cdot \mathrm{d}\boldsymbol{S}$

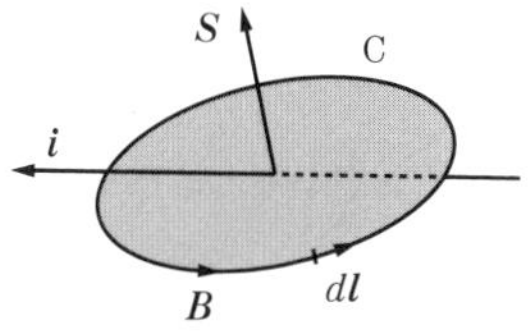

図 8.5 rot $\boldsymbol{B}$ をある面積で面積分することは，$\boldsymbol{B}$ をその面積の周囲で 1 周積分することに等しく，その結果はその面積を貫く全電流の μ_0 倍に等しくなる。

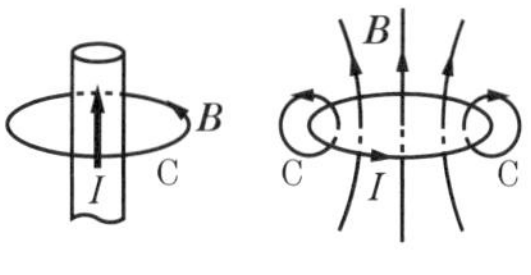

図 8.6 右ねじの法則

まとめ

アンペアの周回積分の法則：

$$\int_C \boldsymbol{B}\cdot \mathrm{d}\boldsymbol{l} = \mu_0 I$$

磁束密度の 1 周積分は，鎖交する電流の μ_0 倍と等しい。

まとめ

自由空間における静磁界の定理

微分形	積分形
$\mathrm{div}\,\boldsymbol{B}=0$	$\int_S \boldsymbol{B}\cdot \mathrm{d}\boldsymbol{S}=0$
$\mathrm{rot}\,\boldsymbol{B}=\mu_0\boldsymbol{i}$	$\oint_C \boldsymbol{B}\cdot \mathrm{d}\boldsymbol{l}=\mu_0 I$

分路に囲まれた面積を通過する全電流の μ_0 倍に等しい。」と表される。

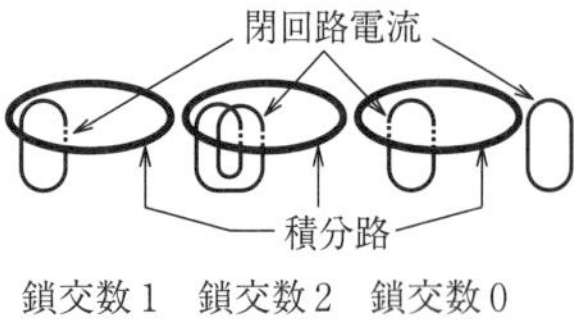

図 8.7　鎖交と鎖交数

8.2.2 「鎖交」と「鎖交数」の概念

「積分路に囲まれた面積を通過する全電流」を一言で言い換えれば，「積分路と鎖交する電流」と表現できる。この鎖交の概念は重要である。**図 8.7** に示すような閉回路の電流があるとする。これを積分路から分離しようとする場合，たがいに切らなければ取り出せないとき，これを鎖交しているという。図に示すようにその回数を鎖交数という。

例題 8.1　**無限長直線電流の作る磁束密度分布**

太さの無視できる無限長直線導体に電流 I が流れているとき，導線外部の磁束密度 $\boldsymbol{B}$ の分布を求めよう。

【解答例】

右ねじの法則から，**図 8.8**（a）の横から見た場合，図（b）の上から見た場合のように磁束密度 $\boldsymbol{B}$ の向きがわかる。図（b）のように半径 r の円を考え，その上でアンペアの周回積分の法則を適用する。この問題の場合は図（b）の中心に対して点対称であるから，半径 r の円上では $\boldsymbol{B}$ は等しい。図（b）に点線で示す円の上に，微小線素ベクトル $\mathrm{d}\boldsymbol{l}$ を取れば，$\boldsymbol{B}$ と $\mathrm{d}\boldsymbol{l}$ とはその円上ではどこでも平行である。したがって，アンペアの周回積分の法則から

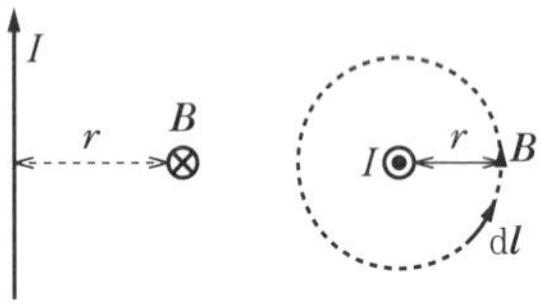

（a）断面図　（b）立面図

図 8.8　無限長直線状電流による磁束密度の分布

$$\oint_C \boldsymbol{B}\cdot \mathrm{d}\boldsymbol{l}=\oint_C B\,\mathrm{d}l=\oint_C Br\,\mathrm{d}\phi=B\oint_C r\,\mathrm{d}\phi=2\pi rB(r) \tag{8.20}$$

であるから

$$2\pi rB(r)=\mu_0 I \tag{8.21}$$

となり，結局

$$B(r)=\frac{\mu_0 I}{2\pi r},\qquad H(r)=\frac{I}{2\pi r} \tag{8.22}$$

を得る。

例題 8.2　**無限長導体を流れる電流の作る磁束密度分布**

半径 a の無限長の直線状導体の断面に一様な電流が**図 8.9** のように流れているとき，導体内外の磁束密度分布を求めよう。

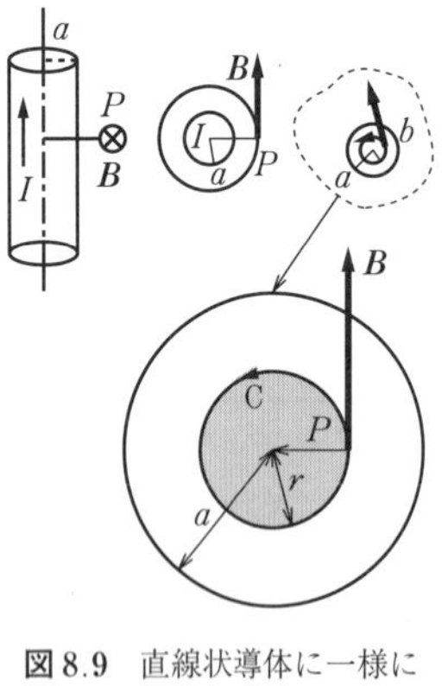

図 8.9　直線状導体に一様に流れる電流

【解答例】

導体が無限長であり，対称性から磁束密度の導体長さ方向成分はない。また，導体中心軸から半径 r の円周上における磁束密度の大きさは r だけで決まり，向きは右ねじの法則で決まる円の接線方向となる。よって，円柱座標系を用い，導体中を流れる電流の方向を z 軸とすると

磁束密度 $\boldsymbol{B}=B(r)\,\boldsymbol{a}_\phi$

で，表される。

アンペアの周回積分の法則より $\boldsymbol{B}$ の分布を求める際，積分路に囲まれた面積を通過する（鎖交する）全電流値は，$r \geqq a$ では一定値であるが，$r < a$ においては r に依存するため，導体内外それぞれの領域で計算する必要がある。

（i）　導体外部 $r \geqq a$ の場合

半径 r の円周上で磁束密度を積分すれば，積分路内の電流は I であるから

$$\oint \boldsymbol{B}\cdot \mathrm{d}\boldsymbol{l} = 2\pi r B = \mu_0 I \quad \rightarrow \quad B = \frac{\mu_0 I}{2\pi r} \quad \rightarrow \quad \boldsymbol{B} = \frac{\mu_0 I}{2\pi r}\boldsymbol{a}_\phi \ \text{〔T〕} \tag{8.23}$$

（ii）　導体内部 $r < a$ の場合

導体内にとった半径 r の円内を通過する電流 I' は，電流密度 i を一定とすれば

$$i = \frac{I}{\pi a^2} \ \text{〔A/m}^2\text{〕}$$

$$I' = \pi r^2 i = \frac{I r^2}{a^2} \ \text{〔A〕}$$

となるから，アンペアの周回積分の法則より

$$\oint \boldsymbol{B}\cdot \mathrm{d}\boldsymbol{l} = 2\pi r B = \mu_0 I' \quad \rightarrow \quad B = \frac{\mu_0 I'}{2\pi r} = \frac{\mu_0 I r}{2\pi a^2} \quad \rightarrow \quad \boldsymbol{B} = \frac{\mu_0 I r}{2\pi a^2} a_\phi \ \text{〔T〕} \tag{8.24}$$

を得る。

8.3　ベクトルポテンシャル

磁束密度 $\boldsymbol{B}$ の発散が0で泉なしの場であることから，$\boldsymbol{B}$ はつねに閉じている。したがって，$\boldsymbol{B}$ は「あるベクトル」の回転（rot）で表されるはずである。そこで，「あるベクトル」を $\boldsymbol{A}$ とすれば

$$\boldsymbol{B} = \mathrm{rot}\,\boldsymbol{A} \tag{8.25}$$

と書ける。ところで先に述べたように

$$\mathrm{div}\,\boldsymbol{B} = \mathrm{div}\,\mathrm{rot}\,\boldsymbol{A} = 0 \tag{8.26}$$

はいつも成立するから，$\boldsymbol{A}$ によって $\boldsymbol{B}$ を表すことができる。この $\boldsymbol{A}$ を磁束密度のポテンシャルと考え，**ベクトル（磁気）ポテンシャル**という。ベクトルポテンシャルのSI単位系における単位はWb/mである。

ベクトルポテンシャル $\boldsymbol{A}$ がわかれば，式（8.25）の微分演算関係から磁束密度 $\boldsymbol{B}$ を求めることができる。この関係は，渦なしの場である静電界において，スカラーの電気ポテンシャル V が与えられたとき，電界の強さ $\boldsymbol{E}$ が V を微分することで与えられることときわめてよく似ている。

静電界の場合のスカラーポテンシャルでは定数分だけの任意性があり，基準点の電位を決めることによりスカラーポテンシャルが決定された。ベクトルポテンシャルにも任意性がある。以下に，これについて述べよう。式（8.25）の両辺のrotをとり，式

(8.13) を代入すれば，

$$\mathrm{rot\,rot}\,\boldsymbol{A} = \mu_0 \boldsymbol{i} \tag{8.27}$$

となる。ところで

$$\mathrm{rot\,rot}\,\boldsymbol{A} = \mathrm{grad\,div}\,\boldsymbol{A} - \nabla^2 \boldsymbol{A} \tag{8.28}$$

であるから

$$\mathrm{grad\,div}\,\boldsymbol{A} - \nabla^2 \boldsymbol{A} = \mu_0 \boldsymbol{i} \tag{8.29}$$

となる。そこで

$$\mathrm{div}\,\boldsymbol{A} = \boldsymbol{0} \tag{8.30}$$

となるように $\boldsymbol{A}$ を選べば，結局，式 (8.29) は

$$\nabla^2 \boldsymbol{A} = -\mu_0 \boldsymbol{i} \tag{8.31}$$

となる。これは**ベクトルポテンシャル $\boldsymbol{A}$ に関するポアソンの方程式**といわれる。これをデカルト座標で表せば

$$\nabla^2 A_x = -\mu_0 i_x \tag{8.32a}$$

$$\nabla^2 A_y = -\mu_0 i_y \tag{8.32b}$$

$$\nabla^2 A_z = -\mu_0 i_z \tag{8.32c}$$

となる。これらの各成分の間に成り立っているポアソンの方程式は，静電界で成立する次式と数学的にはまったく等価である。

$$\nabla^2 V = -\frac{\rho}{\varepsilon_0} \tag{8.33}$$

上式の解の一つに

$$V = \frac{1}{4\pi\varepsilon_0}\int_{v'} \frac{\rho}{R}\,\mathrm{d}v' \tag{8.34}$$

という解が存在する。したがって，式 (8.31a) の解は

$$A_x = \frac{\mu_0}{4\pi}\int_{v'} \frac{i_x}{R}\,\mathrm{d}v' \tag{8.35}$$

となる。A_y，A_z についても同様だから，まとめて

$$\boldsymbol{A} = \frac{\mu_0}{4\pi}\int_{v'} \frac{\boldsymbol{i}}{R}\,\mathrm{d}v' \tag{8.36}$$

と書ける。この式から，電流密度 $\boldsymbol{i}$ の分布がわかれば，それからベクトルポテンシャル $\boldsymbol{A}$ が求められる（**図 8.10**）。その $\boldsymbol{A}$ の rot をとれば磁束密度 $\boldsymbol{B}$ の分布が求まる。

静電界の場合，電界の強さ $\boldsymbol{E}$ はスカラーポテンシャル V の grad すなわち $-\nabla V$ という微分演算で求められた。同様に，静磁界の場合は，磁束密度 $\boldsymbol{B}$ が $\boldsymbol{A}$ の rot すなわち $\nabla\times\boldsymbol{A}$ という微分演算で求められる。以上の関係をまとめたものとして，無限長線状電流を例に，電流周辺のベクトルポテンシャル $\boldsymbol{A}$，磁束密度 $\boldsymbol{B}$ の分布の関係を**図 8.11** に示す。

まとめ

ベクトルポテンシャル $\boldsymbol{A}$：

$\boldsymbol{B} = \mathrm{rot}\,\boldsymbol{A}$

単位　$\boldsymbol{B}$〔T＝Wb/m²〕

$\boldsymbol{A}$〔Wb/m〕

$\boldsymbol{A}$ に関するポアソンの方程式：

$\nabla^2 \boldsymbol{A} = -\mu_0 \boldsymbol{i}$

直角座標では，

$\nabla^2 A_x = -\mu_0 i_x$

$\nabla^2 A_y = -\mu_0 i_y$

$\nabla^2 A_z = -\mu_0 i_z$

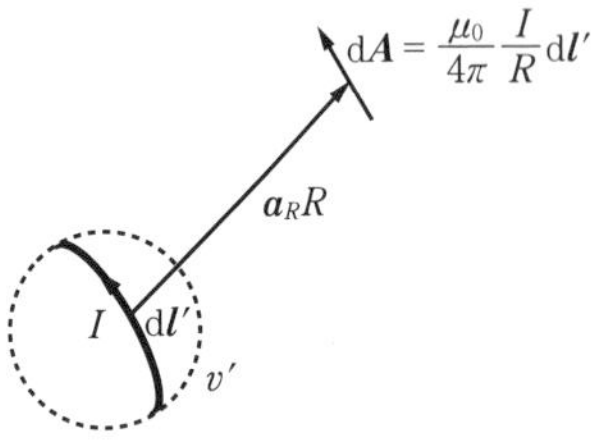

図 8.10　微小電流素 $\boldsymbol{i}\mathrm{d}v' = I\mathrm{d}\boldsymbol{l}'$ によるベクトルポテンシャル d$\boldsymbol{A}$ は微小電流素 $\boldsymbol{i}\mathrm{d}v'$ の方向を向いている。

まとめ

微小電流素 $\boldsymbol{i}\mathrm{d}v'$ による任意の点のベクトルポテンシャルへの寄付 d$\boldsymbol{A}$ は

$\mathrm{d}\boldsymbol{A} = \frac{\mu_0}{4\pi}\frac{\boldsymbol{i}}{R}\mathrm{d}v'$

となり，電流の方向を向いている。

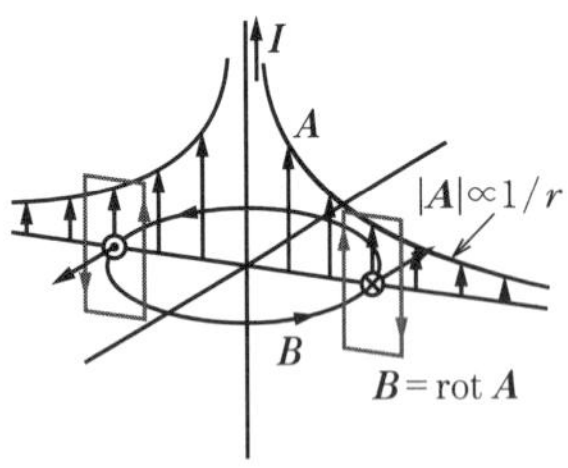

図 8.11　無限長線状電流周辺のベクトルポテンシャル，磁束密度の分布・関係。$\boldsymbol{A}$ と $\boldsymbol{I}$ は同じ方向を向き，$\boldsymbol{B}$ はそれらと直交した向きを向く。

式 (8.34) での領域 v′は，静電界の場合は電界の存在する場所であったように，ベクトルポテンシャルを求める場合は電流の存在している場所を示す。電流の分布から磁束密度分布を求めることが，多くの応用において重要な対象となることがある。

例として，**図 8.12** のようにループ状の電流の場合を考える。電流の流れている断面積が S である導体では，体積 v' の一部分 $\mathrm{d}v'$ は**図 8.13** のように $S\,\mathrm{d}l'$ と書ける。その結果，$\boldsymbol{i}\,\mathrm{d}v'=\boldsymbol{i}S\,\mathrm{d}l'=iS\,\mathrm{d}\boldsymbol{l}'=\boldsymbol{I}\,\mathrm{d}l'=I\,\mathrm{d}\boldsymbol{l}'$ となり，式 (8.36) は，つぎのように書ける。

$$\boldsymbol{A}=\left[\frac{\mu_0}{4\pi}\oint_{\mathrm{C}'}\frac{I}{R}\,\mathrm{d}\boldsymbol{l}'\right] \tag{8.37}$$

積分記号中の円は，電流が閉じており，それに沿って（C′上を）1 周積分しなければならないことを意味している。

磁束密度 $\boldsymbol{B}$ は，前述の定義から，次式で与えられる。

$$\boldsymbol{B}=\nabla\times\boldsymbol{A}=\nabla\times\left[\frac{\mu_0 I}{4\pi}\oint_{\mathrm{C}'}\frac{1}{R}\,\mathrm{d}\boldsymbol{l}'\right]=\frac{\mu_0 I}{4\pi}\left[\oint_{\mathrm{C}'}\nabla\times\left(\frac{\mathrm{d}\boldsymbol{l}'}{R}\right)\right] \tag{8.38}$$

式 (8.38) において「′」の付かない rot の演算は，磁束密度 $\boldsymbol{B}$ を計算している点を表す座標についての微分演算であり，積分は「′」の付いている電流の源について座標上で行われることに気付くことが大切である（図 8.12）。

式 (8.38) の積分は，rot に関するつぎの公式を用いて二つの部分に分けることができる。

$$\nabla\times(f\boldsymbol{G})=f\nabla\times\boldsymbol{G}+(\nabla f)\times\boldsymbol{G} \tag{8.39}$$

これを式 (8.38) の積分の中の式に代入すれば

$$\mathrm{d}\boldsymbol{B}=\frac{\mu_0 I}{4\pi}\left[\frac{1}{R}\nabla\times\mathrm{d}\boldsymbol{l}'+\nabla\frac{1}{R}\times\mathrm{d}\boldsymbol{l}'\right] \tag{8.40}$$

が得られる。ここで，「′」のある座標と「′」のない座標は独立なので，$\nabla\times\mathrm{d}\boldsymbol{l}'$ は 0 となるから，上の式 (8.40) の右辺の第 1 項は 0 となる。距離 R は，$(x',\ y',\ z')$ における $\mathrm{d}\boldsymbol{l}'$ から磁束密度 $\boldsymbol{B}$ を求める点 $(x',\ y',\ z')$ までの距離であるから

$$\frac{1}{R}=\frac{1}{\sqrt{(x-x')^2+(y-y')^2+(z-z')^2}} \tag{8.41}$$

$$\begin{aligned}\nabla\left[\frac{1}{R}\right]&=\boldsymbol{a}_x\frac{\partial(1/R)}{\partial x}+\boldsymbol{a}_y\frac{\partial(1/R)}{\partial y}+\boldsymbol{a}_z\frac{\partial(1/R)}{\partial z}\\&=-\frac{\boldsymbol{a}_x(x-x')+\boldsymbol{a}_y(y-y')+\boldsymbol{a}_z(z-z')}{\left[(x-x')^2+(y-y')^2+(z-z')^2\right]^{3/2}}\\&=-\frac{\boldsymbol{R}}{R^3}=-\boldsymbol{a}_{\mathrm{R}}\frac{1}{R^2}\end{aligned} \tag{8.42}$$

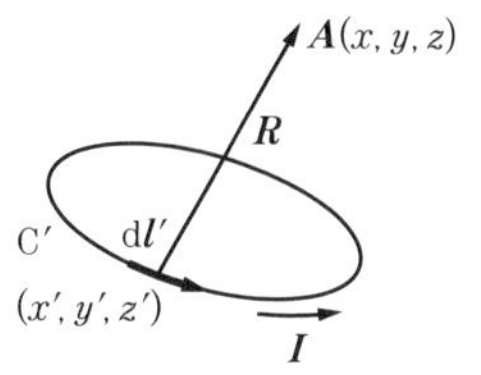

図 8.12 点 $(x,\ y,\ z)$ のベクトルポテンシャルを求める。積分はそれとは独立な座標系 $(x',\ y',\ z')$ の上で行われる。

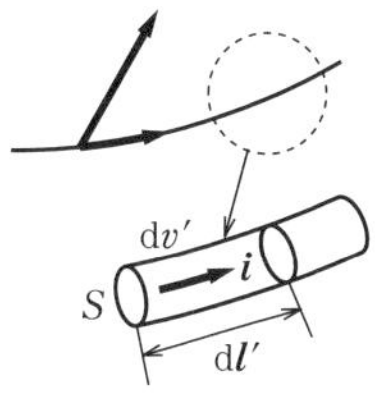

図 8.13 電流ループ中の微小体積

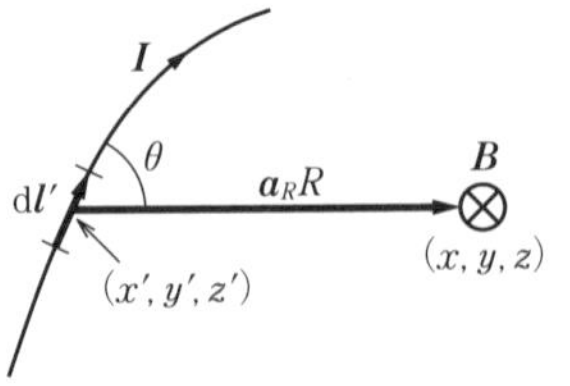

図 8.14　ビオサバールの法則を示す図

となる。ここで $\boldsymbol{a}_{\mathrm{R}}$ は，電流素 $I\mathrm{d}\boldsymbol{l}'$ から磁束密度 $\boldsymbol{B}$ を求める点の方向へ向かう単位ベクトルである（図 8.10，**8.14**）。これから，点（x，y，z）での磁束密度 $\boldsymbol{B}$ は

$$\boldsymbol{B} = \frac{\mu_0 I}{4\pi}\left[\oint_{\mathrm{C}'} \frac{\mathrm{d}\boldsymbol{l}' \times \boldsymbol{a}_{\mathrm{R}}}{R^2}\right] \tag{8.43}$$

となる。これは**ビオ・サバールの法則**（Biot-Savart law）と呼ばれ，閉回路 C′を流れる電流 I による磁束密度 $\boldsymbol{B}$ との関係を示すものである（図 8.12）。

この関係は，さかのぼれば，式 (8.37) の rot を求めることによって導かれたが，これをつぎの二つのステップで表すほうが都合の良い場合もある。すなわち

$$\boldsymbol{B} = \oint_{\mathrm{C}} \mathrm{d}\boldsymbol{B} \tag{8.44}$$

$$\mathrm{d}\boldsymbol{B} = \frac{\mu_0 I}{4\pi}\frac{\mathrm{d}\boldsymbol{l}' \times \boldsymbol{a}_{\mathrm{R}}}{R^2} \tag{8.45}$$

である。式 (8.45) は，電流素 $I\mathrm{d}\boldsymbol{l}'$ による磁束密度を表す。ベクトルポテンシャル $\boldsymbol{A}$ は，つぎに示すように，ある面を通過する磁束 ϕ と関連している。考えている面を S，その周辺を C とする。面 S を通過する磁束 Φ は次式のように $\boldsymbol{B}$ の面に垂直な成分の総和である（**図 8.15**）。

$$\Phi = \int_{\mathrm{S}} \boldsymbol{B}\cdot\mathrm{d}\boldsymbol{S}\quad \text{〔Wb〕} \tag{8.46}$$

これに，磁束密度の定義 $\boldsymbol{B} = \nabla \times \boldsymbol{A}$ を代入すれば

$$\Phi = \int_{\mathrm{S}} (\nabla \times \boldsymbol{A})\cdot\mathrm{d}\boldsymbol{S} = \oint_{\mathrm{C}} \boldsymbol{A}\cdot\mathrm{d}\boldsymbol{l}'\quad \text{〔Wb〕} \tag{8.47}$$

となる。<u>ベクトルポテンシャル $\boldsymbol{A}$ の 1 周積分は，その積分路内の全面積を（垂直に）通過する全磁束を与える（**図 8.16**）</u>。

さて，8.2 節および本節において，電流と磁束密度の関係を表す法則として，アンペアの周回積分の法則，ビオ・サバールの法則を学んだ。これらは，電流の作る磁界を計算する際の基礎となる法則である。多くの場合，ある電流分布が存在する条件での磁束密度 $\boldsymbol{B}$ の分布，すなわち空間中の“ある点”の $\boldsymbol{B}$ を知りたい。このような目的では，基本的にビオ・サバールの法則を用いる。アンペアの周回積分の法則は，$\boldsymbol{B}$ の周回積分結果と鎖交する全電流との関係を示すものであり，一般に“ある点”の $\boldsymbol{B}$ を求めることはできない。ただし，例題 8.1 に示した無限長電流の作る $\boldsymbol{B}$ のように，対称性から一定の値となる周回積分路を知ることができる場合等には劇的に計算の取扱いが簡便になることもある。

まとめ

$\mathrm{div}\,\boldsymbol{B} = 0$
すなわち $\boldsymbol{B}$ はつねに閉じている。
ベクトルポテンシャル $\boldsymbol{A}$ は
$\boldsymbol{B} = \mathrm{rot}\,\boldsymbol{A}$
$\boldsymbol{A} = \dfrac{\mu_0}{4\pi}\displaystyle\int_{\mathrm{v}'} \frac{\boldsymbol{i}}{R}\,\mathrm{d}v'$
微小電流素が作る $\boldsymbol{B}$ に直すと
$\mathrm{d}\boldsymbol{B} = \dfrac{\mu_0 I}{4\pi}\dfrac{\mathrm{d}\boldsymbol{l}' \times \boldsymbol{a}_R}{R^2}$
ビオ・サバールの法則：
閉回路 C′を流れる電流 I による磁束密度 $\boldsymbol{B}$ との関係を示すもの。
$\boldsymbol{B} = \dfrac{\mu_0 I}{4\pi}\left[\displaystyle\oint_{\mathrm{C}} \frac{\mathrm{d}\boldsymbol{l}' \times \boldsymbol{a}_R}{R^2}\right]$

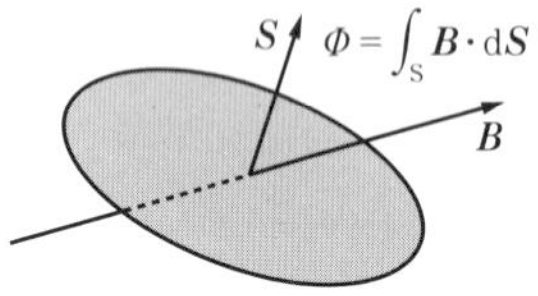

図 8.15　磁束密度 $\boldsymbol{B}$ の面積分は，その面積を通過する全磁束 Φ を与える

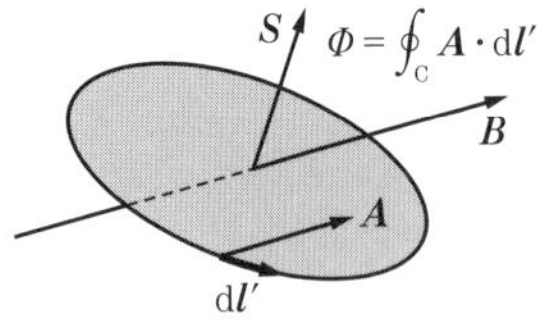

図 8.16　ベクトルポテンシャル $\boldsymbol{A}$ の 1 周積分は，その積分路内の全面積を通過する全磁束 Φ を与える

まとめ

ある閉回路上でベクトルポテンシャル $\boldsymbol{A}$ の線積分の 1 周積分は，その回路と鎖交する磁束数 Φ を示す。

例題 8.3 円状電流の作る磁束密度

図 8.17 に示すように，xy 平面上に原点 O を中心とした半径 a〔m〕の円状導線に電流 I〔A〕が流れているとする。z 軸上で原点からの距離 z〔m〕に位置する点 P での磁束密度 $\boldsymbol{B}_{\mathrm{P}}$ を求めてみよう。

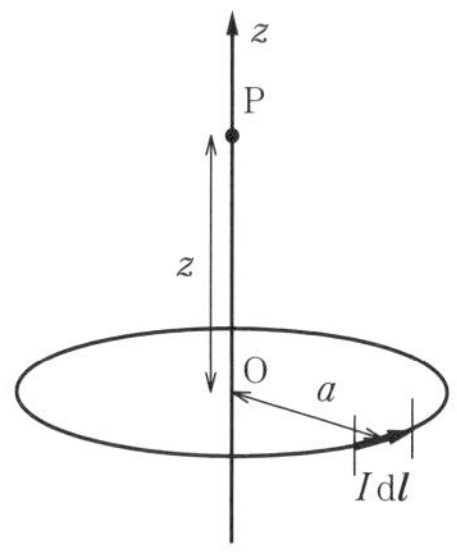

図 8.17 円状電流の作る磁束密度

【解答例】

方針として，円状電流上のある微小電流素 $I\mathrm{d}\boldsymbol{l}$ からベクトル $\boldsymbol{R}$（$\boldsymbol{R}$ の単位ベクトルが $\boldsymbol{a}_{\mathrm{R}}$）で示される点 P での磁束密度への寄与 $\mathrm{d}\boldsymbol{B}$（被積分関数）をビオ・サバールの法則を用いて表し，電流の存在する積分路 C 全体にわたって積分することで全電流による磁束密度 $\boldsymbol{B}$ を求める。

円状導線上の任意の位置から点 P に向かうベクトル $\boldsymbol{R}$ の単位ベクトル $\boldsymbol{a}_{\mathrm{R}}$ を円柱座標系の単位ベクトルを用いて表すと

$$\boldsymbol{a}_{\mathrm{R}} = \frac{-a\boldsymbol{a}_\rho + z\boldsymbol{a}_z}{\sqrt{a^2+z^2}} \qquad \left(\because \boldsymbol{R} = -a\boldsymbol{a}_\rho + z\boldsymbol{a}_z\right) \tag{8.48}$$

となる。一方，微小電流素 $I\mathrm{d}\boldsymbol{l}$ は円柱座標系の単位ベクトルを用いて

$$I\mathrm{d}\boldsymbol{l} = Ia\,\mathrm{d}\phi\,\boldsymbol{a}_\phi \tag{8.49}$$

である。よって

$$I\mathrm{d}\boldsymbol{l} \times \boldsymbol{a}_{\mathrm{R}} = Ia\,\mathrm{d}\phi\,\boldsymbol{a}_\phi \times \frac{-a\boldsymbol{a}_\rho + z\boldsymbol{a}_z}{\sqrt{a^2+z^2}} = \frac{Ia\,\mathrm{d}\phi}{\sqrt{a^2+z^2}}\left(a\boldsymbol{a}_z + z\boldsymbol{a}_\rho\right) \tag{8.50}$$

となる。ここで，ある微小電流素 $I\mathrm{d}\boldsymbol{l}_1$ が点 P に作る $\mathrm{d}\boldsymbol{B}_1$ と，$I\mathrm{d}\boldsymbol{l}_1$ から原点対称にある $I\mathrm{d}\boldsymbol{l}_2$ が作る $\mathrm{d}\boldsymbol{B}_2$ の z 軸に垂直な成分は，大きさが等しく向きが逆になるので，合計すると 0 となる。このような組み合わせは円状導線上すべての点で存在することから，微小電流素が作る $\mathrm{d}\boldsymbol{B}$ すべてを合計すると z 成分のみとなる。

式 (8.43) に，式 (8.50) を代入し，積分計算を行うと

$$\begin{aligned}\boldsymbol{B}_{\mathrm{P}} &= \frac{\mu_0 I}{4\pi}\oint_{\mathrm{C}} \frac{\mathrm{d}\boldsymbol{l}\times\boldsymbol{a}_{\mathrm{R}}}{R^2} = \frac{\mu_0 I}{4\pi R^2}\frac{a}{\sqrt{a^2+z^2}}\oint_{\mathrm{C}}\left(a\boldsymbol{a}_z + z\boldsymbol{a}_\rho\right)\mathrm{d}\phi \\ &= \frac{\mu_0 a I}{4\pi\left(a^2+z^2\right)^{3/2}}\oint_{\mathrm{C}}\left(a\boldsymbol{a}_z\right)\mathrm{d}\phi = \frac{\mu_0 a^2 I}{2\left(a^2+z^2\right)^{3/2}}\boldsymbol{a}_z \quad \text{〔T〕}\end{aligned} \tag{8.51}$$

となる。

8.4 インダクタンス

8.4.1 インダクタンスの定義

ある面を垂直に通過する磁束密度を積分すると，その面を通過する全磁束が求まる。表面積が S_1，S_2 の閉回路 C_1，C_2 があり，それぞれの電流が I_1，I_2 であるとする。C_1 の作る磁束密度 $\boldsymbol{B}_1$ の一部が，表面積 S_2 を通じて C_2 に鎖交する。その磁束は

$$\phi_{12} = \int_{S_2} \boldsymbol{B}_1 \cdot \mathrm{d}\boldsymbol{S}_2 \quad \text{〔Wb〕} \tag{8.52}$$

で与えられる。ビオ・サバールの法則から $\boldsymbol{B}_1$ は I_1 に比例し，したがって ϕ_{12} も I_1 に比例する。したがって

$$\phi_{12} = M_{12} I_1 \quad \text{〔Wb〕} \tag{8.53}$$

と書け，この比例定数 M_{12} を C_1 と C_2 間の**相互インダクタンス**と

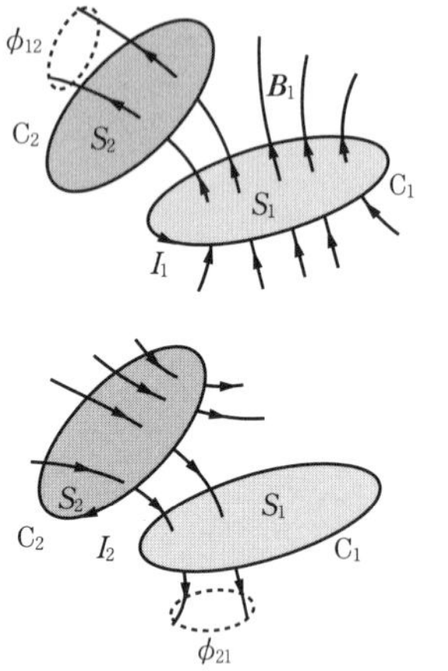

図 8.18　相互インダクタンス M_{12} と M_{21}

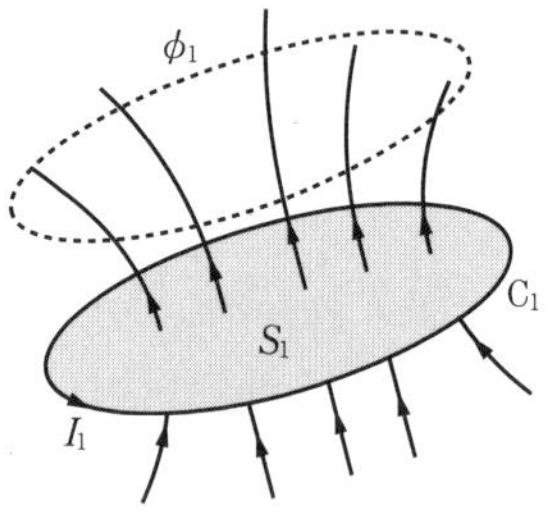

図 8.19　自己インダクタンスを求める

> **まとめ**
>
> **相互インダクタンス** M_{12}：
> 閉回路 C_1 の作る磁束のうち閉回路 C_2 に鎖交する磁束の閉回路 C_1 の電流 I_1 当りの数
>
> **自己インダクタンス** L_{11}：
> 閉回路 C_1 の作る磁束で閉回路 C_1 自身と鎖交する磁束の閉回路 C_1 の電流 I_1 当りの数

いう（**図 8.18**）。

つぎに，閉回路 C_2 が N_2 回巻になっている場合を考える。全鎖交磁束数 Φ_{12} は

$$\Phi_{12} = N_2\phi_{12}\quad \text{〔Wb〕} \tag{8.54}$$

であり，このときも

$$\Phi_{12} = M_{12}I_1\quad \text{〔Wb〕} \tag{8.55}$$

であるから

$$M_{12} = \frac{\Phi_{12}}{I_1}\quad \text{〔H〕} \tag{8.56}$$

一方，**自己インダクタンス** L_{11} とは，「閉回路 C_1 の作る磁束で閉回路 C_1 自身と鎖交する磁束の電流 I_1 当りの数」である（**図 8.19**）。単位は同じくヘンリーである。これらのことから，いくつかの回路が存在し電流が流れているときは

$$\left.\begin{aligned} \Phi_1 &= L_{11}I_1 + M_{21}I_2 + M_{31}I_3 + \cdots\cdots \\ \Phi_2 &= M_{12}I_1 + L_{22}I_2 + M_{32}I_3 + \cdots\cdots \\ &\vdots \end{aligned}\right\} \tag{8.57}$$

と表すことができる。

回路の自己インダクタンスは，回路を構成する導体の幾何学的形状と物理的配置と媒質の透磁率によって決まる。媒質の透磁率が線形ならば，これらの回路の自己インダクタンスは回路の電流値には依存しない。これらの回路の自己インダクタンスを求める手順を整理しておく。

1）与えられた幾何学的形状に都合の良い座標を選ぶ。

2）その導体中の電流を仮定する。

3）回路中の磁束密度 $\boldsymbol{B}$ をアンペアの法則（回路になんらかの対称性があるときに便利），あるいはビオ・サバールの法則から，上で仮定した電流 I を用いて求める。

4）鎖交磁束数 ϕ を求めるため，磁束密度 $\boldsymbol{B}$ を回路上で積分する。

5）**全鎖交磁束数** Φ を，ϕ を導体の巻数（N）倍して求める。

6）自己インダクタンス L を $L = \Phi / I$ から求める。

二つの回路間の相互インダクタンスを求めるときは，上の手順を少しだけ読み変えればよい。すなわち，相互インダクタンス M_{12} を求めるときを例にとれば，つぎのようにすればよい，

I_1 を仮定する → $\boldsymbol{B}_1$ を求める → $\boldsymbol{B}_1$ を回路 C_2 で積分して ϕ_{12} を求める → ϕ_{12} を N_2 倍して全鎖交磁束数 Φ_{12} を求める → M_{12} を $M_{12} = \Phi_{12} / I_1$ として求める。

例題 8.4 **無限長ソレノイドコイルの自己インダクタンス**

ソレノイドコイルとは，**図 8.20** のように筒状（断面は一般的に円形が多いが円形に限るわけではない）に密に巻線が施されている状態のものをいい，その長さが無限のものを**無限長ソレノイドコイル**という。このような無限長ソレノイドコイルの自己インダクタンスを求めてみよう。

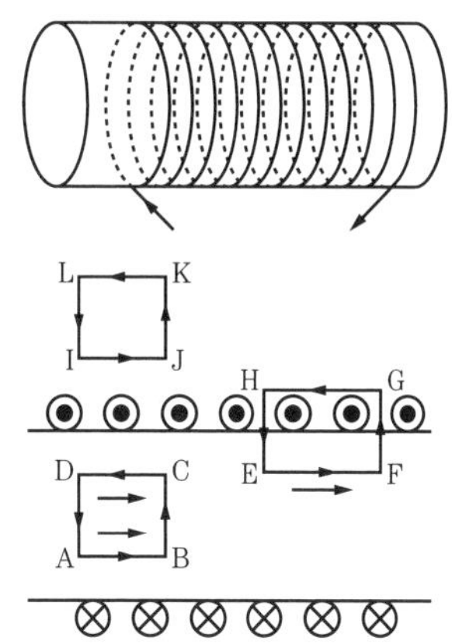

図 8.20　無限長ソレノイドコイルの自己インダクタンスを求める

【解答例】

単位長さ当りの巻回数を n とする。図に示すように，コイルの内側（A-B-C-D），巻線にまたがってコイルの内と外側（E-F-G-H），コイルの外側（I-J-K-L）と 3 か所での $\boldsymbol{B}$ に関する 1 周積分を考える。巻線が密に巻かれていて内部の磁束密度の分布は軸に平行であるとする。

まず，閉回路 A-B-C-D-A で 1 周積分を求める。A-B，C-D（長さ = $\mathrm{d}l$）の部分での $\boldsymbol{B}$ を $\boldsymbol{B}_1$，$\boldsymbol{B}_2$ とする。B-C，D-A の部分では $\boldsymbol{B}$ と積分路は直交しているから，その部分での積分は 0 となる。この積分路と鎖交する電流はないので

$$\oint_{\mathrm{ABCD}} \boldsymbol{B}\cdot \mathrm{d}\boldsymbol{l} = B_1 \mathrm{d}l - B_2 \mathrm{d}l = 0, \qquad B_1 = B_2 \tag{8.58}$$

となる。したがって，ソレノイド内部では磁束密度分布は至るところで一様で，軸方向を向いていることがわかる。同様に，外部 J，K，L，M においても $B_3 = B_4$ となることがいえる。“漏れ”磁束がなければ，外部では $B_3 = B_4 = 0$ となる。そこで閉回路 E-F-G-H-E で積分を行うと，EF の部分での積分のみが有限であり

$$\oint_{\mathrm{EFGH}} \boldsymbol{B}\cdot \mathrm{d}\boldsymbol{l} = B\,\mathrm{d}l = \mu_0 nI\,\mathrm{d}l, \qquad B = \mu_0 nI \tag{8.59}$$

となる。ここで I は巻線に流れる電流である。ソレノイドの断面積を S とすれば，$\boldsymbol{B}$ が一様であるから，ソレノイド内の磁束 ϕ は $\phi = BS$ で表される。電流と 1 回鎖交する磁束は $\phi = \mu_0 nSI$ となり，ソレノイド単位長当りの電流と鎖交する全鎖交磁束数 Φ は

$$\Phi = n\phi = \mu_0 n^2 SI \tag{8.60}$$

となる。インダクタンスの定義から単位長さ当りの自己インダクタンス L_0 は

$$L_0 = \frac{\Phi}{I} = \mu_0 n^2 S \quad \text{〔H/m〕} \tag{8.61}$$

となる。長さ l の部分では $L = \mu_0 n^2 Sl$，コイルを巻いた材質の透磁率が μ の場合，$L = \mu n^2 Sl$ となる。

このように，自己インダクタンスは，巻き回数の 2 乗，断面積，材質の μ に比例する。

例題 8.5 **無限長ソレノイドコイルの上に巻いたコイルとの相互インダクタンス**

例題 8.4 のソレノイドコイルの上に，二つ目の巻き線を同じように密に巻くことを考える。このコイルとの相互インダクタンスを求めてみよう。

【解答例】

初めのコイルの作る磁束に，この二つ目のコイルが鎖交する。二つ目のコイルの巻き回数が N_2 なら，これと鎖交する全鎖交磁束数 Φ は，$N_2\phi$ である。したがって，相互インダクタンスの定義 $\Phi = M_{12}I_1$ から，M_{12} は

$$M_{12} = \frac{\Phi}{I_1} = \frac{N_2\phi}{I_1} = \frac{N_2\mu_0 nSI_1}{I_1} = \mu_0 nN_2 S \tag{8.62}$$

となる。ただし，I_1 は初めのコイルに流れる電流である。

例題 8.6　導体の内部・外部インダクタンス

導体中での電流と磁束との鎖交により生ずるインダクタンスを求めてみよう。**図 8.21** のように，空気を絶縁体とする同軸伝送線路は半径 a の円柱状の内部導体と厚さ $c-b$ の円筒状の外部導体からなる。この同軸線路の単位長当りの自己インダクタンスを求める。

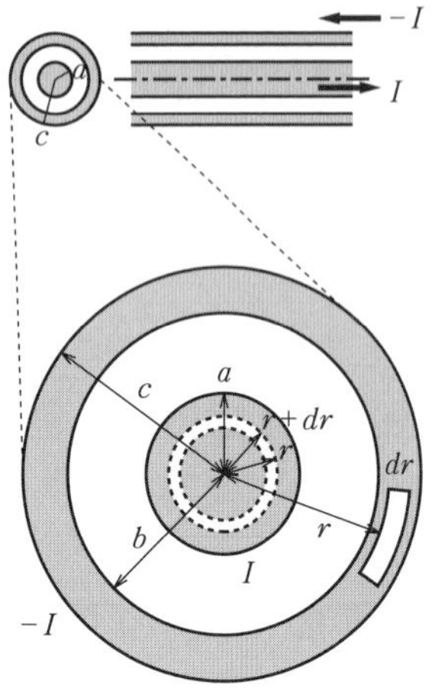

図 8.21　同軸線路の自己インダクタンス

【解答例】

1)　内部導体の内部 $0 \leqq r \leqq a$ での $\boldsymbol{B}$ の分布：　内部導体内の磁束密度 $\boldsymbol{B}_1$ は次式となる。

$$\boldsymbol{B}_1 = \boldsymbol{a}_\phi B_{\phi 1} = \boldsymbol{a}_\phi \frac{\mu_0 r I}{2\pi a^2} \tag{8.63}$$

2)　内部導体の外部と外部導体の中間部 $a \leqq r \leqq b$ での $\boldsymbol{B}$ の分布：内部導体の外部と外部導体の中間部の磁束密度 $\boldsymbol{B}_2$ は次式となる。

$$\boldsymbol{B}_2 = \boldsymbol{a}_\phi B_{\phi 2} = \boldsymbol{a}_\phi \frac{\mu_0 I}{2\pi r} \tag{8.64}$$

ここで，内部導体の中の半径 r から半径 $r+\mathrm{d}r$ の環状の部分を流れている電流と鎖交する磁束 $\mathrm{d}\phi'$ を考える。それは環状の部分の外側にある磁束密度を積分すればよいから

$$\begin{aligned}\mathrm{d}\phi' &= \int_r^a B_{\phi_1}\mathrm{d}r + \int_a^b B_{\phi_2}\mathrm{d}r \\ &= \frac{\mu_0 I}{2\pi a^2}\int_r^a r\,\mathrm{d}r + \frac{\mu_0 I}{2\pi}\int_a^b \frac{1}{r}\mathrm{d}r \\ &= \frac{\mu_0 I}{4\pi a^2}\left(a^2 - r^2\right) + \frac{\mu_0 I}{2\pi}\ln\frac{b}{a}\end{aligned} \tag{8.65}$$

となる。このときの I は全電流である。環状の部分の電流は I に対して $2\pi r\,\mathrm{d}r/\pi a^2 = 2r\,\mathrm{d}r/a^2$ 倍である。したがって，環状部分の電流に対して $\mathrm{d}\phi'$ を表せば，上の式の I を（$2r\,\mathrm{d}r/a^2$）倍しておけばよい。このような状態が $0 \leqq r \leqq a$ にわたって続くから，全体として鎖交磁束数 Φ は

$$\begin{aligned}\Phi &= \int_0^a \frac{2r}{a^2}\mathrm{d}r\,\mathrm{d}\phi' = \int_0^a \frac{2r}{a^2}\left(\frac{\mu_0 I}{4\pi a^2}\left(a^2 - r^2\right) + \frac{\mu_0 I}{2\pi}\ln\frac{b}{a}\right)\mathrm{d}r \\ &= \frac{\mu_0 I}{\pi a^2}\left\{\frac{1}{2a^2}\int_0^a \left(a^2 - r^2\right) r\,\mathrm{d}r + \left(\ln\frac{b}{a}\right)\int_0^a r\,\mathrm{d}r\right\} = \frac{\mu_0 I}{2\pi}\left(\frac{1}{4} + \ln\frac{b}{a}\right)\end{aligned} \tag{8.66}$$

で与えられる。したがって自己インダクタンス L は

$$L = \frac{\Phi}{I} = \frac{\mu_0}{8\pi} + \frac{\mu_0}{2\pi}\ln\frac{b}{a} \quad 〔\mathrm{H/m}〕 \tag{8.67}$$

で与えられる。第 1 項目の $\mu_0/8\pi$ は，内部導体中の電流と内部導体中の磁束との鎖交により生ずるものでこれは**内部インダクタンス**として知られている。第 2 項目は，内部導体中の電流と内外導体間の磁束との鎖交により生ずるもので，**外部インダクタンス**と呼ばれる。

導体の内部インダクタンスとは，導体中の電流と導体中の磁束との鎖交により生ずるインダクタンスである。円柱状導体で一様電流が流れている場合は，$L_{\mathrm{in}} = \mu_0/8\pi$〔H/m〕である。

> **まとめ**
>
> **導体の内部インダクタンス**
>
> L_{in}：
> 導体中の電流と，導体中の磁束が鎖交するし，円柱状導体で一様電流のとき
>
> $$L_{\mathrm{in}} = \frac{\mu_0}{8\pi} \quad 〔\mathrm{H/m}〕$$

3)　つぎに $b < r < c$ の間（外部導体の内部）を考える。半径 r 内の円と鎖交する電流は，内部導体を流れる電流 I と，外部導体を流れる電流のうち，半径 r 内のものである。外部導体を内部導体とは逆向きに流れる電流が，外部導体中では一様であるとすれば

$$I - I\frac{r^2 - b^2}{c^2 - b^2} \tag{8.68}$$

が鎖交する電流となる。アンペアの周回積分の定理から

$$2\pi r B(r)=\mu\left(I-I\frac{r^2-b^2}{c^2-b^2}\right)=\frac{c^2-r^2}{c^2-b^2}\mu I \tag{8.69}$$

となる。これから

$$B(r)=\frac{\mu I}{2\pi r}\frac{c^2-r^2}{c^2-b^2} \tag{8.70}$$

を得る。外部導体のインダクタンスを $L_{\rm out}$ とすれば

$$\begin{aligned} W_{\rm m}=\frac{1}{2}L_{\rm out}I^2&=\int\frac{1}{2}B(r)H(r)\,{\rm d}v \\ &=\int_b^d\frac{1}{2\mu}B(r)^2 2\pi r\,{\rm d}r=\frac{\mu I^2}{4\pi}\int_b^c\left(\frac{c^2-r^2}{c^2-b^2}\right)^2\frac{{\rm d}r}{r} \\ &=\frac{\mu}{4\pi}I^2\frac{1}{c^2-b^2}\left(\frac{c^4}{c^2-b^2}\ln\frac{c}{b}-\frac{3c^2-b^2}{4}\right) \end{aligned}$$

となる。これから

$$L_{\rm out}=\frac{\mu}{2\pi}\frac{1}{c^2-b^2}\left(\frac{c^4}{c^2-b^2}\ln\frac{c}{b}-\frac{3c^2-b^2}{4}\right) \tag{8.71}$$

を得る。

これらから，同軸ケーブルの全インダクタンスは，式 (8.67) に式 (8.71) を加えたものとなる。

まとめ

同軸ケーブルの単位長当りのインダクタンス：

- **内部導体の内部インダクタンス**
  内部導体中の電流と
  内部導体内の磁束との鎖交
- **中間の空間のインダクタンス**
  内部導体中の電流と
  中間の空間の磁束との鎖交
- **外部導体の内部インダクタンス**
  外部導体中の電流と
  外部導体内の磁束との鎖交

例題 8.7　**無限長平行線路の自己インダクタンス**

図 8.22 のように，半径 a の無限長導体が中心間隔 d で平行に並び，たがいに反対向きに電流 I が流れている往復平行線路の自己インダクタンスを考えよう。

【解答例】

それぞれの導体の内部インダクタンスは $\mu_0/8\pi$ であり，それが 2 本あるので，単位長さ当りの内部インダクタンス $L_{\rm in}$ は

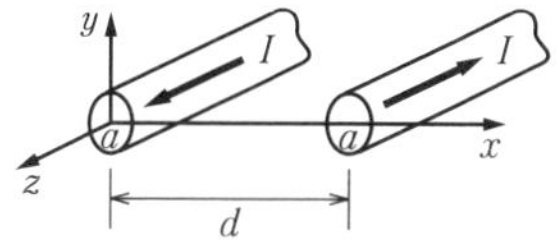

図 8.22　往復平行線路の自己インダクタンス

$$L_{\rm in}=2\times\frac{\mu_0}{8\pi}=\frac{\mu_0}{4\pi} \tag{8.72}$$

と表される。単位長さ当りの外部インダクタンスを求めるには，導体間の a ～ $(a\text{-}d)$ の部分の磁束を求めればよい。そこでの磁束密度 $\boldsymbol{B}$ は，二つの導体が横たわっている面に垂直な成分 B_y しか持たない。したがって，一方の導体の中心からの距離 x の点での B_y のそれぞれの導体からの寄与を B_{y1}，B_{y2} とすれば，アンペアの周回積分の法則から

$$B_{y1}=\frac{\mu_0 I}{2\pi x},\qquad B_{y2}=\frac{\mu_0 I}{2\pi(d-x)},\qquad B_y=B_{y1}+B_{y2} \tag{8.73}$$

となる。したがって 2 導体間の全磁束は

$$\begin{aligned} \Phi'&=\int_a^{d-a}B_y\,{\rm d}x=\int_a^{d-a}(B_{y1}+B_{y2})\,{\rm d}x=\int_a^{d-a}\frac{\mu_0 I}{2\pi}\left(\frac{1}{x}+\frac{1}{d-x}\right){\rm d}x \\ &=\frac{\mu_0 I}{x}\ln\left(\frac{d-a}{a}\right)\fallingdotseq\frac{\mu_0 I}{\pi}\ln\frac{d}{a}\quad[\mathrm{Wb/m}] \end{aligned} \tag{8.74}$$

となる。したがって，外部インダクタンスは単位長さ当り

$$L'_{\rm out}=\frac{\Phi'}{I}\fallingdotseq\frac{\mu_0 I}{\pi}\ln\frac{d}{a}\quad[\mathrm{H/m}] \tag{8.75}$$

となる。これに内部インダクタンスを加えて

$$L=L'_{\rm in}+L'_{\rm out}\fallingdotseq\frac{\mu_0}{\pi}\left(\frac{1}{4}+\ln\frac{d}{a}\right)\quad[\mathrm{H/m}] \tag{8.76}$$

が得られる。

8.4.2 相互インダクタンスの相反性と相互インダクタンスに関するノイマンの公式

8.4.1項での議論において，$M_{12}=M_{21}$ が一般的に相反性[†1]からいえそうであるが，それはどのようにして証明すべきだろうか。

二つの回路の幾何学的形状と相互インダクタンスとの関係を導くことから始めよう。式(8.52)，(8.54)，(8.55)から

$$M_{12}=\frac{N_2}{I_1}\int_{S_2}\boldsymbol{B}_1\cdot \mathrm{d}\boldsymbol{S}_2 \tag{8.77}$$

となる。ところで $\boldsymbol{B}_1$ はベクトルポテンシャル $\boldsymbol{A}_1$ によって

$$\boldsymbol{B}_1=\mathrm{rot}\,\boldsymbol{A}_1=\nabla\times\boldsymbol{A}_1 \tag{8.78}$$

と書けるから

$$M_{12}=\frac{N_2}{I_1}\int_{S_2}(\nabla\times\boldsymbol{A}_1)\cdot \mathrm{d}\boldsymbol{S}_2$$

$$=\frac{N_2}{I_1}\oint_{C_2}\boldsymbol{A}_1\cdot \mathrm{d}\boldsymbol{l}_2 \tag{8.79}$$

となる。一方，式(8.37)から

$$\boldsymbol{A}_1=\frac{\mu_0 N_1 I_1}{4\pi}\oint_{C_1}\frac{1}{R}\,\mathrm{d}\boldsymbol{l}_1 \tag{8.80}$$

と書けるから，結局

$$M_{12}=\frac{\mu_0 N_1 N_2}{4\pi}\iint_{C_1,C_2}\frac{1}{R}\,\mathrm{d}\boldsymbol{l}_2\cdot \mathrm{d}\boldsymbol{l}_1\quad〔\mathrm{H}〕 \tag{8.81}$$

となる。この式を**相互インダクタンスに関するノイマンの公式**という。この式において，C_1，C_2 における積分の順序を変えても閉じ結果が得られるから，結局，$M_{12}=M_{21}$ がいえる（**図8.23**）。

†1 一般の物理系において，入力と出力を交換可能，つまり交換しても系の応答の仕方が同じ場合，相反性を満たす，または相反であるという。受動電気回路や，熱力学などで種々の相反定理が存在する。

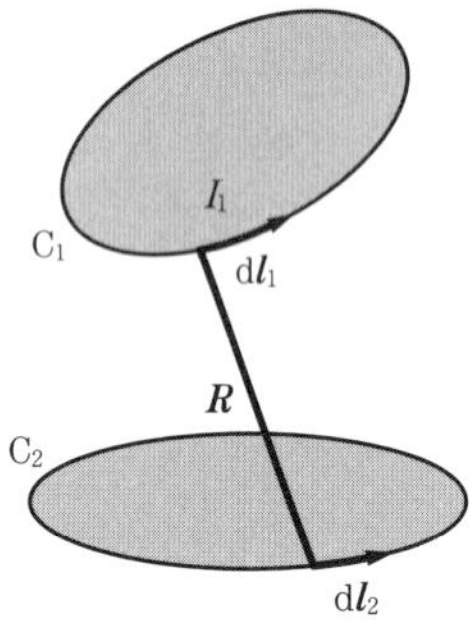

図8.23 相互インダクタンスに関するノイマンの公式を説明する図。これから $M_{12}=M_{21}$ が理解される。

まとめ
相互インダクタンス：
$M_{ij}=M_{ji}$

第8章 演習問題

【1】 **問図8.1**に示すような断面を持つ無限長の導体に，電流 I が長さ方向に一様に流れている。導体内外の磁束密度 B の分布を求めなさい。

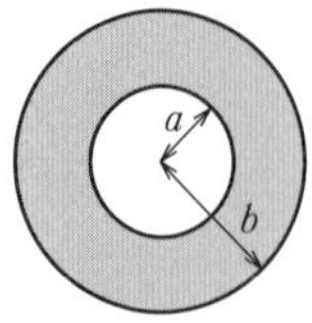

問図8.1

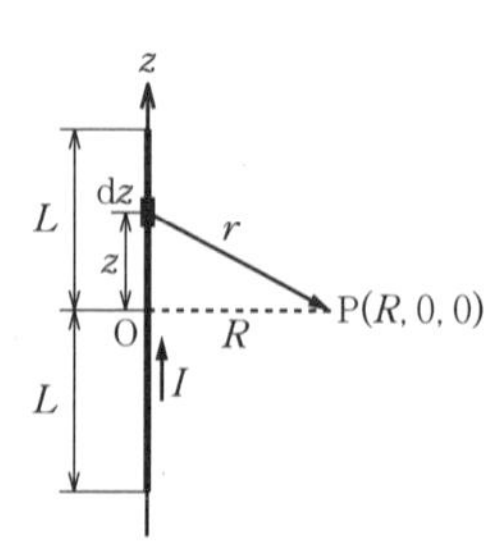

問図8.2

【2】 **問図** 8.2 に示すように，長さ $2L$ の導体に電流 I が流れている。このとき図の点 P における磁束密度 $\boldsymbol{B}$ をつぎの二つの方法で求めなさい。

（a） ベクトルポテンシャル $\boldsymbol{A}$ を求め，それから磁束密度 $\boldsymbol{B}$ を求める。

（b） ビオ・サバールの法則から求める。

【3】 **問図** 8.3 に示すように，x-y 平面上に 1 辺 a の正方形状の電流ループがある。その中心点 p，および点 p から x 方向に $a/4$ だけ左に戻った点 q の磁束密度を求めなさい。

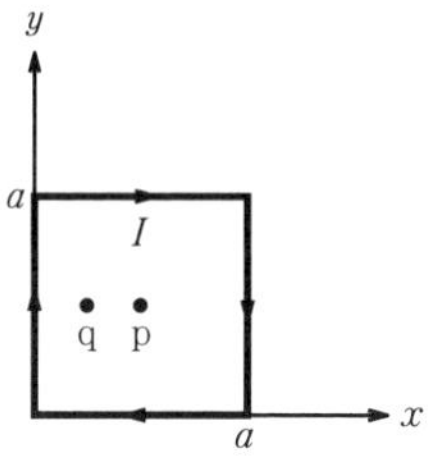

問図 8.3

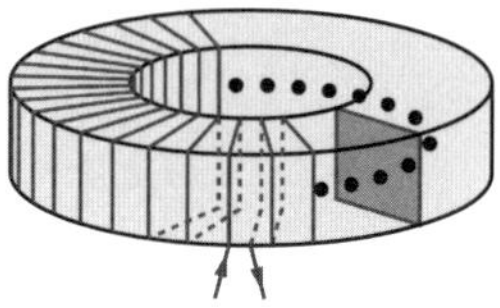

問図 8.4

【4】 **問図** 8.4 のような，断面が高さ h の矩形で，内半径，外半径がそれぞれ a，b のトロイダル（無端ソレノイド）に導線が N 回密に巻いてある（図では密には見えないが）。媒体の透磁率は μ_0 として自己インダクタンスを求めなさい。

9 磁性体中の静磁界

9.1 はじめに

第8章では電流により生じる真空中の「静磁界」に関する諸現象を扱った。磁性体を磁束密度の場に置くと，磁性体中に磁気的分極（磁気双極子）が現れる。本章では，磁性体中の磁気双極子 $\boldsymbol{m}$，単位体積当りの磁気双極子能率（モーメント）である磁化 $\boldsymbol{M}$ とそれに等価な電流密度の導入，磁界の強さ $\boldsymbol{H}$ の定義，異なる磁性体が接しているときに磁束密度や磁界の強さが満たす条件，磁束密度の場に置かれた電流に働く力などについて学び，磁性体があるときの磁界の様子について理解しよう。

9.2 磁気双極子

静電界での電気双極子に対応する，**磁気双極子**について考えておこう。磁気双極子は，これから述べる物質の中での磁気的現象を考えるとき，なくてはならないものである。

9.2.1 円状電流により生じる磁束密度分布

まず，**図 9.1**（a）のような小さな半径 b の円状導体中を電流 I が流れているときの，電流から十分遠方の任意の点における磁束密度 $\boldsymbol{B}$ を考える。すなわち，円の中心Oから R の点Pでの磁束密度 $\boldsymbol{B}$ を $R \gg b$ という条件の下で求める。図のように座標を定める。

電流の源に関する座標系には「′」を付けて表示する。$\boldsymbol{B}$ を求める点Pは図のように極座標で表す。この場合，対称性から，点Pを $(R, \theta, \pi/2)$ として y-z 平面上に置いても一般性を失わない。

初めに，点Pでのベクトルポテンシャル $\boldsymbol{A}$ を求める。円状電流上での微小電流素 $I\mathrm{d}\boldsymbol{l}'$ による $\mathrm{d}\boldsymbol{A}$ および $\mathrm{d}\boldsymbol{l}'$ はそれぞれ

$$\mathrm{d}\boldsymbol{A} = \frac{\mu_0 I}{4\pi}\frac{\mathrm{d}\boldsymbol{l}'}{R_1} \tag{9.1}$$

$$\mathrm{d}\boldsymbol{l}' = \left(-\boldsymbol{a}_x \sin\phi' + \boldsymbol{a}_y \cos\phi'\right) b\,\mathrm{d}\phi' \tag{9.2}$$

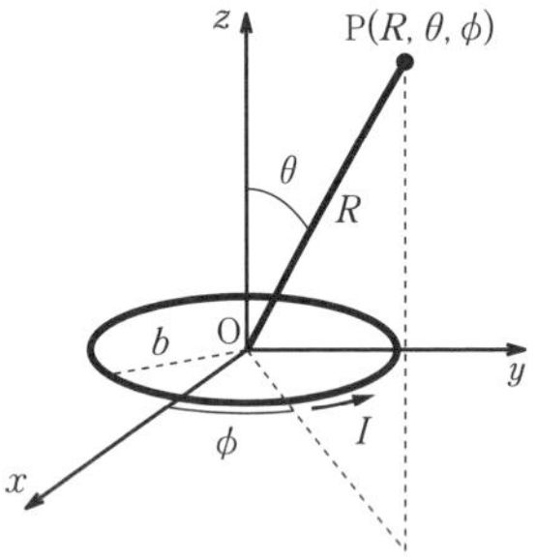

（a） 円状電流から R の点P

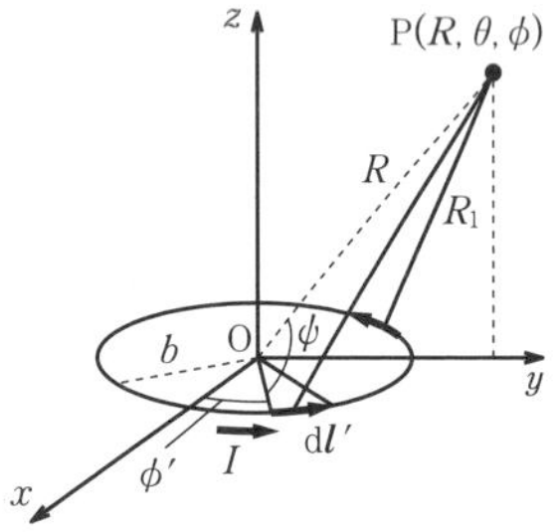

（b） $\mathrm{d}\boldsymbol{l}'$ の y 軸に対する対称な点

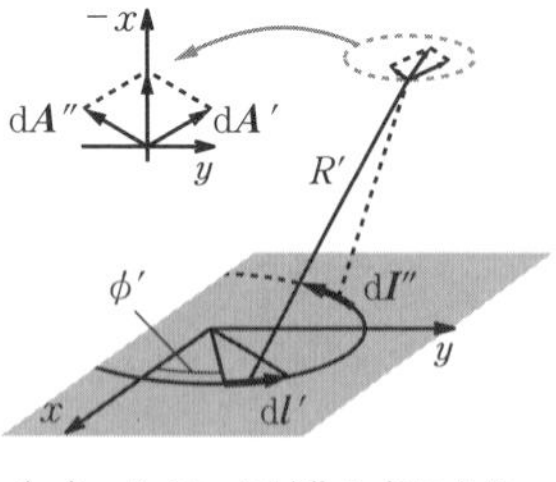

（c） たがいに対称な点にある電流要素 $I\mathrm{d}\boldsymbol{l}'$ による $\boldsymbol{A}$ は y 軸成分が打ち消される。

図 9.1 円状電流によるベクトルポテンシャル $\boldsymbol{A}$

と書ける。

円上のどこの $I\mathrm{d}\boldsymbol{l}'$ に対しても R_1 と同じ大きさを持ち，y 軸に対称な電流素 $I\mathrm{d}\boldsymbol{l}''$ が必ず存在するのは図（b）からも明らかである。この１組の電流素により，ベクトルポテンシャル $\boldsymbol{A}$ の $\boldsymbol{a}_y$ 成分は図（c）のように打ち消され，$\boldsymbol{a}_x$ 成分は２倍になる。円状電流全体にわたって積分すると

$$\boldsymbol{A} = -\boldsymbol{a}_x \frac{\mu_0 I}{2\pi}\int_{-\pi/2}^{\pi/2}\frac{b\sin\phi'}{R_1}\,\mathrm{d}\phi' \qquad (9.3)$$

となる。$-\boldsymbol{a}_x$ は，考えている点 P が y-z 平面上（$\phi=\pi/2$）であるから，$\boldsymbol{a}_\phi$ と一致する。したがって

$$\boldsymbol{A} = \boldsymbol{a}_\phi \frac{\mu_0 Ib}{2\pi}\int_{-\pi/2}^{\pi/2}\frac{\sin\phi'}{R_1}\,\mathrm{d}\phi' \qquad (9.4)$$

となる。余弦定理から

$$R_1^2 = R^2 + b^2 - 2bR\cos\phi \qquad (9.5)$$

$$R_1^2 = R^2 + b^2 - 2bR\sin\theta\sin\phi' \qquad (9.6)$$

となり[†1]，さらにこれは

$$\frac{1}{R_1} = \frac{1}{R\sqrt{1+\dfrac{b^2}{R^2}-\dfrac{2b}{R}\sin\theta\sin\phi'}} \qquad (9.7)$$

と書ける。これはさらに，$R^2 \gg b^2$ のとき，(b^2/R^2) は１に比べて小さく無視するものとし，さらにテイラー級数展開を用いると[†2]

$$\frac{1}{R_1} \fallingdotseq \frac{1}{R\sqrt{1-\dfrac{2b}{R}\sin\theta\sin\phi'}} \fallingdotseq \frac{\left(1+\dfrac{b}{R}\sin\theta\sin\phi'\right)}{R} \qquad (9.8)$$

この式 (9.8) を式 (9.4) へ代入すれば

$$\boldsymbol{A} = \boldsymbol{a}_\phi \frac{\mu_0 Ib}{2\pi}\int_{-\pi/2}^{\pi/2}\frac{\left(1+\dfrac{b}{R}\sin\theta\sin\phi'\right)}{R}\sin\phi'\,\mathrm{d}\phi' \qquad (9.9)$$

で，これを計算して

$$\boldsymbol{A} = \boldsymbol{a}_\phi \frac{\mu_0 Ib^2}{4R^2}\sin\theta \qquad (9.10)$$

となる（**図 9.2**）。磁束密度 $\boldsymbol{B}$ は $\boldsymbol{B}=\mathrm{rot}\,\boldsymbol{A}$ であるから，極座標での rot の式[†3] を適用して

$$\boldsymbol{B} = \frac{\mu_0 Ib^2}{4R^3}\left(\boldsymbol{a}_R 2\cos\theta + \boldsymbol{a}_\theta\sin\theta\right) \qquad (9.11)$$

となる。円状導体中を電流 I が流れているときの，任意の点にお

（試してみよう）

式 (9.5) から式 (9.6) への式変形において

$bR\cos\phi \;\rightarrow\; bR\sin\theta\sin\phi'$

を証明してみよう。

ヒント　下図において

$c = R\sin\theta$

$a = c\sin\phi' = (R\sin\theta)\sin\phi'$

$\cos\phi = \dfrac{a}{R}$

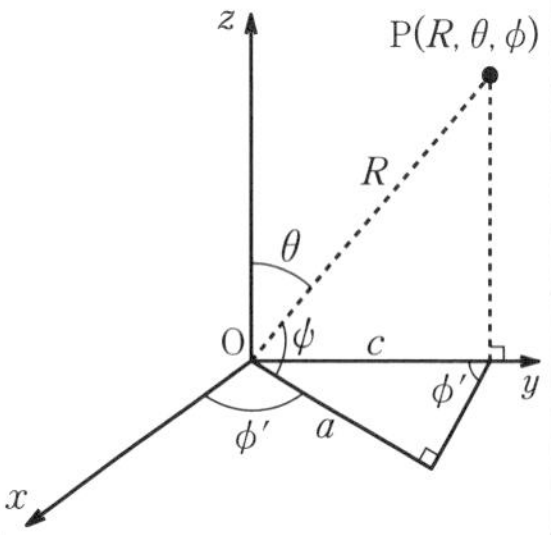

† 1　上の（試してみよう）を参照。

† 2　関数 $f(x)$ の値がわかっているとき，関数 $f(x+\Delta x)$ の値は，テイラー級数展開式で以下のように近似できる。

$$f(x+\Delta x) = f(x) + \frac{\partial f(x)}{\partial x}\Delta x + \frac{\partial^2 f(x)}{\partial x^2}(\Delta x)^2 + \cdots$$

ここで

$$x \to 1,\quad \Delta x \to \frac{2b}{R}\sin\theta\sin\phi'$$

とすると

$$f(x) \to 1,\quad \frac{\partial f(x)}{\partial x} \to -\frac{1}{2}$$

となるので，１次まで考慮すると

$$1\Big/\sqrt{1-\frac{2b}{R}\sin\theta\sin\phi'} \fallingdotseq 1+\frac{b}{R}\sin\theta\sin\phi'$$

と近似できる。

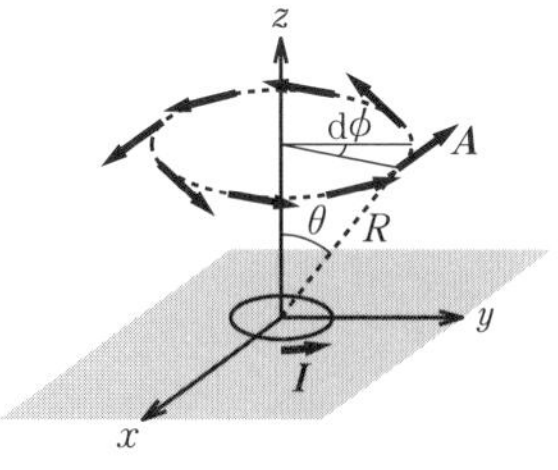

図 9.2　微小円状電流によるベクトルポテンシャル $\boldsymbol{A}$。$\mathrm{d}\phi$ 方向を向いている。

† 3　次ページの側注欄参照。

† 3 （前頁の注）極座標での rot の演算

$$\mathrm{rot}\,\boldsymbol{A} = \begin{vmatrix} \dfrac{\boldsymbol{a}_R}{r^2\sin\theta} & \dfrac{\boldsymbol{a}_\theta}{r\sin\theta} & \dfrac{\boldsymbol{a}_\phi}{r} \\ \dfrac{\partial}{\partial r} & \dfrac{\partial}{\partial \theta} & \dfrac{\partial}{\partial \phi} \\ A_r & rA_\theta & r\sin\theta\, A_\phi \end{vmatrix}$$

ける磁束密度 $\boldsymbol{B}$ が求められた。

9.2.2 磁気双極子

式 (9.11) の形は，静電界における電気双極子の与える双極子から十分離れた地点での電界の強さの式と同一であることに気が付く。したがって，**図 9.3** (a) に示すように小さな円状電流の作る磁束密度 $\boldsymbol{B}$ の力線は，遠方では，図 (b) に示す電気双極子の作る電気力線の分布と同じ形の分布をとる（この意味で磁気双極子という）。しかし，双極子の近傍では，電気双極子の作る電気力線は，正電荷から始まり負電荷に終わっているのに対し，磁気双極子の作る磁束密度 $\boldsymbol{B}$ の力線は閉じており，連続となっている。ここで，磁気双極子（小円状電流）の作るベクトルポテンシャル $\boldsymbol{A}$ の式 (9.10) に戻って考えてみる。

$$\boldsymbol{A} = \boldsymbol{a}_\phi \frac{\mu_0 I b^2}{4R^2}\sin\theta \tag{9.12}$$

これは

$$\boldsymbol{m} = \boldsymbol{a}_z I\pi b^2 = \boldsymbol{a}_z IS = \boldsymbol{a}_z m \tag{9.13}$$

とおいた $\boldsymbol{m}$ を用いると

$$\boldsymbol{A} = \frac{\mu_0}{4\pi R^2}\boldsymbol{m}\times\boldsymbol{a}_R \tag{9.14}$$

が成り立つ。ここで，$\boldsymbol{m}$ は**磁気双極子**と呼ばれる。その大きさは電流 I と円状の面積 S との積で表され，その向きは「右ねじの法則」で示される（**図 9.4**）。

このベクトルポテンシャルの式の形は，電気双極子 $\boldsymbol{p}$ の作る電気スカラーポテンシャル

$$V = \frac{1}{4\pi\varepsilon_0 R^2}\boldsymbol{p}\cdot\boldsymbol{a}_R \tag{4.9$'$}$$

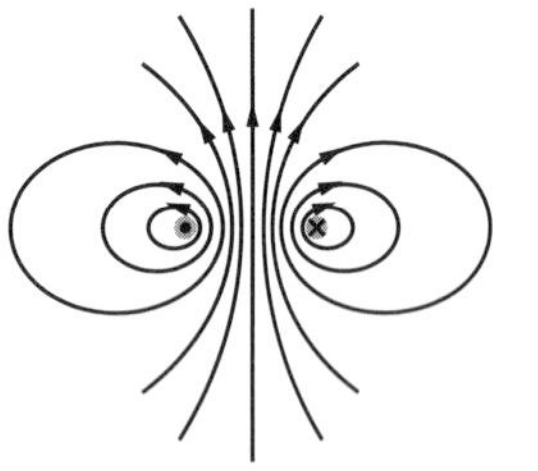

(a) 小さな円状電流（図中の ●, ⊗）の作る磁束密度 $\boldsymbol{B}$ の力線。十分遠方では図 (b) と同じ形になる。

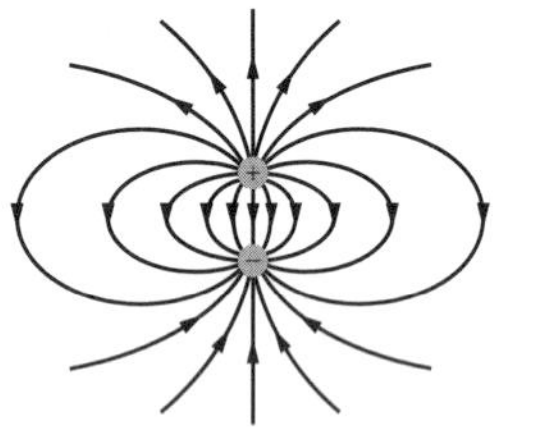

(b) 電気双極子の作る電気力線

図 9.3 磁束密度 $\boldsymbol{B}$ の力線と電気力線の形

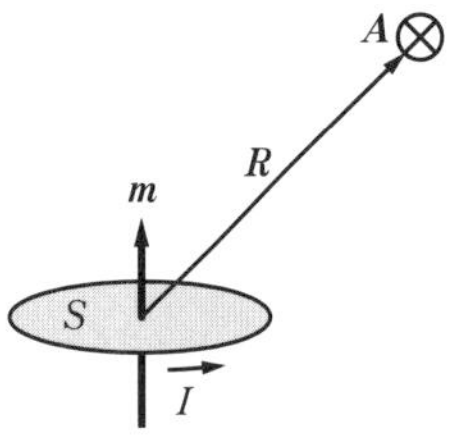

図 9.4 小さな円状電流による磁気モーメントがそこから $\boldsymbol{R}$ の距離の点に作るベクトルポテンシャル。$\boldsymbol{A}=\boldsymbol{m}\times\boldsymbol{R}$ であるから $\boldsymbol{A}$ は紙面に垂直で紙面に向かう方向である。

表 9.1 静磁界と静電界の対比
（類似した特徴，物理量，関係を行ごとに示す）

電流による真空中の磁束密度の場	静電界
渦ありの場 $\boldsymbol{B}$ 磁束密度 〔$\mathrm{T=Wb/m^2}$〕	渦なしの場 $\boldsymbol{E}$ 電界の強さ 〔V/m〕
$\mathrm{div}\,\boldsymbol{B}=0$ $\boldsymbol{A}$ ベクトルポテンシャル 〔Wb/m〕	$\mathrm{rot}\,\boldsymbol{E}=\boldsymbol{0}$ V スカラーポテンシャル 〔V〕
$\boldsymbol{a}_z IS$ 小円電流 〔$\mathrm{A\cdot m^2}$〕	$\boldsymbol{p}$ 電気双極子 〔C·m〕
ベクトル積 磁気双極子から $\boldsymbol{a}_k$ の点の $\boldsymbol{A}$ を計算するのに $\boldsymbol{a}_z IS\times\boldsymbol{a}_k$ とする。	スカラー積 電気双極子から $\boldsymbol{a}_R$ の点の V を計算するのに $\boldsymbol{P}\cdot\boldsymbol{a}_R$ とする。

と同じような形をしている。$\boldsymbol{p}$ を $\boldsymbol{m}$，ε_0 を $1/\mu_0$，内積演算をベクトル積演算に置き換えればよい。これまでのことを，静電界の場合と対比してまとめてみると**表 9.1** のようになる。

> **まとめ**
> 磁気双極子（小円電流）の磁気モーメント
> $\boldsymbol{m} = \boldsymbol{a}_z IS$〔A·m^2〕
> 大きさ：電流 I と電流路が作る円の面積 S との積。
> 方　向：電流路が作る円の面に垂直で，右ねじの法則に従う。

9.3 磁化に等価な電流密度

よく知っているように，すべての物質は原子からなり，それは正の電荷を持つ原子核とその周りに存在する負の電荷を持つ電子とからなる。周囲の電子はある種の環状電流[†1]を作り，それが微視的な磁気モーメント（磁気双極子）を形作る。さらに，原子核および電子は，それぞれの軸を中心に回転し[†2]（スピン），ある大きさの磁気モーメントを持つ。原子は，電子の軌道角運動量とスピン角運動量，そして原子核の磁気モーメントを合成した全角運動量で決まる原子磁気モーメントを持つ。ここではこれを原子の磁気モーメント，あるいは原子磁石と呼んでおく。ただし，原子の磁気モーメントのうち，原子核に由来する磁気モーメント[†3]は無視できるぐらいの大きさであり，物質の磁気的性質はほとんど電子由来である。

外部から磁場が加えられていないときは，（永久磁石を除いて）物質の中の原子磁石はそれぞれ乱雑な方向を向いており，結果的に合計の磁気モーメントは 0 となっている。それらが外部からの磁場によって，向きを揃えるようになる。

† 1　正確には軌道角運動量である。

† 2　正確にはスピン角運動量である。

† 3　核磁気モーメントのある種の共振現象は NMR（nuclear magnetic resonance）として知られ，物質のいろいろな性質を探るのに有用な手段となっている。

9.3.1 磁化の定義

前述のように，物質が存在すると，その物質の中での原子磁気モーメントの振舞いを考慮に入れなければならないはずである。物質の中での磁束密度 $\boldsymbol{B}$ を定量的に扱うために，まずある一つの原子の磁気モーメントを $\boldsymbol{m}_k$ と定義しよう。

もし，単位体積当り n 個の原子があったとすると，物質内の微小体積 Δv の中での**単位体積当りの磁気モーメントベクトル $\boldsymbol{M}$**（これを**磁化**と呼ぶ）を次式で定義できる。

$$\boldsymbol{M} = \lim_{\Delta v \to 0} \frac{\sum \boldsymbol{m}_k}{\Delta v} \quad \text{〔A/m〕} \tag{9.15}$$

微小体積 dv' 中の磁気モーメント $d\boldsymbol{m}$ は $d\boldsymbol{m} = \boldsymbol{M}dv'$ と表せる。

> **まとめ**
> ある原子の磁気モーメント：$\boldsymbol{m}_k$〔A·m^2〕
> 磁化（単位体積当りの磁気モーメントベクトル）：$\boldsymbol{M}$〔A/m〕
> 原子の磁気モーメントと磁化の関係：
> $\boldsymbol{M} = \lim_{\Delta v \to 0} \frac{\sum \boldsymbol{m}_k}{\Delta v}$

9.3.2 磁化の作るベクトルポテンシャル

式 (9.14) から，磁化 $\boldsymbol{M}$ を用いて微小体積 dv' 中の磁気モーメ

ントによるベクトルポテンシャル d$\boldsymbol{A}$ は

$$\mathrm{d}\boldsymbol{A}=\frac{\mu_0}{4\pi R^2}\boldsymbol{M}\times\boldsymbol{a}_{\mathrm{R}}\mathrm{d}v' \quad \text{〔Wb/m〕} \tag{9.16}$$

となる。物質のある体積中の磁化による，ある点のベクトルポテンシャルを求めるには，式 (9.16) を積分すればよい。以下これについて考える。

まず，磁気モーメントが存在する体積全体にわたる積分計算を行うにあたり，(9.16) 式右辺の $\boldsymbol{a}_{\mathrm{R}}/R^2$ の部分について，つぎのように考える。式 (2.59) のように

$$\nabla\left(\frac{1}{R}\right)=-\left(\frac{\boldsymbol{R}}{R^3}\right)=-\left(\frac{\boldsymbol{a}_{\mathrm{R}}}{R^2}\right) \tag{9.17}$$

であり，これはモーメントの存在する点から見たグレーディエントで，**図 9.5** に示す点 (x, y, z) が変化するときのものである。これに対して，点 (x, y, z) のベクトルポテンシャルを求めるときは，磁気モーメントの存在するところでの積分が行われる。すなわち点 (x', y', z') が変化するときのグレーディエントが必要である。これは，固定された点 (x, y, z) から磁気モーメントのある点 (x', y', z') 方向を見るときのグレーデイエントであるから

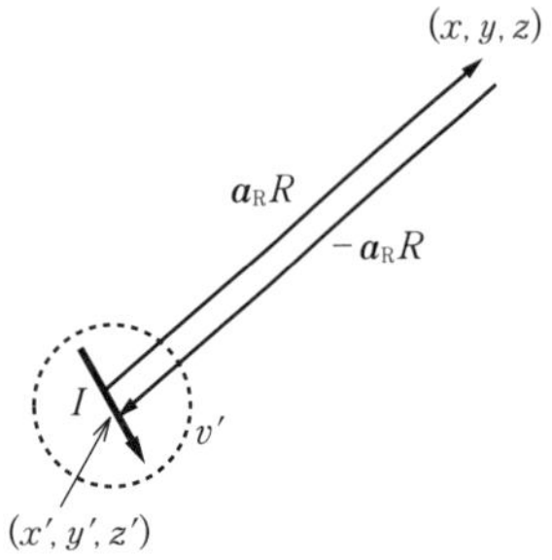

図 9.5　電流のある点 (x', y', z') から点 (x, y, z) を見たときのグレーディエントと逆に点 (x, y, z) から点 (x', y', z') を見たときのグレーディエント

$$\nabla'\left(\frac{1}{R}\right)=-\nabla\left(\frac{1}{R}\right) \tag{9.18}$$

と書ける。すなわち式 (9.17) および式 (9.18) より

$$\left(\frac{\boldsymbol{a}_{\mathrm{R}}}{R^2}\right)=\nabla'\left(\frac{1}{R}\right) \tag{9.19}$$

と書ける。よって，式 (9.16) は，結局

$$\mathrm{d}\boldsymbol{A}=\frac{\mu_0}{4\pi}\boldsymbol{M}\times\nabla'\left(\frac{1}{R}\right)\mathrm{d}v' \quad \text{〔Wb/m〕} \tag{9.20}$$

となる。これを，磁気モーメントの存在する場所（[′] の付いている座標）で積分して

$$\boldsymbol{A}=\int_{v'}\mathrm{d}\boldsymbol{A}=\frac{\mu_0}{4\pi}\int_{v}\boldsymbol{M}\times\nabla'\left(\frac{1}{R}\right)\mathrm{d}v' \quad \text{〔Wb/m〕} \tag{9.21}$$

を得る。ここで，右辺中で積分する部分は，式 (8.38) を適用して

$$\boldsymbol{M}\times\nabla'\left(\frac{1}{R}\right)=\left(\frac{1}{R}\right)\nabla'\times\boldsymbol{M}-\nabla'\times\left(\frac{\boldsymbol{M}}{R}\right) \tag{9.22}$$

が得られる。これを式 (9.21) に代入して

$$\boldsymbol{A} = \int_{\mathrm{v}'} \mathrm{d}\boldsymbol{A} = \frac{\mu_0}{4\pi}\int_{\mathrm{v}'}\left(\frac{\nabla' \times \boldsymbol{M}}{R}\right)\mathrm{d}v' - \frac{\mu_0}{4\pi}\int_{\mathrm{v}'}\nabla' \times \left(\frac{\boldsymbol{M}}{R}\right)\mathrm{d}v' \tag{9.23}$$

と変形でき，さらに，この式の第２項に

$$\int_{\mathrm{v}'} \nabla' \times \boldsymbol{F}\ \mathrm{d}v' = -\int_{\mathrm{S}'} \boldsymbol{F} \times \mathrm{d}S' \tag{9.24}$$

というベクトル演算の関係を用いて変形すると

$$\boldsymbol{A} = \int_{v'} \mathrm{d}\boldsymbol{A} = \frac{\mu_0}{4\pi}\int_{v'}\left(\frac{\nabla' \times \boldsymbol{M}}{R}\right)\mathrm{d}v' + \frac{\mu_0}{4\pi}\int_{S'}\left(\frac{\boldsymbol{M} \times \boldsymbol{a}'_{\mathrm{n}}}{R}\right)\mathrm{d}S' \tag{9.25}$$

となる。ここで $\boldsymbol{a}'_{\mathrm{n}}$ は，体積 V' の表面 S' に垂直な外向きの単位ベクトルである。

試してみよう

式 (9.24) を証明してみよう。

ヒント　$\boldsymbol{F} \times \boldsymbol{C}$ の発散をとってみよ。ここで $\boldsymbol{C}$ は任意の固定ベクトルである。

9.3.3　磁化に等価な電流密度

式 (9.25) を式 (8.35) と比べると第１項から

$$\boldsymbol{i}_{\mathrm{m}} = \nabla' \times \boldsymbol{M} \quad [\mathrm{A/m^2}] \tag{9.26}$$

が得られ，第２項

$$\boldsymbol{i}_{\mathrm{mS}} = \boldsymbol{M} \times \boldsymbol{a}'_{\mathrm{n}} \quad [\mathrm{A/m}] \tag{9.27}$$

が得られる（$\boldsymbol{i}_{\mathrm{m}}$ と $\boldsymbol{i}_{\mathrm{mS}}$ の意味についてはすぐ後に触れる）。

すなわち物質の中で，磁気モーメントが存在するときは，上の式で表される**2種類の等価電流**が存在するとみなして，ベクトルポテンシャルや磁束密度を考えればよい。

前者は，物質内に $\nabla' \times \boldsymbol{M}$ (= rot $\boldsymbol{M}$) という体積密度の電流，後者は，物質表面に $\boldsymbol{M} \times \boldsymbol{a}'_{\mathrm{n}}$ という面積密度の電流が存在するのと等価であることを示している。この様子を**図 9.6** に示す。物質内の磁化が一様であれば $\boldsymbol{i}_{\mathrm{m}}$ は図のように隣どうしで打ち消し合い，0 である。

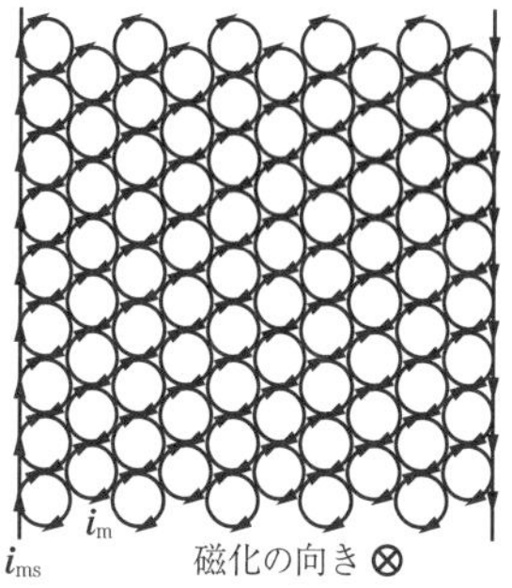

図 9.6　$\boldsymbol{i}_{\mathrm{m}}$ と $\boldsymbol{i}_{\mathrm{ms}}$ の概念を示す図
磁性体内部での磁化は紙面に垂直であり，紙面に向かう方向である。これが一様であれば，式 (9.26) の $\boldsymbol{i}_{\mathrm{m}}$ は 0 である。

以上をまとめると，磁性体が存在するときのその磁化は等価な電流密度で表せ，$\boldsymbol{i}_{\mathrm{m}}$ は磁性体中の，また $\boldsymbol{i}_{\mathrm{mS}}$ は磁性体表面での等価電流密度を示す。これらは**磁化に等価な電流密度**という。

まとめ

磁化に等価な電流密度：
物質内部に
$\boldsymbol{i}_{\mathrm{m}} = \nabla' \times \boldsymbol{M}$　[$\mathrm{A/m^2}$]
表面に
$\boldsymbol{i}_{\mathrm{mS}} = \boldsymbol{M} \times \boldsymbol{a}_{\mathrm{n}}$　[A/m]

9.4　磁界の強さと比透磁率

磁性体を磁気的な場の中に置くと，内部の磁気モーメントの方向がしだいに揃ってくることと，内部に新たな磁気モーメントが誘起されることがある。これによって，磁性体が存在するときは，真空中の場合とは磁束密度の分布が変わることが期待できる。磁化の大局的な影響というものは9.3節で述べた等価電流密度 $\boldsymbol{i}_\mathrm{m}$ を基本的な回転の式に導入することで考察することができる。すなわち，磁性体内部では次式が成り立つ。

$$\frac{1}{\mu_0}\nabla\times\boldsymbol{B}=\boldsymbol{i}+\boldsymbol{i}_\mathrm{m}=\boldsymbol{i}+\nabla\times\boldsymbol{M} \tag{9.28}$$

これを変形すると

$$\nabla\times\left(\frac{\boldsymbol{B}}{\mu_0}-\boldsymbol{M}\right)=\boldsymbol{i} \tag{9.29}$$

となる。ここで $\boldsymbol{i}$ を**自由電流**という。

ここで，われわれは基本的な場の量として，**磁界の強さ $\boldsymbol{H}$** を上の式から，以下のように定義する。

$$\boldsymbol{H}=\frac{\boldsymbol{B}}{\mu_0}-\boldsymbol{M} \tag{9.30}$$

> **まとめ**
> 磁界の強さ $\boldsymbol{H}$ に関する定義
> $\boldsymbol{H}=\dfrac{\boldsymbol{B}}{\mu_0}-\boldsymbol{M}$
> $\mathrm{rot}\,\boldsymbol{H}=\boldsymbol{i}$
> $\oint_\mathrm{C}\boldsymbol{H}\cdot\mathrm{d}\boldsymbol{l}=I$

これから，磁界の強さ $\boldsymbol{H}$ と自由電流 $\boldsymbol{i}$ に関するつぎの重要な関係が得られる。

$$\nabla\times\boldsymbol{H}=\boldsymbol{i} \tag{9.31a}$$

$$\mathrm{rot}\,\boldsymbol{H}=\boldsymbol{i} \tag{9.31b}$$

この形式の積分形は，式 (9.31a) の両辺を積分して

$$\int_\mathrm{S}(\nabla\times\boldsymbol{H})\cdot\mathrm{d}\boldsymbol{S}=\int_\mathrm{S}\boldsymbol{i}\cdot\mathrm{d}\boldsymbol{S} \tag{9.32}$$

が得られる。これにストークスの定理を適用して

$$\oint_\mathrm{C}\boldsymbol{H}\cdot\mathrm{d}\boldsymbol{l}=I \tag{9.33}$$

となる。これが**磁界の強さ $\boldsymbol{H}$ に関するアンペアの周回積分の法則**である。ここに I は周回路Cと鎖交する全電流である。

> **まとめ**
> 自由電流 $\boldsymbol{i}$ が有限のとき
> 自由空間では
> $\mathrm{rot}\,\boldsymbol{B}=\mu_0\boldsymbol{i}$
> 物質中では
> $\mathrm{rot}\,\boldsymbol{H}=\boldsymbol{i}$
> 自由電流 $\boldsymbol{i}$ が0のとき
> 物質中でも自由空間でも
> $\mathrm{rot}\,\boldsymbol{B}=0$

> **試してみよう**
> 磁界の強さ $\boldsymbol{H}$ に関するアンペアの周回積分の法則を説明してみよう。

つぎに，$\boldsymbol{B}$ と $\boldsymbol{H}$ の関係を表す透磁率を導入する。磁性体の磁化が外部磁界に対して線形な応答をし，また等方的であるならば

$$\boldsymbol{M}=\chi_\mathrm{m}\boldsymbol{H} \tag{9.34}$$

と表せる。χ_m は無名数[†1]であり，**磁化率**（magnetic susceptibility）という。これを式 (9.29) に代入すれば

$$\boldsymbol{H}=\frac{\boldsymbol{B}}{\mu_0}-\chi_\mathrm{m}\boldsymbol{H} \tag{9.35}$$

となる。さらに変形し，$\boldsymbol{B}$ と $\boldsymbol{H}$ の関係を以下のように表現する。

$$\boldsymbol{B}=\mu_0(1+\chi_\mathrm{m})\boldsymbol{H}=\mu_0\mu_\mathrm{r}\boldsymbol{H}=\mu\boldsymbol{H} \tag{9.36}$$

ここで用いた μ，μ_r はそれぞれ，

$$\mu=\mu_0\mu_\mathrm{r} \tag{9.37a}$$

$$\mu_r=1+\chi_\mathrm{m}=\frac{\mu}{\mu_0} \tag{9.37b}$$

> **まとめ**
> **透磁率**
> $\mu=\mu_0\mu_\mathrm{r}$
> $\mu_\mathrm{r}=1+\chi_\mathrm{m}$

†1　単位の付かない数値のこと。無次元数ともいう。

であり，**透磁率** μ，**比透磁率** μ_r，（μ_s と書くこともある）と呼ばれる。μ_r は無名数である。これまで学んだ，磁気的な表現を静電的な表現と対応させたものが**表 9.2** である。

表 9.2

静電界	静磁界
$\boldsymbol{E}$	$\boldsymbol{B}$
$\boldsymbol{D}=\varepsilon_0\boldsymbol{E}+\boldsymbol{P}$	$\boldsymbol{H}=\boldsymbol{B}/\mu_0-\boldsymbol{M}$
ρ	$\boldsymbol{i}$
V	$\boldsymbol{A}$
$\boldsymbol{E}=-\mathrm{grad}\,V$	$\boldsymbol{B}=\mathrm{rot}\,\boldsymbol{A}$
$\rho=\mathrm{div}\,\boldsymbol{D}$	$\boldsymbol{i}_m=\mathrm{rot}\,\boldsymbol{M}$
$\mathrm{rot}\,\boldsymbol{E}=0$	$\mathrm{div}\,\boldsymbol{B}=0$

9.5　磁束密度と磁界の境界条件

静電界のときと同様に，磁気的性質の異なる物質が接しているときの $\boldsymbol{B}$ や $\boldsymbol{H}$ の境界条件を求める。このときの基礎となる式は

$$\mathrm{div}\,\boldsymbol{B}=0 \tag{9.38}$$

と

$$\mathrm{rot}\,\boldsymbol{H}=\boldsymbol{i} \tag{9.39}$$

である。

9.5.1　B，H の法線成分の境界条件

磁界の強さが $\boldsymbol{B}_1$ である物質と $\boldsymbol{B}_2$ である物質とが接しているとする。この二つの物質の境界におけるそれぞれの磁界の強さの法線成分を B_{1n}，B_{2n} とすると，静電界のときと同様に $\boldsymbol{B}$ の連続の式から

$$B_{1n}=B_{2n} \tag{9.40}$$

となる。つまり，磁束密度の境界への法線成分が等しい。このことは式 (9.38) からもすぐに導かれる。すなわち，磁束密度の境界条件は，「磁束密度の境界への法線成分は等しい」ことであるといえる。

線形で等方的な媒体では

$$\frac{\boldsymbol{B}_1}{\mu_1}=\boldsymbol{H}_1,\quad \frac{\boldsymbol{B}_2}{\mu_2}=\boldsymbol{H}_2 \tag{9.41}$$

であるから，式 (9.40) から

$$\mu_1H_{1n}=\mu_2H_{2n} \tag{9.42}$$

が導かれる。

9.5.2　B，H の接線成分の境界条件

磁界の強さ $\boldsymbol{H}$ の接線成分に関する境界条件は，式 (9.39) の積分形であるアンペアの周回積分の法則から求められる。

$$\oint_C \boldsymbol{H}\cdot\mathrm{d}\boldsymbol{l}=I \tag{9.43}$$

図 9.7 上で a-b-c-d と $\boldsymbol{H}$ を 1 周積分すれば

$$\oint_C \boldsymbol{H}\cdot\mathrm{d}\boldsymbol{l}=H_{1t}\Delta W+H_{2t}(-\Delta W)=i_{Sn}\Delta W \tag{9.44}$$

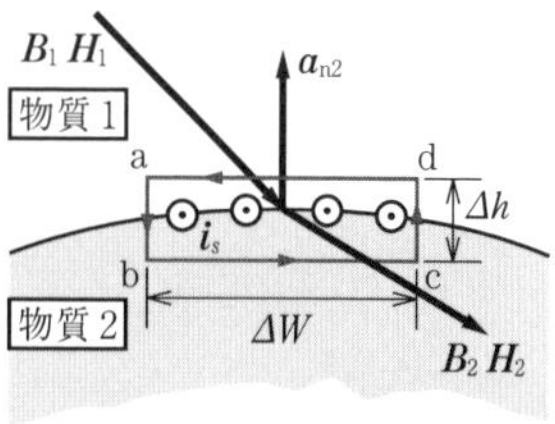

図 9.7　B，H の境界条件

となり，これから

$$H_{1t} - H_{2t} = i_{Sn} \quad (9.45)$$

となる。ここで，i_{Sn} は境界における表面自由電流密度の，積分路で作られる面Sを通過する法線成分の大きさであり，その方向はa-b-c-dと積分路を1周するときの「右ねじ」の進む方向を向いている。これを一般的に表すと，図のように $\boldsymbol{a}_{n2}$ をとり

$$\boldsymbol{a}_{n2} \times (\boldsymbol{H}_1 - \boldsymbol{H}_2) = \boldsymbol{i}_S \quad (9.46)$$

と表せる。$\boldsymbol{i}_S$ は境界における表面自由電流密度であり，$\boldsymbol{a}_{n2}$ は境界における物質2からの外向き法線の単位ベクトルである。

試してみよう
式 (9.46) を説明してみよう。

これから，磁界に対する境界条件は，「磁界 $\boldsymbol{H}$ の境界での接線成分は，境界に自由電流が存在すれば境界の両側で（その電流密度の分だけ）不連続である」といえる。

ここで，実際に境界に自由電流密度が存在するか否かを考えてみる。1，2の物質とも超伝導体[†1]でないかぎり，境界には表面電流は存在しない。すなわち，普通の場合は磁界に対する境界条件は，「磁界 $\boldsymbol{H}$ の境界での接線成分は連続である。」といえる。

†1　第14章「電磁波の偏波，反射・屈折」で理想導体の考えが出てくる。

まとめ
$B_{1n} = B_{2n}$,　　$H_{1t} = H_{2t}$
（境界に自由電流がないとき）

9.6　永久磁石の作る磁束密度と磁界の分布

永久磁石は，磁気モーメントが自発的に向きを揃えている状態にあるものである。これが作る磁界 $\boldsymbol{H}$ と磁束密度 $\boldsymbol{B}$ の分布について考えておくことは，9.3節で述べた磁化に等価な電流，9.4節に述べた境界条件，ならびにこれから述べるスカラー磁気ポテンシャルなどを考えるときに，理解の助けとなる。

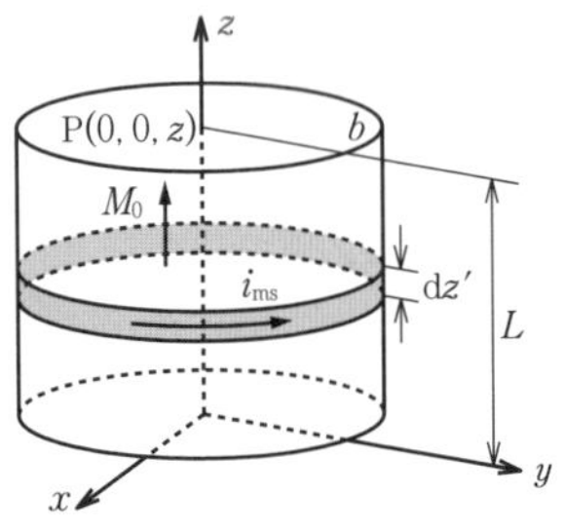

図9.8　一様な表面電流で表すことができる一様に磁化した永久磁石

図9.8のように，円柱状の永久磁石があり，その磁化は一様で $\boldsymbol{M} = \boldsymbol{a}_z M_0$ であるときを考える。磁化 $\boldsymbol{M}$ が円柱内で一様であるから磁化に等価な体積電流密度 $\boldsymbol{i}_m$ は0である。

$$\boldsymbol{i}_m = \mathrm{rot}\,\boldsymbol{M} = 0 \quad (9.47)$$

これに対し，磁化に等価な表面電流密度 $\boldsymbol{i}_{mS}$ は円柱の側部表面でのみ考えればよく

$$\boldsymbol{i}_{mS} = \boldsymbol{M} \times \boldsymbol{a}_n = \boldsymbol{a}_z M_0 \times \boldsymbol{a}_n = \boldsymbol{a}_\phi M_0 \quad (9.48)$$

となる。円柱の上面，下面では

$$\boldsymbol{i}_{mS} = \boldsymbol{a}_z M_0 \times \boldsymbol{a}_z = 0 \quad (9.49)$$

である。磁石の中心軸上以外の部分での磁束密度を求めるのは少し複雑であるので，ここでは軸上（z 軸上）任意の点での磁束密度 $\boldsymbol{B}$ を求め，全体の $\boldsymbol{B}$ のようすを知るための手がかりとしよう。

図9.8に示したように，高さdz'の帯状表面電流を考えると，これは$\boldsymbol{i}_m = \boldsymbol{a}_\varphi M_0 dz'$である。図の原点から$z'$のところにある円環状表面電流から点Pまでの距離は，$\{(z-z')^2+b^2\}^{1/2}$であるから，この部分による磁束密度$d\boldsymbol{B}$は，ビオ・サバールの法則[†2]より円環上で積分して，次式で表される。

† 2 8.3節を参照。

$$d\boldsymbol{B} = \boldsymbol{a}_z \frac{\mu_0 M_0 b^2 dz'}{2\left[(z-z')^2+b^2\right]^{3/2}} \tag{9.50}$$

これをz'に関して積分して，磁石全体からの寄与を求めると

$$\boldsymbol{B} = \int d\boldsymbol{B} = \boldsymbol{a}_z \int \frac{\mu_0 M_0 b^2}{2\left[(z-z')^2+b^2\right]^{3/2}} dz'$$
$$= \boldsymbol{a}_z \frac{\mu_0 M_0}{2}\left[\frac{z}{\left(z^2+b^2\right)^{1/2}} - \frac{z-L}{\left((z-L)^2+b^2\right)^{1/2}}\right] \tag{9.51}$$

となる。

図9.9における点P_1'，P_0，P_1での磁束密度は，式(9.51)のzに0，$L/2$，Lを代入して

$$\boldsymbol{B}_{P_0} = \boldsymbol{a}_z \mu_0 M_0 \left[\frac{L/2}{\left((L/2)^2+b^2\right)^{1/2}}\right] \tag{9.52}$$

$$\boldsymbol{B}_{P_1} = \boldsymbol{a}_z \frac{\mu_0 M_0}{2}\left[\frac{L}{\left(L^2+b^2\right)^{1/2}}\right] = \boldsymbol{B}_{P_1'} \tag{9.53}$$

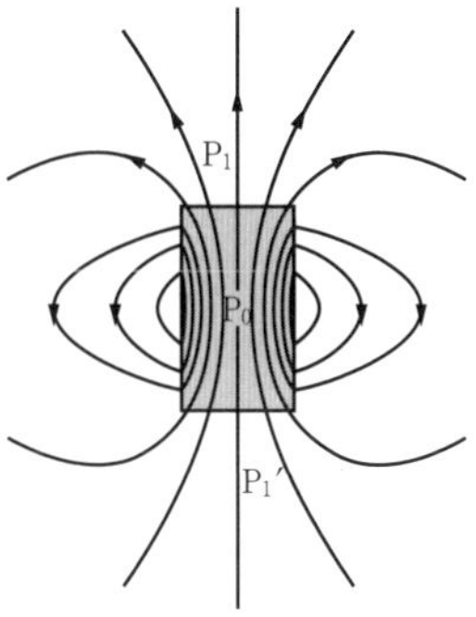

図9.9 一様に磁化した永久磁石による磁束密度の分布

を得る。式(9.52)，(9.53)を見ると，$\boldsymbol{B}_{P_1} = \boldsymbol{B}_{P_1'} < \boldsymbol{B}_{P_0}$であることがわかる。すなわち，磁石端面での磁束密度は磁石中心の磁束密度より小さいことが明らかである。これは磁束密度$\boldsymbol{B}$が磁石端面から外側で広がろうとすることを示している。境界条件のところ(9.5節)で学んだように，磁束密度$\boldsymbol{B}$は磁石端面の境界で法線成分は連続で反射することもなく，また繰り返して述べてきたように，その力線は閉じている。

磁石側面での磁束密度の力線について考えてみよう。側面には，式(9.48)で示す磁化に等価な表面電流密度$\boldsymbol{i}_{mS}$がある。そのため，磁束密度$\boldsymbol{B}$の軸方向成分は，側面の内外で$\mu_0 M_0$だけ変化する($\boldsymbol{B}$に関するアンペアの周回積分を側面を含んで実行すれば容易にいえる。**図9.10**を参照)。一方，式(9.52)，(9.53)の[ ]内は，<1である。すなわち，両式とも右辺は$\mu_0 M_0$と1未満の値との積であるから$|\boldsymbol{B}_{P_0}|$，$|\boldsymbol{B}_{P_1}|$，$|\boldsymbol{B}_{P_1'}| < \mu_0 M_0$となり，磁石内部の$\boldsymbol{B}$の絶対値は$\mu_0 M_0$より小さい。これらから，磁束密度$\boldsymbol{B}$の分布の概略は図9.9のようになる。

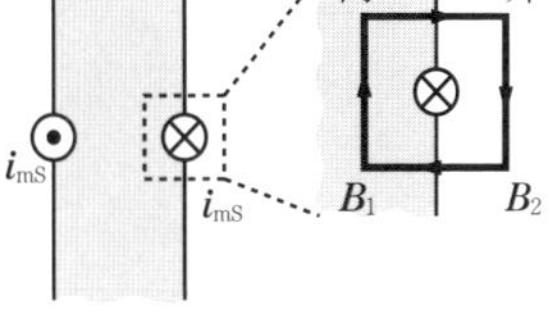

図9.10 磁石側面の磁化に等価な表面電流と側面での$\boldsymbol{B}$に関する周回積分

つぎに，磁界の強さ$\boldsymbol{H}$について考えてみる。磁石外部では$\boldsymbol{H}$

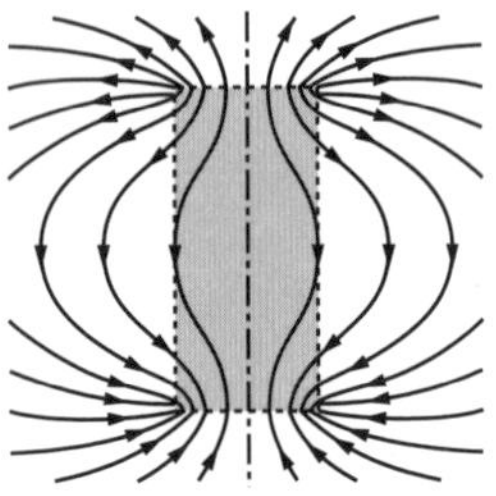

図 9.11　一様磁化円柱磁石による $\boldsymbol{H}$ の分布

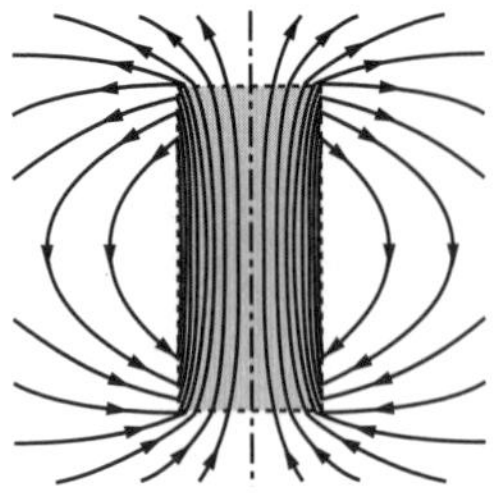

図 9.12　一様磁化円柱磁石による $\boldsymbol{B}$ の分布

まとめ
永久磁石のみによる場の場合：
　磁荷の存在を仮定して磁界 $\boldsymbol{H}$ を求めることができる。

$=\boldsymbol{B}/\mu_0$ で，向きは $\boldsymbol{B}$ と同じである。磁石内部では

$$\boldsymbol{H}=\frac{\boldsymbol{B}}{\mu_0}-\boldsymbol{M} \tag{9.54}$$

あり，磁石内部の $\boldsymbol{B}$ の絶対値は $\mu_0 M_0$ より小さいから $\boldsymbol{H}$ の絶対値は M より小さく，したがってその向きは $\boldsymbol{B}$ の向きと逆向きになる。$\boldsymbol{H}$ の分布は概略，**図 9.11** のようになる。このときの $\boldsymbol{B}$ を**図 9.12** に示す。

この磁界の強さ $\boldsymbol{H}$ の分布は，ちょうど，磁石の上下の端部にそれぞれ，$\pm q_{\mathrm{m}}$ の電荷が存在しているときの電気力線の様子と同じになっている。これから，自由電流 $\boldsymbol{i}$ が存在しないときには，磁気モーメント $\boldsymbol{M}$ あるいはそれと等価な電流を考える代わりに，電気に対する電荷のように $\pm\rho_{\mathrm{m}}$ の磁荷が存在しているとして磁界の強さ $\boldsymbol{H}$ を求めることができることを示している。

9.7　磁 気 回 路

変圧器や，電動機，発電機などでは磁束の通り道を鉄などで作り，それを利用する。鉄でできた磁束の通り道を鉄心ともいう。このとき鉄心の中や，鉄心の間隙での磁束分布を設計したり制御したりする。そのための便利な方法が，ここで述べる**磁気回路**や**磁気抵抗**の概念である。

9.4 節より，磁界と電流の間には式 (9.33) が成立する。

$$\oint_{\mathrm{C}} \boldsymbol{H}\cdot \mathrm{d}\boldsymbol{l}=I \tag{9.33 再掲}$$

このとき右辺の電流は 1 周積分路と鎖交する全電流であるから，その意味をはっきりさせるときには，鎖交回数を n とし

$$\oint_{\mathrm{C}} \boldsymbol{H}\cdot \mathrm{d}\boldsymbol{l}=nI \tag{9.55}$$

とする（**図 9.13**（a））。ところで，9.4 節より

$$\boldsymbol{B}=\mu\boldsymbol{H} \tag{9.36 再掲（略）}$$

であった。一方，導体内の電流の場では式 (7.11) のように

$$\boldsymbol{i}=\sigma\boldsymbol{E} \tag{7.11 再掲}$$

となる。導体内に生じた電界を回路中で 1 周積分した電位差は加わっている起電力と釣り合うはずであるから，式 (7.12) のように

$$\varepsilon=\oint \boldsymbol{E}\cdot \mathrm{d}\boldsymbol{l} \tag{7.12 再掲}$$

が成立している。式 (9.55) と式 (7.12)，式 (9.36) と (7.11) の

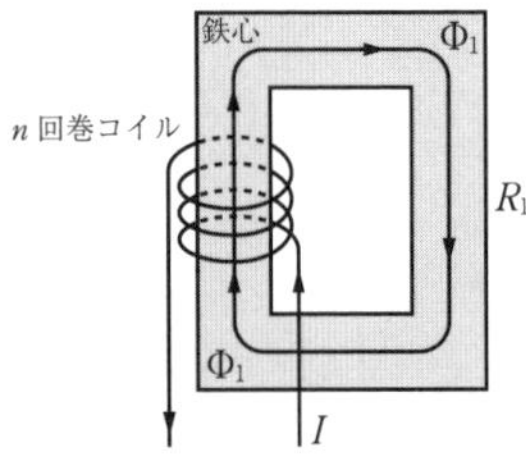

（a）　磁気回路

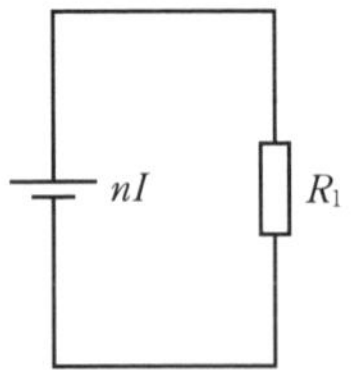

（b）　等価回路

図 9.13　n 回巻コイルにより生じる磁性体内部の磁界

対応から，nI を起電力と，$\boldsymbol{B}$ を電流と対応させることができる。そこで，nI を起磁力と呼び，それにより磁束密度の流れができると考える。電流密度を面積分すれば全電流，磁束密度の面積分は磁束であるから

$$R=\frac{\varepsilon}{I}=\frac{V}{\int \boldsymbol{i}\cdot \mathrm{d}\boldsymbol{S}} \tag{9.56}$$

に対応して

$$R=\frac{nI}{\Phi}=\frac{nI}{\int \boldsymbol{B}\cdot \mathrm{d}\boldsymbol{S}} \tag{9.57}$$

を考え，これを**磁気抵抗**または**リラクタンス**（magnetic resistance）と呼ぶ。また，2点間の電位差が電界の強さ $\boldsymbol{E}$ の線積分で定義されたように，磁界 $\boldsymbol{H}$ の線積分により**磁位差**が定義される。例として，図（a）に示した磁気回路は，図（b）のような等価回路で表せる。また，起磁力の単位は，電流と鎖交回数の積であるから，アンペア・回数（AT：アンペアターン）である。

まとめ

電気回路と磁気回路の対応

電気回路	磁気回路
電流密度 $\boldsymbol{i}=\sigma\boldsymbol{E}$	磁束密度 $\boldsymbol{B}=\mu\boldsymbol{H}$
電位差 $V_{\mathrm{AB}}=\int_{\mathrm{A}}^{\mathrm{B}}\boldsymbol{E}\cdot\mathrm{d}\boldsymbol{l}$	磁位差 $F_{\mathrm{AB}}=\int_{\mathrm{A}}^{\mathrm{B}}\boldsymbol{H}\cdot\mathrm{d}\boldsymbol{l}$
起電力 $\varepsilon=\oint\boldsymbol{E}\cdot\mathrm{d}\boldsymbol{l}$	起磁力 $nI=\int_{\mathrm{C}}\boldsymbol{H}\cdot\mathrm{d}\boldsymbol{l}$
電気抵抗 $R=\frac{\varepsilon}{I}=\frac{V}{\int\boldsymbol{i}\cdot\mathrm{d}\boldsymbol{S}}$	磁気抵抗 $R=\frac{nI}{\Phi}=\frac{nI}{\int\boldsymbol{B}\cdot\mathrm{d}\boldsymbol{S}}$

例題 9.1　ギャップのあるリング状磁性体の磁気回路

図 9.14 に示す，ギャップ（空隙）のあるリング状磁性体（コア）を表す磁気回路を求めてみよう。

【解答例】

図の点 a から点 b までの部分の磁気抵抗を考える。点 a から点 b までの磁界の強さ $\boldsymbol{H}$ の積分はその間の磁位差と考えられるから

$$R_{\mathrm{ab}}=\frac{\int_{\mathrm{a}}^{\mathrm{b}}\boldsymbol{H}\cdot\mathrm{d}\boldsymbol{l}}{\int_{\mathrm{S}}\boldsymbol{B}\cdot\mathrm{d}\boldsymbol{S}} \tag{9.58}$$

が ab 間の磁気抵抗である。断面が一様で，その中の磁束分布も一様とみなせるような微小部分を考えると

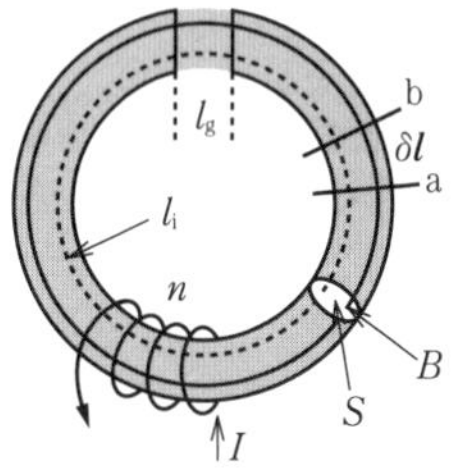

図 9.14　ギャップのあるリング状磁性体

$$R_{\mathrm{ab}}=\frac{\boldsymbol{H}\cdot\delta\boldsymbol{l}}{\boldsymbol{B}\cdot\boldsymbol{S}}=\frac{\delta l}{\mu S} \tag{9.59}$$

となるから，これを回路の長さ方向に全体で積分すれば，全磁気抵抗は

$$R=\oint\frac{1}{\mu S}\,\mathrm{d}l \tag{9.60}$$

として求められる。図 9.14 の例を等価回路で示せば，**図 9.15** のようになる。一般にリング状磁性体として透磁率 μ の高い材料（パーマロイ等で比透磁率 μ_r が 10 万以上）を用いるので，磁性体部分の磁気抵抗は非常に小さいが，ギャップ部分は大きな磁気抵抗値を持つため，全体の磁気抵抗値とともにギャップを通過する $\boldsymbol{B}$ の大きさはギャップ幅 l_g に大きく依存し，非常に狭くするとギャップ部分付近（磁性体外）に強力な磁界が得られることがわかる。実際に磁気テープの記録用磁気ヘッドの原理に用いられた。また，参考として，変圧器によく用いられる磁気回路およびその等価回路を**図 9.16** に示しておく。

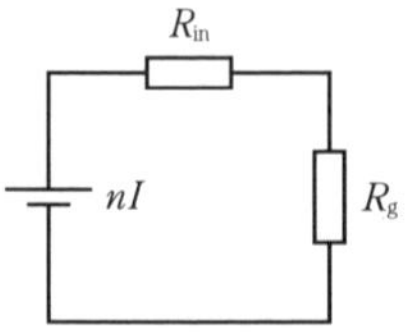

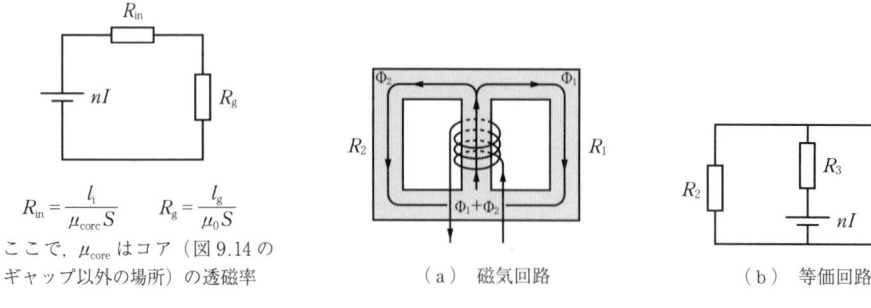

$$R_{in}=\frac{l_i}{\mu_{core}S} \qquad R_g=\frac{l_g}{\mu_0 S}$$

ここで，μ_{core}はコア（図9.14のギャップ以外の場所）の透磁率

図9.15　磁気抵抗の等価回路

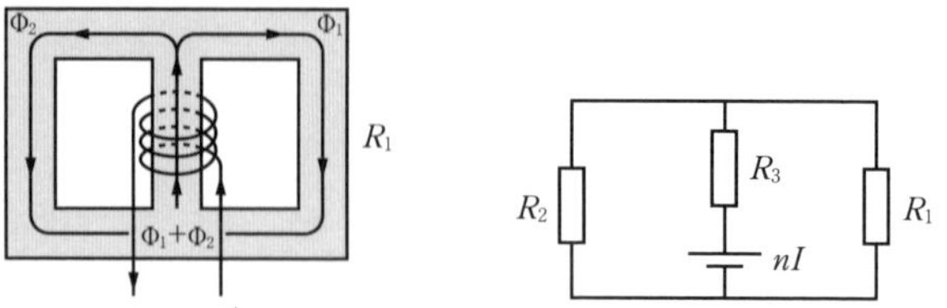

（a）　磁気回路　　　（b）　等価回路

図9.16　変圧器用鉄心の磁気回路と等価回路

9.8　磁気的エネルギー

9.8.1　自己，相互インダクタンスによる表現

これまでに，自己インダクタンスと，相互インダクタンスについて学んできたが，これらに電流が流れているときのエネルギーについて考えてみる。

> 試してみよう
>
> キャパシタンスCのキャパシタに電圧Vが加えられているとする。このキャパシタの両端に抵抗Rを接続して，キャパシタに蓄えられていた電荷を放電する。キャパシタに蓄えられていた静電エネルギー$CV^2/2=qV/2$が，ジュール熱となって失われるエネルギー$\int iR\mathrm{d}t$と等しいことを示してみよう。

静電界におけるエネルギーを考えるときの一例として，キャパシタンスCのキャパシタに電圧Vが加えられているときの例を思い出そう。このとき，キャパシタに蓄えられる静電的エネルギーは，$CV^2/2=qV/2$であった。この状態でキャパシタの両端に抵抗Rを接続すれば，蓄えられていた電荷はしだいに抵抗Rへ放電され，蓄えられていた静電的エネルギーはジュール熱となって抵抗の中で失われる。この失われるエネルギーはi^2Rを時間積分すれば求められ，最初に蓄えられていたエネルギーと等しい。

このようなVで充電されていたキャパシタに自己インダクタンスLのコイルを接続したらどうなるであろうか。コイルに電流が流れ，抵抗0の理想的コイルであるとすれば，キャパシタに蓄えられていたエネルギーは損失なしにコイルに移っていくと考えられる。話は簡単に思えるが，このときの電流を求めるのは実は面倒である。しかし，ここまでの議論から「コイルに蓄えられるエネルギーは電流の大きさに依存するであろう」ということが考えられる。

> 試してみよう
>
> キャパシタンスCのキャパシタが電圧Vで充電されているとする。このキャパシタの両端に抵抗0の理想的なコイルを接続すると，キャパシタは放電と充電を繰り返す。それはなぜか。説明してみよう。

抵抗0の理想的コイルであるとすれば，上に述べたようにそれは直流電流（direct current, DC）の短絡回路として働くので，キャパシタは放電と充電を繰り返すことになり，電流としては交流電流を考え，キャパシタとコイルそれぞれのインピーダンスを考慮しなければならない。また，高い周波数の交流電流の場合は，線路からの電磁波の輻射を考慮しなければならない。それらの面倒を避けるため，ゆっくりした変化の場合（非常に低い周波数の場合）を考え，これを疑似静的現象（quasi static phenomenon）としてまずとり扱っておこう。

ここまでは，Vで充電されたキャパシタにコイルを接続したときを考えてきた。また，コイルに蓄えられるエネルギーは電流の大きさに関連していること，および疑似静的現象としてとり扱ったほうが簡単であることもわかった。そこでコイルに電流が流れているときのエネルギーを以下の方法で求める。

いま，自己インダクタンスLのシングルループがあり，その初期の電流が0であるとする。これに電源をつなぎ，電流i_1を0からI_1まで増加したとする。実は，自己インダクタンスのある回路で電流が変化すると，その電流の変化を妨げる方向の起電力を生じるということは。第12章でも学ぶが回路理論でも学ぶことである。この起電力

$$V_1 = L_1 \frac{\mathrm{d}i_1}{\mathrm{d}t} \tag{9.61}$$

に打ち勝って電流を流すことが，電源のする仕事であるから，その仕事は以下のように表される。

$$W_1 = \int V_1 i_1 \mathrm{d}t = \int_0^{I_1} L_1 i_1 \mathrm{d}i_1 = \frac{1}{2} L_1 I_1^2 \tag{9.62}$$

ところで$L_1 = \Phi_1 / I_1$であるから，上の式は

$$W_1 = \frac{1}{2} I_1 \Phi_1 \tag{9.63}$$

となり，これがコイルに蓄えられた磁気的エネルギーである。

つぎに，二つの閉回路C_1とC_2があり，それぞれi_1とi_2という電流が流れている場合を考える。それぞれの電流は，最初0で，準静的にそれぞれI_1，I_2まで増加したとする。合計の仕事を考えるために，まず$i_2=0$でi_1が0からI_1まで増加したと考える。その仕事は上に述べた式(9.63)の場合と同じである。C_2に関する仕事は考えなくてもよい。つぎにi_1をI_1に保ったまま，i_2を0からI_2まで増加する。相互インダクタンスがあるということは，i_2によりできた磁束のうち，なにがしかの量が，C_1と鎖交し，これがC_1に$V_{21} = M_{21}(\mathrm{d}i_2/\mathrm{d}t)$という起電力を生じさせる。これに打ち勝って$\mathrm{C}_1$の電流を$I_1$に保つためには

$$W_{21} = \int V_{21} I_1 \mathrm{d}t = \int_0^{I_2} M_{21} I_1 \mathrm{d}i_2 = M_{21} I_1 I_2 \tag{9.64}$$

という仕事を必要とする。また，同時に W_{22} という仕事が，回路 C_2 において電流 i_2 を $0 \sim I_2$ まで増加させるのに必要である。この仕事は，式 (9.63) と同様にして

$$W_{22} = \frac{1}{2} L_2 I_2^2 \tag{9.65}$$

となる。そこで，合計の仕事は

$$\begin{aligned} W_2 &= W_1 + W_{21} + W_{22} \\ &= \frac{1}{2} L_1 I_1^2 + M_{21} I_1 I_2 + \frac{1}{2} L_2 I_2^2 = \frac{1}{2} \sum_{j,k} L_{jk} I_j I_k \end{aligned} \tag{9.66}$$

と表される。ここで L_{jk} は $j=k$ のときは自己インダクタンス，$j \neq k$ のときは相互インダクタンスを表すとする。これを一般化して，N 個の回路に I_1，I_2，…，I_N が流れているときには，そこに蓄えられている磁気的エネルギー W_{m} は

$$W_{\mathrm{m}} = \frac{1}{2} \sum_{j,k} L_{jk} I_j I_k \tag{9.67}$$

なる。これは

$$\Phi_k = L_{jk} I_j \tag{9.68}$$

という関係，すなわち Φ_k を k 番目の回路に鎖交する全磁束として

$$W_{\mathrm{m}} = \frac{1}{2} \sum_k I_k \Phi_k \tag{9.69}$$

と表すこともできる。

まとめ

磁気的エネルギー：

$$W_{\mathrm{m}} = \frac{1}{2} \sum_{j,k} L_{jk} I_j I_k = \frac{1}{2} \sum_k I_k \Phi_k$$

9.8.2　磁気的エネルギーの磁気的場の量による表現

式 (9.69) を，電流が連続的に分布しているような一般的な場合に拡張することができる。**図 9.17** のように，ある一つのループ電流を ΔI_k という電流の流れている断面積 $\Delta a'_k$ の小さなループ C_k の集合体と考え，これが Φ_k と鎖交しているとする。Φ_k はつぎのように表される。

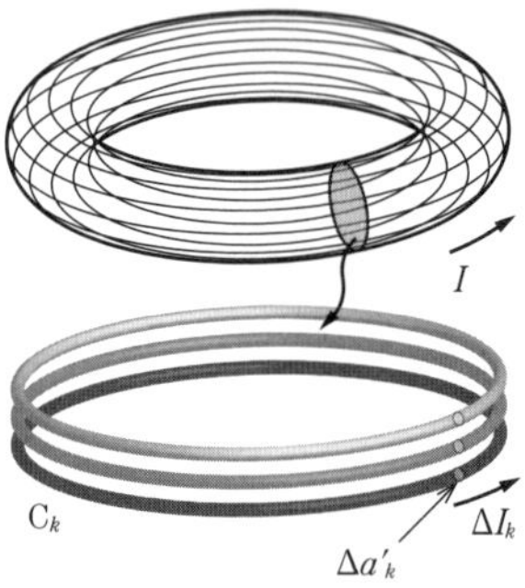

図 9.17　電流の流れている体積を細分して考える

$$\Phi_k = \int_{S_k} \boldsymbol{B} \cdot \boldsymbol{a}_{\mathrm{n}} \mathrm{d}S'_k = \int_{C_k} \boldsymbol{A} \cdot \mathrm{d}\boldsymbol{l}'_k \tag{9.70}$$

ここで，S_k は C_k によって周囲を固まれた面積である。式 (9.70) を (9.63) に代入して

$$W_{\mathrm{m}} = \frac{1}{2} \sum_{k=1}^{N} \Delta I_k \int_{C_k} \boldsymbol{A} \cdot \mathrm{d}\boldsymbol{l}'_k \tag{9.71}$$

ここで

$$\Delta I_k \mathrm{d}\boldsymbol{l}'_k = i \, \Delta a'_k \mathrm{d}\boldsymbol{l}'_k = \boldsymbol{i} \, \Delta v'_k \tag{9.72}$$

ある。$N \to \infty$ のとき $\Delta v_k{}' \to \mathrm{d}v'$ となり，また和は積分に置き換わる。したがって，式 (9.71) は

$$W_{\mathrm{m}}=\frac{1}{2}\int_{\mathrm{v}'}\boldsymbol{A}\cdot\boldsymbol{i}\,\mathrm{d}v \tag{9.73}$$

と書ける。ここでv′は，電流の流れているループの体積を表している。$\boldsymbol{i}=0$ の部分での積分は，式 (9.73) の積分の値に影響しないから，この体積を電流を含まない部分にまで拡張することができる。したがって，より一般的に表すと

$$W_{\mathrm{m}}=\frac{1}{2}\int_{\mathrm{v}}\boldsymbol{A}\cdot\boldsymbol{i}\,\mathrm{d}v \tag{9.74}$$

となる。これから単位体積当りの磁気的エネルギー

$$w_{\mathrm{m}}=\frac{1}{2}\boldsymbol{A}\cdot\boldsymbol{i}$$

を得る。ところで静電界の場合は

$$W_{\mathrm{e}}=\frac{1}{2}\int_{\mathrm{v}}V\rho\,\mathrm{d}v \tag{9.75}$$

であった。この二つの式を比べると

$$\rho\to\boldsymbol{i},\qquad V\to\boldsymbol{A} \tag{9.76}$$

と置き換えればよいことに気が付く。これから，磁束密度の場では，ベクトルポテンシャル $\boldsymbol{A}$ が便利であることに気付いてもらいたい。式 (9.74) を $\boldsymbol{B}$ と $\boldsymbol{H}$ で表すと便利なことが多い。それには，つぎのベクトルに関する公式を利用する。

$$\nabla\cdot(\boldsymbol{A}\times\boldsymbol{H})=\boldsymbol{H}\cdot(\nabla\times\boldsymbol{A})-\boldsymbol{A}\cdot(\nabla\times\boldsymbol{H}) \tag{9.77}$$

であるから

$$\boldsymbol{A}\cdot(\nabla\times\boldsymbol{H})=\boldsymbol{H}\cdot(\nabla\times\boldsymbol{A})-\nabla\cdot(\boldsymbol{A}\times\boldsymbol{H}) \tag{9.78}$$

が成り立つ。これを用いて

$$\boldsymbol{A}\cdot\boldsymbol{i}=\boldsymbol{H}\cdot\boldsymbol{B}-\nabla\cdot(\boldsymbol{A}\times\boldsymbol{H}) \tag{9.79}$$

となる。式 (9.79) を式 (9.74) に代入して，ガウスの発散の定理を使うと

$$W_{\mathrm{m}}=\frac{1}{2}\int_{v}\boldsymbol{H}\cdot\boldsymbol{B}\,\mathrm{d}v-\frac{1}{2}\int_{\mathrm{S}}(\boldsymbol{A}\times\boldsymbol{H})\cdot\boldsymbol{a}_n\,\mathrm{d}s \tag{9.80}$$

と書き直せる。ここで，積分範囲 v が十分に大きいときを考えるとその表面は，電流の存在する場所から十分遠方になる。$\boldsymbol{A}$ の絶対値は $1/R$ で小さくなり，また，$\boldsymbol{H}$ の絶対値は $1/R^2$ で小さくなるので，このように電流から十分に離れた点では $\boldsymbol{A}\times\boldsymbol{H}$ の絶対値は $1/R^3$ で小さくなる。一方，$\boldsymbol{A}\times\boldsymbol{H}$ の積分は面積積分で，その面積は R^2 で大きくなる。したがって，十分に遠方，すなわち R の大きなところでは，式 (9.80) の右辺第2項の積分は0になる。したがって，第1項だけが残り，結局，次式が得られる。

まとめ

磁気的エネルギー：

$$W_{\mathrm{m}}=\frac{1}{2}\int_{\mathrm{v}}\boldsymbol{A}\cdot\boldsymbol{i}\,\mathrm{d}v$$

磁気的エネルギー密度：

$$w_{\mathrm{m}}=\frac{1}{2}\boldsymbol{A}\cdot\boldsymbol{i}$$

まとめ

磁気的エネルギー：

$$W_{\mathrm{m}}=\frac{1}{2}\int_{\mathrm{v}'}\boldsymbol{H}\cdot\boldsymbol{B}\,\mathrm{d}v$$

磁気的エネルギー密度：

$$w_{\mathrm{m}}=\frac{1}{2}\boldsymbol{H}\cdot\boldsymbol{B}$$

鎖交磁束で表せば

$$W_{\mathrm{m}}=\frac{1}{2}\sum_{j,k}L_{jk}I_jI_k$$

インダクタンスで表せば

$$W_{\mathrm{m}}=\frac{1}{2}\sum_{k}I_k\Phi_k$$

$$W_m = \frac{1}{2}\int_{v'} \boldsymbol{H}\cdot\boldsymbol{B}\,dv \tag{9.81}$$

これから，単位体積当りの磁気的エネルギー

$$w_m = \frac{1}{2}\boldsymbol{H}\cdot\boldsymbol{B} \tag{9.82}$$

を得る。

9.9　磁気的な力と回転力

8.1 節で磁気的な力としてローレンツ力があることを示した。本節では，この力から生ずる諸現象を扱う。

9.9.1　電流の流れている導線への力

断面積 S の導体の一部 dl を考えよう。その中に単位体積当り N 個の電子が存在し，それが $d\boldsymbol{l}$ 方向に速度 v で移動しているとすれば，ローレンツの式より磁気的な力は

$$d\boldsymbol{F}_m = -NeSv\,d\boldsymbol{l}\times\boldsymbol{B} = -NeS\,dl\,\boldsymbol{v}\times\boldsymbol{B} \tag{9.83}$$

ここで e は電子の電荷の大きさである。$-NeSv$ は導体中の電流の大きさと同じであるから，結局，上の式は

$$d\boldsymbol{F}_m = I\,d\boldsymbol{l}\times\boldsymbol{B} = \boldsymbol{I}\times\boldsymbol{B}\,dl \quad \text{〔N〕} \tag{9.84}$$

となる。ある閉回路 C の全体に加わる力は，この式をつぎのように積分すればよい。

$$\boldsymbol{F} = I_1\int d\boldsymbol{l}\times\boldsymbol{B} \quad \text{〔N〕} \tag{9.85}$$

いま，磁束密度 $\boldsymbol{B}$ が，他の導体に流れている電流によって作られていると考えれば，それをもう一つの 2 番目の電流 I_2 によって作られた $\boldsymbol{B}$ という意味で，$\boldsymbol{B}_{21}$ と表す。そうすると初めの導体に働く力 $\boldsymbol{F}_{21}$ は

$$\boldsymbol{F}_{21} = I_1\int d\boldsymbol{l}\times\boldsymbol{B}_{21} \tag{9.86}$$

と書ける。$\boldsymbol{B}_{21}$ はビオ・サバールの法則の式 (8.42) から

$$\boldsymbol{B}_{21} = \frac{\mu_0 I_2}{4\pi}\int\frac{d\boldsymbol{l}_2\times\boldsymbol{a}_{R21}}{R_{21}^{\ 2}} \tag{9.87}$$

したがって

$$\boldsymbol{F}_{21} = \frac{\mu_0 I_1 I_2}{4\pi}\iint\frac{d\boldsymbol{l}_1\times\left(d\boldsymbol{l}_2\times\boldsymbol{a}_{R21}\right)}{R_{21}^{\ 2}} \tag{9.88}$$

となる。一般に透磁率 μ の媒体の中では

Coffee time

地球がカメラを倒そうとする力は？

写真を撮ろうと，カメラを一脚に固定したが，うっかり手を放してしまったら…つっかえ棒（一脚）があるためにカメラは弧を描いて地面に落ちる。この倒れる勢いは何で決まるであろうか。地球による重力 $\boldsymbol{F}$ のうち一脚に垂直な成分はもちろんであるが，一脚の長さ（支点から作用点までの距離）によっても変わってくる。そこで，回転運動の力の働き具合を表すために，以下のような**トルク**と呼ばれる回転力を用いる。「車のハンドルを回す力」「自転車のハンドルを動かす力」もトルクで表現できる。

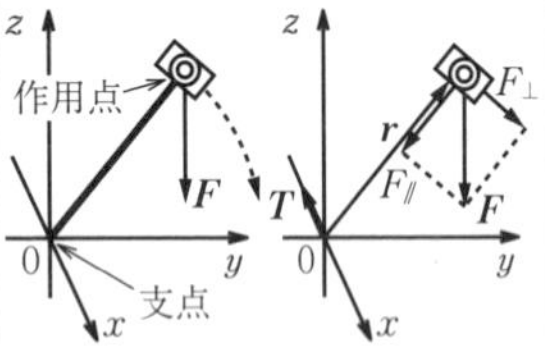

$$\boldsymbol{T} = \boldsymbol{r}\times\boldsymbol{F} = |\boldsymbol{r}||\boldsymbol{F}|\sin\theta\cdot\mathbf{e}_n = rF\sin\theta\cdot\mathbf{e}_n$$

トルク
支点からカメラまでの距離
カメラを倒す力（一脚に垂直な成分）
回転軸を表す（方向は回転により右ねじの進む方向）

$$\boldsymbol{F}_{21}=\frac{\mu I_1 I_2}{4\pi}\iint\frac{\mathrm{d}\boldsymbol{l}_1\times\left(\mathrm{d}\boldsymbol{l}_2\times\boldsymbol{a}_{R21}\right)}{{R_{21}}^2} \tag{9.89}$$

となる。これを**アンペアの力の法則**という。

9.9.2 一様な磁束密度中の円状電流に働くトルク

半径 b の小さな円上ループに電流 I が流れており，それが一様な磁束密度 $\boldsymbol{B}$ 中に置かれているとする。このとき $\boldsymbol{B}$ を B_{n} と B_{p} に分けて考えると都合がよい。ここで，B_{n} と B_{p} はそれぞれ，ループの面に垂直，およびループの面に平行な $\boldsymbol{B}$ の成分である。

B_{n} 成分はループ半径を広げる，あるいは狭める方向の力を生じさせる。これに対し，B_{p} 成分は，**図 9.18** からも明らかなように，ループを回転させるような力を発生させる。図（b）のようにループ上にたがいに対称な位置の点で $\mathrm{d}\boldsymbol{l}_1$，$\mathrm{d}\boldsymbol{l}_2$ を考える。$\mathrm{d}\boldsymbol{l}_1$ の部分に働く力は $\mathrm{d}\boldsymbol{F}=I\,\mathrm{d}\boldsymbol{l}_1\times\boldsymbol{B}$ であるから，ループを回そうとするトルクは，これに $b\sin\phi$ を掛ければよい。対称な部分 $\mathrm{d}\boldsymbol{l}_2$ によっても同じトルクが働くから，$\mathrm{d}\boldsymbol{l}_1$，$\mathrm{d}\boldsymbol{l}_2$ の部分によるトルク $\mathrm{d}\boldsymbol{T}$ は

$$\begin{aligned}\mathrm{d}\boldsymbol{T}&=\boldsymbol{a}_x\left(I\,\mathrm{d}l\,B_{\mathrm{P}}\sin\phi\right)2b\sin\phi\\&=\boldsymbol{a}_x\,2Ib^2B_{\mathrm{P}}\sin^2\phi\,\mathrm{d}\phi\end{aligned} \tag{9.90}$$

となる。ここで，$\mathrm{d}\phi=\mathrm{d}\phi_1=\mathrm{d}\phi_2$ で $\mathrm{d}l=\mathrm{d}l_1=\mathrm{d}l_2=b\,\mathrm{d}\phi$ である。また，ここで $\boldsymbol{a}_x$ を図 9.18 に示すように x 方向の単位ベクトルとすれば，合計のトルク $\boldsymbol{T}$ は

$$\boldsymbol{T}=\int\mathrm{d}\boldsymbol{T}=\boldsymbol{a}_x\,2Ib^2B_{\mathrm{P}}\int\sin^2\phi\,\mathrm{d}\phi=\boldsymbol{a}_x\,\pi Ib^2B_{\mathrm{P}} \tag{9.91}$$

となる。ここで，磁気モーメントの定義 $\boldsymbol{m}=\boldsymbol{a}_{\mathrm{n}}I(\pi b^2)=\boldsymbol{a}_{\mathrm{n}}IS$ を用いれば，（ここで $\boldsymbol{a}_{\mathrm{n}}$ は円上電流の面に垂直なベクトルで，電流の流れる方向に対して右ねじの法則に従う）

$$\boldsymbol{T}=\boldsymbol{m}\times\boldsymbol{B}\quad〔\mathrm{Nm}〕 \tag{9.92}$$

と書ける。

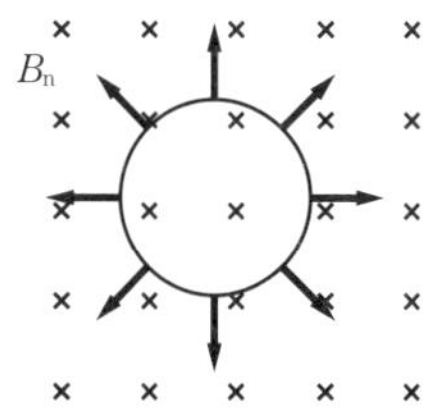

（a） 円状電流の面に垂直な磁界中では円を広げる方向の力が働く

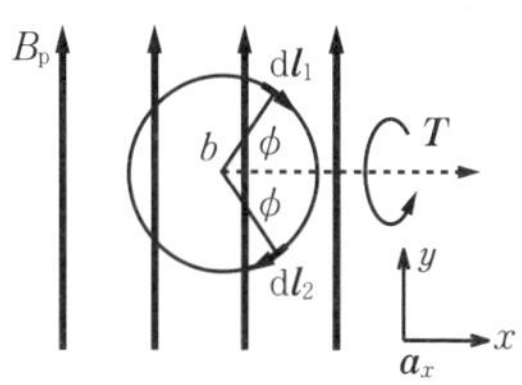

（b） 円状電流の面に平行な磁界中では円を回転させる方向の力が働く
トルク $\boldsymbol{T}$ はベクトル。トルクの働く方向に右ねじを回したとき右ねじの進む方向に $\boldsymbol{T}$ の方向をとる。

図 9.18 平等磁界中の円状電流に働く力

9.9.3 磁界中の棒磁石の持つエネルギー

図 9.19 に示すように，磁束密度 $\boldsymbol{B}$ の一様な磁界中に磁気モーメント $\boldsymbol{m}$ の棒磁石が，磁界と角度 α をなして存在しているときのエネルギー W を求める。この棒磁石が自由に回転できるとすると，$\boldsymbol{B}$ と平行になるはずである。したがって，平行な状態が安定状態だと考えられる。角度 $\pi/2$ から α まで回転力を受けながら回転したとすれば，その回転に要する仕事は，トルクの大きさ

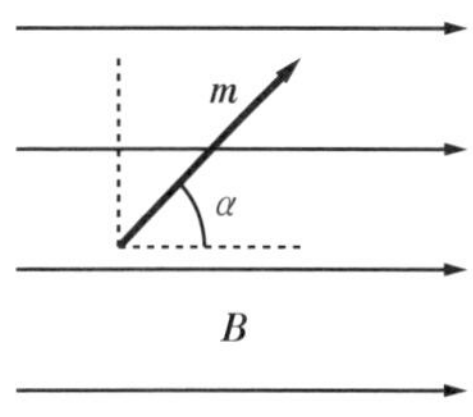

図 9.19 平等磁束密度 $\boldsymbol{B}$ の中の棒磁石

T を $\theta=\pi/2$ から $\theta=\alpha$ まで積分して

$$W=\int_{\pi/2}^{\alpha}T\,\mathrm{d}\theta=\int_{\pi/2}^{\alpha}mB\sin\theta\,\mathrm{d}\theta$$
$$=-mB\left[\cos\theta\right]_{\pi/2}^{\alpha}=-mB\cos\alpha=-\boldsymbol{m}\cdot\boldsymbol{B} \tag{9.93}$$

となる[†1]。

ここで積分の基準点を $\pi/2$ としたのは，この点が，このモーメントが平等磁界の中にあるときのポテンシャルエネルギーの0の点となるからである[†2]。

すなわち式(9.93)は，$\alpha=\pi/2$ の状態のポテンシャルエネルギーから $\alpha=\alpha$ のときのポテンシャルエネルギーの差を表す。すなわち

$$W=-\boldsymbol{m}\cdot\boldsymbol{B} \tag{9.94}$$

となる[†3]。

ここでは，地球磁界中で磁針が北を指す状況を説明するために，平等な磁束密度分布中の棒磁石の持つポテンシャルエネルギーについて考えたが，棒磁石の代わりに小円状電流に置き換えて考えても同じである。

† 1　式(9.92)より $\boldsymbol{T}=\boldsymbol{m}\times\boldsymbol{B}$ である。
$T=|\boldsymbol{T}|=|\boldsymbol{m}\times\boldsymbol{B}|=mB\sin\theta$
また，内積とベクトルの大きさには
$m\mathrm{B}\cos\theta=\boldsymbol{m}\cdot\boldsymbol{B}$
の関係がある。

† 2　$\alpha=\pi/2$ の状態が，なぜポテンシャルエネルギーが0の点としてとれるかを説明してみよう。

† 3　本によってはこれが $-\boldsymbol{m}\cdot\boldsymbol{H}$ となっている。これは磁束密度 $\boldsymbol{B}$ がそこでは，$\boldsymbol{B}=\mu_0\boldsymbol{H}+\boldsymbol{M}$ と定義したのに対し本書では，$\boldsymbol{B}=\mu_0(\boldsymbol{H}+\boldsymbol{M})$ としており，磁気モーメント $\boldsymbol{M}$ の定義が μ_0 だけ異なることによる。

9.10　スカラー磁気ポテンシャル

9.6節で，永久磁石の作る磁束密度 $\boldsymbol{B}$ と磁界の強さ $\boldsymbol{H}$ の分布の様子から，自由電流 $\boldsymbol{i}$ が存在しないときには，磁気モーメント $\boldsymbol{M}$ あるいはそれと等価な電流を考える代わりに，$\pm\rho_{\mathrm{m}}$ の磁荷が存在しているとして $\boldsymbol{H}$ を求めることができることを示した。この方法は磁性体の中での磁界や磁束密度の分布を考えるときに便利である。これをもう少し考えてみよう。

自由電流の流れていないとき，すなわち $\boldsymbol{i}=0$ の場合，式(8.11)は

$$\mathrm{rot}\,\boldsymbol{B}=\boldsymbol{0} \tag{9.95}$$

となる。μ が一様で μ_0 であれば

$$\mathrm{rot}\,\boldsymbol{B}=\mathrm{rot}\,\mu_0\boldsymbol{H}=\mu_0\,\mathrm{rot}\,\boldsymbol{H}=\boldsymbol{0} \tag{9.96}$$

$$\mathrm{rot}\,\boldsymbol{H}=\boldsymbol{0} \tag{9.97}$$

したがって，この場合の磁束密度 $\boldsymbol{B}$ および磁界の強さ $\boldsymbol{H}$ の場は「渦なし」であるから，$\boldsymbol{B}$，$\boldsymbol{H}$ はスカラーポテンシャルの負の傾きで表すことができる。そこで，以下のようなポテンシャル V_{m} を導入しよう。

$$\boldsymbol{H}=-\nabla V_{\mathrm{m}} \tag{9.98}$$

$$\boldsymbol{B} = -\mu_0 \nabla V_{\rm m} \tag{9.99}$$

ここで，$V_{\rm m}$ は**スカラー磁気ポテンシャル**と呼ばれ（磁位といわれることもある），単位はアンペア〔A〕である。負の符号は静電界のときと同じ意味である。$\boldsymbol{B}$ は自由空間の透磁率 μ_0 が比例定数となっている。

静電界のとき（2.6節参照）は

$$\boldsymbol{E} = -\nabla V \tag{9.100}$$

$$V_2 - V_1 = -\int_1^2 \boldsymbol{E}\cdot \mathrm{d}\boldsymbol{l} \tag{9.101}$$

であったことを思い出して，この類推から式(9.99)を

$$\frac{\boldsymbol{B}}{\mu_0} = -\nabla V_{\rm m} \tag{9.102}$$

と書き直してみれば，式(9.98)～(9.102)より

$$V_{m2} - V_{m1} = -\int_1^2 \boldsymbol{H}\cdot \mathrm{d}\boldsymbol{l} \tag{9.103}$$

$$V_{m2} - V_{m1} = -\int_1^2 \frac{\boldsymbol{B}}{\mu_0}\cdot \mathrm{d}\boldsymbol{l} \tag{9.104}$$

のように，スカラー磁気ポテンシャル差を定義することができる。

もし，単極の磁荷があるとすれば（まだ発見されてはいないが），その密度を $\rho_{\rm m}$〔A/m^2〕（単位体積当りの大きさ）とおけば，静電界のときと同様に考えて，スカラー磁気ポテンシャルをつぎのように定義することができる。

$$V_{\rm m} = \frac{1}{4\pi}\int \frac{\rho_{\rm m}}{R}\,\mathrm{d}v' \tag{9.105}$$

こうすれば，磁界の強さ $\boldsymbol{H}$，磁束密度 $\boldsymbol{B}$ はこの $V_{\rm m}$ を用いて式(9.98)，(9.96)で表されることになる。

しかし，上にも述べたようにまだ単独の磁荷は発見されていないので，**単独磁荷**（**単極磁荷**：magnetic monopole）の存在はあくまでも，便宜上の物と考えておかなければならない。しかし，この便宜上の単独磁荷の考えも，すでにわれわれが習熟している静電界でのとり扱い方を磁気的な場にも，数学的な形式で（物理的に存在するということでなく）導入できることには大きな意味がある。また，事実，小さな棒磁石の作る磁気的な場は，磁気双極子の作るものと同一であり，これが永久磁石の両端にそれぞれ正負の磁荷が存在するという伝統的な考えの根拠となっている。そして，そのような棒磁石は，両端に $\pm\rho_{\rm m}$ の磁荷があり，それが距離 $\boldsymbol{d}$ だけ隔てられて存在し，結局，次式で表される磁気双

Coffee time

E-B 対応と E-H 対応

電荷に働くクーロン力から電界の強さ $\boldsymbol{E}$ が定義されるが，磁気的な場の場合には2種類の考え方が使われている。

一つは，磁気的な力は電流により生じると考え，ローレンツ力を公理として，電流 I が受ける力を I と磁束密度 $\boldsymbol{B}$ とで表現し，磁気的な場の強さを $\boldsymbol{B}$ で定義するという考え方である。この考え方は，クーロン力から電界の強さ $\boldsymbol{E}$ を定義したことと対応しており，これを**E-B 対応**と呼ぶ。

もう一つの考え方は，単極磁荷の存在を仮定し，電荷の場合と同様に磁荷どうしのクーロンの法則が成り立つとして磁界の強さ $\boldsymbol{H}$ を定義するという考え方であり，これは**E-H 対応**と呼ばれている。

現代物理学では，磁石の作る磁界は原子を構成する電子の運動（軌道およびスピン角運動量）に基づくとして理解され，これが古典的には電流に基づく（小円状電流＝磁気双極子）とみなせること，また，単極磁荷は発見されていないことから，電磁気学教育では E-B 対応の前提が主流である。

本書でも，まえがきで述べたように，「磁気的な力は，運動する電荷すなわち電流どうしに働く力の実効的表現である」という E-B 対応を採用している。

E-H 対応を前提とした電磁気学の教科書もあることから，どちらの立場で書かれている教科書であるか注意することが必要である。

便宜上の単極磁荷の考えも，すでにわれわれが習熟している静電界でのとり扱い方を導入でき，電流の作るベクトルポテンシャルから磁界を計算する場合に比べ，はるかに取扱いが簡単となるなど，実用的には大きな意味を持つ。

> **まとめ**
> 単極磁荷の存在は，確認されていないが，その存在を仮定して磁界 $\boldsymbol{H}$ を求める方法（ρ_m の分布⇒ $\boldsymbol{H}$ の分布）は，電荷の分布から電界を求めることと対応しているので便利である。

極子を作ると考える。

$$\boldsymbol{m} = \rho_m \boldsymbol{d} \tag{9.106}$$

このような磁気双極子が作るスカラー磁気ポテンシャル V_m は，静電界での電気双極子の作る電位と同様にして，次式で表される。

$$V_m = \frac{\boldsymbol{m}\cdot\boldsymbol{a}_R}{4\pi R^2} \tag{9.107}$$

本によっては，式(9.105)，(9.106)の分母に μ_0 が掛けてあることがある。それは，$\boldsymbol{B} = \mu_0\boldsymbol{H} + \boldsymbol{M}$ と定義した場合であり，本書では $\boldsymbol{B} = \mu_0(\boldsymbol{H} + \boldsymbol{M})$ の定義に立脚するので（式(9.54)），上式でよい。

第9章　演習問題

【1】 比透磁率 $\mu_r = 1\,000$ の磁性体中において，磁界の強さ $\boldsymbol{H}$ の大きさが 100 A/m であった。磁束密度 $\boldsymbol{B}$ および磁化 $\boldsymbol{M}$ の大きさを求めなさい。また，この磁性体の磁化率 χ_m はいくらか。

【2】 透磁率 μ_1，μ_2 の磁性体 1 および 2 が接した境界において，磁性体 1 中の磁束密度 $\boldsymbol{B}_1$ の力線が，境界の法線に対して角度 α で入射している。磁性体 2 の中の磁束密度 $\boldsymbol{B}_2$，磁界の強さ $\boldsymbol{H}_2$ を求め，法線方向に対する角度 β を求めなさい（**問図 9.1**）。

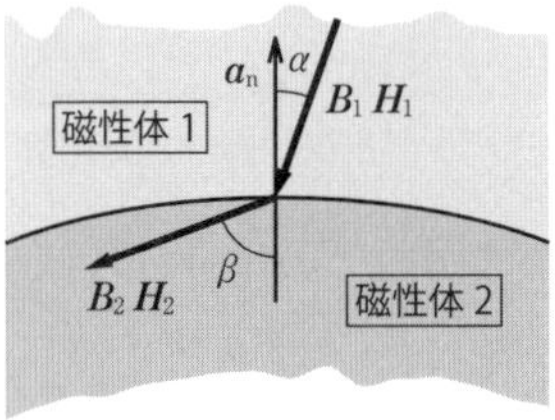

問図 9.1

【3】 問題【2】において，$\mu_1 = \mu_0$，$\mu_2 = 1\,000\,\mu_0$，$\alpha = 20°$，$H_1 = 100$ A/m であったとする。このときの磁性体 2 への磁束の入射角度 β，磁束密度 $\boldsymbol{B}_2$，磁界 $\boldsymbol{H}_2$ を求めなさい。

【4】 0.2 T の一様な磁束密度 $\boldsymbol{B}$ 中で，200 回巻の円状コイル（半径 5 cm）に電流 1 A を流した。コイルに働くトルク $\boldsymbol{T}$ が最大になる設置方法と理由を述べ，そのときのトルクの大きさ T を計算しなさい。

磁　性　材　料　10

10.1　磁性材料の分類

9.3 節では巨視的な磁性体の性質として，「線形で等方的である」場合について述べた。これは比透磁率 μ_r が磁化率 χ_m を用いて $\mu_r \equiv 1+\chi_m$ と表され，これが線形，等方な性質を示す場合であった。

ここでは，比透磁率 μ_r の大きさによって磁性体の分類をする。この分類は古くから行われており，大きく分けてつぎの 3 種に分けられる。

・**反磁性体**　$\mu_r \leqq 1$（χ_m が小さな負の値である）
・**常磁性体**　$\mu_r \geqq 1$（χ_m が小さな正の値である）
・**強磁性体**　$\mu_r \gg 1$（χ_m が大きな正の値である）

10.1.1　反　磁　性　体

反磁性体（diamagnetic materials）においては，物質を構成する原子内の電子の軌道角運動とスピン角運動に起因する**原子磁気モーメント**[†1] は外部磁界が加わらないかぎり 0 である。

外部から磁界が加わると，ローレンツ力の式 (8.7) からわかるように，軌道運動をしている電子は力を受ける。その結果，角運動量に少しの変化を生じる。結果として，外部磁界とは反対方向を向いた原子磁気モーメントが生じる。この現象は第 12 章で説明するレンツの法則により理解できる。この逆向きの磁気モーメントの効果は，負の χ_m として記述される。これが反磁性体である。このときの χ_m は，非常に小さくよく知られた反磁性体（Bi, Cu, Pb, Hg, Ge, Ag, Au, ダイヤモンド）において -10^{-5} 程度の大きさである。

† 1　物質を構成する原子の電子状態で決まる各原子の磁気双極子モーメントのこと。

10.1.2　常　磁　性　体

磁性のおもな要因は，スピン角運動に起因する原子磁気モーメントである。物質の温度上昇すなわち熱運動は，物質中の各原子磁気モーメントのそれぞれの方向をばらばらにしようとする。**常磁性体**（paramagnetic materials）は，この熱運動によって原子磁気モーメントがばらばらな方向を向いているものである。

外部磁界を加えると，この原子磁気モーメントは外部磁界の方向に整列しようとするので，常磁性体では$\mu_r \geqq 1$であり，χ_mは小さな正の値となる。

10.1.3　強磁性体，フェリ磁性体

強磁性体（ferromagnetic materials）では，外部磁界が0であるときでも，原子磁気モーメントが，**図10.1**のように**磁区**と呼ばれる領域内ごとにある方向に揃っている。このように，外部磁界がないときに見られる単位体積当りの磁気モーメントを**自発磁化**という。外部磁界が0であるにもかかわらず原子磁気モーメントが揃う原因は，**交換相互作用**という量子力学的効果であるが，現象論的には，内部に大きな磁界があると考えることで説明される。この磁界を**ワイスの内部磁界**という。強磁性体の温度が上昇して，熱運動による原子磁気モーメントの方向をばらばらにしようとする力が内部磁界によるモーメントを揃える力より上回ると，原子磁気モーメントの方向はばらばらになる。その結果，強磁性体の性質が見られなくなり，常磁性体と同じ性質を示す。強磁性から常磁性への転移温度を**キュリー点**（**キュリー温度**：T_C）と呼ぶ。

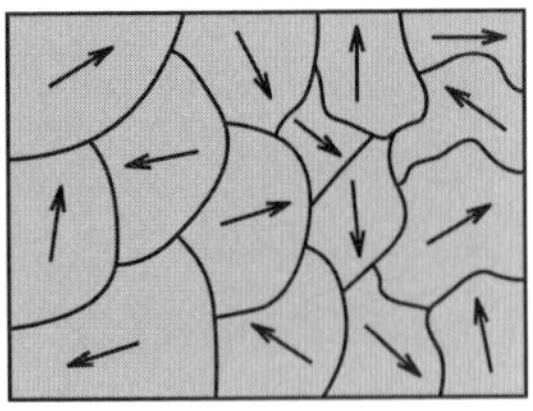

図10.1　強磁性体内の磁区。外部磁界がなくとも原子磁気モーメントは揃った方向を向いている。これを自発磁化という。自発磁化がある方向に揃って向いている領域を磁区という。外部磁界が0であれば各磁区の自発磁化の向きは全体としてたがいに打ち消し合う方向であり，外部から見ると磁化していないように見える。

強磁性体に分類されるものとして最もよく知られているものに，鉄（Fe），ニッケル（Ni）そしてコバルト（Co）の**3d遷移金属**がある。そのほかにも，ガドリニウム（Gd）やユーロピウム（Eu）といった**4f遷移金属**も強磁性体であるが，キュリー温度が低く低温でしか強磁性体としての性質を示さない。

身近な情報記録に大きく貢献しているハードディスクドライブ（HDD）に使われている磁気記録用材料としては，Coとクロミウム（Cr），そして白金（Pt）を主成分とした磁性合金が用いられる。この磁性体を，直径10 nm以下という非常に小さな粒状構造で固い円盤（ハードディスク）状基盤の上に作製することで，1平方インチ当り1兆ビットに迫る超高密度磁気記録が実現されている。

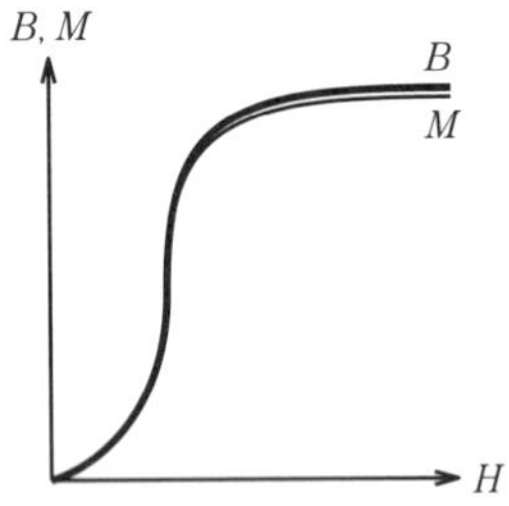

図10.2　強磁性体，フェリ磁性体に見られるB，Mの印加磁界の強さHに対する変化。B，MはHに対して非線形に変化する。ここに示した曲線は，一度も磁化したことのない試料を初めて磁化したときの曲線（初磁化曲線という）を示す。

このほかに，**フェリ磁性体**（ferri magnetic materials）と分類される磁性体がある。身の回りに多くあるプラスチック磁石や，ホワイトボードなどに紙を押さえるのによく使われる磁石に用いられている材料は**フェライト**と呼ばれるFeやCoの酸化物の結晶であり，最も有名なフェリ磁性体である。

これらの強磁性体やフェリ磁性体に外部から磁界を加え，その値を増加していくと χ_m は一定でなくなる。すなわち比透磁率 μ_r は加わっている磁界の強さに対して線形でなく，H と B あるいは M の関係は**図 10.2** のように変化する。

10.2 強磁性体におけるヒステリシス現象

9.3～9.8 節では，式 (9.37a) で定義される透磁率 μ が磁界の強さの関数ではなく一定である場合について考察した。ここでは，図 10.2 のように磁束密度 $\boldsymbol{B}$，磁化 $\boldsymbol{M}$ が磁界の強さ $\boldsymbol{H}$ の関数，すなわち μ が $\boldsymbol{H}$ の関数のときのことについて考える。

図 10.2 に初磁化曲線を示した。磁界の強さ $\boldsymbol{H}$ を十分大きくし，磁化 $\boldsymbol{M}$ が飽和するまで磁化した後に，$\boldsymbol{H}$ を小さくしていくと**図 10.3** に示すように，O-A-C と磁化していった曲線を逆にたどらず，違った道筋 C-E を通って B，M が小さくなっていく。

H が 0 のときの OE の B の大きさを B_r と表し，**残留磁気**という。磁界の向きを反転してその絶対値を増加していくと，点 F でようやく B，M が 0 になる。このときの OF の大きさの絶対値，$|-H_C|=H_C$ を**保磁力**（**抗磁力**）という。さらに磁界の絶対値を増加すると，F-G-J とたどり，点 C とは逆向きに飽和する。

そこから，磁界を減少していくと J-K-L-N-C と，C-E-F-G-J とはまったく異なる形の曲線をたどって，元の点 C に到達する。このような曲線をヒステリシス（履歴）曲線という。

同一の H の値においてもそのときの B の値は，そのときまでに H がどのように加えられてきたかを知らなければ決定できない。このように，それまでの磁化過程の履歴により，現在の磁化 $\boldsymbol{M}$，磁束密度 $\boldsymbol{B}$ が決まるので，このように呼ばれている。

このように，$\boldsymbol{B}$ と $\boldsymbol{H}$ の対応は非線形であるので，式 (9.37a) の μ も非線形であり，その求め方によりいくつかの種類に分かれる。初磁化曲線の上での B の H に対する比（Y/X）を μ とすると，**図 10.4** のように μ は H の小さなうちは小さく，ある点で最大値を持ち，また小さくなる。μ_{max} を最大透磁率という。初期透磁率 μ_{in} は，原点での H に対する B の曲線の傾きである。最大透磁率はここで述べたように，初磁化曲線の上での値を用いる約束になっている。

これに対し，任意の磁化曲線上において B の曲線の H に対する傾きを微分透磁率という。それを**図 10.5** に示す。**磁化曲線**上

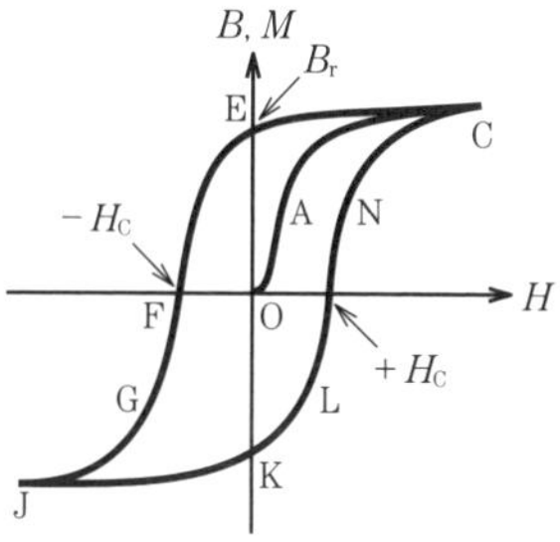

図 10.3 強磁性体に見られる磁化曲線のヒステリシス現象

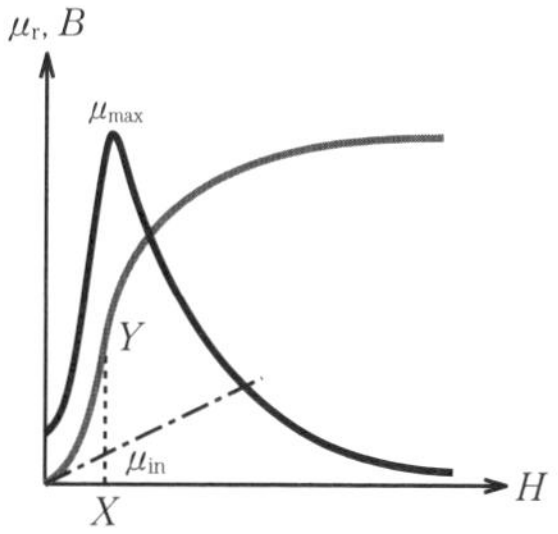

図 10.4 初磁化曲線上にて定義される最大透磁率と初透磁率

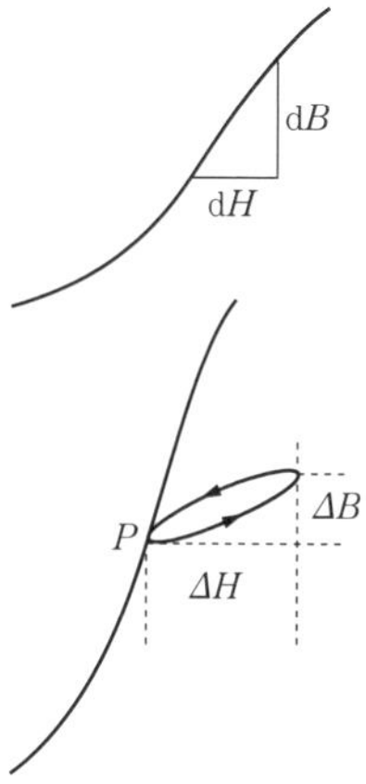

図 10.5 微分透磁率（上）と変分透磁率（下）

> Coffee time
>
> **ヒステリシス曲線の描き方**
>
> 磁化$\boldsymbol{M}$や磁束密度$\boldsymbol{B}$，磁界の強さ$\boldsymbol{H}$の関係の履歴現象を示したのが，ヒステリシス曲線である。その描き方としては，まず磁性体に対し，$\boldsymbol{H}$を加える方向を決め，横軸にはその大きさHを示し（逆向きの場合は負号を付ける），縦軸には$\boldsymbol{H}$の変化に応じて変わる$\boldsymbol{B}$や$\boldsymbol{M}$の大きさB，Mを示す（こちらも向きが反転した場合は負号を付ける）。多くの場合には，$\boldsymbol{M}$，$\boldsymbol{B}$，$\boldsymbol{H}$は平行であるが，方向により磁気的性質が異なる磁性体の場合，これらは異なる方向を向くこともある。このような場合，縦軸には$\boldsymbol{B}$や$\boldsymbol{M}$の，$\boldsymbol{H}$を加えた方向成分を示すことが多い。

の任意の点において，磁界の強さをΔHだけ増加し，その後，元へ戻してみると図のように小さなループを描く。これをマイナーヒステリシスループという。このときの$\Delta B/\Delta H$を変分透磁率という。

10.3 媒質を磁化するのに必要なエネルギー

9.9.3項で，磁束密度$\boldsymbol{B}$の中に磁気モーメント$\boldsymbol{m}$の棒磁石があるときのポテンシャルエネルギーWが，$-\boldsymbol{m}\cdot\boldsymbol{B}$であることを導いた（式(9.94)）。これは$\boldsymbol{m}$も$\boldsymbol{B}$も変化しない場合についてである。

媒質を磁化するのに必要なエネルギーを求めるにあたって，この事実から出発することにしよう。

10.3.1 磁束密度が変化する場で磁気モーメントを運ぶ仕事

まず，磁気モーメント$\boldsymbol{m}$は変化せず磁束密度$\boldsymbol{B}$が場所によって異なる場合を考える。$\boldsymbol{B}$が一定で$\boldsymbol{m}$との角度が可変のときは，エネルギーが最小になるように$\boldsymbol{m}$は$\boldsymbol{B}$の方向を向き，そのときのエネルギーが$-\boldsymbol{m}\cdot\boldsymbol{B}$であった。$\boldsymbol{m}$と$\boldsymbol{B}$の角度は固定していて$\boldsymbol{B}$が場所によって変化している場合は，$-\boldsymbol{m}\cdot\boldsymbol{B}$の値が小さくなるほど（絶対値が大きくなるほど）エネルギーが小さいから，$\boldsymbol{B}$の絶対値の大きい方向へ$\boldsymbol{m}$は力を受けるに違いない。すなわち，このとき$\boldsymbol{m}$の受ける力は

$$\boldsymbol{F} = -\,\mathrm{grad}\,(-\boldsymbol{m}\cdot\boldsymbol{B}) = \boldsymbol{m}\,\mathrm{grad}\,\boldsymbol{B} \tag{10.1}$$

で与えられる。真空中または空気中では次式となる。

$$\boldsymbol{F} = \boldsymbol{m}\,\mathrm{grad}\,\mu_0\boldsymbol{H} \tag{10.2}$$

このような力を受けながら，一定の大きさの$\boldsymbol{m}$を無限遠点の$B=0$の点（$\boldsymbol{r}=\infty$）から$\boldsymbol{B}$となるある点（$\boldsymbol{r}=\mathrm{P}$）まで運ぶことを考える。

$$\begin{aligned} -\int_\infty^{\mathrm{P}} \boldsymbol{F}\cdot\mathrm{d}\boldsymbol{r} &= -\int_\infty^{\mathrm{P}} \boldsymbol{m}\,\mathrm{grad}\,\boldsymbol{B}\cdot\mathrm{d}\boldsymbol{r} \\ &= -\int_\infty^{\mathrm{P}} \boldsymbol{m}\cdot\frac{\mathrm{d}\boldsymbol{B}}{\mathrm{d}\boldsymbol{r}}\cdot\mathrm{d}\boldsymbol{r} = -\int_0^{B} \boldsymbol{m}\cdot\mathrm{d}\boldsymbol{B} \end{aligned} \tag{10.3}$$

となる。すなわち一定の$\boldsymbol{m}$を場所によって変化する$\boldsymbol{B}$の中で，$B=0$の点から$\boldsymbol{B}$となるある点まで運ぶのに要する仕事は

$$-\int_0^{B} \boldsymbol{m}\cdot\mathrm{d}\boldsymbol{B} \tag{10.4}$$

となる。

10.3.2 磁化に必要なエネルギー（B, $\boldsymbol{m}$ を変数とした表現）

つぎに，$\boldsymbol{m}$ も $\boldsymbol{B}$ も変化する場合を考える。すなわち，$\boldsymbol{B}$ の大きさによって $\boldsymbol{m}$ の大きさが変化する（$\boldsymbol{m}$ が $\boldsymbol{B}$ の関数である）ような材料を，B が 0 の点から大きな点まで，運んでくることを考える。このときは（$-\boldsymbol{m}\cdot\boldsymbol{B}$）の変化を考えなければならないから，その微小変化を $-\mathrm{d}$（$\boldsymbol{m}\cdot\boldsymbol{B}$）とおけば

$$-\mathrm{d}(\boldsymbol{m}\cdot\boldsymbol{B}) = -\boldsymbol{m}\cdot\mathrm{d}\boldsymbol{B} - \boldsymbol{B}\cdot\mathrm{d}\boldsymbol{m} \tag{10.5}$$

である。この微小変化を積分すれば，全体の仕事となるから

$$-\int \mathrm{d}(\boldsymbol{m}\cdot\boldsymbol{B}) = -\int \boldsymbol{m}\cdot\mathrm{d}\boldsymbol{B} - \int \boldsymbol{B}\cdot\mathrm{d}\boldsymbol{m} \tag{10.6}$$

である。ところでこの左辺は $-\boldsymbol{m}\boldsymbol{B}$ となるから

$$-\boldsymbol{m}\cdot\boldsymbol{B} = -\int \boldsymbol{m}\cdot\mathrm{d}\boldsymbol{B} - \int \boldsymbol{B}\cdot\mathrm{d}\boldsymbol{m} \tag{10.7}$$

となる。この式は，磁化しながら $\boldsymbol{B}$ の中を運んでくるときに必要な仕事全体は，一定の $\boldsymbol{m}$ を場所により変化する $\boldsymbol{B}$ の中を運ぶのに必要とする仕事（右辺の第 1 項）と，ある $\boldsymbol{B}$ の値の点で $\boldsymbol{m}$ を $\mathrm{d}\boldsymbol{m}$ だけ変化する（$\mathrm{d}\boldsymbol{m}$ だけ磁気モーメントを増加する＝しだいに磁気モーメントが増加していく＝磁化する）のに必要な仕事（右辺の第 2 項）とに分けることができることを意味する。式 (10.7) を整理すると

$$\int \boldsymbol{B}\cdot\mathrm{d}\boldsymbol{m} = \boldsymbol{m}\cdot\boldsymbol{B} - \int \boldsymbol{m}\cdot\mathrm{d}\boldsymbol{B} \tag{10.8}$$

が得られる。これを**図 10.6** の初磁化曲線の上で考える。初磁化曲線の上の部分が式 (10.8) の左辺に相当し，媒質を磁化するのに要する仕事（エネルギー）に相当することがわかる。$\boldsymbol{m}$ の代わりに媒質の単位体積当りの磁気モーメント（磁化）$\boldsymbol{M}$ を用いれば，次式が得られる。

$$\int \boldsymbol{B}\cdot\mathrm{d}\boldsymbol{M} = \boldsymbol{M}\cdot\boldsymbol{B} - \int \boldsymbol{M}\cdot\mathrm{d}\boldsymbol{B} \tag{10.9}$$

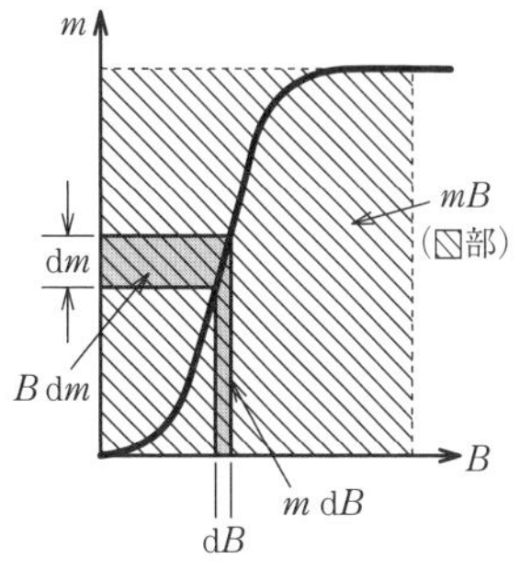

図 10.6　初磁化曲線上での媒質を磁化するためのエネルギーの説明。図は磁気的性質が等方的な場合の例。

10.3.3 磁化に必要なエネルギー（H, B を変数とした表現）

実際，例えば変圧器の鉄心が磁化されていく場合などでは，式 (10.9) の代わりに

$$\int \boldsymbol{H}\cdot\mathrm{d}\boldsymbol{B} = \boldsymbol{B}\cdot\boldsymbol{H} - \int \boldsymbol{B}\cdot\mathrm{d}\boldsymbol{H} \tag{10.10}$$

が用いられる。これは，図 10.6 の横軸を B から H に，縦軸を m から B に置き換えたものである。このようにするのは，主として実際の場合の測定のしやすさが理由である。この表現での初磁化曲線のようすを**図 10.7** に示しておく。

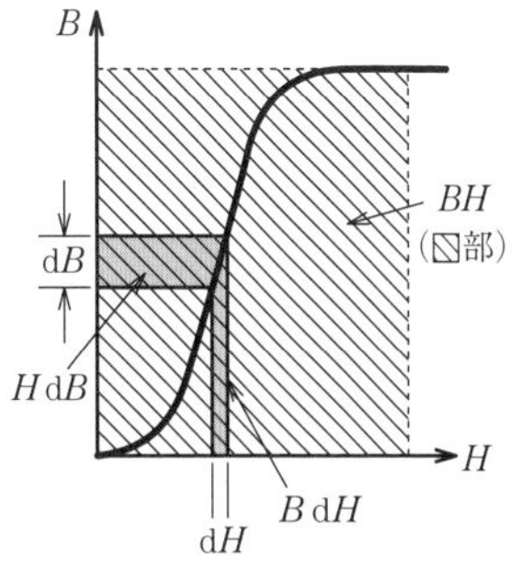

図 10.7　B, H で表した磁化曲線

式 (10.9) から (10.10) への変換を以下に示しておく。ここの議論は，先を急ぐ必要のある人は読み飛ばしても構わない。

まず，定義から

$$\boldsymbol{B} = \mu_0(\boldsymbol{H} + \boldsymbol{M}), \qquad \boldsymbol{M} = \frac{\boldsymbol{B}}{\mu_0} - \boldsymbol{H} \tag{10.11}$$

であるから

$$\mathrm{d}\boldsymbol{M} = \frac{1}{\mu_0}\,\mathrm{d}\boldsymbol{B} - \mathrm{d}\boldsymbol{H} \tag{10.12}$$

となる。これを $\int \boldsymbol{B}\cdot\mathrm{d}\boldsymbol{M}$ に代入して計算をすれば[†1]

$$\begin{aligned}
\int \boldsymbol{B}\cdot\mathrm{d}\boldsymbol{M} &= \int \mu_0(\boldsymbol{H} + \boldsymbol{M})\cdot\mathrm{d}\boldsymbol{M} \\
&= \int \mu_0\,\boldsymbol{H}\cdot\mathrm{d}\boldsymbol{M} + \int \mu_0\boldsymbol{M}\cdot\mathrm{d}\boldsymbol{M} \\
&= \int \mu_0\boldsymbol{H}\cdot\left(\frac{1}{\mu_0}\,\mathrm{d}\boldsymbol{B} - \mathrm{d}\boldsymbol{H}\right) + \int \mu_0\boldsymbol{M}\cdot\left(\frac{1}{\mu_0}\,\mathrm{d}\boldsymbol{B} - \mathrm{d}\boldsymbol{H}\right) \\
&= \int \boldsymbol{H}\cdot\mathrm{d}\boldsymbol{B} - \int \mu_0\boldsymbol{H}\cdot\mathrm{d}\boldsymbol{H} + \int \boldsymbol{M}\cdot\mathrm{d}\boldsymbol{B} - \int \mu_0\boldsymbol{M}\cdot\mathrm{d}\boldsymbol{H} \\
&= \int \boldsymbol{H}\cdot\mathrm{d}\boldsymbol{B} + \int \boldsymbol{M}\cdot\mathrm{d}\boldsymbol{B} - \int \mu_0(\boldsymbol{H} + \boldsymbol{M})\cdot\mathrm{d}\boldsymbol{H} \\
&= \int \boldsymbol{H}\cdot\mathrm{d}\boldsymbol{B} + \int \boldsymbol{M}\cdot\mathrm{d}\boldsymbol{B} - \int \boldsymbol{B}\cdot\mathrm{d}\boldsymbol{H}
\end{aligned} \tag{10.13}$$

となり，結局

$$\int \boldsymbol{B}\cdot\mathrm{d}\boldsymbol{M} = \int \boldsymbol{H}\cdot\mathrm{d}\boldsymbol{B} + \int \boldsymbol{M}\cdot\mathrm{d}\boldsymbol{B} - \int \boldsymbol{B}\cdot\mathrm{d}\boldsymbol{H} \tag{10.14}$$

を得る。これを移項すれば

$$\int \boldsymbol{B}\cdot\mathrm{d}\boldsymbol{M} - \int \boldsymbol{M}\cdot\mathrm{d}\boldsymbol{B} = \int \boldsymbol{H}\cdot\mathrm{d}\boldsymbol{B} - \int \boldsymbol{B}\cdot\mathrm{d}\boldsymbol{H} \tag{10.15}$$

が得られ，$\boldsymbol{B} \Leftrightarrow \boldsymbol{H}$，$\boldsymbol{M} \Leftrightarrow \boldsymbol{B}$ の置き換えをすることができることができることがわかる。したがって

$$\int \boldsymbol{B}\cdot\mathrm{d}\boldsymbol{M} = \boldsymbol{M}\cdot\boldsymbol{B} - \int \boldsymbol{M}\cdot\mathrm{d}\boldsymbol{B} \tag{10.16}$$

が

$$\int \boldsymbol{H}\cdot\mathrm{d}\boldsymbol{B} = \boldsymbol{B}\cdot\boldsymbol{H} - \int \boldsymbol{B}\cdot\mathrm{d}\boldsymbol{H} \tag{10.17}$$

になることがわかる。

† 1　ここでは $\boldsymbol{B}=\mu_0(\boldsymbol{H}+\boldsymbol{M})$ としていることに注意。本によっては $\boldsymbol{B}=\mu_0\boldsymbol{H}+\boldsymbol{M}$ としているものもある。

10.4　ヒステリシス損失

媒体を磁化するのに必要な仕事が $\int \boldsymbol{H}\cdot\mathrm{d}\boldsymbol{B}=\boldsymbol{B}\cdot\boldsymbol{H}-\int \boldsymbol{B}\cdot\mathrm{d}\boldsymbol{H}$ であるから，初磁化曲線において $B=0$ から B まで磁化するのに必要なエネルギーは，図 10.8（a）に示す薄い灰色の部分の面積に等しい。その後，磁界の強さを減少していくと先にも述べたよ

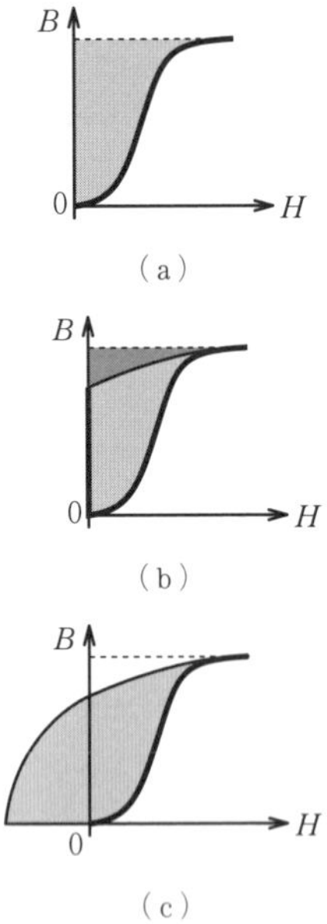

図 10.8　ヒステリシス損失

うに図（b）のようにたどって$H=0$の点で残留磁気状態になる。このとき，濃い灰色の部分に相当するエネルギーは放出される。

それに対し，図（b）での薄い灰色の部分に相当するエネルギーは，媒体の中で消費されねばならない損失となり，熱エネルギーとなって失われる。

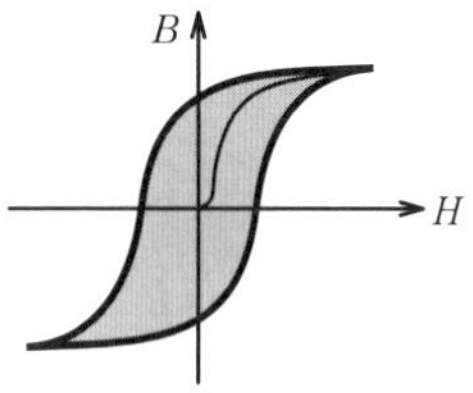

図 10.9 ヒステリシス損失はヒステリシスループを1周するごとにループの面積に相当する損失が起きる

続けて磁界の強さを変化させてヒステリシスループを1周すると，**図 10.9**のように，ヒステリシスループ内の面積で表されるエネルギーが熱となって媒体内で失われる。これを**ヒステリシス損失** w_{h} という。これは，つぎのように表すことができる。

$$w_{\mathrm{h}} = \oint_{\text{ヒステリシスループ}} \boldsymbol{H} \cdot \mathrm{d}\boldsymbol{B} \qquad (10.18)$$

変圧器や交流電動機ではそこに用いられる磁性体は交流で使用される。ヒステリシスループ1周ごとにループ内の面積に等しい損失が起きるわけであるから，交流で使用されているときは1サイクルごとにそれだけの損失が起きる。無負荷の（2次側に何も電力を使うものが使われていない）ときにも変圧器の温度が上昇する原因の一つは，このヒステリシス損失である。電気機器用のACアダプタが機器を使用していないのに暖かくなっているのに気が付いた人は少なくないであろう。変圧器用の材料が備えていなければならない一つの条件に，このヒステリシス損失が小さいこと，すなわちヒステリシスループの面積が**図 10.10**のように小さいことが挙げられる。

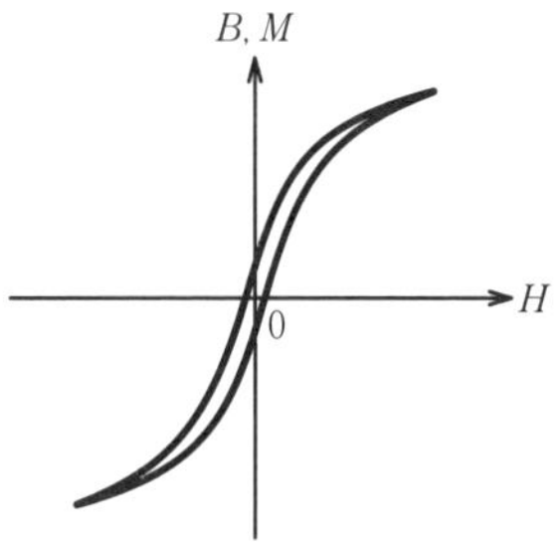

図 10.10 変圧器用にはヒステリシス損失の小さな媒質がよい

一方，**図 10.11**のようなヒステリシスループの場合には，もし以前に正の方向に磁界を加えたとすると，その磁界を取り去った後（$H=0$にした後），点Xの状態になる。負の方向に磁界を加えてあったとすると，$H=0$にした後には点Yの状態になる。このとき，点Xの磁束密度Bの値と点Yの磁束密度Bの値の差が大きいと二つの状態の区別がしやすくなる。このヒステリシスループの性質を利用すると，磁界を取り去った後でも，磁界が正の方向に加わったのか負の方向に加わったのかを知ることができる。つまり，加わった磁界の方向が記録されたことになる。これが**磁気記録の基本原理**である。

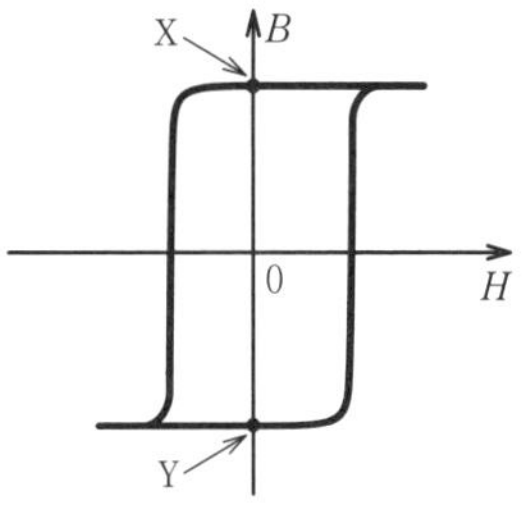

図 10.11 四角形のヒステリシスループ。Bの値がXかYかで，以前に加えられた磁界の方向がはっきりと区別できるので記憶装置に使える。

図 10.10 の磁性体を**軟磁性体**，図 10.11 のものを**硬磁性体**ということもある。

10.4.1 マイナーループ，メジャーループ

ヒステリシスループを描くとき，磁性体が飽和するまで磁界を

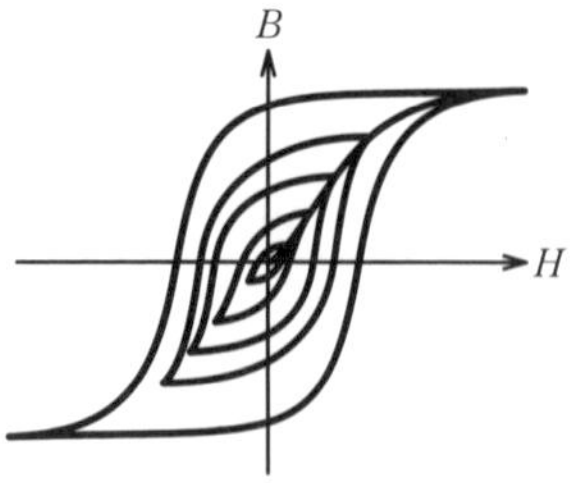

図 10.12　マイナーループ，メジャーループ，普通磁化曲線，交流消磁

加えずに描くと，**図 10.12** の内側の曲線のようになる。このようなループを**マイナーループ**という。これに対し，飽和まで磁界を加えて得たループを**メジャーループ**という。ループを 1 周するごとに最大印加磁界を変化させて描くと，図 10.12 のようになる。図 10.12 のループの B の最大値の部分をつないで書いた曲線を**普通磁化曲線**と呼ぶ。

10.4.2 交 流 消 磁

図 10.12 において磁性体に印加される磁界を交流磁界にし，その振幅を徐々に減じていくときを考えると，外側のループから内側のループへとたどり，磁界 $H=0$ のとき $B=0$ とすることができる。これは，一度磁化した媒体の B を 0 にする方法の一つで，交流消磁という。

10.5 強磁性体の磁化過程

物質に外から磁界を加え，その値を大きしていけば，物質中の磁化 $\boldsymbol{M}$，磁束密度 $\boldsymbol{B}$ はその値を増していく。このとき一般に強磁性体では χ_{m}，μ は非線形で，$\boldsymbol{M}$，$\boldsymbol{B}$ は $\boldsymbol{H}$ に対してヒステリシスを持つことを先に述べた。また図 10.1 で示したように，強磁性体内では，外部磁界がなくても原子磁気モーメントは揃った方向を向いている。これを**自発磁化**と呼んだ。自発磁化がある方向に揃って向いている領域が**磁区**である（**図 10.13**）。外部磁界が 0 であれば，各磁区の自発磁化の向きは全体としてたがいに打ち消し合う方向であり，外部から見ると磁化していないように見える。このように磁区を持つ強磁性体の外部磁界に対する $\boldsymbol{M}$ の変化，すなわち**磁化過程**を知っておこう。

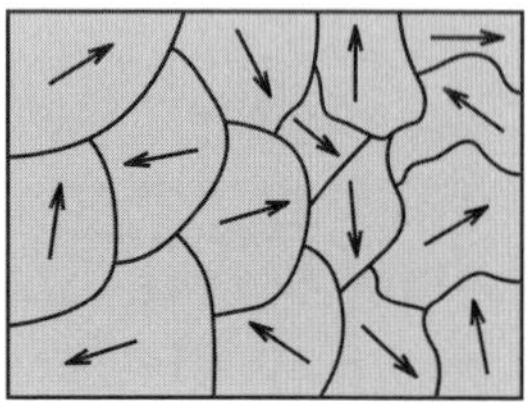

図 10.13　強磁性体中の磁区外部磁界が 0 で消磁状態のときは各磁区中の磁化の向きは全体としてたがいに打ち消すように分布する

図 10.14 に磁化過程の例を示す。磁界が 0 のときは図（a）のように，各磁区の内部の磁化の向きは外部から見ると打ち消し合っている。外部から磁界が加わると，外部磁界の向きに近い磁化方向を持つ磁区が図（b）のようにまず広がる。全体としては磁界の向きと同じ向きの磁化の成分が増す。加わる磁界が小さく，磁区の大きさの変化も小さいときは，可逆的である。磁区の大きさの変化は磁区と磁区との間にある**磁壁**が移動することによって生じる。さらに磁界の強さが増すと，もはや磁壁の移動は可逆的ではなくなる（図（c），（d））。この辺りでは，磁壁の移

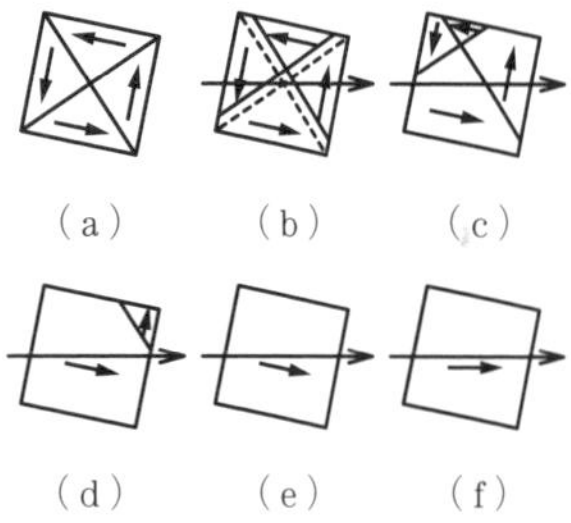

図 10.14　強磁性体の磁化過程の例

動量は離散的になり，磁化曲線の上で$\boldsymbol{M}$，$\boldsymbol{B}$の変化にジャンプが生じる。これを発見者の名前を付けて，**バルクハウゼンジャンプ**という。さらに磁界の強さが増すと，図（e）のように，全体が一つの磁区になる。続けて磁界の強さを増すと，磁化の向きが徐々に回転しながら外部磁界の向きに変わっていく。やがて，磁気モーメントはすべて外部磁界の方向を向き（図（f）），$\boldsymbol{M}$は飽和する。$\boldsymbol{M}$の飽和後も磁束密度$\boldsymbol{B}$は$\boldsymbol{H}$に対してμ_0の傾きで増えるが，その傾きは一般的に，$\boldsymbol{M}$の増加に比べてきわめて小さい。以上の様子を**図 10.15** に示す。

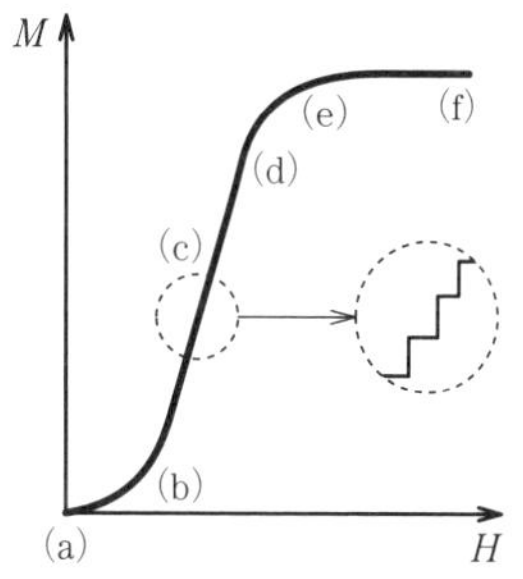

図 10.15　強磁性体の磁化過程の磁区のようすとの対応とバルクハウゼンジャンプ

10.6　強磁性の原因の簡単な説明

二つの棒磁石を近接して並べる実験をしてみればすぐにわかるように，**図 10.16**（a）のように二つの磁気モーメントは反平行に並ぶほうが安定である。これに反して，強磁性体の内部では，図（b）のように磁区内で磁気モーメントはみな同じ方向を向いている。

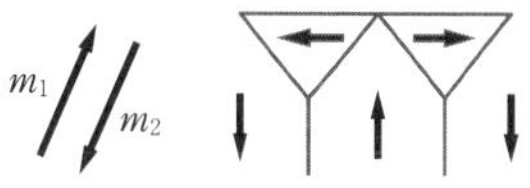

（a）反平行に並んだ磁気モーメント　（b）強磁性体内の磁気モーメント

図 10.16　二つの磁気モーメントは反平行に並ぶ方が安定であるが（a），強磁性体の各磁区内では磁気モーメントは一方向を向いている（b）。そのときの単位体積当りの磁気モーメント値を自発磁化という。

10.6.1　強磁性体内の内部磁界

強磁性体では，原子磁気モーメント間の相互作用が強く，外部磁界が存在しない場合でも磁性体内でひとりでに磁気モーメントが平行に配列している。この磁気モーメントの配列により生じる単位体積当りの磁気モーメントが**自発磁化**である。

強磁性体ではなぜ磁気モーメントが揃って自発磁化があるのかについて，ワイス（1907）は，非常に強い磁界が内部で働いており，磁気モーメントが飽和まで磁化されているためであるという**内部磁界説**を立て，強磁性体の諸性質をうまく説明することに成功した（**図 10.17**）。この内部磁界は，**分子磁界**あるいは**分子場**と呼ばれることがある。ワイスの内部磁界説の提案により磁区，すなわち自発磁化の揃った領域の存在が予言されていたが，その後，実際に磁区の存在が観察された。磁気モーメントが平行に揃うには内部磁界は非常に強くなければならず，実際にその存在を考えるのは困難であるにもかかわらず，強磁性体の性質をよく表すことができる。この内部磁界を試算すると，鉄の場合，約 10 400 Oe[†1] になる。これをある一つの磁気モーメントに，その周りの他のモーメントから磁界が加わっていると考えてその大きさを求めても，上の値を説明することはできない。

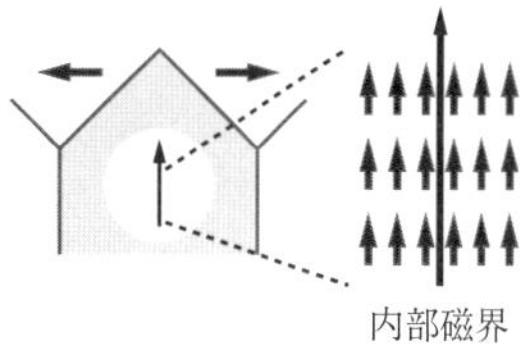

図 10.17　強磁性体の内部では，磁気モーメントは一方向に揃っている。ワイスはこれを仮想的な強い内部磁界（ワイスの内部磁界）により説明したが，これは交換相互作用と呼ばれる，量子力学的効果である。

† 1　磁界の cgs 単位。エルステッドと読む。
$1\,\mathrm{Oe} = 10^3/4\pi\,\mathrm{A/m}$
$= 79.58\,\mathrm{A/m}$
$1\,\mathrm{A/m} = 4\pi \cdot 10^{-3}\,\mathrm{Oe}$
$= 0.012\,57\,\mathrm{Oe}$

10.6.2　交換相互作用

内部磁界の考えを初めて量子力学的に取り扱ったのが，ハイゼンベルク（1928）であり，これに相当するものは**交換相互作用**と呼ばれる原子中の電子間のクーロン相互作用であることを示した。電子間の静電力による相互作用の結果，磁気モーメントは平行に揃ったほうが安定になる（図 10.17）。

交換相互作用について定性的な理解をするために，まず原子における電子配置が決まるとき，一つの軌道にはスピン（**図 10.18**）の異なる二つの電子しか入れないという，パウリの**排他律**を思い出しておこう。不対スピンを持つ原子[†1]が2個隣接しているときを考える。それらのスピンが反平行ならば，それらの**電子軌道**は重なり合って一つの軌道のように振る舞うことができる。これに対し，二つのスピンが平行ならばそれらの電子軌道は分かれて別々の軌道を形成しなければならない。これら二つの場合を比較すると，電子軌道が異なる，すなわち電子の存在確率分布が異なっているのであるから，二つの電子間に働くクーロン力による相互作用も異なる。このときの電子間のクーロン反発エネルギーは，磁気双極子間の相互作用より 10^5 倍程度大きい。したがって，スピンが平行のままで磁気的なエネルギーが高いままでも，電子軌道を少し変えて電子間のクーロン反発エネルギーを下げるほうが全体のエネルギーが低くなる場合が生じる。この場合は，二つの原子のスピンは平行に保たれることになる。これが原子磁気モーメントを平行にする原因となる。これが交換相互作用の定性的説明である。これを見かけ上の磁界のために生じると考えたのが，内部磁界である。現在でも交換相互作用の結果としての内部磁界という考え方はしばしば使われる。

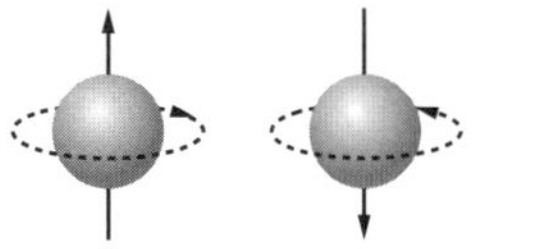

図 10.18　電子のスピンを電子の自転運動のようなものと例えるが，厳密には正しくない。スピンは電子の運動の自由度の一つであり，「スピン角運動量」を持つが，対応する古典的物理量はない。

† 1　原子中の電子軌道には，スピンの異なる2個の電子が入りうるが1個の電子しか入っていない軌道を持つ原子のこと。

10.7　永　久　磁　石

9.3 節で述べたように，磁界の強さ $\boldsymbol{H}$ と自由電流 $\boldsymbol{i}$ についてのアンペアの周回積分の法則より，永久磁石だけでできている磁界の場合（自由電流 $\boldsymbol{i}=0$），

$$\mathrm{rot}\,\boldsymbol{H}=\boldsymbol{0} \tag{10.19}$$

$$\oint_{\mathrm{C}} \boldsymbol{H}\cdot \mathrm{d}\boldsymbol{l}=0 \tag{10.20}$$

である。

永久磁石は，その材料を強い磁界の中で磁化し（着磁するとい

Coffee time

強磁性体の磁化の温度特性

交換相互作用により原子磁気モーメントが揃うことが自発磁化の原因であるが，これを乱すように働くのが物質の温度（熱）である。強磁性体の磁化の温度特性を下図に示す。温度の上昇とともに，磁気モーメントの熱による振動が増加し，内部磁界によってある方向に揃えられた状態から，しだいにランダムな方向成分を持つようになる。ある温度以上では，それぞれの磁気モーメントの方向が完全にランダムになり自発磁化が失われる。この温度をキュリー温度（キュリー点）（10.1 節）という。キュリー温度以上では，常磁性体と同じ振舞いをする，すなわち，磁化は加えた磁界の強さに比例する。したがって，キュリー温度を強磁性体の常磁性体への転移温度といってもよい。

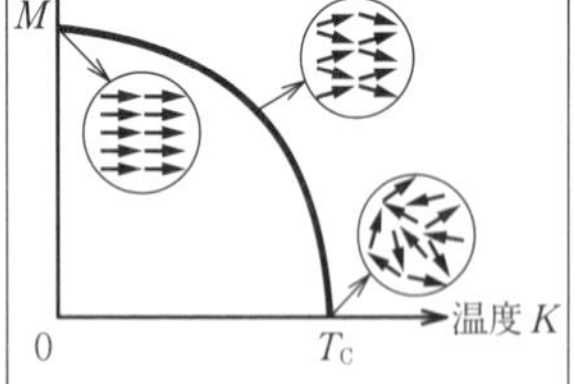

図　強磁性体の温度特性キュリー温度 T_c で自発磁化が0になり，T_c 以上では常磁性体の振舞いをする。

う），残留磁化の状態において使用される。これについて少し考察する。**図 10.19** のように断面積が S の環状永久磁石があり，その空隙（gap）長を l_g，磁石の部分の長さを l とする。

$$\int_{l_g} \boldsymbol{H} \cdot \mathrm{d}\boldsymbol{l} = H_g l_g \tag{10.21}$$

$$\int_{l} \boldsymbol{H} \cdot \mathrm{d}\boldsymbol{l} = H_{in} l \tag{10.22}$$

とする。式 (10.20) から，環状磁石における磁界の 1 周積分は，0 でなければならないから，式 (10.21)，(10.22) は

$$-H_g l_g = H_{in} l \tag{10.23}$$

となる。これから

$$H_g = -H_{in} \frac{l}{l_g} \tag{10.24}$$

である。一方，$\boldsymbol{B}$ は連続でなければならない。そのため磁石内部では，$\boldsymbol{B}$ と $\boldsymbol{H}$ は逆向きになる。すなわち外部から $\boldsymbol{H}$ を加えることなしに磁石となっている状態では，$\boldsymbol{B}$，$\boldsymbol{H}$ のヒステリシス曲線上において第 2 象限にあることになる（**図 10.20**）。空隙における磁束密度 $\boldsymbol{B}_g$ も磁石内部の磁束密度 $\boldsymbol{B}_{in}$ と等しいと考えられるから

$$\boldsymbol{B}_{in} = \boldsymbol{B}_g \tag{10.25}$$

これに式 (10.24) を代入して

$$\boldsymbol{B}_{in} = \mu_0 \boldsymbol{H}_g \tag{10.26}$$

$$= -\frac{\mu_0 l}{l_g} \boldsymbol{H}_{in} \tag{10.27}$$

となる。この $\boldsymbol{B}_{in}$ と $\boldsymbol{H}_{in}$ の関係は図 10.20 において OP の直線を示す。この直線と第 2 象限におけるヒステリシス曲線で表される両方の条件を満たす交点のことを**動作点**と呼び，磁石内部の $\boldsymbol{B}$，$\boldsymbol{H}$ はこの交点で示される状態となる。外部に取り出せる $\boldsymbol{B}$，$\boldsymbol{H}$ はできるだけ大きいほうがよいから，点 P はできるだけ原点から遠い所にあるほうがよい。そこで，磁石の良さを表す一つのパラメータとして点 P における $\boldsymbol{B}$ と $\boldsymbol{H}$ の積が考えられる。ヒステリシス曲線の第 2 象限における $\boldsymbol{B}$ と $\boldsymbol{H}$ の積の最大値を BH_{max} と表し，**最大 BH 積**と呼び，磁石の性能を表す。磁石の性能を上げるにはこの最大 BH 積をできるだけ大きくすることが一つの指針になる。

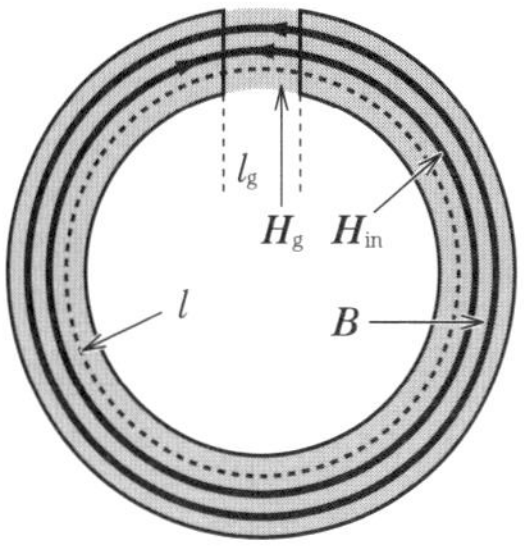

図 10.19　環状永久磁石。磁石内部では $\boldsymbol{B}$ と $\boldsymbol{H}$ は逆向き。

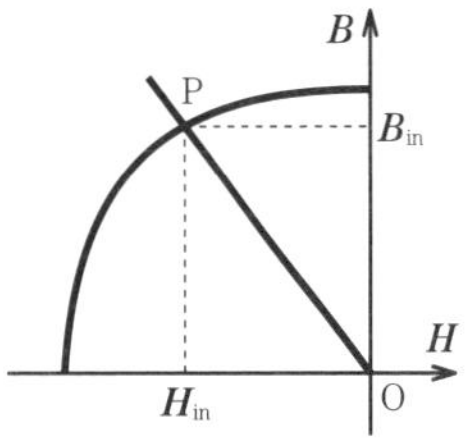

図 10.20　永久磁石の動作点。点 P での $\boldsymbol{B}$，$\boldsymbol{H}$ の積が大きいほうがよい。

10.8　磁石の歴史

世の中に磁石が存在することは，大変古くから知られており，**天然磁石**はマケドニアのマグネシア地方で産出されたといわれ，それがマグネットの語源であるともいわれている。他にもいくつかの説があり，中国では紀元前240年前の書物に磁石の記述があるとのことである。第1章でも触れたが，「磁気」の「磁」は「石」が「並」ぶと書かれていた。天然の磁石がくっついて並んだ様子からきたものと思われる。また，この字は「慈しむ」あるいは「慈悲」の「慈」とも関連しているといわれている。

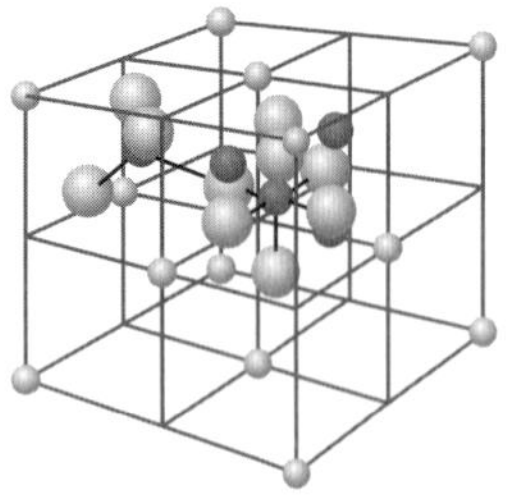

図10.21　古代から磁石として知られていたマグネタイトの結晶構造，酸素4個に囲まれたA位置と酸素6個に囲まれたB位置とがある。

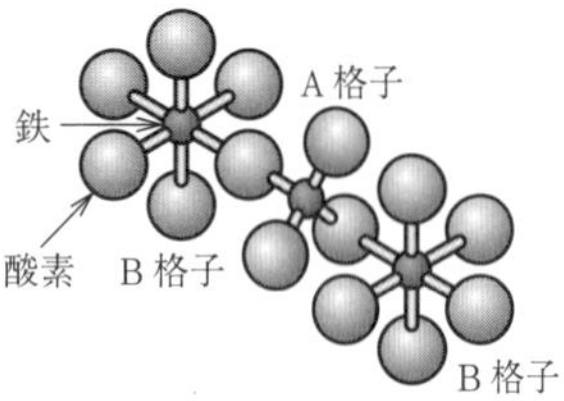

図10.22　スピネル構造のA位置（A格子）とB位置（B格子）の関係。

これらの天然磁石は，鉄の酸化物の一つで，マグネタイトといわれる鉱物である（**図10.21**）。マグネタイトは，砂鉄，磁鉄鉱として，古代から製鉄の原料としても用いられてきた。これはFe_3O_4と書かれるが，$Fe^{2+}Fe^{3+}{}_2O_4$の組成を持ち，Fe^{2+}を他のイオン例えば，Mn^{2+}，Ni^{2+}その他で置き換えることができる。

これらの複合酸化物結晶は**スピネル形フェライト**と総称されており，**セラミックス**（酸化物焼結体）磁気材料の代表的なものである。この結晶でFeイオンの入る位置は，**図10.22**に示すように，4個の酸素が構成する四面体に囲まれたA位置，6個の酸素が構成する1面体に囲まれたB位置とがあり，その数は1：2の割合である。前者の中にFe^{2+}が，後者の中にFe^{3+}があるものがマグネタイトである。A位置のFe^{2+}とB位置のFe^{3+}の磁気モーメントは，たがいに反平行に並んでいる先に述べたフェリ磁性体である。

時代は移り，やがて磁石が地球の南北を指し示す性質があることが発見された。中国では11世紀にその記述がある。12世紀には羅針盤として航海に使われるようになったと考えられている。その頃には磁石は，**ロードストーン**（load stone）すなわち水夫を導く石という呼び名が使われるようになった。磁針として使われる磁石は「鋼鉄」すなわち炭素を含んだ鉄であった。天然の磁石を用いて鋼鉄の針をいかに強く磁化するかが当時の秘伝として伝えられたとのことである。1600年代に入って，磁気学の創始者といわれるギルバートは，天然磁石の両端に軟鉄をかぶせることによって磁石の吸引力が増加することを指摘している。

鋼鉄が使われた時代の磁石の保磁力は約50～60 Oe程度と小さかった。1883年には60～100 Oeの保磁力を示すタングステン鋼磁石が発明され，やがてタングステンより安価なクロムを用いたクロム鋼磁石に代わった。これから後の磁石の発展は，日本の独壇場である。すなわち，1916 年の東北大学の本多光太郎らによる Co，W，Cr，それに C を含む **KS 鋼**と名付けられたコバルト鋼磁石の発明である。これは約 250 Oe も保磁力を持つ画期的なものであった。1931 年に三島は，Fe，Ni，Al の合金で 400 ～ 600 Oe の保磁力の **MK 鋼**を発明した。これに Co を添加したものは**アルニコ磁石**と呼ばれ今日でも広く用いられている。一方，天然の磁石であったマグネタイト系のものも，1933 年，加藤，武井が発見したコバルトフェライト $CoFe_2O_4$ によって現代によみがえる。酸化物（oxide）の永久（permanent）磁石であることから，**OP 磁石**と呼ばれた。この系統の磁石は，原料，製造価格が安価な酸化物で化学的に安定である。

合金系の磁石が，最近になってまた大きな発展を遂げた。それは希土類元素の一つであるサマリウム（Sm）などと Co の合金である。この出現により磁石の大幅な小形化が図られ，種々の部品の小形化に貢献している。これで磁石の発展は当分ないと思われていたところへ，1983 年に日本の佐川により NdFeB（**ネオジム鉄ボロン**）という新しい高性能磁石が発明された。これらの歴史を**図 10.23** に示す。永久磁石の進歩の革新的部分で日本人の研究が大きな役割を果たしている。

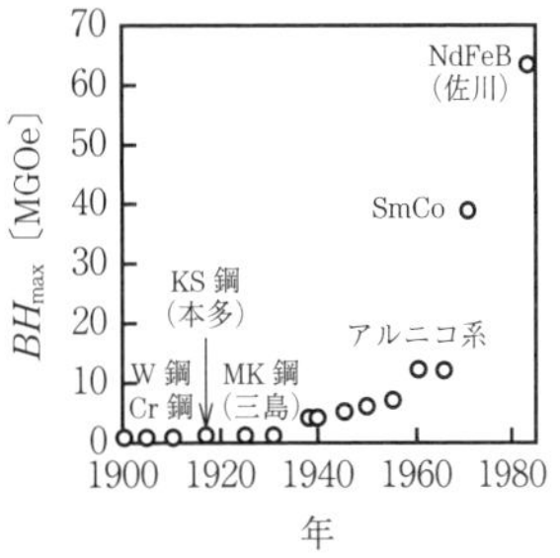

図 10.23　磁石の BH_{max} の年代変化

一方，酸化物磁石としてのフェライト材料についても，上で述べたように 1930 年代にわが国において発明されたが，その後の研究はオランダの Phillips 社で行われたものが多い。フェライト磁石は，酸化物粉末を型によって加圧整形し焼結する方法でできる。すなわち，古来からの「やきもの」と同じ工程で作られる。最近では自転車用発電機，マグネット鋲など，大変広い範囲で使用されている。このフェライト磁石は，プラスチックと混合することで成形自由な，冷蔵庫のドアなどに使われているプラスチック磁石としてさらにその用途を広げている。フェライト磁石は酸化物であるため金属の磁石に比べ，電気抵抗が高く，高い周波数においても第 12 章で述べる**渦電流**による損失が少なく，マイクロ波用のアイソレータ[†1]，さらには光通信用のアイソレータなどにはなくてはならないものとなっている。磁気テープ，永久磁石などにも酸化物磁性体が使われている。また，貴金属を含まない安価で高性能な HDD 用記録材料としての期待も高まっている。

†1　信号あるいは光・電磁波を一方向のみにしか通さない回路あるいは素子のこと

10.9 磁気記録

コンピュータに利用されているハードディスクドライブ(HDD)に代表されるように，身の回りには**磁気記録**を利用した製品が数多くある。このように現代では，磁気記録なしに生活を語れない。ここで，その磁気記録について少し触れておくのも電磁気学を楽しく学ぶのに役立ってよいと思う。

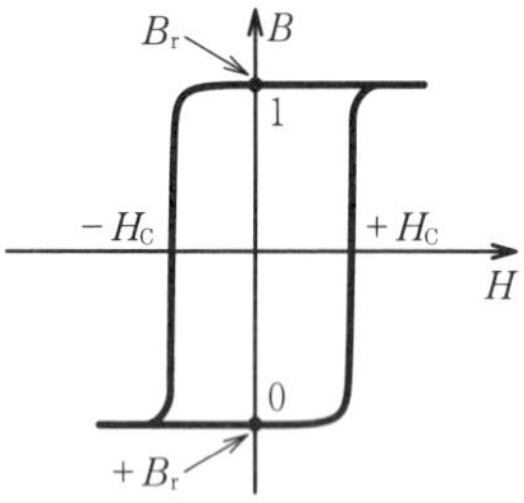

図 10.24　磁気記録の基本原理

10.9.1　コアメモリの原理

計算機等で実用化された初期の磁気記録から話を進める。図10.11（**図 10.24** として再掲）を思い出してほしい。角形のヒステリシス曲線を持つ媒体に，$+H_c$ 以上の強さの磁界を加えた後に磁界の強さを0にすると磁束密度 B は $+B_r$ の点に落ちつく。逆に $-H_c$ 以上の強さの磁界を加えた後に磁界の強さを0にすると磁束密度 B は $-B_r$ の点に落ち着く。つまり，前者を「1」，後者を「0」に対応すれば2値情報を記録できる。マイナス方向に H_c 以上の強さの磁界を加えたとき，「1」状態にあったならば「0」に転移し，そのとき $2B_r$ の磁束密度の変化が起こる。したがって，記録の読み出しは，この磁束密度の変化をピックアップコイルで電圧として取り出せばよい。これに対し，もし「0」の状態にあったならば転移は起こらず磁束密度の変化も起こらない。

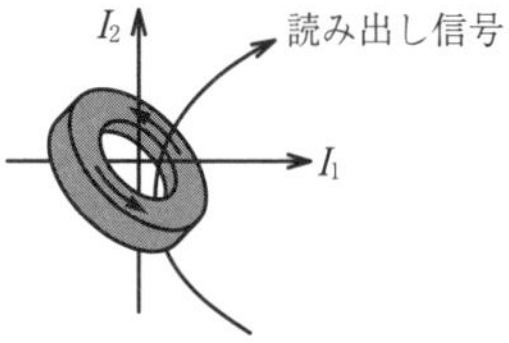

図 10.25　コアメモリの原理

このような性質の磁性体を**図 10.25** のように小さなリング状に加工し，3本の導線を通したものを並べて実際のメモリとして用いる（これをコアメモリ[†1]という）。そのうち2本には，それぞれ H_c の半分より少し大きい磁界を生ずるような電流（**半選択電流**）I_1，I_2 を流す。I_1，I_2 の両方が流れるとコア（リング状磁性体）内部に生じる磁界は H_c を超え，磁束の反転が起きて記録の書き込みが行われる。読み出しは，磁束密度の反転に伴う電圧を第3の導線によって取り出して行う[†2]。

†1　コア（リング状磁性体）をマトリクス状に配置したもの。昔はこれが計算機の主メモリであった。デバッグのため記録内容をすべて書き出すことをコアダンプといった。
コアには重要部，中心部の意味もあるからだが，ICが主メモリになった現在もその呼び方が使われているのは面白い。

†2　このため前の情報を破壊してしまう破壊読み出し方式となる。

10.9.2　磁気記録の原理

一昔前の音楽録音や現在でも銀行などの大規模保管用情報記録に用いられている磁気テープのような連続磁性媒体に記録するには，どのようにするのであろうか。原理的には，小磁石を横に並べ，2値情報に対応させて磁化方向を順次変えればよい。読み出しの際，磁化の向きを判別するには電磁誘導の法則（第12章）を利用して，磁化の向きの分布を検出する。つまり，コイルを媒体上で動かしていくと鎖交する磁束数が変化して電圧を生じるので，それを検出する。このとき生じる電圧パルスの極性および形は，磁化の向き，コイルの速度と方向で変化するので，コイルの速度と方向をあらかじめ決めておき，電圧の極性から磁化の向きを判別する。

具体的な例を見てみよう。**図 10.26** のように軟磁性体のリング状のものに幅のごく狭いギャップを設ける。ギャップのない側にコイルを巻く。ギャップからは磁束が外部へ漏れる（9 章の例題 9.1 参照)。これによってテープ状あるいは薄膜状の磁性媒体上に記録することができる。情報の区別の仕方は種々考えられているが，原理的には**図 10.27** のようにして情報の 1 と 0 を区別する。読み出しは，記録と同じヘッドを用いて，媒体からの磁束とヘッドとの鎖交数が走行に伴い変化するのを電圧として取り出す。媒体からの漏れ磁束は媒体のごく近傍で強くなるので，ヘッドはできるかぎり媒体に近いほうがよい。コンピュータが発展するとともに磁気記録による外部記憶装置も発展した。特に薄膜コイルによる**磁気ヘッド**を利用したハードディスクドライブの高密度化，大容量化の発展にはめざましいものがある。高密度な記録再生を行うため，ヘッドと媒体表面の間の間隙は数 nm である。これは，サイズの比較として，ジャンボジェット機が 1 mm 程度の高さを安定して飛び続ける状態に対応する。

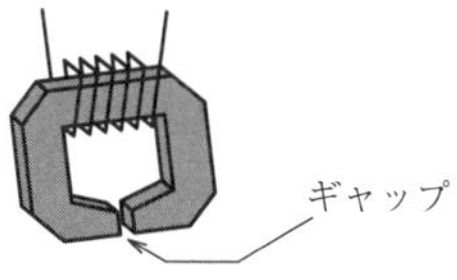

図 10.26 磁気記録用ヘッド原理図

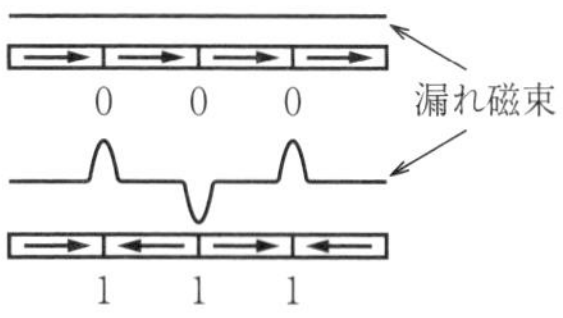

図 10.27 磁気記録の原理

10.9.3 光磁気記録の原理と発展

磁気を利用した記録方式には，光を併用する**光磁気記録**と呼ばれる方法がある。日本の強いリーダーシップにより研究・実用化が行われた。これには，磁化が薄膜の厚さ方向に向くような性質を持つ磁性薄膜（**垂直磁化膜**）を用いる。**図 10.28**（a）のように，1 方向に磁化した媒体へ，レーザ光を直径 1 μm 以下にレンズで絞って照射する。照射された領域は温度上昇し，キュリー温度 T_C 以上になる（図（b））。その周囲の低温の部分は自発磁化が残っているため，温度上昇した部分に図に示すような磁界が加わる（図（c））。レーザ光の照射を止めると，温度の下降とともに加わっている磁界の方向に自発磁化が復活して記録が完了する。

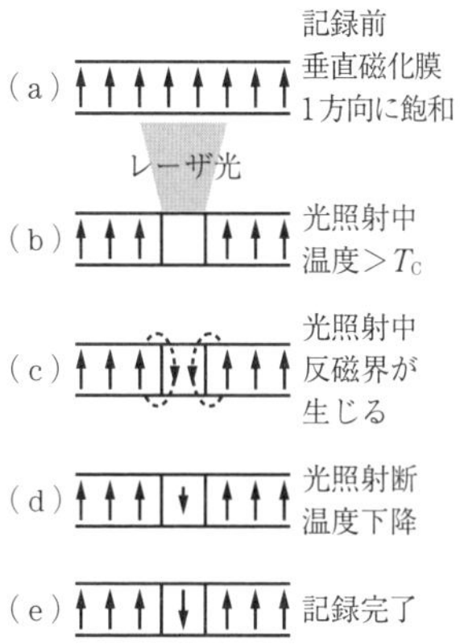

図 10.28 光磁気記録の記録の原理

読み出しは，磁化の向きによる入射光の偏波面[†1]の回転角の違いが生じる現象（**磁気光学効果**）を利用する。**図 10.29** のように，磁化の向きの異なる金属磁性体の表面に直線偏波[†2]の光が

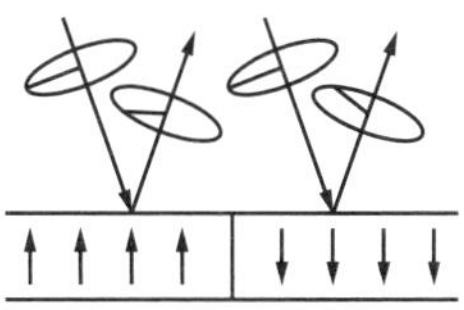

図 10.29 光磁気記録の読み出しの原理。入射光の直線偏波の方向が磁化により回転する。その方向が磁化の方向に依存する，磁気光学効果（カー効果）を利用。

† 1 偏光面ともいう。磁界と電界の振動は電磁波となって伝搬するが，その進行方向と磁界を含む面のこと。第 14 章参照。

† 2 偏波面がある方向を向いていて時間とともに変化しない偏光のこと。第 14 章参照。

入射したとき，反射光の偏波面が磁化の向きに応じて異なる方向に回転する現象（**カー効果**）により検出する。偏波面の回転を検光子[†1]により，光の強弱に変換しこれを受光素子により電圧として検出する。光磁気記録方式の技術は，現在，新規超高密度記録方式として精力的な研究が進められている熱アシステッド磁気記録方式や全光型磁気記録原理等へ生かされている。

†1　ある方向の偏光のみを通す素子のこと。直線偏光の向きが変化すると通過する光量が変化する。第14章参照。

第10章 演習問題

【1】 結晶は単位格子と呼ばれる基本構造が周期的に繰り返されたものとして表せ，単位格子の稜の長さや各稜間の角度を格子定数と呼ぶ。ある立方晶（単位格子が立方体の形をした結晶）のフェライトの格子定数は，12.5×10^{-10} m である。その単位格子中には酸素の八面体に囲まれた位置（図10.22のB格子）が24個，酸素の四面体に囲まれた位置（図10.22のA格子）が16個ある。A格子の磁気モーメントとB格子の磁気モーメントはたがいに逆向きを向いている。このフェライトについて以下の問いに答えなさい。

（a） この結晶のA格子，B格子にそれぞれ磁気モーメント $\boldsymbol{m}$ の同じ原子があるとき，単位格子当りの磁気モーメントは $\boldsymbol{m}$ の何倍か。

（b） このような磁性体を何というか。

（c） この結晶の単位体積（1 cm^3）中のA格子，B格子の数はそれぞれいくつか。

【2】 代表的な強磁性体であるFe，Ni，Coは3d遷移元素といわれる物質の金属である。

（a） 遷移元素は，なぜそのような名称か。また，3dは何を意味するかを調べなさい。

（b） Fe，Ni，Coそれぞれの結晶の形態を調べなさい。

（c） これらFe，Ni，Co金属のキュリー温度 T_c と，室温における磁化の大きさMを調べなさい。

【3】 **問図10.1**のような磁化特性にヒステリシス現象を持つ磁性体は，強さ H の外部磁界によって磁化の値の変化が飽和するまで磁化すれば，外部磁界を取り除いても，直前の飽和まで加えた磁界の向きに対応して二つの状態（残留磁束密度：$\pm B_r$）を保つことから，磁気記録用材料として用いられる。一方，ヒステリシス現象を示すことから，H を変化させヒステリシス曲線に沿って磁気的状態を変化させるには仕事が必要となる。この磁性体を周波数 f で $+H_c$ から $-H_c$ の間の交流磁界を加えるときのヒステリシス損を求めなさい。なお，磁性体は $H=\pm H_c$ において完全に飽和に達するものとし，磁性体の体積を v とする。

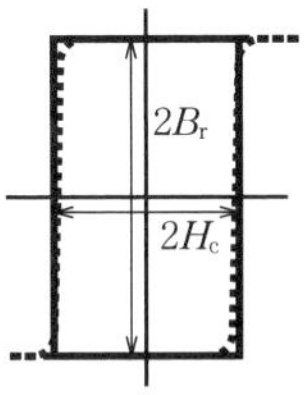

問図 10.1

【4】 外直径 $b=3.5$ inch，内直径 $a=0.5$ inch のドーナツ型円盤表面に磁気記録用磁性材料が塗布されている。そこに，記録密度 $D_{record}=1\times10^{12}$ ビット/inch^2=1 T ビット/inch^2 でディジタル情報が磁化の向き（上向き="1"，下向き="0"）で記録されている。円盤状記録媒体全体での記録容量 C_{recod} バイト（1 バイト=8 ビット）を求めなさい。また，記録情報読み出し速度が 1×10^9 ビット/s=1 G ビット/s であるとき，5×10^6 バイト=5 M バイトのデジタルカメラ画像 1 枚のデータを読み出すのに必要な時間 t_{read}〔s〕と記録に必要な面積 S_{recod}〔m^2〕を求めなさい。なお 1 inch=2.54 cm である。

ラプラス，ポアソンの方程式の解法

11

11.1 ラプラス，ポアソンの方程式の適用

静電界において[†1]，真空中のガウスの定理

$$\mathrm{div}\,\boldsymbol{E} = \frac{\rho}{\varepsilon_0} \qquad (3.39)\ 再掲$$

に電位 V と電界の強さ $\boldsymbol{E}$ の関係式

$$\boldsymbol{E} = -\,\mathrm{grad}\,V \qquad (2.45\mathrm{b})\ 再掲$$

を代入すると

$$\mathrm{div}\,\mathrm{grad}\,V = -\frac{\rho}{\varepsilon_0} \qquad (11.1)$$

となる。直交座標系において

$$\mathrm{grad}\,V = \mathbf{e}_x\frac{\partial V}{\partial x} + \mathbf{e}_y\frac{\partial V}{\partial y} + \mathbf{e}_z\frac{\partial V}{\partial z} \qquad (2.45\mathrm{a})\ 再掲$$

$$\mathrm{div}\,\boldsymbol{E} = \frac{\partial E_x}{\partial x} + \frac{\partial E_y}{\partial y} + \frac{\partial E_z}{\partial z} \qquad (11.2)$$

であるから

$$\mathrm{div}\,\mathrm{grad}\,V = \frac{\partial^2 V}{\partial x^2} + \frac{\partial^2 V}{\partial y^2} + \frac{\partial^2 V}{\partial z^2} \qquad (11.3)$$

となる。ここで，つぎの演算記号を定義する。

$$\nabla^2 = \frac{\partial^2}{\partial x^2} + \frac{\partial^2}{\partial y^2} + \frac{\partial^2}{\partial z^2} \qquad (11.4)$$

これを用いて

$$\nabla^2 V = -\frac{\rho}{\varepsilon_0} \qquad (11.5)$$

と書ける。これは V が満たすべき微分方程式であり，**ポアソンの方程式**（Poisson's equation）と呼ぶ。電荷 ρ の分布が既知であれば式 (11.5) を解くことにより V の分布がわかる。その結果，式 (2.45) より電界の強さ $\boldsymbol{E}$ が求まる。特に電荷のない領域では

$$\nabla^2 V = 0 \qquad (11.6)$$

となり，これを**ラプラスの方程式**（Laplace's equation）と呼ぶ。

静磁界においては，ベクトルポテンシャル $\boldsymbol{A}$ が

$$\nabla^2 \boldsymbol{A} = -\mu_0 \boldsymbol{i} \qquad (8.31)\ 再掲$$

を満足し，直角座標では

† 1 静磁界において，近似的に磁荷 ρ_{m} を仮定できる場合は，計算上スカラー磁気ポテンシャル V_{m} を用いて静電界と同様に

$$\nabla^2 V_{\mathrm{m}} = -\frac{\rho_m}{\mu}$$

というポアソンの方程式が成立し，$\rho_{\mathrm{m}}=0$ と仮定できるところでは

$$\nabla^2 V_{\mathrm{m}} = 0$$

というラプラスの方程式が成立する。両式とも工学計算には便利な式である。ただし，単極磁荷の存在はあくまで便宜上のものである（物理的に存在するということではない）と考えておかなければならない。

まとめ

ポアソンの方程式：

$$\nabla^2 V = -\frac{\rho}{\varepsilon}$$

ラプラスの方程式：

$$\nabla^2 V = 0$$

$$\nabla^2 A_x = -\mu_0 i_x \qquad (8.32a) 再掲$$

$$\nabla^2 A_y = -\mu_0 i_y \qquad (8.32b) 再掲$$

$$\nabla^2 A_z = -\mu_0 i_z \qquad (8.32c) 再掲$$

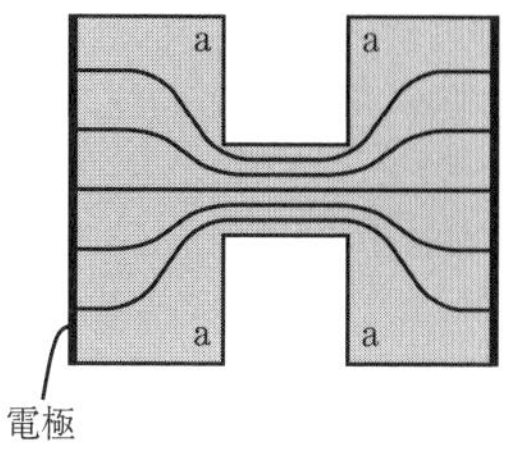

図 11.1　途中のくびれた抵抗体

また，**図 11.1** に示すような断面の幅の狭い部分が途中にある抵抗体の全抵抗を考える。幅の広い部分のみを取り出した矩形部分の抵抗を R_1，同様に狭い部分のみの抵抗を R_2 とし，直列接続の計算で求まる合成抵抗 $2R_1 + R_2$ は，厳密な抵抗値ではない。図には電流の流線の概略が描かれているが，このように電流密度の低い部分が図の a の付近に（図には 4 か所ある）でき，全抵抗は単純に直列接続とした上記の場合より少しだけ大きくなる。

これを厳密に解くには電流の流線を求め，それに沿って抵抗を求めなければならない。流線を求めるには，電界に直交する等電位面を求める。それには式 (11.6) のラプラスの方程式を解けばよい。

このように，ラプラスおよびポアソンの方程式を解く場面はたくさんある。本章では，おもに静電界の場合について代表的なものの解法とそれと等価な方法を述べる。

なお，式 (11.5)，(11.6) の左辺を直角座標で表すと

$$\nabla^2 V = \nabla \cdot \nabla V = \left(\mathbf{e}_x \frac{\partial}{\partial x} + \mathbf{e}_y \frac{\partial}{\partial y} \mathbf{e}_z \frac{\partial}{\partial z} \right) \cdot \left(\mathbf{e}_x \frac{\partial}{\partial x} + \mathbf{e}_y \frac{\partial}{\partial y} \mathbf{e}_z \frac{\partial}{\partial z} \right) V$$

$$= \left(\frac{\partial^2 V}{\partial x^2} + \frac{\partial^2 V}{\partial y^2} + \frac{\partial^2 V}{\partial z^2} \right) \qquad (11.7)$$

となる。円筒座標，極座標ではそれぞれ，つぎのようになる。

$$\nabla^2 V = \frac{1}{r} \frac{\partial}{\partial r} \left(r \frac{\partial V}{\partial r} \right) + \frac{1}{r^2} \frac{\partial^2 V}{\partial \phi^2} + \frac{\partial^2 V}{\partial z^2} \qquad (11.8)$$

$$\nabla^2 V = \frac{1}{r} \frac{\partial}{\partial r} \left(r^2 \frac{\partial V}{\partial r} \right) + \frac{1}{r^2 \sin\theta} \frac{\partial}{\partial \theta} \left(\sin\theta \frac{\partial V}{\partial \theta} \right) + \frac{1}{r^2 \sin^2\theta} \frac{\partial}{\partial \theta} \frac{\partial^2 V}{\partial \phi^2} \qquad (11.9)$$

例題 11.1　**直角座標での例（1 次元の場合）**

図 11.2 のように 2 枚の平面状導体が平行に向き合って並んでおり，外部から電位差 V_0 が加えてある。これはコンデンサの典型的な例である。電極間隔 d であり，電極の端で電界が一様でなくなる効果は無視する。このときの電極間の電界の強さ $\boldsymbol{E}$ を求めなさい（電極間の電界はガウスの法則により簡単に求まるが，これと同じ結論をラプラスの方程式から導きなさい）。

図 11.2　平行平板電極間に電位差 V_0 を与えたときの電極間のラプラスの方程式を解く

【解答例】

電極間には電荷は存在しないから，そこではラプラスの方程式が支配している。また，電極端部の影響を無視するということは，無限平面と考えていることと同一である。すなわち無限平面が正および負に一様に帯電して，向き合っていると考えればよい。電源の負の側に接続された電極から電源の正の側に接続された電極の方向へ電極に垂直に y 軸をとる。ラプラスの方程式は

$$\frac{\mathrm{d}^2 V}{\mathrm{d}y^2} = 0 \tag{11.10}$$

となる。y について 2 度積分すれば

$$V(y) = \mathrm{C}_1 y + \mathrm{C}_2 \tag{11.11}$$

が得られる。ここで C_1，C_2 は定数である。これに，$y=0$ で $V=0$，$y=d$ で $V=V_0$ という境界条件を代入すると，結局，解は

$$V(y) = \frac{v_0}{d} y \tag{11.12}$$

となる。図 3.15 から，導体表面での電荷密度を求めるには，表面での電界の強さ $\boldsymbol{E}$ がわかればよい。$\boldsymbol{E} = -\mathrm{grad}\,V$ から次式のように求まる

$$\boldsymbol{E} = -\mathbf{e}_y \frac{\mathrm{d}V}{\mathrm{d}y} = -\mathbf{e}_y \frac{v_0}{d} \tag{11.13}$$

11.2 ポアソンの方程式の解法

対象となる空間中には電荷が存在しない場合はラプラスの方程式を解くことにより解が求まった。例題 11.1 の場合は空間中に電荷が存在しないとしたが，実際には 2 分割された導体（電極）の表面には電荷が分布し，そこから電気力線が出入りする。しかしそこに存在する電荷は，境界条件を与えられる導体上の電荷である。したがってその影響は，導体の電位を境界条件として与えたときに解の中に反映される。では，どのような場合にポアソンの方程式を解くのであろうか。真空管や半導体の電極間の空間には，電子や正孔などの電荷が存在する。同時に，電極の電位が境界条件として与えられる。そこで，空間中の電極分布を考慮するために，ポアソンの方程式を解くのである。つぎの最も簡単な例題で確認してみる。

例題 11.2　平行平板電極の例

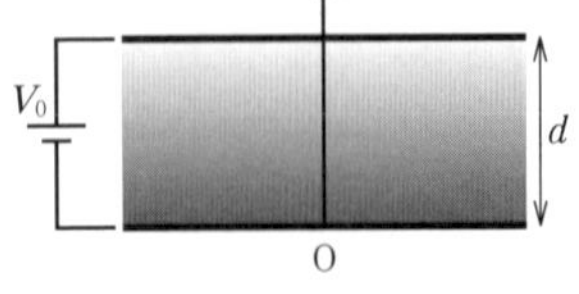

図 11.3　平行平板中に電荷分布のある場合

図 11.3 のように間隔 d の平行平板電極の間に電子が電荷密度 $\rho(y) = \rho_0$ で分布しているとき，電極間に電位差 V_0 を加えた。このときの電極間の電位分布を求めなさい。

【解答例】

面内の電荷分布は一様で y 方向に変化しているだけである。

この場合は，1 次元問題であり，解くべきポアソンの方程式は

$$\frac{\mathrm{d}^2 V}{\mathrm{d}y^2} = -\frac{\rho(y)}{\varepsilon_0} = -\frac{\rho_0}{\varepsilon_0} \qquad (11.14)$$

となる。上式を積分すれば

$$\frac{\mathrm{d}V}{\mathrm{d}y} = -\frac{1}{\varepsilon_0}\int \rho(y)\,\mathrm{d}y = -\frac{\rho_0}{\varepsilon_0}y + \mathrm{C}_1 \qquad (11.15)$$

$$V(y) = -\frac{\rho_0}{2\varepsilon_0}y^2 + \mathrm{C}_1 y + \mathrm{C}_2 \qquad (11.16)$$

となる。境界条件 $V(0)=0$，$V(d)=V_0$ を代入して

$$V(0) = \mathrm{C}_2 = 0,\quad V(d) = -\frac{\rho_0}{2\varepsilon_0}d^2 + \mathrm{C}_1 d = V_0 \Rightarrow \mathrm{C}_1 = \frac{\rho_0 d}{2\varepsilon_0} + \frac{v_0}{d},\quad \mathrm{C}_2 = 0$$

これより

$$V = -\frac{\rho_0}{2\varepsilon_0}y^2 + \left(\frac{\rho_0 d}{2\varepsilon_0} + \frac{v_0}{d}\right)y \qquad (11.17)$$

を得る。

11.3 ポアソンあるいはラプラスの方程式の解の唯一性

影像法について述べる前に，微分方程式の解の唯一性について述べる。ポアソンあるいはラプラスの方程式で与えられた境界条件を満足する解がなんらかの方法で求まったとき，その解を求める方法がなんであれ，それは唯一の解である。

解の唯一性を証明するために，**図 11.4** のような閉曲面内の空間 τ を考える。τ は外側の閉曲面 S_0 と，中に帯電した導体（それらの表面を $\mathrm{S}_1, \cdots, \mathrm{S}_n$）を n 個含んでいる。

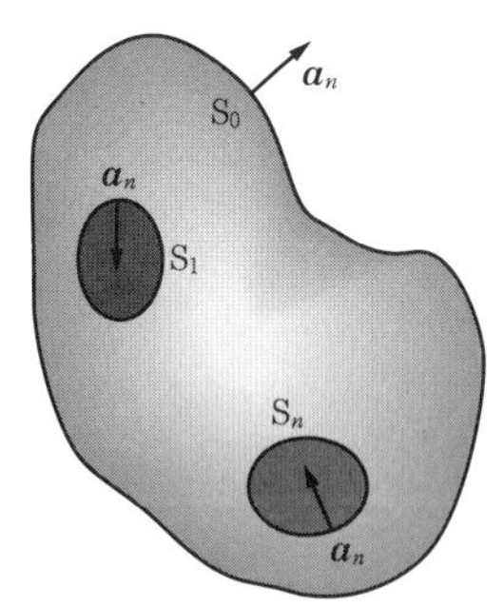

図 11.4 閉曲面内の空間 τ，S_0 は無限遠まで広げる。$\mathrm{S}_1, \cdots, \mathrm{S}_n$ は導体，その表面は閉曲面の一部。

この状態のとき，空間 τ でのポアソンの方程式に V_1，V_2 という二つの解が存在すると仮定する。すなわち

$$\nabla^2 V_1 = -\frac{\rho}{\varepsilon} \qquad (11.18)$$

$$\nabla^2 V_2 = -\frac{\rho}{\varepsilon} \qquad (11.19)$$

が成立していると仮定する。これは境界 $\mathrm{S}_0, \cdots, \mathrm{S}_n$ の上で同一の境界条件を満足している。ここで V_1 と V_2 の差でできている電位分布 V_d を考える。

$$V_d = V_1 - V_2 \qquad (11.20)$$

これと式 (11.18)，(11.19) から

$$\nabla^2 V_d = \nabla^2(V_1 - V_2) = \nabla^2 V_1 - \nabla^2 V_2 = 0 \qquad (11.21)$$

が導かれる。ここで V_1 と V_2 ともに，導体の境界 $\mathrm{S}_0, \cdots, \mathrm{S}_n$ の上で同一の境界条件を満足しなければならない。すなわち境界上で

$$V_1 = V_2 \qquad (11.22)$$

$$V_d = 0 \tag{11.23}$$

である。つぎのベクトル公式を用いて

$$\nabla(f\boldsymbol{A}) = f\nabla\boldsymbol{A} + \boldsymbol{A}\nabla f \tag{11.24}$$

$f = V_d$，$\boldsymbol{A} = \nabla V_d$ とすれば

$$\nabla\left(V_d \nabla V_d\right) = V_d \nabla^2 V_d + \left|\nabla V_d\right|^2 \tag{11.25}$$

を得る。式 (11.21) から式 (11.25) 右辺の第1項は0である。式 (11.25) の両辺を閉曲面内の空間 τ で積分すると

$$\int_\tau \nabla\left(V_d \nabla V_d\right) \mathrm{d}v = \int_\tau \left|\nabla V_d\right|^2 \mathrm{d}v \tag{11.26}$$

であるから，上式の左辺は面積積分に直せて

$$\int_S \nabla\left(V_d \nabla V_d\right) \cdot \boldsymbol{a}_n \mathrm{d}S = \int_\tau \left|\nabla V_d\right|^2 \mathrm{d}v \tag{11.27}$$

と書ける。左辺の積分は，$S_0, \cdots, S_n$ の上で行われる。ここで $\boldsymbol{a}_n$ は閉曲面の外側へ向かう**単位法線ベクトル**で図 11.4 に示す向きとなっている。$S_1, \cdots, S_n$ 上では，$V_d = 0$ である。S_0 上の積分は S_0 を半径 R の球面と考える。R を大きくするにつれ，V_d は $1/R$ に，∇V_d は $1/R^2$ に比例するようになる。したがって積分の中身は $1/R^3$ に比例する。これに対し，面積積分の面積は，R を大きくするにつれ R^2 に比例する。結局，左辺の積分の値は $1/R$ に比例し，R を無限大にすると 0 に収束する。すなわち

$$\int_\tau \left|\nabla V_d\right|^2 \mathrm{d}v = 0 \tag{11.28}$$

が得られる。$\left|\nabla V_d\right|^2$ は非負であるから，この積分が 0 であるためには，$\left|\nabla V_d\right|$ そのものが 0 でなければならない。

$$\left|\nabla V_d\right| = 0 \tag{11.29}$$

いいかえれば，至るところで V_d は同じ値を持つ。ところで，導体上では，$V_d = 0$ すなわち $V_1 = V_2$ である。異なる解と仮定した V_1 と V_2 が同じであるから，解の唯一性が証明された。

11.4　影　像　法

この節では，無限平面接地導体と点電荷について述べる。

境界条件を満足するような条件を整えれば，そのときの電位分布は，ラプラスあるいはポアソンの方程式の唯一の解である保証が得られた。ここでは，問題に含まれている境界条件を満足するように，等価な電荷（影像）を配置する方法すなわち影像法について述べる。初めに，最もよく使われる例として，電荷 Q が，

接地された無限平面導体から距離 d のところに存在する例（**図 11.5**）を挙げて影像法を説明する。問題は図の $y>0$ における電位分布を求めることである。点電荷のあるところを除いて，$y>0$ において

$$\nabla^2 V=\left(\frac{\partial^2 V}{\partial x^2}+\frac{\partial^2 V}{\partial y^2}+\frac{\partial^2 V}{\partial z^2}\right)=0 \qquad (11.30)$$

を，つぎのような境界条件の下で解くことになる。

1）接地された導体上ではすべての点で電位は 0 であり

$$V(x, y\to 0, z)=0$$

となる。

2）点電荷に近い点では，その電位は点電荷の作る電位に近づく，すなわち

$$R\to 0 \quad \Rightarrow \quad V\to\frac{Q}{4\pi\varepsilon_0 R} \quad (R：点電荷からの距離)$$

3）点電荷から十分遠く離れた点では

$$x\to\pm\infty,\quad y\to+\infty,\quad z\to\pm\infty \quad \Rightarrow \quad V\to 0$$

となる。

4）電位分布を表す関数は，x，z 軸に対して対称である。すなわち

$$V(x,y,z)=V(-x,y,z),\quad V(x,y,z)=V(x,y,-z)$$

となる。

これら四つの条件を満足する解を解析的に求めるのは容易ではない。少し違った観点から眺めてみる。等量で異符号の二つの電流が向かい合って存在する場合を考える。

図 11.6 に示すように，その電荷を結ぶ線上の中点でその線に垂直な無限平面上では正負の電荷からの距離が等しくなり，0 電位の等電位面になることに気づく。その面は接地されているのと等価である。また，その面と電気力線が直交することも自明である。一方，図 11.5 の接地された無限平面導体にも電気力線は垂直になる。

このようにして，上記の条件を**図 11.7** の右半平面において満足している状況を作ることができた。したがって図 11.6 の右半平面における電界の様子は，図 11.5 の右半平面の電界と同じになる。すなわち，図 11.5 の問題を解くのに直接ではなく，与えられた条件を満足するような電荷分布を仮想して，それらが作る電位分布，電界を求める，この方法を**影像法**，そのために仮想する電荷を**影像電荷**という。接地導体上に電気力線が終端している

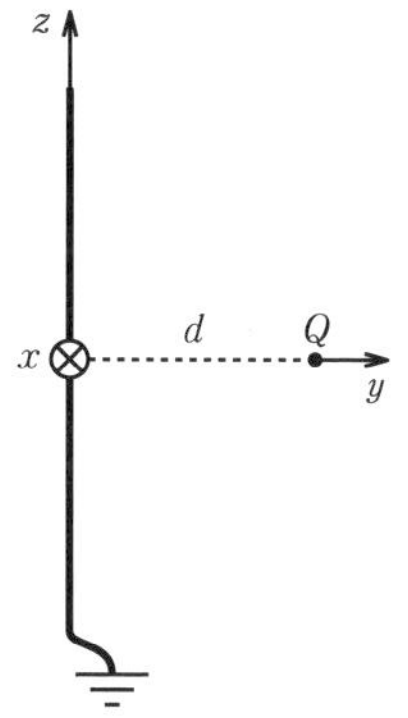

図 11.5　接地された無限平面から d の距離のところに電荷 Q がある

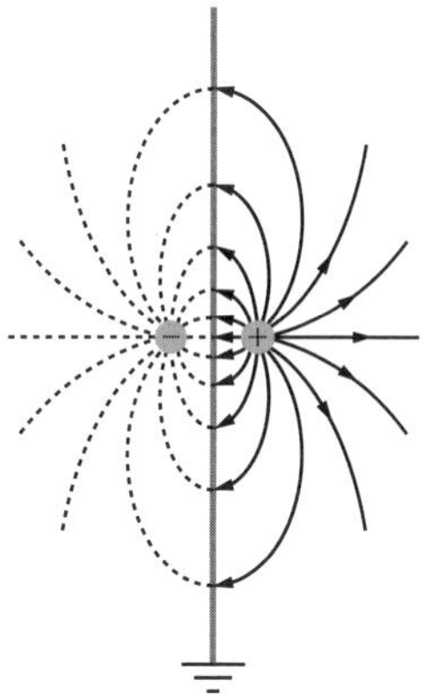

図 11.6　等量異符号の電荷による電界。電荷間を結ぶ線分の中点を通る面は等電位である。

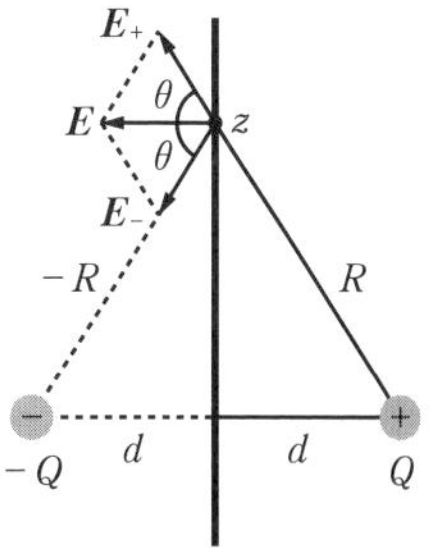

図 11.7　電荷 Q と影像電荷 $-Q$ による導体表面の電界

から，そこには負の電荷が存在する。その電荷密度分布 ρ_S を求めてみよう。導体表面の電荷密度を求めるには，3.2.1 項で述べたように，導体表面の電界を求める必要がある。そこで点電荷 Q と影像電荷が作る電界を求めるのが楽である。図 11.7 に示すように，無限導体平面上の任意の点から電荷 Q と，影像電荷 $-Q$ までの距離は等しく，それぞれが作る電界の強さの大きさは

$$\left|\boldsymbol{E}_+\right| = \left|\boldsymbol{E}_-\right| = \frac{Q}{4\pi\varepsilon_0 R^2} = \frac{Q}{4\pi\varepsilon_0\left(d^2+z^2\right)} \tag{11.31}$$

となる。また，合成電界の強さの大きさは

$$\begin{aligned}\left|\boldsymbol{E}\right| &= \left|\boldsymbol{E}_+\right|\cos\theta + \left|\boldsymbol{E}_-\right|\cos\theta \\ &= \frac{Q}{2\pi\varepsilon_0 R^2}\cos\theta = \frac{Qd}{2\pi\varepsilon_0\left(d^2+z^2\right)^{3/2}}\end{aligned} \tag{11.32}$$

となり[†1]，向きは導体に垂直である。したがって，導体表面上の電荷分布 ρ_S は

$$\rho_S = \varepsilon_0 E = \frac{Qd}{2\pi\left(d^2+z^2\right)^{3/2}} \tag{11.33}$$

となる。この誘導電荷の分布の概略は**図 11.8** のようになり，それを右半平面で見れば，あたかも導体の反対側に $-Q$ があるように見えるわけである。「**影像**」とはこのことをいう。

† 1　$\cos\theta = \dfrac{d}{\sqrt{d^2+z^2}}$

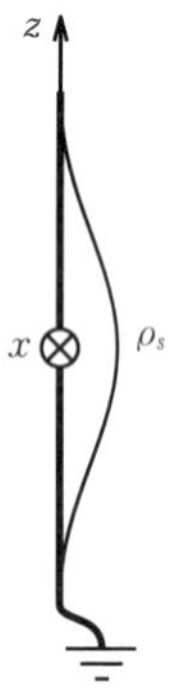

図 11.8　電荷 Q により導体表面に誘導された電荷の分布 ρ_S。これが実体で，これを代表して影像電荷 $-Q$ 導体の反対側に存在すると考える。

例題 11.3　**接地導体球と点電荷の影像法の問題**

図 11.9 のように接地された半径 a の導体球の中心から d の距離の点 P に電荷 Q がある場合を考える。記号を図 11.9 のように定め，導体球表面を 0 電位にするような影像電荷の大きさ Q' と位置 P′ を求めなさい。

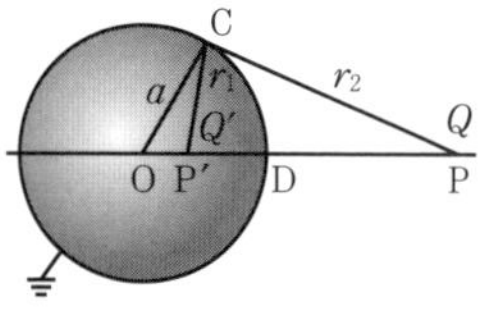

図 11.9　接地導体球と点電荷

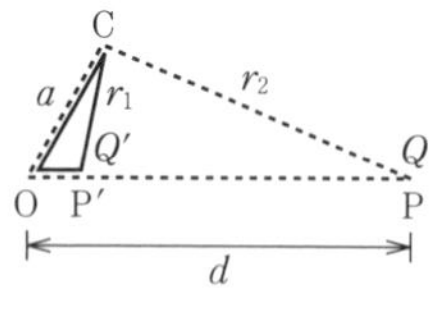

図 11.10　点電荷の接地導体球に対する影像電荷を求める。

【解答例】

（1） 導体球表面を 0 電位にするには，その影像電荷は Q と反対符号のはずである。

（2） **図 11.10** のように三角形 OPC で考える。$\dfrac{\mathrm{OP'}}{\mathrm{OC}} = \dfrac{\mathrm{OC}}{\mathrm{OP}}$ となるように点 P′ を選ぶと三角形 OPC と三角形 OCP′ は相似になり

$$\frac{\mathrm{OP'}}{\mathrm{OC}} = \frac{\mathrm{OC}}{\mathrm{OP}} = \frac{\mathrm{OC}-\mathrm{OP'}}{\mathrm{OP}-\mathrm{OC}} = \frac{a-\mathrm{OP'}}{\mathrm{OP}-a} = \frac{\mathrm{P'D}}{\mathrm{PD}} = \frac{r_1}{r_2} \tag{11.34}$$

となる。すなわち C 点は $r_1 : r_2 = \mathrm{P'D} : \mathrm{PD}$ の比を一定にする点になっている。そのような点の軌跡は点 O を中心とする円になり，軸 OP に関する対称性から点 O を中心とする半径 $\mathrm{OC} = a$ の球になることがわかる。

そこで，点 P′の位置に電荷 Q' を

$$Q' = -\frac{\mathrm{OC}}{\mathrm{OP}}Q = -\frac{a}{d}Q$$

として置くと，点 C の電位は

$$\frac{Q}{r_2} - \left(\frac{\mathrm{OC}}{\mathrm{OP}}\right)\frac{Q}{r_1} = \frac{Q}{r_2} - \frac{Q}{r_2} = 0$$

となって 0 電位にすることができる。このようにして，半径 a の球は 0 電位にすることができ，導体球表面を置き換えることができた。すなわち，導体球と点電荷による電界は，導体外において Q と Q' が作る電界の様子と同じになることがわかる。式 (11.34) より

$$\mathrm{OP}' = \frac{(\mathrm{OC})^2}{\mathrm{OP}} = \frac{a^2}{d}, \qquad \mathrm{PP}' = d - \frac{a^2}{d}$$

となる。

11.5 誘電体と点電荷

図 11.11 のように誘電率 ε_1，ε_2 の誘電体が y 軸を通り，x 軸に垂直な平面で接している。ε_1 側の誘電体の中に境界から距離 a の点 P に点電荷 Q があるときの電界を求める。この場合つぎの二つの場合に分けて考える。

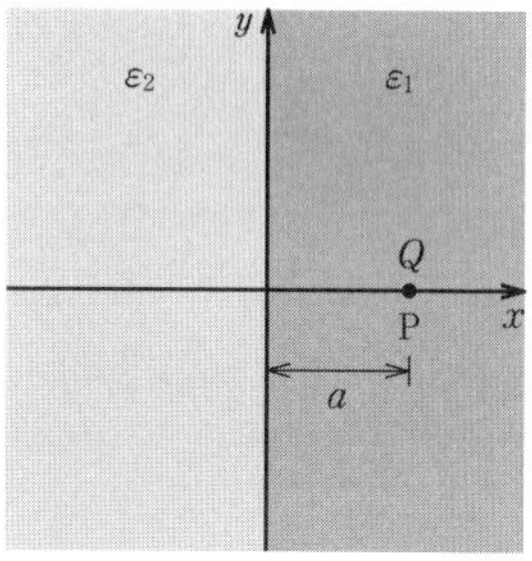

図 11.11 誘電体と点電荷

1) ε_1 側の電界を考えるとき，**図 11.12**（a）のように全体が ε_1 という誘電体で埋まっており，点 P の y 軸に対する対称な点 P′に点電荷 Q' として，ε_1 側の電界を求める。

2) ε_2 側の電界を考えるとき，図（b）のように全体が ε_2 という誘電体で埋まっており，点 P に点電荷 Q'' が存在するとして，ε_2 側の電界を求める。

両方の場合の電界を求め，境界上に置いて，境界条件を満足するように，Q'，Q'' を決定する。図（a）のように点 R が ε_1 側にあるときは，電位は

$$V_1 = \frac{Q}{4\pi\varepsilon_1 r_1} + \frac{Q'}{4\pi\varepsilon_1 r_2} \tag{11.35}$$

であり，図（b）のように点 R が ε_2 側にあるときは，電位は

$$V_2 = \frac{Q''}{4\pi\varepsilon_2 r_1} \tag{11.36}$$

である。境界上では，$r_1 = r_2$ であり，境界条件式 (5.12) から

$$\frac{1}{\varepsilon_1}(Q + Q') = \frac{Q''}{\varepsilon_2} \qquad (\text{at} \quad x = 0) \tag{11.37}$$

となる，また，境界条件式 (5.9) から

$$\varepsilon_1 \frac{\partial V_1}{\partial x} = \varepsilon_2 \frac{\partial V_2}{\partial x} \quad (\text{at} \quad x = 0) \tag{11.38}$$

である，ここで

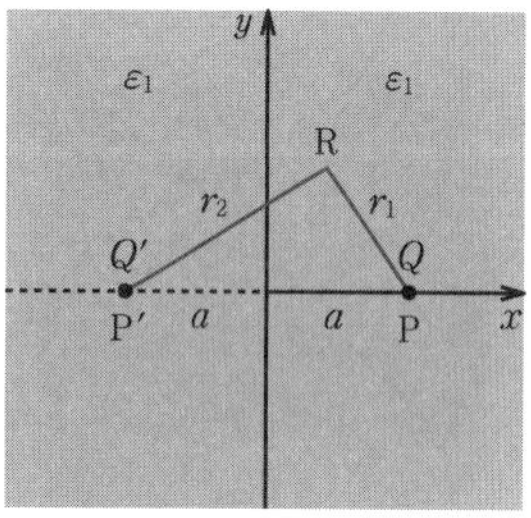

（a） ε_1 側の電界は，全体が ε_1 の誘電体で埋められ，点 P に対称な点に影像電荷 Q' が存在するとして求める。

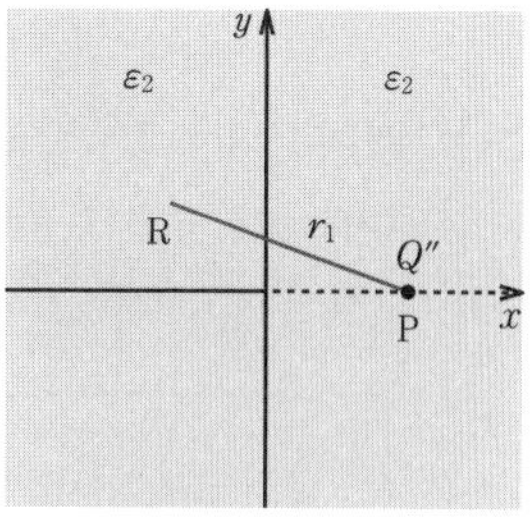

（b） ε_2 側の電界は，全体が ε_2 の誘電体で埋められ，点 P に Q'' という電荷が存在するとして求める。

図 11.12

$$r_1=\sqrt{(x-a)^2+y^2+z^2} \tag{11.39}$$

$$r_2=\sqrt{(x+a)^2+y^2+z^2} \tag{11.40}$$

である。式 (11.38) を計算すれば

$$\frac{\partial V_1}{\partial x}=\frac{1}{4\pi\varepsilon_1}\frac{\partial}{\partial x}\left(\frac{Q}{r_1}+\frac{Q'}{r_2}\right)=\frac{-1}{4\pi\varepsilon_1}\left(\frac{Q(x-a)}{r_1^3}+\frac{Q'(x+a)}{r_2^3}\right) \tag{11.41}$$

$$\frac{\partial V_2}{\partial x}=\frac{1}{4\pi\varepsilon_2}\frac{\partial}{\partial x}\left(\frac{Q''}{r_1}\right)=\frac{-Q''(x-a)}{4\pi\varepsilon_2 r_1^3} \tag{11.42}$$

となるから，境界上で $x=0$ を代入して

$$Q-Q'=Q'' \tag{11.43}$$

を得る。式 (11.37)，(11.43) から

$$Q'=\frac{\varepsilon_1-\varepsilon_2}{\varepsilon_1+\varepsilon_2}Q \tag{11.44}$$

$$Q''=\frac{2\varepsilon_2}{\varepsilon_1+\varepsilon_2}Q \tag{11.45}$$

を得る。これから，各部での電界の様子の概略は，**図 11.13** のようになる。この結果を使って，今までに出てきた例が説明できる。もし，$\varepsilon_1=\varepsilon_2$ を代入すると $Q'=0$，$Q''=Q$ となり，Q のみが ε_1 の中にあるといえる。ε_2 が無限大のときは $Q'=-Q$ となり，11.4 節の場合と同じになる。すなわち，誘電率無限大の誘電体は導体と同じ作用をするといえる。

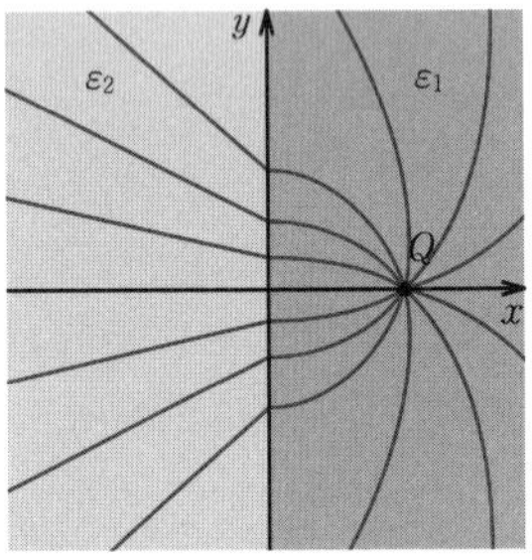

図 11.13　誘電体境界と点電荷が作る電束密度分布の概要

第 11 章　演　習　問　題

【1】 例題 11.1 において，正側電極の表面電荷密度 σ を求めなさい。

【2】 z 方向に一様な場合に式 (11.8) の円柱座標によるラプラスの方程式の解を求めなさい。

【3】 **問図 11.1** のように間隔 d の平行平板電極の間に電荷が密度分布 $\rho(y)=\rho_0$〔C/m〕で分布（面内の電荷分布は一様）している。電位に関するポアソン方程式から，電位 $V(y)$ を求めな

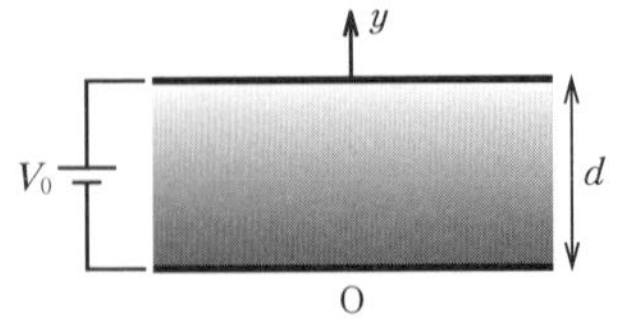

問図 11.1　平衡平板中に電荷分布のある場合

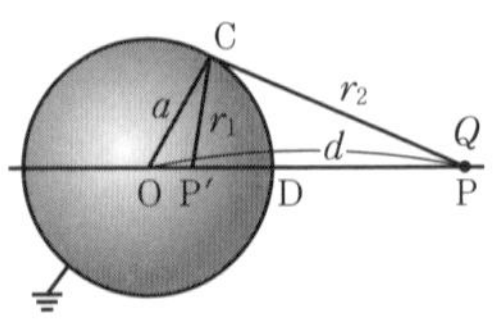

問図 11.2　接地導体球と点電荷

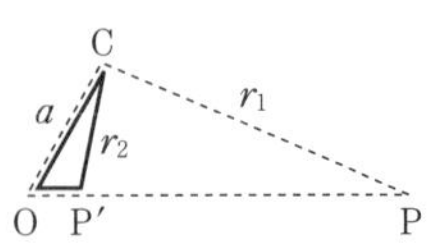

問図 11.3　演習問題【4】のヒント

さい。

【4】 **問図 11.2** のように接地された半径 a の導体球の中心から d の距離の点 P に電荷 Q がある場合の影像電荷の位置と大きさを求めなさい。

（ヒント：**問図 11.3** の三角形の頂点 P が導体球上に位置することを証明する）

【5】 問題【4】で，導体球表面に現れる誘導電荷の密度分布 σ を求めなさい。

【6】 **問図 11.4** のように接地された無限平面導体が 60° の角度で交わっている。二つの板のなす角の 2 等分線上で，板の交点からの距離 r のところの点 P_1 に電荷 Q がある。このときの影像電荷，任意の点の電位 V を求めなさい。

（ヒント：**問図 11.5** の六角形の頂点に影像電荷を配置する）

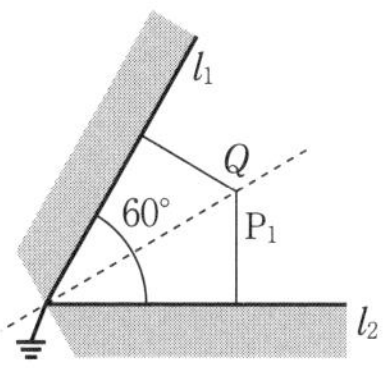

問図 11.4　60° で交わる接地導体と点電荷

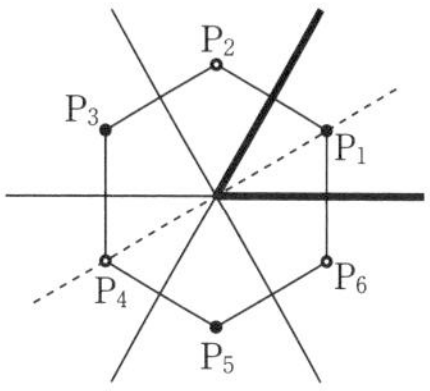

問図 11.5　演習問題【6】のヒント

時間変化のある磁束密度の場 ― 電磁誘導 ―

12

12.1 電 磁 誘 導

第 8 章では電流の作る磁界（磁束密度 $\boldsymbol{B}$ の場）について論じてきた。ここでは逆に，磁束密度 $\boldsymbol{B}$ の場の中に電流が存在するときの問題について取り扱う。

電流が磁界を作ることの逆の問題，すなわち磁界が電流を生じさせる効果の発見は，19 世紀の科学者の大きな関心事であったが，1831 年頃マイケル・ファラデー（Michael Faraday）およびジョセフ・ヘンリー（Joseph Henry）によって独立に発見された。

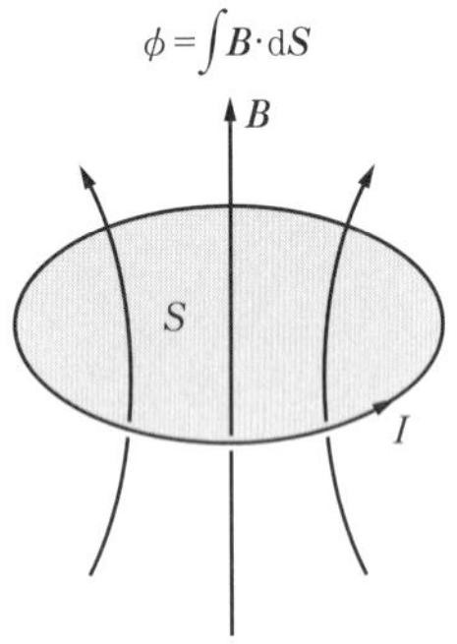

図 12.1 $\boldsymbol{B}$ が時間的に減少し，鎖交磁束 ϕ が減少すると，その減少を補う方向に $\boldsymbol{B}$ を発生するように導体の環（閉回路）に誘導電流 I が発生する

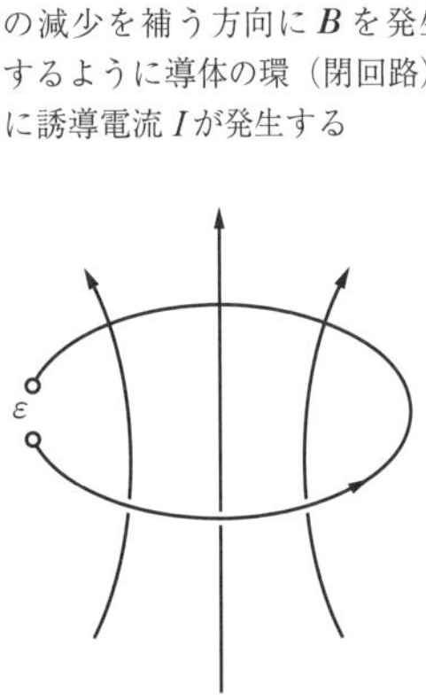

図 12.2 電磁誘導による起電力 閉回路を切断すると切断箇所に電位差（電圧）を生じる。それは，空間に生じた電界を導体の環に沿って 1 周積分したものとなる。

ファラデーの発見した現象は，導体の環に鎖交する磁束が変化したとき，導体の環に電流が誘起されるという実験的なものであった。これは**電磁誘導**（electromagnetic induction）といわれ，そのときの関係は後述するように**ファラデーの法則**（Faraday's law）として知られている。すなわち，**図 12.1** において磁束密度 $\boldsymbol{B}$ が減少しつつあるときは，閉回路と鎖交する全磁束 ϕ が減少する。磁束が減少すると，閉回路には誘導電流が流れる。誘導電流が流れると，閉回路内に磁束が生じる。生じる磁束の向きは図に示す方向（右ねじを電流の方向に回転させるとき右ねじが進む方向）である。したがって，閉回路と鎖交する磁束が減少しつつあるときは，その減少を補う方向に磁束が生じるような電流が流れる。逆に磁束が増加しつつあるときは，図と反対向きの電流が流れる。これらのことをまとめると，「**閉回路に誘起される電流は磁束の変化を妨げる方向に流れる。**」となり，これを**レンツの法則**（Lenz's law）という。

回路に電流が流れるということは，回路中に起電力が生じているわけだから，**図 12.2** のように回路の一部を切断してみるとそこに電圧が現れる。その電圧 ε は回路中に生じた電界の強さ $\boldsymbol{E}$ を 1 周積分したものであるから

$$\varepsilon=\oint \boldsymbol{E}\cdot\mathrm{d}\boldsymbol{l} \tag{12.1}$$

である。式 (12.1) で示されるように，磁束密度 $\boldsymbol{B}$ の時間的変化

を伴う場においては，もはや電界の強さ $\boldsymbol{E}$ の1周積分は0ではない。これが，静電界と大きく違うところである。この起電力の大きさに関する法則が，先に述べたファラデーの法則であり「**閉回路に誘起される起電力の大きさは，この回路と鎖交している磁束の時間変化の割合に等しい。**」となる。これと先のレンツの法則を合わせて式で示せば

$$\varepsilon = -\frac{\mathrm{d}\phi}{\mathrm{d}t} \tag{12.2}$$

と表される。ここで，ϕ は回路と鎖交している磁束である。これを**ノイマンの公式**（Neuman's formula）という。

$$\phi = \int_{\mathrm{S}} \boldsymbol{B} \cdot \mathrm{d}\boldsymbol{S} \tag{12.3}$$

であるから，ノイマンの公式は，つぎのように書くこともできる。

$$\varepsilon = \oint_{\mathrm{C}} \boldsymbol{E} \cdot \mathrm{d}\boldsymbol{l} = -\frac{\mathrm{d}}{\mathrm{d}t}\int_{\mathrm{S}} \boldsymbol{B} \cdot \mathrm{d}\boldsymbol{S} \tag{12.4}$$

12.2　インダクタンスによる電磁誘導

自己インダクタンス L のコイルに電流 I が流れているときは，そのコイルと鎖交する磁束 ϕ は LI であるから，コイルの起電力 ε は

$$\varepsilon = -\frac{\mathrm{d}LI}{\mathrm{d}t} \tag{12.5}$$

となる。インダクタンス L が一定なら

$$\varepsilon = -L\frac{\mathrm{d}I}{\mathrm{d}t} \tag{12.6}$$

である。

また，複数のコイルが直列接続されており，それぞれの自己インダクタンスを L_i（$i = 1, 2, \cdots, n$）とし，コイル1と相互インダクタンス M_{i1}（$i = 2, 3, \cdots, n$）があるとき，コイル1と鎖交する全磁束 ϕ_1 は

$$\phi_1 = L_1 I + \sum_{i=2}^{n} M_{i1} I \tag{12.7}$$

であるから，L_1，M_{i1} が一定ならば，コイル1の起電力 ε_1 は

$$\varepsilon_1 = -\frac{\mathrm{d}\phi_1}{\mathrm{d}t} = -L_1\frac{\mathrm{d}I}{\mathrm{d}t} - \sum_{i=2}^{n} M_{i1}\frac{\mathrm{d}I}{\mathrm{d}t} \tag{12.8}$$

と書ける。

12.3 磁束密度の場の中で導体が運動するとき

12.3.1 フレミングの右手の法則を導く

ここまで導体（回路）は動かないとして考えてきたが，ここでは導体が磁束密度 $\boldsymbol{B}$ 中を動く場合について考える。**図 12.3** のように，ある回路が C_1 の位置から C_2 へ δt の間に動いたとする。この間に，鎖交磁束が ϕ_1 から ϕ_2 に変化したとする。δt の間に $\delta\phi = \phi_2 - \phi_1$ だけ変化したわけだから，誘起起電力はこの $\delta\phi$ が求まればすぐにわかる。$\delta\phi$ を求めるには，C_1 から C_2 へ回路が動いたとき，その軌跡が作る側面（図の灰色の部分）から出入りする磁束を求めれば鎖交磁束の増減が判明する。回路上の微小ベクトルを $\delta\boldsymbol{l}$ [†1]，ループの移動を表すベクトルを $\delta\boldsymbol{r}$ とする。$\delta\boldsymbol{r}\times\delta\boldsymbol{l}$ は，回路の軌跡が作る側面に垂直な内向き（紙面に向かう方向）のベクトルであるから，これと磁束密度 $\boldsymbol{B}$ との内積をとれば側面を通して入ってくる磁束を表す。それが正の値を持てば図に示すように，新たに C_2 に鎖交する磁束が増したことを意味する。これを C_1 に沿って全部寄せ集めれば回路全体の鎖交磁束 ϕ が求まり

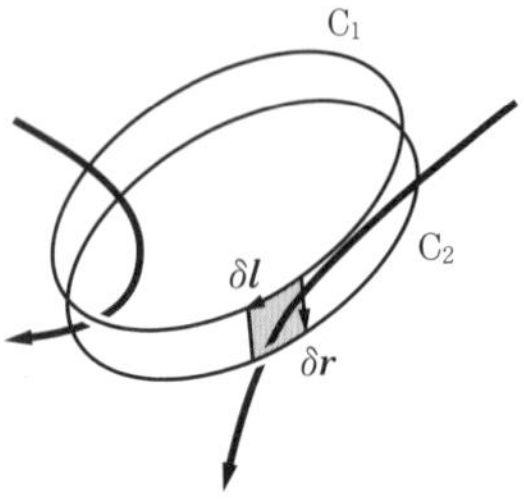

図 12.3　B の場の中を移動する回路と鎖交磁束数の変化

† 1　回路上の $\delta\boldsymbol{l}$ のベクトルの向きは，その方向に電流を流したときに生じる磁束の向きが，今考えている外部の磁束密度の向きと一致するようにしておくこと。その理由は 12.5 節で詳しく論じる。

$$\phi = \oint_{C_1} \boldsymbol{B}\cdot[\delta\boldsymbol{r}\times\delta\boldsymbol{l}] = \oint_{C_1} [\boldsymbol{B}\times\delta\boldsymbol{r}]\cdot\delta\boldsymbol{l} \qquad (12.9)$$

となる。ここでは磁束密度 $\boldsymbol{B}$ の時間的変化は考えてないから，式 (12.1) から生じる起電力は

$$\varepsilon = -\frac{\mathrm{d}\phi}{\mathrm{d}t} = -\oint_{C_1}\left[\boldsymbol{B}\times\frac{\mathrm{d}\boldsymbol{r}}{\mathrm{d}t}\right]\cdot\mathrm{d}\boldsymbol{l} = \oint_{C_1}\left[\frac{\mathrm{d}\boldsymbol{r}}{\mathrm{d}t}\times\boldsymbol{B}\right]\cdot\mathrm{d}\boldsymbol{l} \qquad (12.10)$$

と書ける。ここで $\mathrm{d}\boldsymbol{r}/\mathrm{d}t$ は回路の移動速度であるからこれを $\boldsymbol{v}$ とおけば

$$\varepsilon = \oint_{C_1}[\boldsymbol{v}\times\boldsymbol{B}]\cdot\mathrm{d}\boldsymbol{l} \qquad (12.11)$$

となる。これは，回路の $\delta\boldsymbol{l}$ の部分に $[\boldsymbol{v}\times\boldsymbol{B}]\cdot\mathrm{d}\boldsymbol{l}$ の起電力を生じていることを示すから，導体には単位長当り

$$\boldsymbol{e} = \boldsymbol{v}\times\boldsymbol{B} \qquad (12.12)$$

の起電力を誘起している（**図 12.4**）。これを**フレミングの右手の法則**（Fleming's right-hand rule）という。これらのことからわかるように，導体が磁束密度 $\boldsymbol{B}$ の場を移動するときは，導体が磁束を横切ったために起電力を生じると考えることができる。

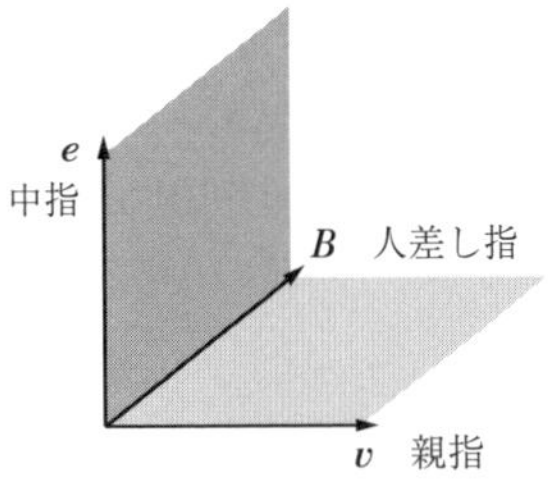

図 12.4　フレミング右手の法則

12.3.2 変動する磁界中を導体が動くとき

これまでに電磁誘導は，回路と鎖交する磁束数の変化あるいは

導線が磁束を横切ることによって起電力を有するということを，述べてきた。それをつぎの例題で確認しよう。

例題 12.1

図 12.5 のように，紙面に垂直に磁束密度 $\boldsymbol{B}$ があり，幅の平行な導体のレールの上を速度 $\boldsymbol{v}$ で長さ l の導体がすべりながら移動している。このとき，つぎの（1）～（3）の場合の導体上の起電力 ε を求めなさい。

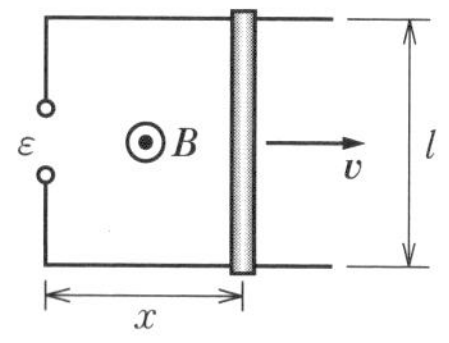

図 12.5　変動する磁界中を導体が動く

（1）　$\boldsymbol{v}=\boldsymbol{0}$（回路の形は不変）で $\boldsymbol{B}$ の時間変化が正弦波状で

$$\boldsymbol{B}=\boldsymbol{B}_{\mathrm{m}}\sin\omega t \tag{12.13}$$

の場合。

（2）　$\boldsymbol{B}$ は不変で $\boldsymbol{v}$ が有限な場合（回路の形が変化）の場合。

（3）　$\boldsymbol{v}$ が有限で $\boldsymbol{B}$ も（1）の場合と同じように時間変化する場合。

【解答例】

磁束の方向より，起電力の向きは電流を反時計回りに流したときに生じる方向を正と定義する。

（1）　回路と鎖交する総磁束数 ϕ は

$$\phi=\int_{\mathrm{S}}\boldsymbol{B}\cdot\mathrm{d}\boldsymbol{S}=xlB_{\mathrm{m}}\sin\omega t \tag{12.14}$$

であるから起電力 ε は

$$\varepsilon=-\frac{\mathrm{d}\phi}{\mathrm{d}t}=-\omega xlB_{\mathrm{m}}\cos\omega t \tag{12.15}$$

となる。

（2）　可動な導線に単位長さ当り，$\boldsymbol{e}=\boldsymbol{v}\times\boldsymbol{B}$ の起電力が発生し，その向きは，この例題の場合，紙面に平行に上から下へ向かう方向である。したがって，起電力 ε は

$$\varepsilon=vBl \tag{12.16}$$

となる。

（3）　この場合は上記 2 通りの場合を加えたものとなり，$\boldsymbol{B}$ の変化による起電力 ε_1 および導線の動きによる起電力 ε_2 は

$$\varepsilon_1=-\frac{\mathrm{d}\phi}{\mathrm{d}t}=-\omega xlB_{\mathrm{m}}\cos\omega t \tag{12.17}$$

$$\varepsilon_2=vBl=vlB_{\mathrm{m}}\sin\omega t \tag{12.18}$$

で与えられる（ε_2 には $\boldsymbol{B}$ の変化による影響も入っている）。したがって合計の起電力 ε は

$$\varepsilon=\varepsilon_1+\varepsilon_2=-\omega xlB_{\mathrm{m}}\cos\omega t+vlB_{\mathrm{m}}\sin\omega t=lB_{\mathrm{m}}\sqrt{v^2+(\omega x)^2}\sin(\omega t+\theta) \tag{12.19}$$

となる。ただし，$\theta=\tan^{-1}(\omega x/v)$。

なお，（1）のように，回路の形が不変で，$\boldsymbol{B}$ のみ時間変化する場合は

$$\varepsilon=-\int\frac{\mathrm{d}\boldsymbol{B}}{\mathrm{d}t}\cdot\mathrm{d}\boldsymbol{S} \tag{12.20}$$

とも書ける。

12.4　磁束密度の場の中にある電流ループの位置エネルギー

磁束密度 $\boldsymbol{B}$ の場の中に閉回路電流がある。一つの大きな閉電

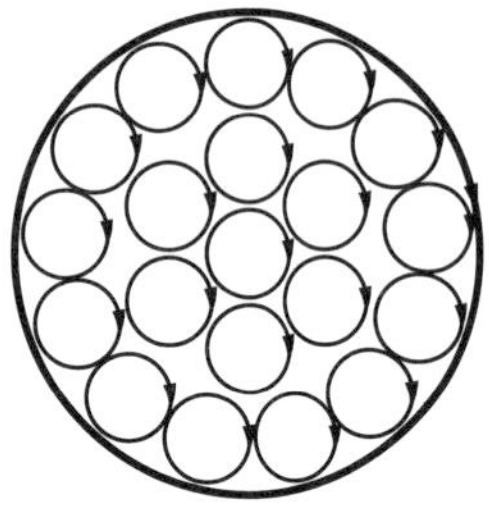

図 12.6　大きな電流を分割する。小さな閉路電流は小棒磁石とみなせる。すなわち大きな閉路電流は板状磁石ともみなせる。

流は，**図 12.6** のように小さな閉電流に分けて考えられる。また，一つの小さな閉電流は，小さな棒磁石と考えることができる。磁界中の小棒磁石 $\boldsymbol{m}$ の持つ位置エネルギー w は，9.9.3 項で述べたように

$$w = -\boldsymbol{m} \cdot \boldsymbol{B} \tag{12.21}$$

であるから，図 12.6 の微小閉電流の面積を δS として式 (9.13) から，紙面に垂直で紙面に向かう方向を z 軸として

$$w = -\boldsymbol{a}_z I \delta S \cdot \boldsymbol{B} \tag{12.22}$$

であるから，この閉電流の位置エネルギー W は，式 (12.22) を閉回路の面積で積分して

$$W = \int w \mathrm{d}S = -\int I \boldsymbol{a}_z \cdot \boldsymbol{B} \, \mathrm{d}S = -I\Phi \tag{12.23}$$

と書ける。ここで，Φ は閉回路と鎖交する磁束数である。すなわち磁束密度 $\boldsymbol{B}$ の場の中の閉回路電流の位置エネルギーは，$-I\Phi$ で表される。9.7 節に述べたとおり，磁束密度中の電流は力を受ける。その結果，C_1 から C_2 へ閉回路が動いたとする。このとき閉回路に流れてる電流 I は一定であるとする。位置が変化したため，閉回路と鎖交する磁束数も Φ_1 から Φ_2 へ $\delta\Phi$ だけ変化したとする。電流が受ける力を $\boldsymbol{F}_\xi$ とし，$\delta\xi$ だけ移動したとする。移動に伴う機械的エネルギー $\mathrm{d}W_\mathrm{F}$ は，系のエネルギーの減少，$-\mathrm{d}W_\mathrm{F}$ に等しいはずであるから

$$\boldsymbol{F}_\xi = -\frac{\partial W_\mathrm{F}}{\partial \xi}\frac{\partial \boldsymbol{\xi}}{\partial \xi} = I\frac{\partial \Phi}{\partial \xi}\frac{\partial \boldsymbol{\xi}}{\partial \xi} \tag{12.24}$$

となる。この運動によって鎖交磁束数も $\delta\Phi$ だけ変化するから，運動に要する時間を δt とすれば

$$\varepsilon = -\frac{\partial \Phi}{\partial t} \tag{12.25}$$

だけの起電力を生じる。この起電力によって電流が変化するはずであるから，I を一定に保つためには，閉回路に外部から逆向きの起電力 ε' を加え補償しなければならない。ε' が供給するエネルギーは

$$\varepsilon' I \delta t = I\delta\Phi \tag{12.26}$$

となる。一方，式 (12.24) を書き換えれば

$$\boldsymbol{F}_\xi \cdot \delta\boldsymbol{\xi} = I\delta\Phi \tag{12.27}$$

となり，これと式 (12.26) を比べれば，起電力が供給したエネルギーがちょうど運動に要する機械的エネルギーと等しいことがわかる。すなわち，この機械的エネルギーは電流を一定にするために起電力によって供給されている。

12.5 磁束密度の場の中にある電流に働く力

12.5.1 フレミングの左手の法則を導く

式 (12.26) をさらに検討してみよう。**図 12.7** のように磁束密度の場 $\boldsymbol{B}$ の中に閉回路 C があり，電流が流れているとする。これには前節で述べたように，力 $\boldsymbol{F}_\xi$ が式 (12.24) のように働く。

$$\boldsymbol{F}_\xi = -\frac{\partial W_F}{\partial \xi}\frac{\partial \boldsymbol{\xi}}{\partial \xi} = I\frac{\partial \Phi}{\partial \xi}\frac{\partial \boldsymbol{\xi}}{\partial \xi} \qquad (12.24) 再掲$$

そこで閉回路が C_1 から C_2 まで動いたとする。その間に C_1，C_2 で作られた側面（図の灰色の部分）から入った磁束 C_1 から $\delta\phi$ が，電流の流れている閉回路との鎖交磁束を増加させるか否かを，図 12.7 を用いて考える。図（a），（b），（c），（d）の力線は，外部の場が作っている磁束分布を表す。図（a）では $\delta\boldsymbol{l}$ の方向に電流が流れているときにできる $\boldsymbol{B}$ の方向（図（e））と，外部の磁束密度 $\boldsymbol{B}$ の方向が一致していて，C_1 から C_2 へ移動したとき鎖交磁束数が増える。このときは

$$\delta\phi = \oint_{C_1} \boldsymbol{B}\cdot[\delta\boldsymbol{\xi}\times\delta\boldsymbol{l}] > 0 \qquad (12.28)$$

である。図（c）は周囲の $\boldsymbol{B}$ と，回路自身が作る $\boldsymbol{B}$ の方向が逆だが，$\delta\phi$ は，やはり

$$\delta\phi = \oint_{C_1} \boldsymbol{B}\cdot[\delta\boldsymbol{\xi}\times\delta\boldsymbol{l}] > 0$$

である。なぜなら，図からわかるように，閉回路が C_1 から C_2 へ移動すると，閉回路自身の作る $\boldsymbol{B}$ と逆向きの鎖交磁束が減るため，結果として図（e）に示した方向の鎖交磁束数は増加するからである。

つぎに図（b），（d）の場合を考えよう。図（b），（d）のどちらも $\delta\boldsymbol{l}$ の向きが図（a），（c）とは逆だから

$$\delta\phi = \oint_{C_1} \boldsymbol{B}\cdot[\delta\boldsymbol{\xi}\times\delta\boldsymbol{l}] < 0 \qquad (12.29)$$

となる。図（f）に示すように，このときの閉回路の作る $\boldsymbol{B}$ の方向は図（a），（c）の場合と逆である。図（b）の場合，C_1 から C_2 へ移動すると閉回路の作る $\boldsymbol{B}$ と逆向きの鎖交磁束数が増加し，図（d）の場合は閉回路の作る $\boldsymbol{B}$ と同じ向きの鎖交磁数が減少する。すなわち図（b），（d）の場合どちらも図（f）に示す方向の鎖交磁束数は減少する。

これらをまとめると

・回路電流の方向に，$\delta\boldsymbol{l}$ をとる。

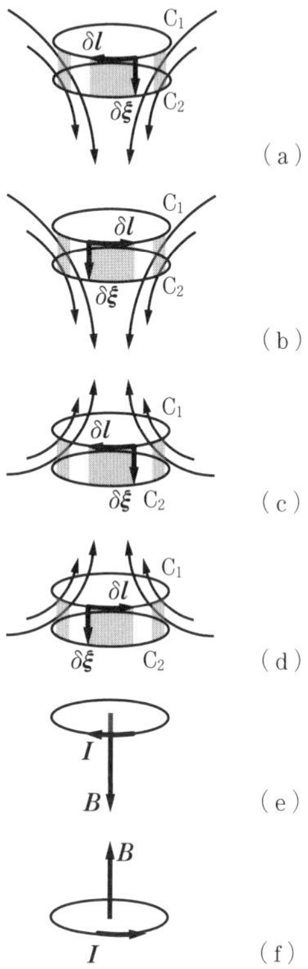

図 12.7 鎖交磁束数の増減を考える

・任意の方向に動かす。

・$\boldsymbol{\Delta\xi}\times\delta\boldsymbol{l}>0$ なら $\delta\phi>0$，$\boldsymbol{\Delta\xi}\times\delta\boldsymbol{l}<0$ なら $\delta\phi<0$

・それは回路の電流が作る $\boldsymbol{B}$ の方向と同じ方向の鎖交磁束数の増減を表す。

となる。これから，電流の流れている方向に $\delta\boldsymbol{l}$ をとれば

$$\delta\phi=\oint_{C_1}\boldsymbol{B}\cdot[\delta\boldsymbol{\xi}\times\delta\boldsymbol{l}]=\oint_{C_1}[\boldsymbol{B}\times\delta\boldsymbol{\xi}]\cdot\delta\boldsymbol{l} \tag{12.30}$$

がつねに，回路に流れる電流の作る磁束密度と同じ方向の磁束の鎖交数の増減を示す。この式は，また

$$\delta\phi=\oint_{C_1}[\boldsymbol{B}\times\delta\boldsymbol{\xi}]\cdot\delta\boldsymbol{l}=\oint_{C_1}[\delta\boldsymbol{l}\times\boldsymbol{B}]\cdot\delta\boldsymbol{\xi} \tag{12.31}$$

とも書ける。$\boldsymbol{F}$ の ξ 方向成分 F_ξ は式 (12.24) より

$$F_\xi=I\frac{\mathrm{d}\phi}{\mathrm{d}\xi}=I\frac{\mathrm{d}\boldsymbol{\xi}}{\mathrm{d}\xi}\oint_{C_1}[\mathrm{d}\boldsymbol{l}\times\boldsymbol{B}] \tag{12.32}$$

と書けるから

$$\boldsymbol{F}=I\oint_{C_1}[\mathrm{d}\boldsymbol{l}\times\boldsymbol{B}]=\oint_{C_1}[I\mathrm{d}\boldsymbol{l}\times\boldsymbol{B}]=\oint_{C_1}[\boldsymbol{I}\times\boldsymbol{B}]\mathrm{d}l \tag{12.33}$$

を得る。これから回路の単位長さ当り

$$\boldsymbol{f}=\boldsymbol{I}\times\boldsymbol{B} \tag{12.34}$$

という力が働いていることがわかる。これが，**フレミングの左手の法則**である。(**図 12.8** 参照)

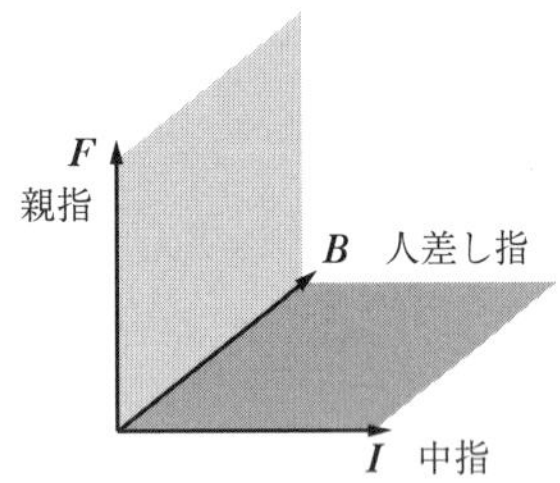

図 12.8　フレミングの左手の法則

電荷 q が速度 $\boldsymbol{v}$ で運動しているときは $q\boldsymbol{v}$ という電流と等価であるから，電荷に働く力は

$$\boldsymbol{f}=q\boldsymbol{v}\times\boldsymbol{B} \tag{12.35}$$

となり，8.1 節で述べたローレンツ力を表す。

12.5.2　電流相互間に働く力

磁束密度の場の中に置かれた電流に力が働くのであるから，電流相互の間にも，一方の電流の作る磁束密度により他方の電流が力を受けると考えると，**電流相互間の力**を求めることができる。

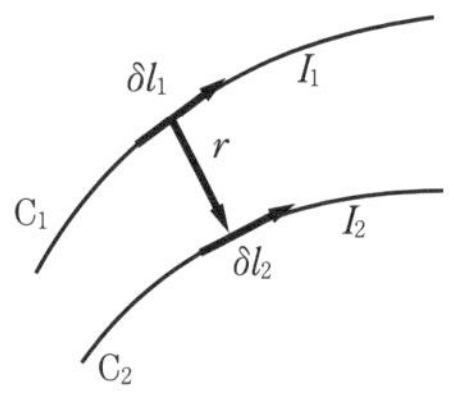

図 12.9　電流相互間に働く力

図 12.9 のように，2 本の導体に電流が流れているとき，電流 $\boldsymbol{I}_1$ の微小部分 $\delta\boldsymbol{I}_1$ が作る磁束密度は，式 (8.42) で与えられるビオ・サバールの法則から

$$\delta\boldsymbol{B}=\frac{\dfrac{\mu}{4\pi}I_1(\delta\boldsymbol{l}_1\times\boldsymbol{r})}{r^3} \tag{12.36}$$

となる。ここで，$\boldsymbol{r}$ は $\delta\boldsymbol{l}_1$ から $\boldsymbol{I}_2$ の微小部分 $\delta\boldsymbol{l}_2$ に至るベクトルである。これから，式 (12.33) により $\boldsymbol{I}_2$ 微小部分 $\delta\boldsymbol{l}_2$ に働く力は

$$\delta \boldsymbol{F} = \frac{\mu}{4\pi} I_1 I_2 \frac{\delta \boldsymbol{l}_2 \times (\delta \boldsymbol{l}_1 \times \boldsymbol{r})}{r^3} \tag{12.37}$$

となる。これから二つの電流間に働く力は

$$\boldsymbol{F} = \frac{\mu}{4\pi} I_1 I_2 \iint_{C_1, C_2} \frac{\delta \boldsymbol{l}_2 \times (\delta \boldsymbol{l}_1 \times \boldsymbol{r})}{r^3} \tag{12.38}$$

と，回路全体にわたり積分すればよい。

例題 12.2

図 12.10 のように，2 本の無限平行導線に流れる電流をそれぞれ，I_1〔A〕，I_2〔A〕とし，導線間の距離を d〔m〕とする。このとき，I_1 と I_2 の単位長当りに作用する力の大きさ f を求めなさい。

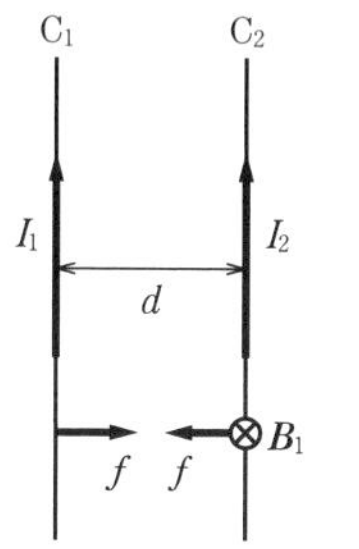

図 12.10　平行無限長電流間の力

【解答例】

一方の微小電流の作る磁束密度により他方の微小部分に働く力を求める。電流 I_1 が距離 d の場所に作る磁束密度 B_1 は，アンペアの周回積分の法則より

$$B_1 = \frac{\mu I_1}{2\pi d} \tag{12.39}$$

となる。その向きは，図 12.10 に示すように，紙面の裏に向かう向きである。よって，B_1 によって I_2 に働く単位長当りの力の大きさ f は式 (12.34) より

$$f = \frac{\mu I_1 I_2}{2\pi d} \tag{12.40}$$

となる。

この例題からわかるように，電流間には力が働く。これを，一方の電流の作る磁束密度の場の中に電流があるからと考えた。これは別の見方をすると，電荷間に働くクーロン力と考えることができる。この場合，運動する電荷に相対論的効果を導入しなければならない。すなわち，電流による磁束密度の場は運動する電荷の相対論的効果であるとみなすこともできる。これは次節のように説明できる。

12.6　電流による磁束密度の場は運動する電荷の相対論的効果

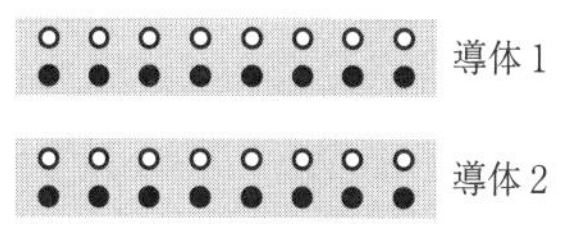

図 12.11　電流の流れていない二つの導体

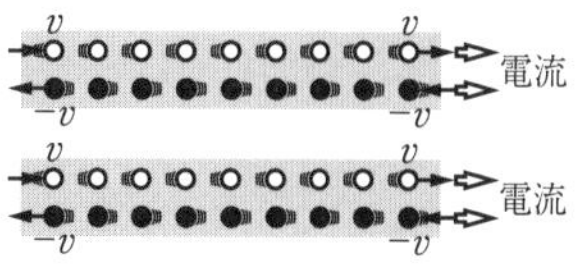

図 12.12　二つの導体に同一電流が流れているとき，外部座標から観測した場合

図 12.11 のように 2 本の平行導体に**図 12.12** のように同一大きさ，同一方向の電流が流れているときを考える。それぞれの導体中の，正・負それぞれの電荷の間隔は相対論的効果により縮んでいる。すなわち電荷密度が静止状態より高くなる。つぎに，**図 12.13** で導体 1 の正電荷の上に乗って考える。導体 2 の正電荷は

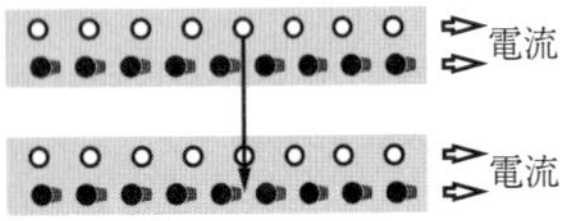

図 12.13　同一導体に同一電流が流れているとき，正電荷上から観測した場合

導体 1 の正電荷と同一方向に同一速度で運動しているから，たがいの相対速度は 0 である。一方，負の電荷は逆方向に運動しているから，正電荷にとってみれば相対速度は大きく，導体 1 の正電荷から見れば導体 2 の負の電荷密度が正の電荷密度より高くなっている。したがって，導体 1 と導体 2 の正電荷どうしのクーロン力の反発力に比べ，導体 1 の正電荷と導体 2 の負電荷の間のクーロン力，すなわち引力が大きくなり，二つの電流の間に引力が働く。

12.7　ホール効果

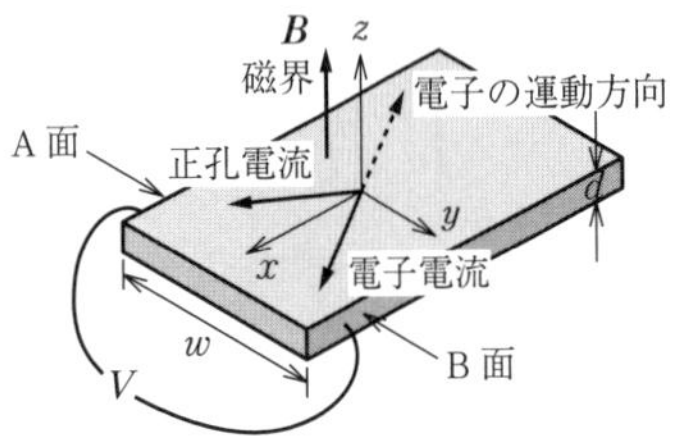

図 12.14　ホール効果

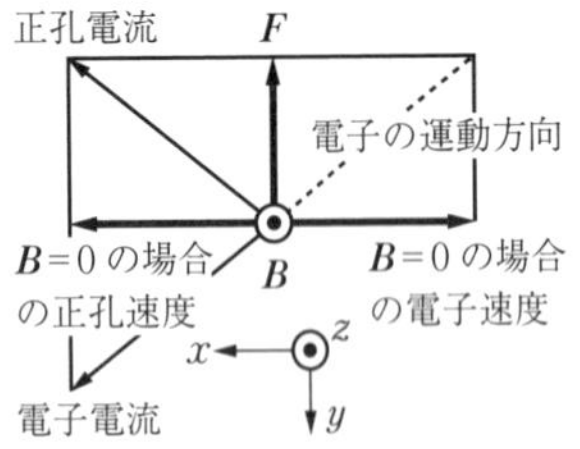

図 12.15　図 12.14 を上から見た図

図 12.14 のように，導体や半導体に電流が流れている状態を考える。電流の方向を x 方向とし，導体表面に垂直に磁束密度 $\boldsymbol{B}$ の磁界が加わっているとする。電流を担っている電子は $-x$ 方向，正孔は $+x$ 方向に進むことからフレミングの左手の法則より，電子と正孔にローレンツ力がそれぞれ $\pm y$ 方向に加わる。したがって，電子と正孔それぞれの速度ベクトルとローレンツ力 $\boldsymbol{F}$ との合成は**図 12.15** のようになり，電子と正孔それぞれの電流は y 方向で逆向きになる。もし，単位体積当りの正孔の数が電子の数より大きければ，図 12.14 の A 面の側に正の電荷が蓄積される。その結果 A 面から B 面に向かう電界が生じる。その電界ベクトルは，正孔を押し戻そうとする向きである。逆に電子の数が多いときは，同様であるが A 面側が負に帯電し，B 面から A 面に向かう電界ができる。この電界ベクトルは磁界 $\boldsymbol{B}$ によって電荷に働く力と逆向きであるから，やがて平衡に達する。平衡に達したときは，y 方向の力に関して

$$evB + eE_y = 0 \tag{12.41}$$

であるから

$$E_y = -vB \tag{12.42}$$

を得る。電流密度を i，単位体積当りの荷電粒子数を n とすれば，電荷の平均速度 $v = i/(ne)$ であるから

$$E_y = -\frac{iB}{ne} \tag{12.43}$$

図 12.14 のように，導体幅を w，厚さを d とすれば

$$E_y = -\frac{I}{wd}\frac{B}{ne} \tag{12.44}$$

これから

$$E_y w = v_H = -\frac{I}{d}\frac{B}{ne} \tag{12.45}$$

を得る。ここで，v_H はAB面に現れる電圧であり，**ホール電圧**と呼ばれ，この正・負でメジャーキャリヤが正孔か電子かが判明する。式(12.45)の $1/(ne)$ の部分を R と書き，**ホール定数**という。

第12章 演 習 問 題

【1】 式(12.9)の $\boldsymbol{B}\cdot(\delta\boldsymbol{r}\times\delta\boldsymbol{l})=(\boldsymbol{B}\times\delta\boldsymbol{r})\cdot\delta\boldsymbol{l}$ を証明しなさい。
（ヒント：**問図12.1**の平行六面体の体積をベクトルより求めてみる。）

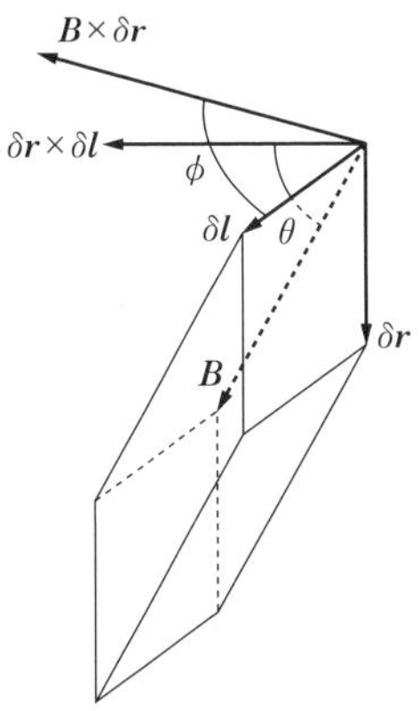

問図12.1 平行六面体の体積

【2】 面積1 m^{2}の1回巻のコイルの面に垂直に一様な磁束がある。磁束密度が毎秒2 Tの速さで変化しているものとすれば，コイルに誘起される起電力はいくらになるか求めなさい。

【3】 1辺が1 mの正方形コイルがある。その相隣り合う2辺が x, y 軸の正側と一致しているとし，磁束はこれに垂直で，$B(x, y)=3\sin\pi x\cdot\sin\pi y$〔T〕として分布している。$B$ が50 Hzで変化すると，回路に誘起される起電力はいくらか示しなさい。また，100 Hzの場合も示しなさい。

【4】 鉄道のレールの間隔が1.5 mでたがいに絶縁されているとする。列車が毎時60 kmの速度で走っている場合，レール間に電圧計を接続すると何Vの振れを示すか求めなさい。ただし，地球磁界の垂直成分は $B=0.15\times10^{-4}$ Tとする。

【5】 2本の平行に張られた送電線にたがいに逆方向に1 000 Aの電流が流れている。線の間隔が1 mのとき線には単位長さ当りどれだけの力が働くか示しなさい。

電　磁　波　13

13.1　電磁界の基礎方程式

本節で述べるマクスウェルの方程式と呼ばれる電磁界の基礎方程式が基になって，電磁波の存在が理論的に予測された。前章までで，電流が流れると磁束密度の場（または磁界）ができること，鎖交磁束の時間変化は起電力を生じることを学んできた。それらはたがいに関係しているのではないだろうか。第1章でも述べたように，その通りである。本節ではその関係を厳密に取り扱っておこう。

13.1.1　電磁誘導の法則の微分形式

式(12.2)に示した電磁誘導の法則のノイマンの公式は

$$\varepsilon = -\frac{\mathrm{d}\phi}{\mathrm{d}t} \tag{13.1}$$

であった。また，時間的に変化する磁束密度 $\boldsymbol{B}$ の場の中の，ある1周積分路Cと鎖交する磁束数 ϕ は

$$\phi = \int_{\mathrm{S}} \boldsymbol{B}\cdot \mathrm{d}\boldsymbol{S} \tag{13.2}$$

であり，このときの起電力 ε は

$$\varepsilon = \oint \boldsymbol{E}\cdot \mathrm{d}\boldsymbol{l} \tag{13.3}$$

となる。これらから

$$\oint \boldsymbol{E}\cdot \mathrm{d}\boldsymbol{l} = -\frac{\mathrm{d}}{\mathrm{d}t}\int_{\mathrm{S}} \boldsymbol{B}\cdot \mathrm{d}\boldsymbol{S} \tag{13.4}$$

を得る。磁束密度 $\boldsymbol{B}$ のみの変動を考えると

$$\oint \boldsymbol{E}\cdot \mathrm{d}\boldsymbol{l} = \int_{\mathrm{S}} -\frac{\mathrm{d}\boldsymbol{B}}{\mathrm{d}t}\cdot \mathrm{d}\boldsymbol{S} \tag{13.5}$$

となる。回路を微小にし，両辺の単位面積当りの大きさを考えると

$$\frac{1}{\delta S}\frac{\delta \boldsymbol{S}}{\delta S}\oint \boldsymbol{E}\cdot \mathrm{d}\boldsymbol{l} = -\frac{\mathrm{d}\boldsymbol{B}}{\mathrm{d}t} \tag{13.6}$$

となる。$\delta S \to 0$ の極限では，定義通り[†1]左辺は $\mathrm{rot}\,\boldsymbol{E}$ となるから，結局

†1　式(8.10)の $\boldsymbol{B}$ を $\boldsymbol{E}$ に置き換えると次式となる。

$$\mathrm{rot}\,\boldsymbol{E} = \lim_{\delta S \to 0}\frac{\delta \boldsymbol{S}}{\delta S}\frac{1}{\delta S}\oint_{\mathrm{C}} \boldsymbol{E}\cdot \mathrm{d}\boldsymbol{l}$$

$$\mathrm{rot}\,\boldsymbol{E} = -\frac{\partial \boldsymbol{B}}{\partial t} \tag{13.7}$$

を得る。これで，時間的に変動する磁束密度$\boldsymbol{B}$と生じる強さ$\boldsymbol{E}$の電界との関係の微分形が得られた。すなわち，磁束密度$\boldsymbol{B}$が時間的に変動すると空間中に強さ$\boldsymbol{E}$の電界が生じ，その関係が式 (13.7) で与えられる。

13.1.2 変 位 電 流

一方，アンペアの法則から

$$\mathrm{rot}\,\boldsymbol{H} = \boldsymbol{i} \tag{13.8}$$

である。これは導体に電流$\boldsymbol{i}$が流れると磁界$\boldsymbol{H}$ができることを示す。式 (13.8) の両辺の発散をとると，8.2節で述べたように，任意のベクトル$\boldsymbol{F}$について$\mathrm{div\,rot}\,\boldsymbol{F}=0$であるから

$$\mathrm{div\,rot}\,\boldsymbol{H} = \mathrm{div}\,\boldsymbol{i} = 0 \tag{13.9}$$

となり

$$\mathrm{div}\,\boldsymbol{i} = 0 \tag{13.10}$$

でなければならない。導体中を流れる定常電流の場合は，ある断面を通過する電流を考えれば，$\mathrm{div}\,\boldsymbol{i}=0$が成立していることが理解できるが，途中にコンデンサを含む回路のような場合には，極板に電荷が蓄えられるので**電荷保存則**（**電流連続則**）

$$\mathrm{div}\,\boldsymbol{i} = -\frac{\partial \rho}{\partial t} \tag{13.11}$$

が成り立ち（ρは電荷密度），式 (13.10) と矛盾する。いま，**図13.1**のような回路を考えよう。すなわちコンデンサに抵抗と電池をつないだものである。コンデンサの初期電荷は0であり（図（a）），これを$t=0$でスイッチを閉じると，図（b）のように電荷が移動する。これを図（c）のようにブラックボックスの中での出来事と考えると，電池から見れば図（d）のように，ブラックボックスの中を伝導電流が流れているようにしか見えない。つぎに，コンデンサの部分のみを考えると，一方の極板に正の電荷が到達し，同時に負の電荷が対面するもう一方の電極に到達する。そうすると，極板間の空間の電束密度が増加する。すなわち，伝導電流により極板の電荷が増加し，コンデンサ両端の電位差が電源（電池）と同じ（平衡状態）になるまでの間，伝導電流，極板間は電束$\boldsymbol{D}$で結ばれる。したがって，極板間で

$$\frac{\partial \boldsymbol{D}}{\partial t} \tag{13.12}$$

を電流とみなせば，導体中の伝導電流と極板間の$\boldsymbol{D}$による電流

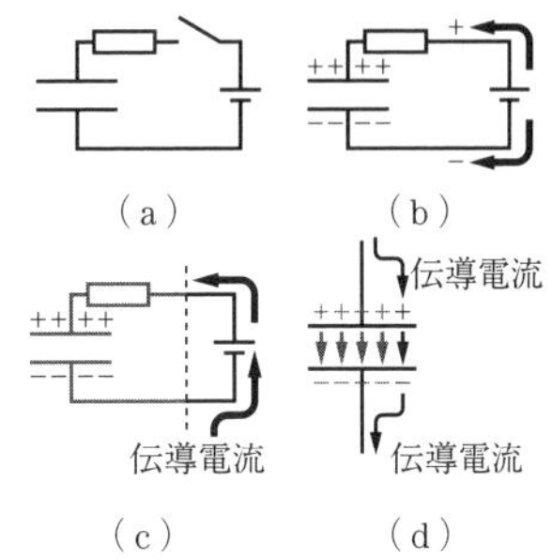

図13.1 変位電流の概念

の連続性が保たれる。すなわち，コンデンサの極板にたまった電荷の電荷密度を ρ とすれば

$$\mathrm{div}\,\boldsymbol{D} = \rho \tag{13.13}$$

であるから，式 (13.11) は

$$\mathrm{div}\,\boldsymbol{i} + \mathrm{div}\,\frac{\partial \boldsymbol{D}}{\partial t} = 0 \tag{13.14}$$

となる。そこで

$$\boldsymbol{j} = \boldsymbol{i} + \frac{\partial \boldsymbol{D}}{\partial t} \tag{13.15}$$

という電流 $\boldsymbol{j}$ を考え，アンペアの法則（式 (13.8)）を一般化すると

$$\mathrm{rot}\,\boldsymbol{H} = \boldsymbol{j} \tag{13.16}$$

となる。これを**アンペア・マクスウェルの法則**という。

図 13.1 に戻って復習してみよう。

1)　極板に伝導電流 $\boldsymbol{i}$ が流入する。
2)　極板に単位面積当り毎秒 ρ だけの電荷がたまる。
3)　そこから毎秒 $D=\rho$ に等しい本数の電束が出る。
4)　すなわち伝導電流 $\boldsymbol{i}$ によって毎秒 $\partial\rho/\partial t$ の電荷がたまる。
5)　極板のところで終わった伝導電流は，$\partial\boldsymbol{D}/\partial t$ なる仮想電流となって極板間を伝わる。

このようにして，導体のつながっていない部分も $\partial\boldsymbol{D}/\partial t$ なる電流を考えることによって，電流の連続性を考えることができることになる。この電流 $\dfrac{\partial \boldsymbol{D}}{\partial t}$ を**変位電流**[†1]（displacement current）あるいは**電束電流**という。

†1　変位電流は電束密度の定義式 (4.52) $\boldsymbol{D}=\varepsilon_0\boldsymbol{E}+\boldsymbol{P}$ から，下式のように表すこともできる。

$$\frac{\partial \boldsymbol{D}}{\partial t} = \frac{\partial}{\partial t}\left(\varepsilon_0 \boldsymbol{E}\right) + \frac{\partial \boldsymbol{P}}{\partial t}$$

13.1.3　マクスウェルの電磁（基礎）方程式

磁束密度の時間変化により生じる電磁誘導と変位電流を導入した電流と磁界の関係をまとめると

$$\mathrm{rot}\,\boldsymbol{H} = \boldsymbol{i} + \frac{\partial \boldsymbol{D}}{\partial t} \tag{13.17a}$$

$$\mathrm{rot}\,\boldsymbol{E} = -\frac{\partial \boldsymbol{B}}{\partial t} \tag{13.17b}$$

となる。これをマクスウェルの電磁方程式，あるいは，**マクスウェルの基礎方程式**という。しかしこの式は

$$\mathrm{rot}\,\boldsymbol{B} - \mu\frac{\partial \boldsymbol{D}}{\partial t} = \mu\boldsymbol{i} \tag{13.18a}$$

$$\mathrm{rot}\,\boldsymbol{E} + \frac{\partial \boldsymbol{B}}{\partial t} = 0 \tag{13.18b}$$

とし，これに加えてつぎの**補足方程式**と呼ばれる

Coffee time

マクスウェルはアンペアの法則の発散（式 (13.9)）をとると，電荷保存則（式 (13.11)）に矛盾することに気づき，アンペアの法則を式 (13.17a) のようにするべきだとした。理論的考察から世紀の大発見に至ったマクスウェルの偉業は物理学の世界に大きな影響を与えた。

$$\mathrm{div}\,\boldsymbol{D} = \rho \tag{13.19a}$$

$$\mathrm{div}\,\boldsymbol{B} = 0 \tag{13.19b}$$

との対で示すほうがよい。

13.2 真空中における電磁波

真空中[†1]では伝導電流は0すなわち$\boldsymbol{i}=0$，また電荷も存在しないすなわち$\rho=0$の状態を考える。真空中の誘電率ε_0と透磁率μ_0を用いると，マクスウェルの電磁方程式はつぎのように簡単になる。

$$\mathrm{rot}\,\frac{\boldsymbol{B}}{\mu_0} - \frac{\partial\left(\varepsilon_0 \boldsymbol{E}\right)}{\partial t} = \boldsymbol{0} \tag{13.20}$$

$$\mathrm{rot}\,\boldsymbol{E} + \frac{\partial \boldsymbol{B}}{\partial t} = \boldsymbol{0} \tag{13.21}$$

$$\mathrm{div}\left(\varepsilon_0 \boldsymbol{E}\right) = 0 \tag{13.22}$$

$$\mathrm{div}\,\boldsymbol{B} = 0 \tag{13.23}$$

ただし，真空中ではつねに$\boldsymbol{D}=\varepsilon_0\boldsymbol{E}$，$\boldsymbol{H}=\boldsymbol{B}/\mu_0$[†2]であるとする。式(13.20)の左辺第2項を右辺に移項して両辺のrotをとると

$$\mathrm{rot}\,\mathrm{rot}\left(\frac{\boldsymbol{B}}{\mu_0}\right) = \mathrm{rot}\left(\varepsilon_0 \frac{\partial \boldsymbol{E}}{\partial t}\right) = \varepsilon_0 \frac{\partial}{\partial t}\,\mathrm{rot}\,\boldsymbol{E} \tag{13.24}$$

を得る。これに式(13.21)を代入すれば

$$\mathrm{rot}\,\mathrm{rot}\,\boldsymbol{B} = -\mu_0\varepsilon_0 \frac{\partial^2 \boldsymbol{B}}{\partial t^2} \tag{13.25}$$

を得る。この式に

$$\mathrm{rot}\,\mathrm{rot}\,\boldsymbol{B} = \mathrm{grad}\,\mathrm{div}\,\boldsymbol{B} - \nabla^2 \boldsymbol{B} \tag{13.26}$$

というベクトル公式を適用して

$$\mathrm{grad}\,\mathrm{div}\,\boldsymbol{B} - \nabla^2 \boldsymbol{B} = -\mu_0\varepsilon_0 \frac{\partial^2 \boldsymbol{B}}{\partial t^2} \tag{13.27}$$

となる。ところで，式(13.23)から

$$\mathrm{grad}\,\mathrm{div}\,\boldsymbol{B} = 0 \tag{13.28}$$

であり，結局，磁束密度$\boldsymbol{B}$について

$$\nabla^2 \boldsymbol{B} = \mu_0\varepsilon_0 \frac{\partial^2 \boldsymbol{B}}{\partial t^2} \tag{13.29}$$

を得る。電界の強さ$\boldsymbol{E}$についても同様に

$$\nabla^2 \boldsymbol{E} = \mu_0\varepsilon_0 \frac{\partial^2 \boldsymbol{E}}{\partial t^2} \tag{13.30}$$

を得る。このように，場所と時間に関して2階の微分方程式の解は，波動となる。このような方程式を**波動方程式**という。

†1 真空中の意味を再確認する。

まず電磁気学の目的は，「**電荷と電流がどのように電磁場を発生し，電磁場がどのように電荷と電流に作用するか**」に答えることであることを，もう一度確認しておく。

真空中とは物質の存在しない空間である。では，物質とは何か。電磁気学が対象とする物質とは電荷（電荷の動きである電流を含む）のみである。ファラデーやマクスウェルの時代は真空と物質の意味は曖昧であった。「**物質＝電荷**」という概念はローレンツにより導入された。ローレンツは真空と物質を明確に区別し，電磁界を真空中の力の場と考え，物質とは真空中に分布する点電荷の集合であるという立場をとった。その意味では，13.1.3項で示したマクスウェルの基礎方程式(13.17)は場と物質が入り混じった曖昧な式といえる。ただし，誘電体や磁性体を含む系の電磁界を計算するための現在唯一の理論であり，とても便利である。しかし，真空中における電磁界計算の出発点とすることは，実は本末転倒であることも理解しておく必要がある。真空中では下記のマクスウェルの方程式を出発点とするのが王道となる。

$$\mathrm{rot}\,\frac{\boldsymbol{B}}{\mu_0} - \frac{\partial\left(\varepsilon_0 \boldsymbol{E}\right)}{\partial t} = \boldsymbol{i}_t$$

$$\mathrm{rot}\,\boldsymbol{E} + \frac{\partial \boldsymbol{B}}{\partial t} = 0$$

$$\mathrm{div}\left(\varepsilon_0 \boldsymbol{E}\right) = \rho_t$$

$$\mathrm{div}\,\boldsymbol{B} = 0$$

電荷も電流もない真空中では，$\boldsymbol{i}_t=0$，$\rho_t=0$である。

†2 下記の電束密度と磁界の定義式をもう一度確認しよう。

$$\boldsymbol{D} = \varepsilon_0 \boldsymbol{E} + \boldsymbol{P}$$

$$\boldsymbol{H} = \frac{\boldsymbol{B}}{\mu_0} - \boldsymbol{M}$$

詳細は下記の書籍をお勧めする。

細野敏夫：『メタ電磁気学』，森北出版（1999年）

この波動方程式を最も簡単な場合について解いてみよう。最も簡単な場合とは，電界・磁界がある平面内で一様で，波の進行方向がその平面に垂直な方向であるような場合である。このような波を一様な**平面波**という。

13.4 節で述べるような任意の方向へ伝搬する平面波も重要であるが，**図 13.2** のように，まず電界は x 成分のみしか持たず，進行方向が z 軸方向である平面波を考える。磁束密度についてはこの後，13.6 節で議論する。この場合，式 (13.30) から

$$\nabla^2 E_x = \mu_0 \varepsilon_0 \frac{\partial^2 E_x}{\partial t^2} \tag{13.31}$$

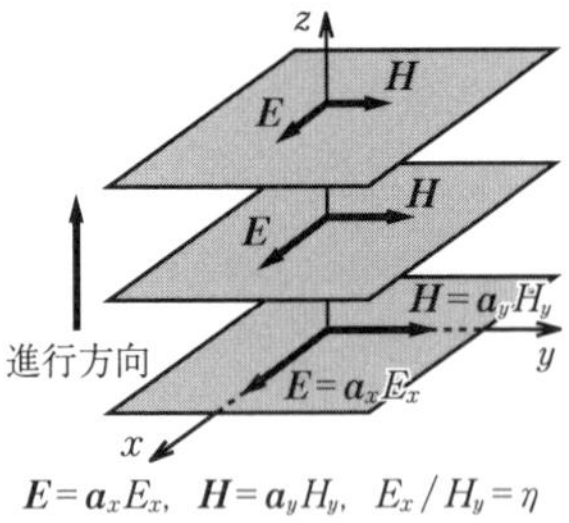

図 13.2　電界は x 方向成分のみの z の正方向に伝搬する一様な電磁波

を得る。x，y 平面内で E_x は一様であるから，式 (13.31) の左辺は下のように z 軸に関する偏微分のみとなり

$$\frac{\partial^2 E_x}{\partial z^2} = \mu_0 \varepsilon_0 \frac{\partial^2 E_x}{\partial t^2} \tag{13.32}$$

となる。これで，最も簡単な波動方程式が得られた。この式の一般解は f_1，f_2 を任意の関数として

$$E_x = f_1(z - vt) + f_2(z + vt) \tag{13.33}$$

で与えられる。速度 v で軸の正と負の方向へ伝搬する波動になることがわかる。これを一般的に導くのは難しくないが，少し複雑である。そこで，まず時間的に正弦波状の場合について，つぎの 13.3 節で解いていこう。このほうが理解しやすい。

13.3　時間的に正弦波状に変化する場合の一様な平面波

式 (13.32) を解く場合，最もよく使われるのは，時間的には正弦波状に変化する平面波である。時間的に正弦波状でない場合も，結局は複数の正弦波状の波から合成される平面波となるからである。電界に関する波動方程式からもう一度始めよう。

$$\nabla^2 \boldsymbol{E}(\boldsymbol{r}, t) = \mu_0 \varepsilon_0 \frac{\partial^2 \boldsymbol{E}(\boldsymbol{r}, t)}{\partial t^2} \tag{13.34}$$

上の式では，電界の強さ $\boldsymbol{E}$ は場所 $\boldsymbol{r}$ と時間 t の関数であることを再認識するため $\boldsymbol{E}(\boldsymbol{r}, t)$ と書いてある。ここで，$\boldsymbol{E}$ の時間的変化が，振幅 $\boldsymbol{E}_{\mathrm{m}}(\boldsymbol{r})$ で単一角周波数 ω を持つ正弦波であるとすれば

$$\boldsymbol{E}(\boldsymbol{r}, t) = \boldsymbol{E}_{\mathrm{m}}(\boldsymbol{r}) e^{j\omega t} \tag{13.35}$$

$$\nabla^2 \boldsymbol{E}_{\mathrm{m}}(\boldsymbol{r})e^{j\omega t} = \mu_0\varepsilon_0 \frac{\partial^2 \boldsymbol{E}_{\mathrm{m}}(\boldsymbol{r})e^{j\omega t}}{\partial t} = \mu_0\varepsilon_0 (j\omega)^2 \boldsymbol{E}_{\mathrm{m}}(\boldsymbol{r})e^{j\omega t} \tag{13.36}$$

ここで，電界を x 方向成分のみを持つ z 方向に伝搬する平面波と考えれば，式 (13.34) は

$$\frac{\partial^2}{\partial z^2} E_x(z,t) = \mu_0\varepsilon_0 \frac{\partial^2}{\partial t^2} E_x(z,t) \tag{13.37}$$

となる。時間関数の部分が正弦波状であれば

$$\frac{\partial^2}{\partial z^2} E_{x\mathrm{m}}(z)e^{j\omega t} = \mu_0\varepsilon_0 (j\omega)^2 E_{x\mathrm{m}}(z)e^{j\omega t} \tag{13.38}$$

を得る。両辺の時間因子 $e^{j\omega t}$ を省略すれば

$$\frac{\partial^2}{\partial z^2} E_{x\mathrm{m}}(z) = -\mu_0\varepsilon_0\omega^2 E_{x\mathrm{m}}(z) \tag{13.39}$$

という場所の関数のみで表された波動方程式が得られた。

ここで，後々の便利のために

$$v_{\mathrm{p}} = \frac{1}{\sqrt{\mu_0\varepsilon_0}} \quad \text{〔m/s〕} \tag{13.40}$$

とおけば，式 (13.39) は

$$\frac{\partial^2}{\partial z^2} E_{x\mathrm{m}}(z) = -\frac{\omega^2}{v_{\mathrm{p}}^{\,2}} E_{x\mathrm{m}}(z) \tag{13.41}$$

となる。これは 2 階の典型的微分方程式であり，特性方程式を用いる解法等で簡単に解けて

$$E_{x\mathrm{m}}(z) = E_1 e^{j\frac{\omega}{v_{\mathrm{p}}}z} + E_2 e^{-j\frac{\omega}{v_{\mathrm{p}}}z} \tag{13.42}$$

を得る。これに時間因子 $e^{j\omega t}$ を戻せば

$$E_x(z,t) = E_1 e^{j\omega\left(t+\frac{z}{v_{\mathrm{p}}}\right)} + E_2 e^{j\omega\left(t-\frac{z}{v_{\mathrm{p}}}\right)} \tag{13.43}$$

となる。第 1 項 E_1 は速度 v_{p} で z 軸の負の方向に伝搬し，第 2 項目 E_2 は速度 v_{p} で z 軸の正の方向に伝搬する波である。ところで

$$v_{\mathrm{p}} = \frac{1}{\sqrt{\mu_0\varepsilon_0}} = 3\times 10^8 \text{〔m/s〕} = c \tag{13.44}$$

となり，真空中の速度 v_{p} は光速 c と一致する。速度 v_{p} で z 軸の正の方向に伝搬する波を理解しておくことが重要であるので，式 (13.43) の第 2 項目を見てみよう。

$$E_{x2}(z,t) = E_2 e^{j\omega\left(t-\frac{z}{v_{\mathrm{p}}}\right)} \tag{13.45}$$

この関数の形を見れば，$z=0$ の点で時間的に $e^{j\omega t}$ の形で変化している関数があり，$z=z$ の点ではその（時間関数の）位相が

$$\frac{\omega z}{v_{\mathrm{p}}}$$

だけ遅れていることを示している。わかりやすくするため

$$t = 0, \qquad z = 0 \tag{13.46}$$

での関数の値が $z=z$ でどうなっているかを考える。式 (13.45) は，$t=0$，$z=0$ で（　）内が 0 である。$z=z$ で（　）内が同じく 0 になるのは

$$t - \frac{z}{v_{\mathrm{p}}} = 0 \quad \Rightarrow \quad t = \frac{z}{v_{\mathrm{p}}} \tag{13.47}$$

という時刻のときである。あるいは t 秒後に

$$z = v_{\mathrm{p}} t \tag{13.48}$$

という点 z においてである。すなわち，時間の関数上で同じ位相の点が速度 v_{p} で z 方向に伝わっていくことがわかる。この v_{p} を**位相速度**という。式 (13.43) をさらに書き直して

$$E_x(z,t) = E_1 e^{j(\omega t + kz)} + E_2 e^{j(\omega t - kz)} \tag{13.49}$$

とする。ここで導入された k は，**波数**と呼ばれる。

$$k = \frac{\omega}{v_{\mathrm{p}}} = \omega\sqrt{\mu_0 \varepsilon_0} \tag{13.50}$$

これを使って式 (13.36) を書き直せば

$$\nabla^2 \boldsymbol{E}_{\mathrm{m}}(\boldsymbol{r}) e^{j\omega t} = -k^2 \boldsymbol{E}_{\mathrm{m}}(\boldsymbol{r}) e^{j\omega t} \tag{13.51}$$

となり，時間の関数の形はわかっているのでこれを省略して

$$\nabla^2 \boldsymbol{E}(\boldsymbol{r},t) + k^2 \boldsymbol{E}(\boldsymbol{r},t) = 0 \tag{13.52}$$

を得る。この形の波動方程式はいろいろな場面で出てくるので，慣れておこう。

ここでもう一度，位相速度の概念をはっきり理解することを考えてみよう。式 (13.48) の第 2 項 $E_2 e^{j(\omega t - kz)}$ は z 軸の正の方向に伝搬する波であるから

$$E_0^+ e^{j(\omega t - kz)}$$

とし，同様に第 1 項目も

$$E_0^- e^{j(\omega t + kz)}$$

とし，これらを使って

$$E_x(z,t) = E_0^+ e^{j(\omega t - kz)} + E_0^- e^{j(\omega t + kz)} \tag{13.53}$$

と書く。ここで，例えば，複素数表示の実数部をとると[†1]，z 軸の正の方向に伝搬する波についての方程式は

$$\boldsymbol{Z}(z,t) = \boldsymbol{a}_x \mathrm{Re}\left[E_0^+ e^{j(\omega t - kz)}\right] = \boldsymbol{a}_x E_0^+ \cos(\omega t - kz) \tag{13.54}$$

となる。ここで式 (13.54) がある一定の値を持った点の動きを考える。

$$\omega t - kz = \text{ある一定の位相} \tag{13.55}$$

†1　実部または虚部いずれをとるかは，初期条件で決まる。交流回路で電源部が正弦波か余弦波で電圧が決まるのと同じことである。

この式を「$z=$」の形にして t で微分すれば，波動上のある一定の位相の点が時間とともにどう動いていくのかがわかる。すなわち

$$\frac{\mathrm{d}z}{\mathrm{d}t}=\frac{\omega}{k}=\frac{1}{\sqrt{\mu_0\varepsilon_0}}=v_{\mathrm{p}}=c \tag{13.56}$$

である。これからも式 (13.50) が確認できる。これより，$\boldsymbol{k}$ と v_{p} の関係は

$$k=\frac{\omega}{v_p}=\frac{2\pi f}{v_p} \tag{13.57}$$

である（$\omega=2\pi f$）。これから

$$k=\frac{2\pi}{\lambda} \tag{13.58}$$

すなわち

$$\lambda=\frac{2\pi}{k}\ \text{〔m〕} \tag{13.59}$$

を得る。**図 13.3** で，この λ は t をある時間に固定したときの 1 周期の長さ，すなわち波長である。真空中では

$$\lambda=\frac{2\pi}{k}=\frac{1}{f\sqrt{\mu_0\varepsilon_0}}\ \text{〔m〕} \tag{13.60}$$

となる。

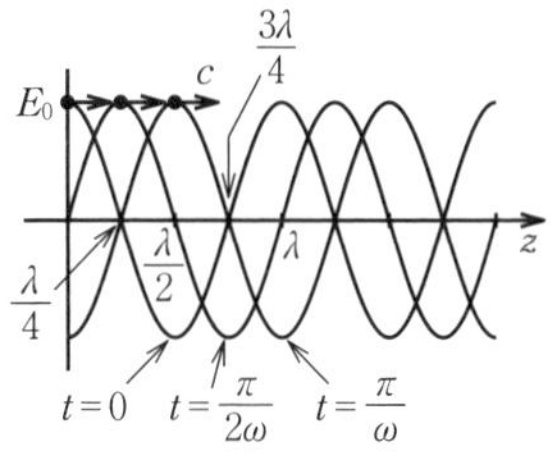

図 13.3　$E_0^+\cos(\omega t-kz)$ の時刻 $t=0$, $\frac{\pi}{2\omega}$, $\frac{\pi}{\omega}$ での値を描いたもの。$\cos(-kz)=\cos E_0^+\cos(kz)$ が時刻とともに z 軸の正の方向へ移動していく。

13.4　波数ベクトル

3 次元空間中を**図 13.4** のように任意の方向（$\boldsymbol{k}$ 方向）へ伝搬していく平面波は，波数ベクトル $\boldsymbol{k}$（$\boldsymbol{\beta}$ でもよい）を用いて

$$u(\boldsymbol{r},t)=ae^{-j(\boldsymbol{k}\cdot\boldsymbol{r}-\omega t)} \tag{13.61}$$

と表せる。波数ベクトル $\boldsymbol{k}$ の方向は波の進む方向で，波面に垂直であり，その大きさは $k=|\boldsymbol{k}|=2\pi/\lambda$ で，長さ 2π 当りの波数を与え，$\omega=2\pi\nu$，ここで ν は振動数である。$\boldsymbol{k}$ 方向に伝搬する平面波は，$\boldsymbol{k}\cdot\boldsymbol{r}$ 一定の平面の上では（**図 13.5**），振幅・位相が一定である。自由空間を $\boldsymbol{k}$ 方向に進行する平面波は式 (13.61) で表される。

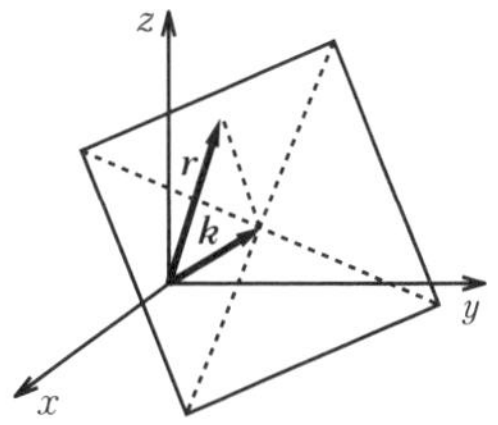

図 13.4　$\boldsymbol{k}$ ベクトルに垂直な面上では内積は一定である。

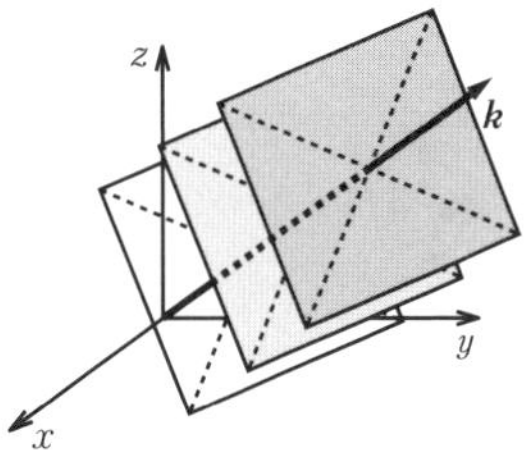

図 13.5　$\boldsymbol{k}$ 方向に伝搬する平面波

13.5　空間の特性インピーダンス

ここまではおもに電界についての波動方程式を解いて，平面上の位相と振幅を求めた。電界から磁束密度を求めるにはどうしたらよいであろうか。磁束密度と電界の関係はマクスウェルの方程

式，式 (13.22) で与えられているからそれを用いればよい。

真空中で z 軸の正方向へ伝搬する平面波で，電界は x 成分のみとする。

$$\boldsymbol{E}(z,t) = \boldsymbol{a}_x E_x^+(z) e^{j\omega t} = \boldsymbol{a}_x E_0^+ e^{j(\omega t - kz)} \tag{13.62}$$

$$\left(\because \quad E_x^+(z) = E_0^+ e^{-jkt}\right)$$

とおき，磁束密度に関しても z 軸の正の方向へ伝搬するもののみ考えて

$$\boldsymbol{B}(z,t) = \boldsymbol{B}^+(z) e^{j\omega t} \tag{13.63}$$

であるから，式 (13.21) を用いて

$$\mathrm{rot}\,\boldsymbol{E} = \begin{vmatrix} \boldsymbol{a}_x & \boldsymbol{a}_y & \boldsymbol{a}_z \\ \dfrac{\partial}{\partial x} & \dfrac{\partial}{\partial y} & \dfrac{\partial}{\partial z} \\ E_x^+(z) & 0 & 0 \end{vmatrix} = -j\omega\left(\boldsymbol{a}_x B_x + \boldsymbol{a}_y B_y + \boldsymbol{a}_z B_z\right) \tag{13.64}$$

となる。rot を計算して，結局

$$\mathrm{rot}\,\boldsymbol{E} = \boldsymbol{a}_y \frac{\partial}{\partial z} E_x^+(z) \tag{13.65}$$

を得る。これと式 (13.64) の右辺から

$$B_x = 0 \tag{13.66a}$$

$$B_y = -\frac{1}{j\omega}\frac{\partial}{\partial z} E_x^+(z) \tag{13.66b}$$

$$B_z = 0 \tag{13.66c}$$

となり，磁束密度は y 成分しか持たないことがわかる。すなわち，磁束密度は電界と直交した方向に向いている。式 (13.66b) の右辺を計算して

$$\frac{\partial}{\partial z} E_x^+(z) = \frac{\partial}{\partial z}\left(E_0^+ e^{-jkz}\right) = -jkE_x^+(z) \tag{13.67}$$

を得る，式 (13.66b)，(13.67) から

$$B_y^+(z) = \frac{k}{\omega} E_x^+(z) \tag{13.68}$$

が導かれる。これを

$$\eta_0 = \frac{\omega\mu_0}{k} = \frac{\omega\mu_0}{\omega\sqrt{\mu_0\varepsilon_0}} = \sqrt{\frac{\mu_0}{\varepsilon_0}} \quad [\Omega] \tag{13.69}$$

という量を導入して表すと

$$\frac{B_y^+(z)}{\mu_0} = H_y^+(z) = \frac{1}{\eta_0} E_x^+(z) \tag{13.70}$$

となる。したがって η_0 は，つぎのように磁界と電界の比になる。

$$\eta_0 = \frac{E_x^+(z)}{H_y^+(z)} \tag{13.71}$$

磁界を距離で積分すれば電流を，電界を距離で積分すれば電位を表すから，式 (13.69) が Ω の単位を持つことが理解できる。これを**空間の特性インピーダンス**という。ここで z 軸の負の方向へ伝搬する波を考えると

$$E_x^-(z)e^{j\omega t} = E_0^- e^{j(\omega t + kz)} \tag{13.72}$$

であるから先と同様な計算をすれば

$$H_y^-(z) = -\frac{1}{\eta_0} E_x^-(z) \tag{13.73}$$

と書ける。これを書き直せば

$$\eta_0 = -\frac{E_x^-(z)}{H_y^-(z)} \tag{13.74}$$

となり，負の方向へ伝搬するときの特性インピーダンスは負となる。真空中の特性インピーダンスは

$$\eta_0 = \sqrt{\frac{\mu_0}{\varepsilon_0}} \cong 120\pi \cong 377 \quad [\Omega] \tag{13.75}$$

となる。一般の媒質では

$$\eta = \sqrt{\frac{\mu}{\varepsilon}} \quad [\Omega] \tag{13.76}$$

である。ここで E_x^+ と H_y^+，および E_x^- と H_y^- の関係を考えてみよう。

E_x^+ と H_y^+ ならびに E_x^- と H_y^- の様子を，**図 13.6** に示す。$-z$ 方向に進む波に対しては，式 (13.74) から

$$\boldsymbol{E} = \boldsymbol{a}_x E_x^- \quad \text{ならば} \quad \boldsymbol{H} = \boldsymbol{a}_y E_y^-$$

である。このことは，13.9 節でポインティングベクトルを学ぶと，よりはっきりとする。

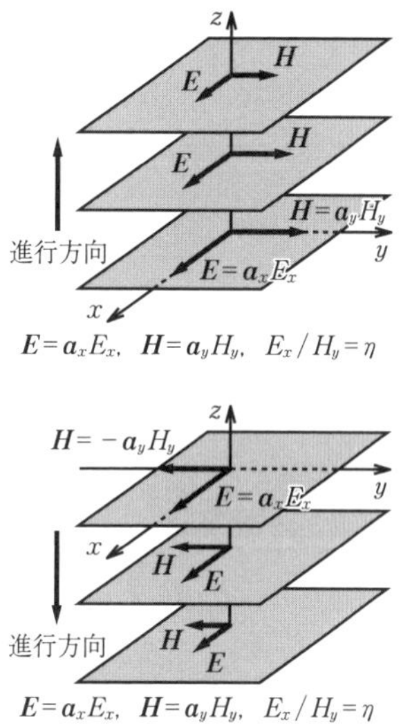

図 13.6 z 軸の正負の方向に進む平面波

13.6 一般の場合の波動方程式（損失のある媒質中での電磁波）

伝導電流と変位電流の両方が存在するとき，すなわち導電率 σ，誘電率 ε の媒質中[†1] を伝搬する電磁波について考える。

†1 媒質中の電磁波伝搬を考える上で，13.2 節の側注†1 の真空中の出発点の式から始めることを考える。媒質を構成する電荷 ρ_t には，自由電荷（真電荷）ρ と分極電荷 $-\nabla\cdot\boldsymbol{P}$ があり，$\rho_t = \rho - \nabla\cdot\boldsymbol{P}$ となる。電流密度 $\boldsymbol{i}_t$ には，伝導電流 $\boldsymbol{i}$，分極電流 $\partial\boldsymbol{P}/\partial t$，磁化に等価な電流 $\nabla\times\boldsymbol{M}$ があり $\boldsymbol{i}_t = \boldsymbol{i} + \partial\boldsymbol{P}/\partial t + \nabla\times\boldsymbol{M}$ となる。この ρ_t，$\boldsymbol{i}_t$ を 13.2 節の側注†1 の出発点の式に代入して

マクスウェル方程式は，つぎのようになる。

$$\text{rot}\,\boldsymbol{H} = \boldsymbol{i} + \frac{\partial \boldsymbol{D}}{\partial t} \tag{13.77}$$

$$\text{rot}\,\boldsymbol{E} = -\frac{\partial \boldsymbol{B}}{\partial t} \tag{13.78}$$

$$\nabla\times\frac{\boldsymbol{B}}{\mu_0}-\frac{\partial(\varepsilon_0\boldsymbol{E})}{\partial t}$$

$$=\boldsymbol{i}+\frac{\partial\boldsymbol{P}}{\partial t}+\nabla\times\boldsymbol{M}$$

$$\nabla\times\boldsymbol{E}+\frac{\partial\boldsymbol{B}}{\partial t}=\boldsymbol{0}$$

$$\nabla\cdot(\varepsilon_0\boldsymbol{E})=\rho-\nabla\cdot\boldsymbol{P}$$

$$\nabla\cdot\boldsymbol{B}=0$$

を得る。ここで $\boldsymbol{B}/\mu_0-\boldsymbol{M}$ を $\boldsymbol{H}$, $\varepsilon_0\boldsymbol{E}+\boldsymbol{P}$ を $\boldsymbol{D}$ と定義すると

$$\nabla\times\boldsymbol{H}+\frac{\partial\boldsymbol{D}}{\partial t}=\boldsymbol{i}$$

$$\nabla\times\boldsymbol{E}+\frac{\partial\boldsymbol{B}}{\partial t}=\boldsymbol{0}$$

$$\nabla\cdot\boldsymbol{D}=\rho$$

$$\nabla\cdot\boldsymbol{B}=0$$

を得ることは読者自身で確認して欲しい。

$$\mathrm{div}\,\boldsymbol{D}=0 \tag{13.79}$$

$$\mathrm{div}\,\boldsymbol{B}=0 \tag{13.80}$$

$$\boldsymbol{i}=\sigma\boldsymbol{E},\qquad \boldsymbol{D}=\varepsilon\boldsymbol{E},\qquad \boldsymbol{B}=\mu\boldsymbol{H} \tag{13.81}$$

式 (13.81) を式 (13.77) に代入して両辺の rot をとる。

$$\mathrm{rot}\,\mathrm{rot}\,\boldsymbol{H}=\mathrm{rot}\,\boldsymbol{i}+\mathrm{rot}\frac{\partial\boldsymbol{D}}{\partial t}=\mathrm{rot}\,\sigma\boldsymbol{E}+\mathrm{rot}\frac{\partial\varepsilon\boldsymbol{E}}{\partial t}$$
$$=\sigma\,\mathrm{rot}\,\boldsymbol{E}+\varepsilon\,\mathrm{rot}\frac{\partial\boldsymbol{E}}{\partial t}=-\sigma\mu\frac{\partial\boldsymbol{H}}{\partial t}-\mu\varepsilon\frac{\partial^2\boldsymbol{H}}{\partial t^2} \tag{13.82}$$

これから，つぎの波動方程式が得られる。

$$\nabla^2\boldsymbol{H}=\sigma\mu\frac{\partial\boldsymbol{H}}{\partial t}+\mu\varepsilon\frac{\partial^2\boldsymbol{H}}{\partial t^2} \tag{13.83}$$

電界に関しても同様に

$$\nabla^2\boldsymbol{E}=\sigma\mu\frac{\partial\boldsymbol{E}}{\partial t}+\mu\varepsilon\frac{\partial^2\boldsymbol{E}}{\partial t^2} \tag{13.84}$$

を得る。電界についてのこの波動方程式の時間に関する解を

$$\boldsymbol{E}=\boldsymbol{E}_{\mathrm{m}}e^{j\omega t} \tag{13.85}$$

とおけば

$$\nabla^2\boldsymbol{E}_{\mathrm{m}}e^{j\omega t}=j\omega\sigma\mu\boldsymbol{E}_{\mathrm{m}}e^{j\omega t}+(j\omega)^2\mu\varepsilon\boldsymbol{E}_{\mathrm{m}}e^{j\omega t} \tag{13.86}$$

となり，場所に関する部分のみ取り出して

$$\nabla^2\boldsymbol{E}_{\mathrm{m}}=j\omega\sigma\mu\boldsymbol{E}_{\mathrm{m}}+(j\omega)^2\mu\varepsilon\boldsymbol{E}_{\mathrm{m}} \tag{13.87}$$

となる。これを整理して

$$\nabla^2\boldsymbol{E}_{\mathrm{m}}=j\omega\mu(\sigma+j\omega\varepsilon)\boldsymbol{E}_{\mathrm{m}} \tag{13.88}$$

となる。ここで後々の便利のために

$$\gamma^2=j\omega\mu(\sigma+j\omega\varepsilon) \tag{13.89}$$

とおく。この γ は複素数で，**複素伝搬定数**という。

式 (13.89) を式 (13.88) に代入して整理すれば

$$\nabla^2\boldsymbol{E}_{\mathrm{m}}-\gamma^2\boldsymbol{E}_{\mathrm{m}}=0 \tag{13.90}$$

を得る。これを z 方向に伝搬する E_x 成分のみを持つ平面波 $\boldsymbol{E}_{\mathrm{m}}=\boldsymbol{a}_xE_x(z)$ について考えれば

$$\frac{\partial^2E_x(z)}{\partial z^2}-\gamma^2E_x(z)=0 \tag{13.91}$$

を解くことになり，その解は

$$E_x(z)=E_0e^{\gamma z}+E_0e^{-\gamma z} \tag{13.92}$$

となる。ここで γ について少し考えてみよう。γ は複素数であるからこれを

$$\gamma=\alpha+j\beta \tag{13.93}$$

とおく。ここでαを**減衰定数**，βを**位相定数**と呼ぶ。これを式(13.92)に代入すれば

$$E_x(z) = E_0 e^{\alpha z} e^{j\beta z} + E_0 e^{-\alpha z} e^{-j\beta z} \qquad (13.94)$$

となる。後述するが，αとβともに正であるから，式(13.94)はzとともに振幅が大きくなる項と，小さくなる項とからなる。

前者はz無限大で発散するから現実的でないので，後者のみ考える。すなわちz軸に沿う正弦波状の波$E_0 e^{-\alpha z} e^{-j\beta z}$の振幅$E_0 e^{-\alpha z}$が$z$の増加とともに小さくなっていく波となっている。

ところで，式(13.93)から

$$\gamma^2 = (\alpha + j\beta)^2 = \alpha^2 - \beta^2 + j2\alpha\beta \qquad (13.95)$$

であり，一方，式(13.89)から

$$\gamma^2 = j\omega\mu(\sigma + j\omega\varepsilon) = -\omega^2\mu\varepsilon + j\omega\mu\sigma \qquad (13.96)$$

であるから，両者を比べて

$$\alpha^2 - \beta^2 = -\omega^2\mu\varepsilon \qquad (13.97a)$$

$$2\alpha\beta = \omega\mu\sigma \qquad (13.97b)$$

となる。式(13.97b)からβをαで表し，式(13.97a)に代入し

$$4\alpha^4 + 4\alpha^2\mu\varepsilon\omega^2 - \omega^2\mu^2\sigma^2 = 0 \qquad (13.98)$$

という4次式を得る。$\alpha^2 = x$とおき，2次方程式の解を求め，それを整理すれば

$$\alpha = \omega\sqrt{\frac{\mu\varepsilon}{2}\left(\sqrt{1 + \frac{\sigma^2}{\omega^2\varepsilon^2}} - 1\right)} \qquad (13.99a)$$

となる。これから

$$\beta = \omega\sqrt{\frac{\mu\varepsilon}{2}\left(\sqrt{1 + \frac{\sigma^2}{\omega^2\varepsilon^2}} + 1\right)} \qquad (13.99b)$$

を得る。ここで，式(13.98)を解いたαの二つの解のうち，$\alpha > 0$のみを用いている。その理由を説明しよう。式(13.96)からγ^2の実数部は負，虚数部は正であるから，**図 13.7** のように複素平面上に表すことができる。γ^2の平方根$\pm\gamma$を複素平面上に示すには，γ^2の大きさの平方根を大きさとして[†1]，角度を半分にすればよい。γ^2の角度は，正の方向と負の方向を考えることができ，それぞれθ_+，θ_-とする。このとき，図13.7に示すように，$\pm\gamma$はたがいに反対方向を向き，$+\gamma = \alpha + j\beta$および$-\gamma = -\alpha - j\beta$となる。これを式(13.92)に代入してみれば，$+\gamma$を採用したときと，$-\gamma$を採用したときでは，前述のとおり

$$E_x(z) = E_0 e^{\alpha z} e^{j\beta z} + E_0 e^{-\alpha z} e^{-j\beta z} \qquad (13.94) 再掲$$

の正方向と負方向へ伝搬する波が入れかわるだけであるから，ど

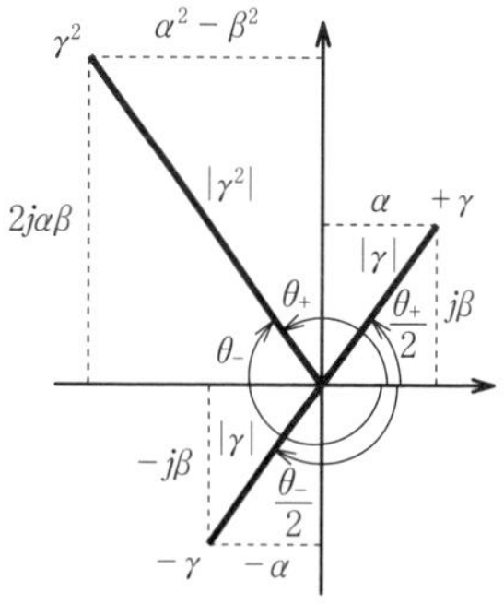

図 13.7 γ^2とγを表す複素平面

†1 $|\gamma^2| = \sqrt{(\alpha^2 - \beta^2)^2 + (2\alpha\beta)^2} = \sqrt{(\alpha^2 + \beta^2)^2}$

$\therefore |\gamma| = \sqrt{\alpha^2 + \beta^2}$

ちらを採用しても同じことになるので，正の$+\gamma$を用いることにする。これが，式(13.99a)で$\alpha>0$となるような解を選んだ理由である[†1]。

ここで，特別な場合として$\sigma=0$の場合[†2]（完全な誘電体）を考えてみよう。式(13.99a)，(13.99b)から

$$\alpha=0 \tag{13.100a}$$

$$\beta=\omega\sqrt{\mu\varepsilon} \tag{13.100b}$$

となり，当然のことながら式(13.50)の真空中と同じ形になる。

$\sigma>0$すなわち損失のある場合に戻って磁界を求めておこう。z軸の正方向へ伝搬するもののみ考えると，式(13.92)から電界の解は

$$E_x^+(z)=E_0e^{-\gamma z} \tag{13.101}$$

となる。式(13.66)と同様に

$$\mathrm{rot}\,\boldsymbol{E}=\boldsymbol{a}_y\frac{\partial}{\partial z}E_x^+(z)=-\boldsymbol{a}_yj\omega\mu H_y \tag{13.102}$$

であるから

$$-j\omega\mu H_y=-\gamma E_0e^{-\gamma z} \tag{13.103a}$$

$$H_y(z)=\frac{\gamma}{j\omega\mu}E_0e^{-\gamma z} \tag{13.103b}$$

となる。

13.7　侵入の深さδ

13.7.1　導電率の高い媒質中の電磁波

導電率σの高い媒質中では，変位電流$\boldsymbol{i}$が伝導電流$\partial\boldsymbol{D}/\partial t$に比べてきわめて小さくなる。すなわち，その大きさの比が

$$|\boldsymbol{i}|\gg\left|\frac{\partial\boldsymbol{D}}{\partial t}\right|\ \Rightarrow\ |\sigma\boldsymbol{E}|\gg|j\omega\varepsilon\boldsymbol{E}|\ \Rightarrow\ \frac{\sigma}{\omega\varepsilon}\gg1 \tag{13.104}$$

となる。したがって

$$\sigma\gg\omega\varepsilon \tag{13.105}$$

となる。これを式(13.89)に適用すると，（　）内の$j\omega\varepsilon$は無視できるので

$$\gamma=\sqrt{j\omega\mu\sigma}=\sqrt{j2\pi f\mu\sigma}=\sqrt{2j}\sqrt{\pi f\mu\sigma}=(1+j)\sqrt{\pi f\mu\sigma} \tag{13.106}$$

となる[†3]。これを

---

†1　$+\gamma$のときは，図13.7より$\alpha>0$である。

†2　この場合，式(13.99a)より減衰定数$\alpha=0$となり，電磁波は媒質中を減衰せずに伝搬する。

†3　$(1+j)^2=1-1+2j=2j$を利用した。

$$\gamma = \frac{1+j}{\delta} = \frac{1}{\delta} + j\frac{1}{\delta} \tag{13.107}$$

$$\delta = \frac{1}{\sqrt{\pi f \mu \sigma}} \tag{13.108}$$

と書き直す。これと式 (13.62) から

$$E_x^+(z) = E_0 e^{-\frac{z}{\delta}} e^{-j\frac{z}{\delta}} \tag{13.109}$$

を得る。これに時間関数を戻しておけば

$$\boldsymbol{E}(z,t) = \boldsymbol{a}_x E_x^+(z) e^{j\omega t} = \boldsymbol{a}_x E_0 e^{-\frac{z}{\delta}} e^{j\left(\omega t - \frac{z}{\delta}\right)} \tag{13.110}$$

となり，波が z だけ進む間にその振幅が，$e^{-z/\delta}$ 倍になることを示している[†1]。振幅が $1/e$ になる距離が，$z=\delta$ であり，このことから δ を**侵入の深さ**という。

†1 この減衰を損失という。

13.7.2 平面導体内の電流分布と侵入の深さ

13.7.1 項で述べたように導電率 σ の高い媒質中では，電磁波は急速に減衰する。これを**図 13.8** のような $z=0$ に導電率 σ，透磁率 μ の媒質があるときについて改めて考える。伝導電流 $\boldsymbol{i}$ だけがあるとして

$$\mathrm{rot}\, \boldsymbol{H} = \boldsymbol{i} \tag{13.111}$$

$$\mathrm{rot}\, \boldsymbol{E} = -\frac{\partial \boldsymbol{B}}{\partial t} \tag{13.112}$$

から，電界，電流は x 方向成分のみであり，時間に関する関数は角周波数 ω の正弦波として

$$\frac{\mathrm{d}^2 i_x}{\mathrm{d}z^2} = j\omega\mu\sigma i_x \tag{13.113}$$

という電流に関する方程式を得る。

$$\gamma_0^2 = j\omega\mu\sigma \tag{13.114}$$

とおいて解くと

$$i_x = c_1 e^{-\gamma_0 z} + c_2 e^{\gamma_0 z} \tag{13.115}$$

という解が得られる。γ_0 は式 (13.114) から

$$\gamma_0 = \sqrt{j\omega\mu\sigma} = \frac{1+j}{\sqrt{2}}\sqrt{\omega\mu\sigma} = (1+j)\sqrt{\pi f \mu \sigma} \tag{13.116}$$

となる。式 (13.108) を用いて

$$\gamma_0 = \frac{1+j}{\delta} \tag{13.117}$$

となる。これと式 (13.115) から発散する解を取り除いて

$$i_x = i_0 e^{-\frac{z}{\delta}} e^{-j\frac{z}{\delta}} \tag{13.118}$$

となる。このように，導体表面付近に電流が集中する現象を**表皮**

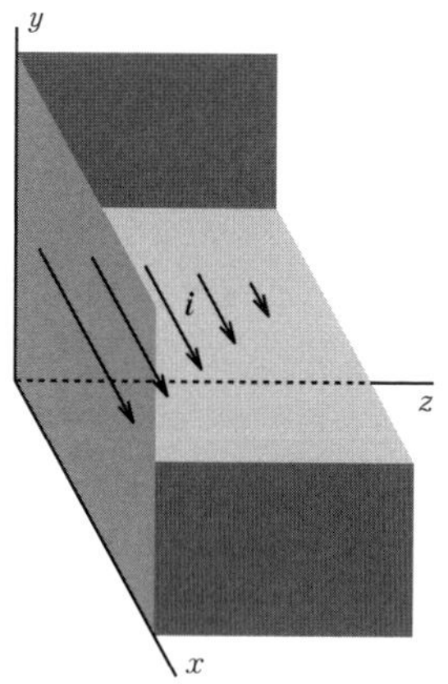

図 13.8 表皮効果を求める。$z \geqq 0$ に導体がある。

効果という。円筒形の導体においては，円筒座標で同様な方程式を解かねばならないが，やはり導体表面に電流が集中する。テレビアンテナなどで中空のパイプが素子の材料として使われるのはこのためである。

13.8 損失のある媒質中での特性インピーダンスと位相速度

導電率σ，誘電率εの媒質中を伝搬するときの特性インピーダンスについて考える。特性インピーダンスの定義[†1]と式(13.103b)から

$$\eta_{\text{loss}}=\frac{E_x^+}{H_y^+}=\frac{E_x^-}{H_y^-}=\frac{j\omega\mu}{\gamma}=\frac{j\omega\mu\gamma}{\gamma^2}=\frac{j\omega\mu\gamma}{j\omega\mu(\sigma+j\omega\varepsilon)}=\frac{\gamma}{\sigma+j\omega\varepsilon} \tag{13.119}$$

となる。$\sigma/\omega\varepsilon\gg 1$が成立するような良導体（導電率$\sigma$の高い媒質）においては，式(13.119)は

$$\eta_{\text{loss}}=\frac{\gamma}{\sigma}=\frac{\sqrt{j\omega\mu\sigma}}{\sigma}=\sqrt{\frac{j\omega\mu}{\sigma}} \tag{13.120}$$

となり，これは

$$\eta_{\text{loss}}=\sqrt{\frac{j\omega\mu}{\sigma}}=\sqrt{\frac{j\omega\mu\varepsilon}{\sigma\varepsilon}}=\sqrt{j\frac{\omega\varepsilon}{\sigma}\frac{\mu_0}{\varepsilon_0}\frac{\mu_r}{\varepsilon_r}}=\eta_0\sqrt{\frac{\omega\varepsilon}{\sigma}}\sqrt{j}\sqrt{\frac{\mu_r}{\varepsilon_r}} \tag{13.121}$$

と書ける[†2]。一方，式(13.106)を用いて

$$\eta_{\text{loss}}=\sqrt{\frac{j\omega\mu}{\sigma}}=\sqrt{\frac{j\omega\mu\sigma}{\sigma\sigma}}=\frac{\gamma}{\sigma} \tag{13.122}$$

となる。これをさらに書き換えて

$$\eta_{\text{loss}}=\frac{\gamma}{\sigma}=(1+j)\sqrt{\frac{\pi f\mu}{\sigma}}=(1+j)R_i=Z_i \tag{13.123}$$

$$\left(\because R_i=\sqrt{\frac{\pi f\mu}{\sigma}}\right)$$

となる。このように，導電率，誘電率が有限である媒質中では損失が生じ，そのときの特性インピーダンスは複素数になることがわかる。

つぎに，位相速度を考えよう。前節の

$$\boldsymbol{E}(z,t)=\boldsymbol{a}_x E_x^+(z)e^{j\omega t}=\boldsymbol{a}_x E_0 e^{-\frac{z}{\delta}}e^{j\left(\omega t-\frac{z}{\delta}\right)} \quad \text{(13.110) 再掲}$$

から，13.3節での議論と同様に，$v_p=\omega/\beta$が得られる。

---

†1　式(13.71)を参照。

†2　真空中の特性インピーダンス

$$\eta_0=\sqrt{\frac{\mu_0}{\varepsilon_0}} \tag{13.75}$$

13.9 ポインティングベクトル

電磁波はその伝搬とともにエネルギーの移動も伴う。その運ばれるエネルギーと電磁波の伝搬に伴う電界・磁界との関係を導こう。マクスウェルの電磁方程式から始めよう。

$$\mathrm{rot}\,\boldsymbol{E} = -\frac{\partial \boldsymbol{B}}{\partial t} \tag{13.124}$$

$$\mathrm{rot}\,\boldsymbol{H} = \boldsymbol{i} + \frac{\partial \boldsymbol{D}}{\partial t} \tag{13.125}$$

これにつぎのベクトル公式を適用する。

$$\nabla\cdot(\boldsymbol{E}\times\boldsymbol{H}) = \boldsymbol{H}\cdot(\nabla\times\boldsymbol{E}) - \boldsymbol{E}\cdot(\nabla\times\boldsymbol{H}) \tag{13.126}$$

式 (13.126) に式 (13.124), (13.125) を代入して

$$\nabla\cdot(\boldsymbol{E}\times\boldsymbol{H}) = -\boldsymbol{H}\cdot\frac{\partial \boldsymbol{B}}{\partial t} - \boldsymbol{E}\cdot\left(\boldsymbol{i} + \frac{\partial \boldsymbol{D}}{\partial t}\right) \tag{13.127}$$

電磁波が伝搬していく媒質の誘電率, 透磁率が時間に対して不変ならば

$$\boldsymbol{B} = \mu\boldsymbol{H}, \qquad \boldsymbol{D} = \varepsilon\boldsymbol{E}, \qquad \boldsymbol{i} = \sigma\boldsymbol{E} \tag{13.128}$$

を式 (13.127) の右辺各項に代入すると

$$\boldsymbol{H}\cdot\frac{\partial \boldsymbol{B}}{\partial t} = \boldsymbol{H}\cdot\frac{\partial \mu\boldsymbol{H}}{\partial t} = \frac{1}{2}\frac{\partial \mu H^2}{\partial t} = \frac{\partial}{\partial t}\left(\frac{1}{2}\mu H^2\right) \tag{13.129}$$

$$\boldsymbol{E}\cdot\boldsymbol{i} = \boldsymbol{E}\cdot(\sigma\boldsymbol{E}) = \sigma E^2 \tag{13.130}$$

$$\boldsymbol{E}\cdot\frac{\partial \boldsymbol{D}}{\partial t} = \boldsymbol{E}\cdot\frac{\partial \varepsilon\boldsymbol{E}}{\partial t} = \frac{1}{2}\frac{\partial \varepsilon E^2}{\partial t} = \frac{\partial}{\partial t}\left(\frac{1}{2}\varepsilon E^2\right) \tag{13.131}$$

これらを式 (13.127) に代入して整理すると

$$\nabla\cdot(\boldsymbol{E}\times\boldsymbol{H}) = -\frac{\partial}{\partial t}\left(\frac{1}{2}\varepsilon E^2 + \frac{1}{2}\mu H^2\right) - \sigma E^2 \tag{13.132}$$

を得る。両辺をある領域 v 内で積分すると

$$\int_{\mathrm{v}}\nabla\cdot(\boldsymbol{E}\times\boldsymbol{H})\,\mathrm{d}v = -\frac{\partial}{\partial t}\int_{\mathrm{v}}\left(\frac{1}{2}\varepsilon E^2 + \frac{1}{2}\mu H^2\right)\mathrm{d}v - \int_{\mathrm{v}}\sigma E^2\,\mathrm{d}v \tag{13.133}$$

この式の左辺は表面での面積分に置き換えられ, 結局

$$\int_{\mathrm{S}}(\boldsymbol{E}\times\boldsymbol{H})\cdot\mathrm{d}\boldsymbol{s} = -\frac{\partial}{\partial t}\int_{\mathrm{v}}\left(\frac{1}{2}\varepsilon E^2 + \frac{1}{2}\mu H^2\right)\mathrm{d}v - \int_{\mathrm{v}}\sigma E^2\,\mathrm{d}v \tag{13.134}$$

が得られる。この式の右辺第 1 項は, 電界と磁界のエネルギー密度を積分したものの時間変化であるから, 考えている領域内中の電界と磁界のエネルギー全体の時間変化の割合となる。すなわち, その領域内で単位時間内に減少する電磁界のエネルギーであ

る。最終項は，その領域内で伝導電流が生ずる場合に消費される電力である。したがって，右辺全体では「ある体積内で単位時間当り減少する電磁界のエネルギーからジュール熱による損失を差し引いたものである」といえる。

エネルギー保存則から，左辺は（右辺の相当する電力が）その領域を覆う表面から出ていくことを示している。もう一度，式(13.134)を書き直して右辺のジュール熱の部分を左辺に移行すれば

$$\int_S (\boldsymbol{E}\times\boldsymbol{H})\cdot \mathrm{d}\boldsymbol{s} + \int_v \sigma \boldsymbol{E}^2 \mathrm{d}v = \frac{\partial}{\partial t}\int_v \left(\frac{1}{2}\varepsilon \boldsymbol{E}^2 + \frac{1}{2}\mu \boldsymbol{H}^2\right)\mathrm{d}v \tag{13.135}$$

となる。こうすると，ある領域内で消費されるジュール熱損失とその領域の表面から出ていく$(\boldsymbol{E}\times\boldsymbol{H})$の面積積分全体の和は，その領域内での電気的・磁気的エネルギーの総量の減少分に等しいことがよく理解できる。したがって，ベクトル$\boldsymbol{E}\times\boldsymbol{H}$は，その表面から単位時間当り出ていくエネルギー，すなわち電力の単位面積当りの値を示すことになる。そこで，このベクトルを$\boldsymbol{S}$とし**ポインティングベクトル**（Poynting vector）と呼ぶ。すなわち

$$\boldsymbol{S} = \boldsymbol{E}\times\boldsymbol{H} \tag{13.136}$$

である。$\boldsymbol{S}$は電力密度ベクトルであり，その閉曲面上での積分がその表面から出ていく電磁波の全電力を表す。

ここで図13.6を見直しておこう。$\boldsymbol{S}=\boldsymbol{E}\times\boldsymbol{H}$の方向が電磁波の進行方向となっていることがわかる。

> **Coffee time**
>
> ポインティングベクトル$\boldsymbol{S}=\boldsymbol{E}\times\boldsymbol{H}$の方向は，電磁波の進行方向であるため，ポインティングベクトルの「ポインティング」はpointing（指し示す）であると誤解されることがある。しかしこれは，この$\boldsymbol{E}$と$\boldsymbol{H}$のベクトル積を用いることを考案したイギリスの物理学者ジョン・ヘンリー・ポインティング（John Henry Poynting）の名前に由来している。なお，異方性媒質中では，ポインティングベクトルと電磁波の進行方向は異なる。

13.10 損失のある媒質中の電磁波の例

13.6～13.8節までに，損失のある場合の電磁波について述べてきた。本節ではプラズマを例に挙げて説明する。

完全誘電体ではなく。損失のある場合について考える。変位電流のほかに伝導電流も加わるわけであるから，式(13.77)の時間関数の部分が正弦波状であれば

$$\mathrm{rot}\,\boldsymbol{H} = (\sigma + j\omega\varepsilon)\boldsymbol{E} = j\omega\left(\varepsilon + \frac{\sigma}{j\omega}\right)\boldsymbol{E} = j\omega\varepsilon_c \boldsymbol{E} \tag{13.137}$$

となる。これから

$$\varepsilon_c = \varepsilon - j\frac{\sigma}{\omega} = \varepsilon' - j\varepsilon'' \quad \text{〔F/m〕} \tag{13.138}$$

で示される複素誘電率ε_cを定義する。すなわち

$$\varepsilon' = \varepsilon, \qquad \varepsilon'' = \frac{\sigma}{\omega} \tag{13.139}$$

である。これを，式 (13.99a)，(13.99b) に代入して

$$\alpha = \omega\sqrt{\frac{\mu\varepsilon'}{2}\left(\sqrt{1+\frac{\varepsilon''^2}{\varepsilon'^2}}-1\right)} \tag{13.140a}$$

$$\beta = \omega\sqrt{\frac{\mu\varepsilon'}{2}\left(\sqrt{1+\frac{\varepsilon''^2}{\varepsilon'^2}}+1\right)} \tag{13.140b}$$

を得る。

この節では特に**イオン化ガス**の場合を例にとって説明する。地球上空約 50 ～ 500 km のところに電離層と呼ばれる，太陽からの紫外線により空気中の原子あるいは分子が，電子と正のイオンに分離しイオン化したいくつかの層がある。この電離層の高さや，イオン化の程度は，昼夜の別，太陽の活動の程度により微妙に変化し，電磁波（特に短波帯 3 ～ 30 MHz，場合によってはその上の超短波帯の一部までも含んで）の反射の程度に大きな影響を与える。太陽活動の程度は，その黒点の数で推定される。黒点の数と短波の伝搬に関連があることは興味深い。また，イオン，電子の動きは磁界の影響も受けるから当然，地磁気の影響も受け，極地方へのあるいはそこからの電波伝搬は他の地方とも異なるなどの現象が起きる。このような自然現象が，電磁気学で解き明かされるのである。

それぞれの電離層内において，気体分子は電子と正イオンに電離して運動しているが，全体としては電気的に中性である。このようなイオン化した状態をプラズマという。放電によってもプラズマが生じることがあり，また半導体中でも同様な現象が起きることがある。したがって，プラズマの電磁波に対する性質を知っておくことは重要である。ここで，つぎのような仮定をおく。

1) プラズマ中では電子の動きのみを考える。(電子の質量がイオンに比べて小さく，電磁波の電界によって加速されやすいためである。)

2) 電子とイオンとの衝突は無視する。(電子とイオンの密度の小さい場合を考える。低層の気圧の比較的高い部分にできる電離層の場合を除く。)

この場合は，5.3.2 項のイオン分極のところで述べたことに似ているが，そこでは正負のイオンがたがいに強く束縛し合っているので，電界によりイオンが変位したとき，その変位に比例した復元力が働くとした。ここで，電子 1 個の質量を m，電荷量を q

とする。このときの比誘電率 ε_r は，復元力を f とし，それによる共振角周波数を ω_0 として

$$\omega_0 = \sqrt{\frac{f}{m}} \tag{13.141}$$

を用いて

$$\varepsilon_r = 1 + \frac{Nq^2}{\varepsilon_0 m\left(\omega_0^2 - \omega^2\right)} \tag{13.142}$$

であった（N は電子密度）。

ところで，電離層の場合は仮定 2）によって，電子およびイオンの密度が小さい場合であるから，たがいの引力による復元力は無視できる。したがって式 (5.32) から $\omega_0 = 0$ である。これを式 (5.42) に代入すると，このプラズマの比誘電率 ε_p は

$$\varepsilon_p = 1 - \frac{Nq^2}{\varepsilon_0 m\omega^2} \tag{13.143}$$

となる。ここで

$$\omega_p = \sqrt{\frac{Nq^2}{\varepsilon_0 m}} \tag{13.144}$$

というプラズマ角周波数 ω_p を定義すれば，プラズマの比誘電率 ε_p は

$$\varepsilon_p = 1 - \frac{\omega_p^2}{\omega^2} = 1 - \frac{f_p^2}{f^2} \tag{13.145}$$

となる（ここでプラズマ周波数 $f_p = \omega_p/2\pi$ とする。）複素伝搬定数 γ は，式 (13.89) において $\sigma = 0$（完全な誘電体）とおいて

$$\gamma = j\omega\sqrt{\mu\varepsilon} = j\omega\sqrt{\mu}\sqrt{\varepsilon_p\varepsilon_0} \tag{13.146}$$

である。これに式 (13.145) を代入して

$$\gamma = j\omega\sqrt{\mu\varepsilon_0}\sqrt{1 - \frac{f_p^2}{f^2}} \tag{13.147}$$

となる。特性インピーダンスは，式 (13.119) で $\sigma = 0$ として

$$\eta_{\text{loss}} = \frac{\gamma}{j\omega\varepsilon} = \sqrt{\frac{\mu}{\varepsilon}} = \frac{\sqrt{\dfrac{\mu_0}{\varepsilon_0}}}{\sqrt{1 - \dfrac{f_p^2}{f^2}}} = \frac{\eta_0}{\sqrt{1 - \dfrac{f_p^2}{f^2}}} \tag{13.148}$$

となる。

位相速度は，$v_p = \omega/k = j\omega/\gamma$ に式 (13.147) を代入して

$$v_p = \frac{1}{\sqrt{\mu\varepsilon_0}\sqrt{1 - \dfrac{f_p^2}{f^2}}} = \frac{v_0}{\sqrt{1 - \dfrac{f_p^2}{f^2}}} \tag{13.149}$$

となる[†1]。

†1　$v_0 = \dfrac{1}{\sqrt{\mu\varepsilon_0}}$

式 (13.145) からわかるように，周波数fがプラズマ周波数f_pになる（$f=f_p$）とプラズマの比誘電率ε_pが0になる。

$f<f_p$のとき，式 (13.147) からわかるように複素伝搬定数γは実数だけになる。これは伝搬とともに電磁波が減衰することを表す[†1]。このとき式 (13.148) から，特性インピーダンスη_{loss}は純虚数となる。これら二つのことは，リアクティブな負荷[†2]へはエネルギーが伝達しないことを意味している。すなわち，f_p以下の周波数の電磁波はこのような電離層中を伝搬しないことを意味するから，f_pを**遮断周波数**とも呼ぶ。

$f>f_p$のとき，電磁波はこのプラズマの中を損失なし（減衰せずに）に伝搬することができる。式 (13.144) に電子の電荷，質量などの実際の値を代入すると

$$f_p=\frac{\omega_p}{2\pi}=9\sqrt{N} \tag{13.150}$$

となる。電子密度Nは地上高の異なる電離層ごとに異なり，また先にも述べたとおり，さまざまな条件によって変化する。そのおおよその範囲は，低いところの電離層における$10^{10}/\mathrm{m}^3$程度から高いところの$10^{12}/\mathrm{m}^3$程度である。したがって，f_pは0.9～9 MHz程度である。

† 1　このとき，式 (13.93) から，複素伝搬定数γは減数定数αだけで表される。

† 2　電気回路におけるコイルやコンデンサに相当する負荷のこと。

13.11 群　　速　　度

いままでに電磁波の伝搬速度として単一周波数の波の同一位相の点の移動速度として位相速度v_pを定義した。損失のない媒質中[†3]においてのそれと，位相定数βとの関係は，式 (13.50) から

$$v_p=\frac{\omega}{k}=\frac{\omega}{\beta} \tag{13.151}$$

となる。損失のない媒質中では位相定数βは

$$\beta=\omega\sqrt{\mu\varepsilon} \quad \text{(13.100b) 再掲}$$

であり，角周波数ωに比例する。したがって，位相速度v_pは

$$v_p=\frac{\omega}{\beta}=\frac{\omega}{\omega\sqrt{\mu\varepsilon}}=\frac{1}{\sqrt{\mu\varepsilon}} \tag{13.152}$$

となり，周波数$f=\omega/(2\pi)$に依らず一定である。

一方，式 (13.149) に示したように，損失のある場合やプラズマ中での電磁波の位相速度は，周波数の関数になる。このような媒体中に単一周波数でない電磁波が伝搬するときは，それぞれの

† 3　損失のない媒質（$\sigma=0$）のとき，複素伝搬定数γは，式 (13.89) から$\gamma^2=-\omega^2\mu\varepsilon$より$\gamma=jk$となる（$k=\omega\sqrt{\mu\varepsilon}$）。同様に，式 (13.99a) より$\alpha=0$なので式 (13.93) から$\gamma=j\beta$となる。したがって，損失のない媒質では，$\beta=k$となる。

周波数ごとに異なった速度で伝搬することになる。時間軸上の波形が，単一周波数の正弦波以外の波の例は多くあるが，典型例として**振幅変調波**を挙げよう。

これまでに電磁波が伝搬することを示したが，これで情報を運ぶには，単一周波数の電磁波になんらかの細工をしてなければならない。その一つの方法が電磁波の振幅を情報に従って変化させる振幅変調である。その概念を**図 13.9** に示す。図は，振幅 1 の周波数 20 Hz（実際はもっと高い周波数でないといけないが，図上で見やすくするために低い周波数としてある）の正弦波を振幅 0.2，周波数 1 Hz の正弦波で振幅変調した

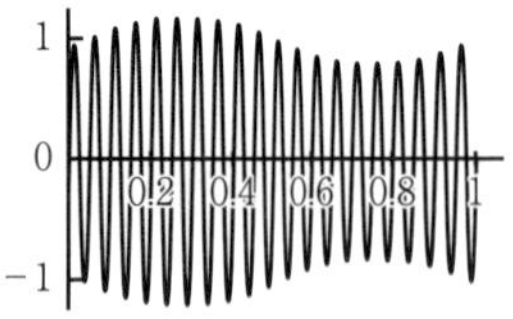

図 13.9　振幅変調の例

$$g(t)=\{1+0.2\sin(2\pi t)\}\sin(40\pi t) \tag{13.153}$$

である。この波形の周波数成分は，**図 13.10** に示すように，振幅 1 の周波数 20 Hz の被変調波（これを搬送波と呼ぶ）の上下に，搬送波から変調波のずれたところに二つ，それぞれたがいに位相が逆で，大きさが搬送波の 1/10 の余弦波が存在する。これらを**側波帯**（side bands）という。実際には，搬送波の周波数は，中波放送なら数百 kHz，短波放送なら数〜数十 MHz であり，変調波（情報を表す波）は音声なら数十 Hz 〜数百 kHz の範囲に分布している。このように，なんらかの情報信号を担う電磁波は，いくつかの周波数からなる波の群となる。搬送波の上下に信号波形の周波数成分が（一般的には連続スペクトルとなり，その意味で側波帯と呼ばれる）このように，単一周波数でない電磁波が，周波数により速度の異なる媒質中を伝搬すると，伝搬するごとにそれぞれの周波数の信号の位相がずれることになるから，信号の波形がしだいに崩れることになる。このような現象を起こす速度の周波数による違いを，**分散**と呼び，そのような媒質を**分散性媒質**とも呼ぶ。

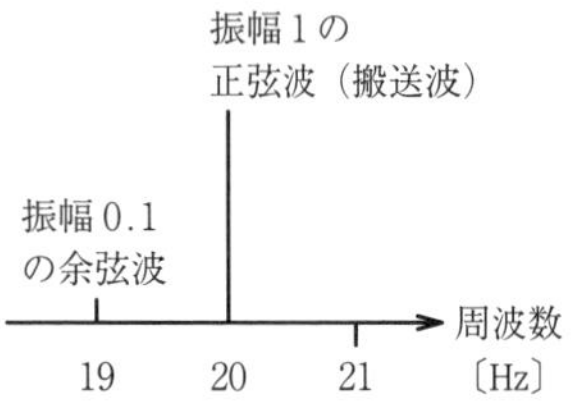

図 13.10　式 (13.153) の周波数スペクトル

このときの電磁波全体の伝搬速度を，どう定義するのであろうか。その速度を群速度という。ここで，上述の振幅変調波形よりもう少し単純な場合，すなわちたがいに $2\Delta\omega$ だけ角周波数の異なる余弦波の合成波を考える。

$$\begin{aligned} E(z,t) &= E_0\cos\left[(\omega_0+\Delta\omega)t-(\beta_0+\Delta\beta)z\right] \\ &\quad + E_0\cos\left[(\omega_0-\Delta\omega)t-(\beta_0-\Delta\beta)z\right] \\ &= 2E_0\cos(t\Delta\omega-z\Delta\beta)\cos(\omega_0 t-\beta_0 z) \end{aligned} \tag{13.154}$$

式 (13.154) のように角周波数 ω_0 を中心に $\Delta\omega$ だけ上下にずれたところに同じ振幅の余弦波がある。このとき，位相定数もわず

かに異なり，それぞれの周波数に対して $\beta_0+\Delta\beta$，$\beta_0-\Delta\beta$ であるとする。**図 13.11** に波形の例を示す。角周波数 ω_0 の波に**うねり**（二つの周波数の差の周波数での振幅変化）を伴っていることがわかる。

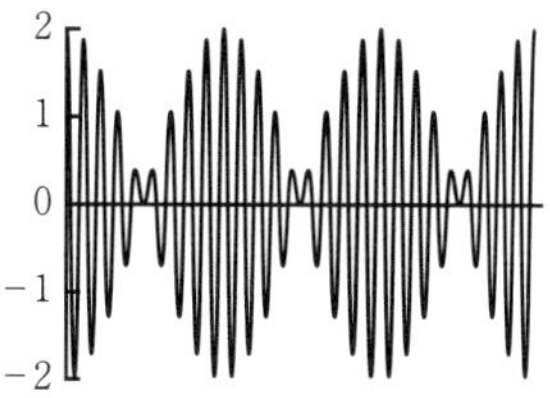

図 13.11　$E(z,t)=2\cos(t\Delta\omega-z\Delta\beta)\cdot\cos(\omega_0 t-\beta_0 z)$ の波形

式 (13.154) からわかるように角周波数 ω_0 の波の速度は，$\omega_0 t-\beta_0 z=$ 一定の下で z の t に対する変化を見ればよいから

$$v_0=\frac{\mathrm{d}z}{\mathrm{d}t}=\frac{\omega_0}{\beta_0} \tag{13.155}$$

となる。一方，図 13.11 の包絡線の伝搬速度，つまり**群速度**は，式 (13.155) の $\cos(t\Delta\omega-z\Delta\beta)=$ 一定に関する速度である。したがって $t\Delta\omega-z\Delta\beta=$ 一定の下で，z の t に対する変化であるから

$$v_g=\frac{\mathrm{d}z}{\mathrm{d}t}=\frac{\Delta\omega}{\Delta\beta}=\frac{1}{\Delta\beta/\Delta\omega} \tag{13.156}$$

となる。これから群速度 v_g は $\Delta\omega\to 0$ として

$$v_g=\frac{1}{\mathrm{d}\beta/\mathrm{d}\omega} \tag{13.157}$$

で定義される。$\Delta\omega\to 0$ と考えたのであるから，この群速度の定義は狭い周波数範囲でのみ正しい。すなわち，情報信号のスペクトルが広い範囲に渡っているような場合はこの定義を適用することはできないことに注意しておこう。

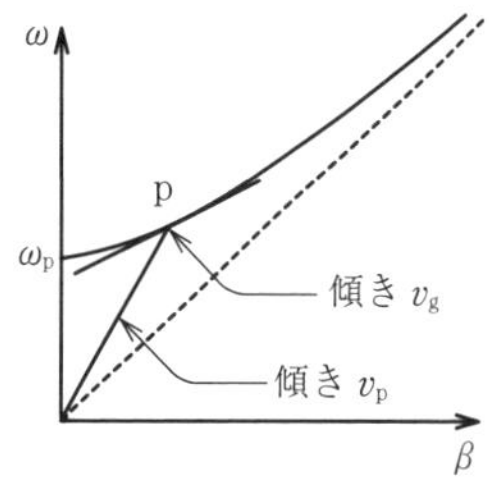

図 13.12　プラズマの場合の β-ω 曲線

図 13.12 にプラズマの場合の β-ω 曲線の例を示す。点 p まで原点から引いた直線の傾きが位相速度 v_p を表し，点 p での接線が群速度 v_g を表す。プラズマの場合は，式 (13.147) から†1

$$k=\omega\sqrt{\mu\varepsilon_0}\sqrt{1-\frac{f_p^2}{f^2}}=\frac{\omega}{v_0}\sqrt{1-\frac{f_p^2}{f^2}} \tag{13.158}$$

であるから†2，位相速度 v_p は式 (13.149) に示したように

$$v_p=\frac{v_0}{\sqrt{1-\left(f_p^2/f^2\right)}} \tag{13.159}$$

となる。

一般的な位相速度 v_p と群速度 v_g との関係は，つぎの式 (13.151) および式 (13.156) を用いて

$$v_p=\frac{\omega}{k}=\frac{\omega}{\beta} \qquad (13.151)\ 再掲$$

$$v_g=\frac{\mathrm{d}z}{\mathrm{d}t}=\frac{\Delta\omega}{\Delta\beta}=\frac{1}{\Delta\beta/\Delta\omega} \qquad (13.156)\ 再掲$$

まず，式 (13.156) を用いて

$$\frac{\mathrm{d}\beta}{\mathrm{d}\omega}=\frac{\mathrm{d}}{\mathrm{d}\omega}\left(\frac{\omega}{v_p}\right)=\frac{1}{v_p}-\frac{\omega}{v_p^{\,2}}\frac{\mathrm{d}v_p}{\mathrm{d}\omega} \tag{13.160}$$

†1　$\sigma=0$ とすると $\gamma=jk$ となる。

†2　$\sqrt{\mu\varepsilon_0}=\dfrac{1}{v_0}$

を得る。これを式 (13.157) に代入して

$$v_g = \frac{1}{\dfrac{d\beta}{d\omega}} = \frac{1}{\dfrac{d}{d\omega}\left(\dfrac{\omega}{v_p}\right)} = \frac{v_p}{1 - \dfrac{\omega}{v_p}\dfrac{dv_p}{d\omega}} \qquad (13.161)$$

となる。これから，つぎの3通りの場合があることがわかる。

1） $\dfrac{dv_p}{d\omega} = 0$　　位相速度は ω の関数でない。$v_g = v_p$

2） $\dfrac{dv_p}{d\omega} < 0$　　位相速度は ω とともに減少する。$v_g < v_p$

3） $\dfrac{dv_p}{d\omega} > 0$　　位相速度は ω とともに増加する。$v_g > v_p$

第13章 演習問題

【1】 静電容量 C〔F〕の平行平板コンデンサに正弦波交流電源 $e(t) = E_m \sin \omega t$〔V〕を接続した回路において，回路を流れる電流 $i_d(t)$ がコンデンサの変位電流 $i_c(t)$ と等しいことを示しなさい。
（ヒント：$\dfrac{\partial D}{\partial t}$ は変位電流の密度）

【2】 海水中を z 方向に伝搬する平面波がある。このとき $z=0$ での電界の強さは $\boldsymbol{E} = \boldsymbol{a}_x 100 \cos(10^7 \pi t)$〔V/m〕とし，海水の媒質定数は $\varepsilon_r = 72$，$\mu_r = 1$，$\sigma = 4$〔S/m〕とする。このとき，下記の値を求めなさい。

（a） 空間の特性インピーダンス η

（b） 減衰定数 α，位相定数 β

（c） 侵入の深さ δ

【3】 問題【2】と同じ条件において，下記の問に答えなさい。

（a） 電界の強さ $\boldsymbol{E}$ の大きさが $z=0$ における値の 1/1 000 になる距離 z_1 はいくらか求めなさい。

（b） $z = 1$ m の点での電界の強さ $\boldsymbol{E}$，磁界の強さ $\boldsymbol{H}$ の式を時間 t の関数として示しなさい。

【4】 強さ $\boldsymbol{E}$ の静電界と強さ $\boldsymbol{H}$ の静磁界が存在する場合の閉曲面Sにおけるポインティングベクトル $\boldsymbol{S} = \boldsymbol{E} \times \boldsymbol{H}$ の面積積分 $\int_S \boldsymbol{S} \cdot d\boldsymbol{s}$ を示しなさい。
（ヒント：ポインティングベクトル $\boldsymbol{S} = \boldsymbol{E} \times \boldsymbol{H}$ は0ではない。）

14 電磁波の偏波，反射・屈折

14.1 電磁界における境界条件

ここまでは，連続一様な無限媒体中での平面波について論じてきた。媒質が途中で変わるとか，真空中に導体が存在する場合や電磁波の反射・屈折を考えるときなどを取り扱うとき，電界（**図 14.1**）や磁界（**図 14.2**）で取り扱ったように媒質の境界における $\boldsymbol{E}$，$\boldsymbol{D}$，$\boldsymbol{B}$，$\boldsymbol{H}$ が満足しなければならない境界条件が問題となる。まずそれを考察しておく。

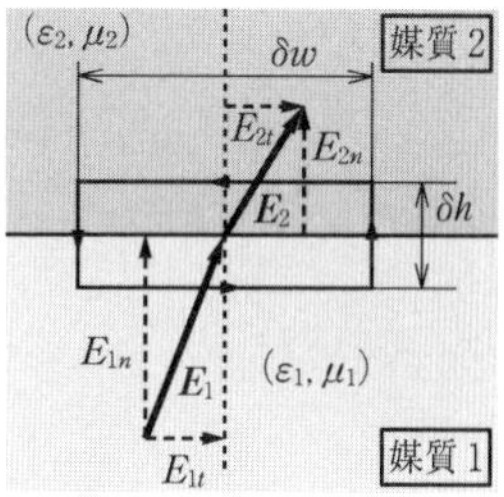

図 14.1 電界に関する境界条件

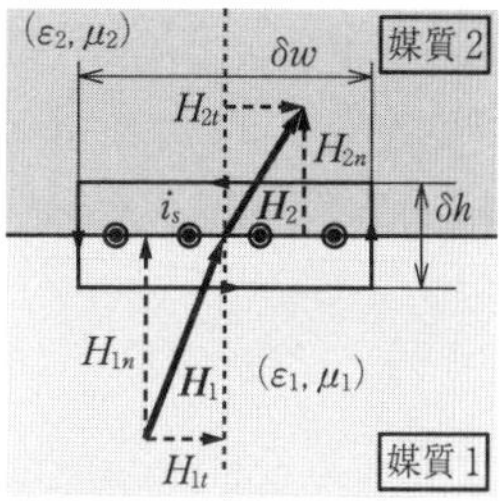

図 14.2 磁界に関する境界条件

電磁界における境界条件を考えるときは，マクスウェルの方程式の積分形を用いる。電磁界の場合においても，第 5 章，第 7 章で取り扱った方法と同様に境界の両側において 1 周積分あるいは閉曲面における面積分を行えばよい。その結果，静電界・静磁界と同じように

$$\oint \boldsymbol{E}\cdot \mathrm{d}\boldsymbol{l} = \left(E_{1\mathrm{t}} - E_{2\mathrm{t}}\right)\delta w = -\int_{\mathrm{S}} \frac{\partial}{\partial t}\boldsymbol{B}\cdot \mathrm{d}\boldsymbol{S} \qquad (14.1)$$

となる，1 周積分路を小さくしていくにしたがって，その内部の面積も小さくなっていく。$\delta h \to 0$ の極限ではその面積は 0 となる。したがって，上式の右辺は $\partial \boldsymbol{B}/\partial t$ が無限大でないかぎり 0 となる。したがって，電界の接線成分に関して

$$E_{1t} - E_{2t} = 0 \qquad (14.2)$$

を得る。すなわち，時間的変化を伴っている電磁界においても異なる媒体の境界では電界の接線成分は等しい。

磁界の強さ $\boldsymbol{H}$ についても

$$\oint \boldsymbol{H}\cdot \mathrm{d}\boldsymbol{l} = \left(H_{1\mathrm{t}} - H_{2\mathrm{t}}\right)\delta w = -\int_{\mathrm{S}} \left(\boldsymbol{i} + \frac{\partial \boldsymbol{D}}{\partial t}\right)\cdot \mathrm{d}\boldsymbol{S}$$

$$= i_{\mathrm{S}}\delta w + \frac{\partial \widehat{D}}{\partial t}\delta w \delta h \qquad (14.3)$$

となる。ただし i_{S} は境界面の表面電流密度，$\partial \widehat{D}/\partial t$ は閉曲面における $\partial D/\partial t$ の平均値である。$\delta h \to 0$ とすると $\partial \widehat{D}/\partial t$ が無限大でないかぎり 1 周積分は $i_{\mathrm{s}}\delta w$ となり

$$H_{1\mathrm{t}} - H_{2\mathrm{t}} = i_{\mathrm{S}} \qquad (14.4)$$

を得る。すなわち時間的変化を伴っている電磁界においても異な

る媒体の境界では磁界の接線成分の差は境界上の表面電流値に等しい。

$\boldsymbol{D}$，$\boldsymbol{B}$ についても，境界を挟む平曲面について，つぎのガウスの定理を適用すれば

$$\int_{S} \boldsymbol{D} \cdot \mathrm{d}\boldsymbol{S} = Q \tag{14.5}$$

$$\int_{S} \boldsymbol{B} \cdot \mathrm{d}\boldsymbol{S} = 0 \tag{14.6}$$

から

$$D_{1n} - D_{2n} = \rho_S \tag{14.7}$$

となる。境界に真電荷がなければ

$$D_{1n} = D_{2n} \tag{14.8}$$

$$B_{1n} = B_{2n} \tag{14.9}$$

を得る。

14.1.1　二つの無損失線形媒質境界での境界条件

誘電率 ε と透磁率 μ で表される無損失媒質，すなわち $\sigma=0$ という媒質で ε と μ が定数（線形）であるようなとき，表面電荷密度 $\rho_s=0$ として，つぎのような境界条件が成立する。

$$E_{1t} = E_{2t} \quad \rightarrow \quad \frac{D_{1t}}{D_{2t}} = \frac{\varepsilon_1}{\varepsilon_2} \tag{14.10}$$

$$H_{1t} = H_{2t} \quad \rightarrow \quad \frac{B_{1t}}{B_{2t}} = \frac{\mu_1}{\mu_2} \tag{14.11}$$

$$D_{1n} = D_{2n} \quad \rightarrow \quad \varepsilon_1 E_{1n} = \varepsilon_2 E_{2n} \tag{14.12}$$

$$B_{1n} = B_{2n} \quad \rightarrow \quad \mu_1 H_{1n} = \mu_2 H_{2n} \tag{14.13}$$

14.1.2　無損失線形媒質と完全導体との境界での境界条件

14.1.1 項の場合の片側の媒質が完全導体のときを考える。完全導体とは，超伝導体のように抵抗率 0 あるいは導電率無限大のものであり，室温で得ることは今のところできないが，「良導体」といわれる金・銀・銅・アルミニウムなどの場合も，近似的にここで述べることが成立する。

完全導体中では電界は 0 である。そうでなければ無限大の電流が流れなければならない。これは式 (13.108) で導電率 σ が無限大のとき侵入の深さが 0 となることからもわかる。これから「完全導体の表面では電界の接線成分は 0 すなわち $E_{1t}=0$ である」ということができる。磁界については媒質 2 が完全導体であり，電流が 0 であるから $H_{2t}=0$ となり[†1] 式 (14.4) から次式が得ら

†1　完全導体内部において，電界は 0 だから式 (13.17b) より $\partial \boldsymbol{B}/\partial t=0$ であり，時間変化する磁界は 0 である。ただし，静磁界の有無については磁気的性質により決まる。例えば，完全反磁性体である超伝導体ならば静磁界も 0 であり，金属のように透磁率が真空中とほとんど変わらない導体では静磁界は 0 ではない。この章では，時間的に変化する磁界のみを考えることとする。

れる。

$$H_{1t}=i_S \tag{14.14}$$

電束密度と磁束密度の法線成分に関しては，式(14.8)と式(14.9)とから

$$D_{1n}=\rho_S \tag{14.15}$$

であり，完全導体中では電磁界がすべて0であるから

$$D_{2n}=0 \tag{14.16}$$

となる。これから，つぎのようになる。

$$E_{1t}=0, \qquad E_{2t}=0 \tag{14.17}$$

$$H_{1t}=i_S, \qquad H_{2t}=0 \tag{14.18}$$

$$D_{1n}=\rho_S, \qquad D_{2n}=0 \tag{14.19}$$

$$B_{1n}=0, \qquad B_{2n}=0 \tag{14.20}$$

14.2 偏　　波

金属や誘電体に斜めに電磁波が入射するときは，それが平面波であっても，電界あるいは磁界が境界面に対してどちらを向いているかが問題となる。ここでは平面波における電界あるいは磁界の向き，すなわち**偏波**について述べる。

平面波で，電界（したがって磁界も）が一定方向の成分しか持たず，それが伝搬とともに変化しないような状態のものを直線偏波という。電磁波工学や電磁気学の世界では，電界の振動している面と電磁波の進行方向を含む面を**偏波面**と呼ぶ。したがって，電界がx成分を持ち，z方向へ進行する波はxz平面が偏波面である。伝搬あるいは時間とともに，偏波方向が変化することもあり，これには**円偏波**と**楕円偏波**が考えられる。

簡単のため，$z=0$に座標を固定して考える。$z=0$のxy平面上に視点を固定し，$z>0$方向へ進行していく平面波を見ているとする。電界のx成分とy成分が$z=0$で

$$E_x(0,t)=E_0\sin\omega t \tag{14.21}$$

$$E_y(0,t)=E_0\cos\omega t \tag{14.22}$$

であるとすると，**図14.3**に実線で示すように合成電界ベクトル$\boldsymbol{E}$は，$z=0$の平面上で時間とともに左回りに回る。これを左旋円偏波と定義する。E_x成分の位相が180°変わり，$-\sin\omega t$となると，図に破線で示すように右旋円偏波になる。

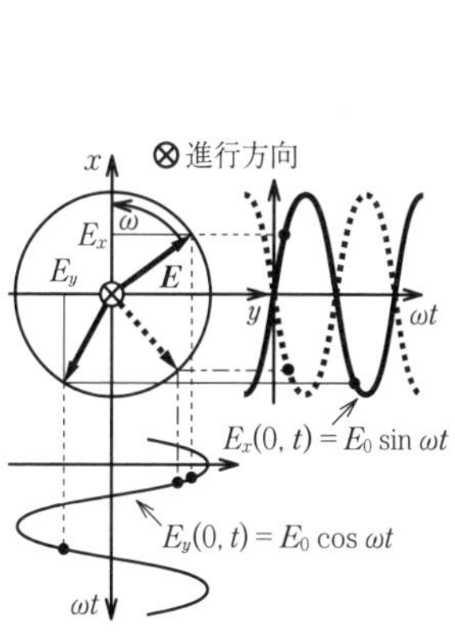

図14.3　左回り円偏波（実線）と右回り円偏波（鎖線）

どちらかの成分の大きさが変わり，E_xとE_yの振幅が異なると

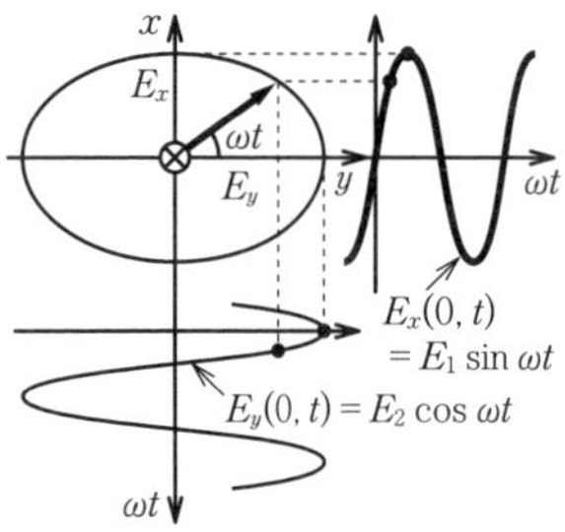

（a）　E_x, E_y 成分の大きさが異なる場合の楕円偏波

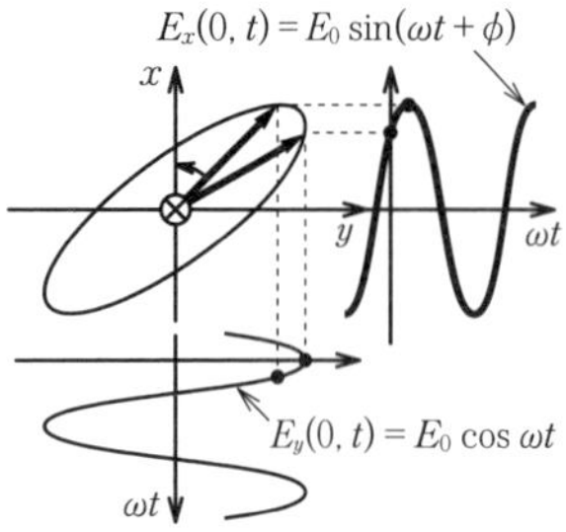

（b）　E_x, E_y 成分の位相差が $\pi/2$ と異なる場合の楕円偏波

図 14.4

Coffee time

MD（**ミニディスク**），**MO**（**光磁気**）**ディスク**：ともに書き換え可能な光ディスクである。情報の書き込み（磁気記録）は，レーザ光でディスクを熱し，磁界を加えることで行う。情報の読み取り（再生）は，書き込み時より弱いレーザ光をディスクに当て，その反射光で行う（反射面がN極かS極かによってレーザ光の偏光面が回転することを利用）。

光アイソレータ：光通信で使われる重要な素子で，光を一方向にしか通さない。雑音などの原因になる反射光が発光素子に戻ることを防ぐ。

円ではなくなり楕円となる。さらに位相がずれると，x，y 軸から傾いた楕円となる。この様子を**図 14.4** に示す。このような現象は，方解石のように結晶軸によって屈折率（誘電率）が異なるものや，磁性ガーネット（宝石で有名なガーネットに Fe や Co が置換されたもの）中での複屈折，磁気複屈折（磁気光学効果の一種）の起こる物質内で見られ，種々の機能素子として重要な物性である。かつて使われていた MD（ミニディスク），MO（光磁気）ディスクや，光通信で重要な役割を果たす光アイソレータは，このような現象の一つである磁気光学効果を用いている。

14.3　完全導体への平面波の垂直入射

第 10 章では一様な境界のない媒質中での平面波について取り扱ってきた。ここでは，異なった媒質が存在する場合について述べる。電磁波は異なる媒質の境界で一部は反射され一部は透過する。初めに典型的な例として，導電率 $\sigma=0$，誘電率 ε_0，透磁率 μ_0 の真空中から導電率無限大の完全導体へ垂直に入射した場合を考える。

$z=0$ の xy 面が $\sigma=0$ の真空中（媒質 1）と $\sigma=\infty$ の完全導体との境界であるとする（**図 14.5**）。電界が x 成分のみを持つ平面波の入射波が $+z$ 方向へ伝搬しているとする。この入射波の電界 $\boldsymbol{E}_{\rm i}$，磁界 $\boldsymbol{H}_{\rm i}$ は，$e^{j\omega t}$ を省略して

$$\boldsymbol{E}_{\rm i}(z)=\boldsymbol{a}_x E_0^{\rm i} e^{-j\beta_1 z} \tag{14.23}$$

$$\boldsymbol{H}_{\rm i}(z)=\boldsymbol{a}_y \frac{E_0^{\rm i}}{\eta_0} e^{-j\beta_1 z} \tag{14.24}$$

である。ここで E_0^i は $z=0$ での入射波の振幅で，β_1 と η_0 とは媒質 1（真空中）の伝搬定数（位相定数）と特性インピーダンスである。入射波のポインティングベクトル $\boldsymbol{S}$ は z の正方向に向いているから，磁界ベクトルは式 (14.24) のように y 方向を向いている。

完全導体中では $\boldsymbol{E}_2=\boldsymbol{0}$，$\boldsymbol{H}_2=\boldsymbol{0}$ だから $z>0$ では $\boldsymbol{S}=\boldsymbol{0}$ でエネルギーの流れはない。したがって反射波 $\boldsymbol{E}_{\rm r}$ が生じ，それは

$$\boldsymbol{E}_{\rm r}(z)=\boldsymbol{a}_x E_{\rm r0} e^{+j\beta_1 z} \tag{14.25}$$

となる。したがって媒質 1 内の合成電界は

$$\boldsymbol{E}_1(z)=\boldsymbol{E}_{\rm i}(z)+\boldsymbol{E}_{\rm r}(z)=\boldsymbol{a}_x\left(E_0^{\rm i} e^{-j\beta_1 z}+E_0^{\rm r} e^{+j\beta_1 z}\right) \tag{14.26}$$

となる。導体表面では境界条件から電界は 0 であることから，z

$=0$ で

$$\boldsymbol{E}_1(0)=\boldsymbol{a}_x\left(E_0^{\mathrm{i}}+E_0^{\mathrm{r}}\right)=\boldsymbol{E}_2(0)=0 \tag{14.27}$$

となる。これから

$$E_0^{\mathrm{r}}=-E_0^{\mathrm{i}} \tag{14.28}$$

となる。すなわち反射波の電界は，入射波に比べ位相が 180° 遅れている。これを式 (14.26) に代入して

$$\boldsymbol{E}_1(z)=\boldsymbol{a}_x E_0^{\mathrm{i}}\left(e^{-j\beta_1 z}-e^{+j\beta_1 z}\right)=-\boldsymbol{a}_x\, j\,2E_0^{\mathrm{i}}\sin\beta_1 z \tag{14.29}$$

を得る。反射波の伝搬方向 $-z$ すなわちポインティングベクトルが逆向きになる。電界の向きは逆向きだから，磁界ベクトルの向きは入射波と同じであり

$$\boldsymbol{H}_r(z)=\boldsymbol{a}_y\frac{E_0^{\mathrm{i}}}{\eta_0}e^{+j\beta_1 z} \tag{14.30}$$

となる。したがって，媒質 1 内の合成磁界は

$$\boldsymbol{H}_1(z)=\boldsymbol{a}_y\frac{E_0^{\mathrm{i}}}{\eta_0}\left(e^{-j\beta_1 z}+E_{r0}e^{+j\beta_1 z}\right)=\boldsymbol{a}_y\frac{E_0^{\mathrm{i}}}{\eta_0}\cos\beta_1 z \tag{14.31}$$

となる。

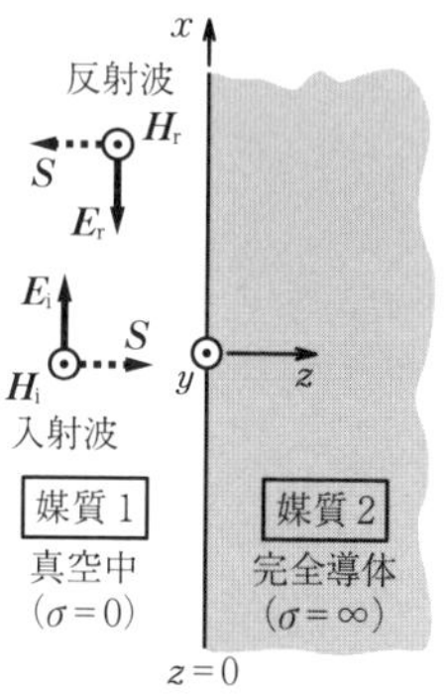

図 14.5　平面波の導体への垂直入射

電界および磁界について省略していた時間因子を戻して，例えば複素数の実部を取れば

$$\boldsymbol{E}_1(z,t)=\mathrm{Re}\left[\boldsymbol{E}_1(z)e^{j\omega t}\right]=\boldsymbol{a}_x 2E_0^{\mathrm{i}}\sin\beta_1 z\sin\omega t \tag{14.32}$$

$$\boldsymbol{H}_1(z,t)=\mathrm{Re}\left[\boldsymbol{H}_1(z)e^{j\omega t}\right]=\boldsymbol{a}_y 2\frac{E_0^{\mathrm{i}}}{\eta_0}\cos\beta_1 z\cos\omega t \tag{14.33}$$

となる。

これから電界磁界とも時間関数の正弦波あるいは余弦波の振幅が場所 z とともに変化しているだけで，進行波ではないことがわかる。このような状態の波を**定在波**と呼ぶ。これは，反射によってちょうど位相が反対の波（このときの電界の場合）が合成されたためである。**図 14.6** に示すように，時間とともに正弦波あるいは余弦的に変化する波の場所による振幅が，ちょうど 0 になる点を**節**と呼び，最大になる点を**腹**と呼ぶ。電界と磁界の節と腹は

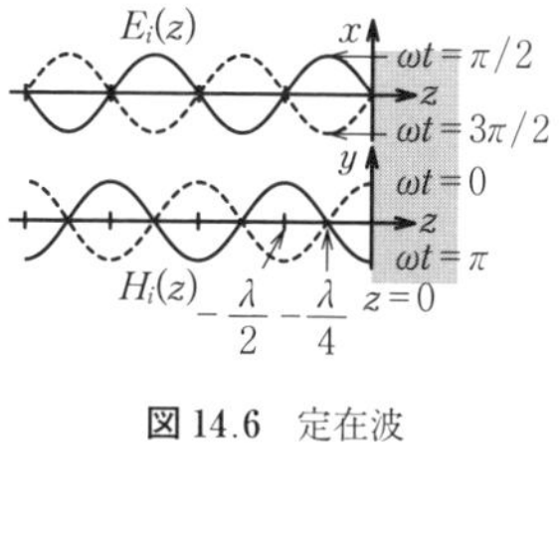

図 14.6　定在波

$$\left.\begin{array}{l}E_1(z,t)\text{の節}\\ H_1(z,t)\text{の節}\end{array}\right\}\beta_1 z=-n\pi\ \text{または}\ z=-n\frac{\lambda}{2},\quad \mathrm{n}=0,1,2\cdots, \tag{14.34}$$

$$\left.\begin{array}{l}E_1(z,t)\text{の節}\\ H_1(z,t)\text{の節}\end{array}\right\}\beta_1 z=-(2n+1)\frac{\pi}{2}\ \text{または}\ z=-(2n+1)\frac{\lambda}{4},\quad \mathrm{n}=0,1,2\cdots, \tag{14.35}$$

で現れる。すなわち導体表面は，電界に対しては固定端として，

また磁界に対しては自由端として働いていることになる。

14.4 完全導体への平面波の斜め入射

完全導体に斜めに電磁波が入射するときは，**図 14.7**（a），（b）示すように，導体と電界（または磁界）と進行方向との関係で２通りの場合に分けて考える。図（a）の場合を**垂直偏波**[†1]と呼ぶ。これは電界が入射面（図の xz 面すなわち紙面）に対して垂直であることによる。これに対し，図（b）の場合を**水平偏波**[†2]と呼ぶ。これは電界が入射面内にあるからである。

†1　直交偏波ともいう。
†2　平行偏波ともいう。

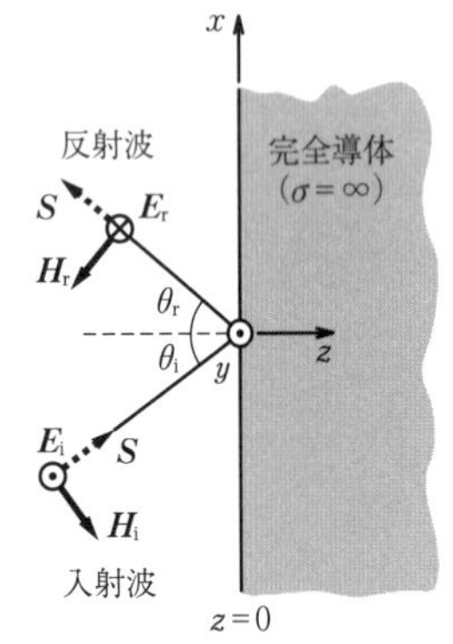

（a）　垂直偏波の場合

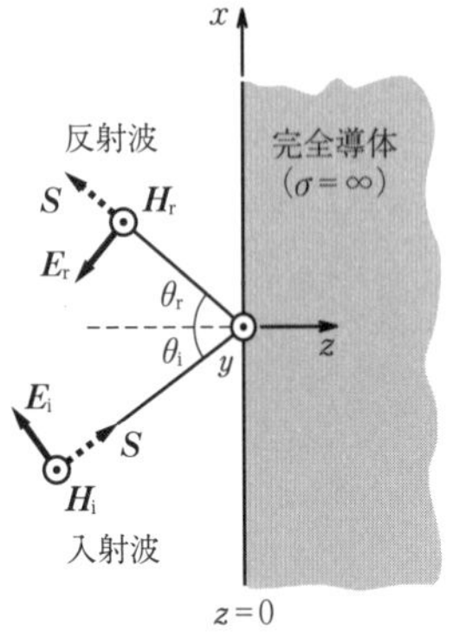

（b）　水平偏波の場合

図 14.7　完全導体への平面波の斜め入射

14.4.1　垂直偏波と水平偏波

垂直偏波の場合，入射波のポインティングベクトルの方向を $\boldsymbol{a}_{\mathrm{n}}^{\mathrm{i}}$ とすると

$$\boldsymbol{a}_{\mathrm{n}}^{\mathrm{i}} = \boldsymbol{a}_x \sin\theta_{\mathrm{i}} + \boldsymbol{a}_z \cos\theta_{\mathrm{i}} \tag{14.36}$$

と書ける。ここで θ_{i} は境界の法線から測った角度である。

式 (13.61) から任意の方向へ進む波は，その方向の波数ベクトルを $\boldsymbol{k}$ として電界で表せば

$$\boldsymbol{E}(\boldsymbol{r}) = E_0 e^{-j\boldsymbol{k}\cdot\boldsymbol{r}} \tag{14.37}$$

となる。ただし，$\boldsymbol{r} = \boldsymbol{a}_x x + \boldsymbol{a}_z z$ となり，これと式 (13.70) から，磁界は特性インピーダンスの逆数に比例し，図（a）に示すように

$$\boldsymbol{H}(\boldsymbol{r}) = \frac{1}{\eta_0} e^{-j\boldsymbol{k}\cdot\boldsymbol{r}} \boldsymbol{a}_{\mathrm{n}} \times \boldsymbol{E}(\boldsymbol{r}) \tag{14.38}$$

となる。ここで $\boldsymbol{a}_{\mathrm{n}}$ は $\boldsymbol{k}$ 方向の単位ベクトルである。これらから

$$\boldsymbol{E}_{\mathrm{i}}(x, z) = \boldsymbol{a}_y E_0^i e^{-j\beta_1 \boldsymbol{a}_{\mathrm{n}}^{\mathrm{i}}\cdot\boldsymbol{r}} = \boldsymbol{a}_y E_0^{\mathrm{i}} e^{-j\beta_1 (x\sin\theta_{\mathrm{i}} + z\cos\theta_{\mathrm{i}})} \tag{14.39}$$

$$\begin{aligned} \boldsymbol{H}_{\mathrm{i}}(x, z) &= \frac{1}{\eta_0}\left[a_{\mathrm{n}}^{\mathrm{i}} \times E_{\mathrm{i}}(x, z)\right] \\ &= \frac{E_0^{\mathrm{i}}}{\eta_0}\left(-\boldsymbol{a}_x \cos\theta_{\mathrm{i}} + \boldsymbol{a}_z \sin\theta_{\mathrm{i}}\right) e^{-j\beta_1(x\sin\theta_{\mathrm{i}} + z\cos\theta_{\mathrm{i}})} \end{aligned} \tag{14.40}$$

となる。反射波に対しては，反射角を θ_{r} として

$$\boldsymbol{a}_{\mathrm{n}}^{\mathrm{r}} = \boldsymbol{a}_x \sin\theta_{\mathrm{r}} - \boldsymbol{a}_z \cos\theta_{\mathrm{r}} \tag{14.41}$$

となるから，反射波の電界は

$$\boldsymbol{E}_{\mathrm{r}}(x, z) = \boldsymbol{a}_y E_0^{\mathrm{r}} e^{-j\beta_1(x\sin\theta_{\mathrm{r}} - z\cos\theta_{\mathrm{r}})} \tag{14.42}$$

となる。境界条件から導体表面 $z=0$ では合成電界は 0 であるから

$$\left.\begin{aligned} &\boldsymbol{E}_1(x, 0) = \boldsymbol{E}_{\mathrm{i}}(x, 0) + \boldsymbol{E}_{\mathrm{r}}(x, 0) = 0 \\ &E_0^{\mathrm{i}} e^{-j\beta_1 x\sin\theta_{\mathrm{i}}} + E_0^{\mathrm{r}} e^{-j\beta_1 x\sin\theta_{\mathrm{r}}} = 0 \end{aligned}\right\} \tag{14.43}$$

となる。上式が任意の x に対して成立するには

$$E_0^{\mathrm{r}} = -E_0^{\mathrm{i}} \tag{14.44}$$

$$\theta_{\mathrm{r}} = \theta_{\mathrm{i}} \tag{14.45}$$

とならなければならない。すなわち反射電界は位相が反転し，磁界は同相で反射する。入射角と反射角は等角であり，これは反射に関する**スネルの法則**（Snell's law of reflection）と呼ばれる。そこで，式 (14.42) から

$$\boldsymbol{E}_{\mathrm{r}}(x, z) = -\boldsymbol{a}_y E_0^{\mathrm{i}} e^{-j\beta_1(x\sin\theta_{\mathrm{i}} - z\cos\theta_{\mathrm{i}})} \tag{14.46}$$

$$\begin{aligned}\boldsymbol{H}_{\mathrm{r}}(x, z) &= \frac{1}{\eta_0}\left[a_{\mathrm{n}}^{\mathrm{r}} \times E_{\mathrm{r}}(x, z)\right] \\ &= \frac{E_0^{\mathrm{i}}}{\eta_0}\left(-\boldsymbol{a}_x \cos\theta_{\mathrm{i}} - \boldsymbol{a}_z \sin\theta_{\mathrm{i}}\right) e^{-j\beta_1(x\sin\theta_{\mathrm{i}} - z\cos\theta_{\mathrm{i}})}\end{aligned} \tag{14.47}$$

を得る。導体外の合成電界は式 (14.39) と式 (14.46) から

$$\begin{aligned}\boldsymbol{E}_1(x, z) &= \boldsymbol{E}_{\mathrm{i}}(x, z) + \boldsymbol{E}_{\mathrm{r}}(x, z) \\ &= \boldsymbol{a}_y E_0^{\mathrm{i}}\left(e^{-j\beta_1 z\cos\theta_{\mathrm{i}}} - e^{j\beta_1 z\cos\theta_{\mathrm{r}}}\right) e^{-j\beta_1 x\sin\theta_{\mathrm{i}}} \\ &= -\boldsymbol{a}_y j2E_0^{\mathrm{i}} \sin\left(\beta_1 z\cos\theta_{\mathrm{i}}\right) e^{-j\beta_1 x\cos\theta_{\mathrm{i}}}\end{aligned} \tag{14.48}$$

となり，合成磁界は式 (14.39) と式 (14.47) から

$$\begin{aligned}\boldsymbol{H}_1(x, z) = -2\frac{E_0^{\mathrm{i}}}{\eta_0}\Big[&\boldsymbol{a}_x \cos\theta_{\mathrm{i}} \cos\left(\beta_1 z\cos\theta_{\mathrm{i}}\right) e^{-j\beta_1 x\sin\theta_{\mathrm{i}}} \\ &+ \boldsymbol{a}_z j\sin\theta_{\mathrm{i}} \sin\left(\beta_1 z\cos\theta_{\mathrm{i}}\right) e^{-j\beta_1 x\sin\theta_{\mathrm{i}}}\Big]\end{aligned} \tag{14.49}$$

を得る。式 (14.48) と式 (14.49) から導体外の電磁界の様子が，つぎのようにまとめられる。

1）z 方向すなわち境界に垂直方向には，電界の y 成分 E_y^{i} と磁界の x 成分 H_x^{i} は周期 $\beta_1\cos\theta_{\mathrm{i}}$ の定在波となっている。

2）x 方向すなわち境界に平行方向には，電界の y 成分 E_y^{i} と磁界の z 成分 H_z^{i} は

$$v_x^{\mathrm{p}} = \frac{\omega}{\beta_x} = \frac{\omega}{\beta_1\sin\theta_{\mathrm{i}}} = \frac{v_{\mathrm{p}}}{\sin\theta_{\mathrm{i}}} \tag{14.50}$$

なる位相速度で伝搬する。x 方向の波長は

$$\lambda_x = \frac{2\pi}{\beta_x} = \frac{\lambda}{\sin\theta_{\mathrm{i}}} \tag{14.51}$$

である。

3）x 方向に伝搬する波は，z 軸に沿って大きさが変化する一様でない平面波である。

4）$z=0$ ではすべての x に対し，$\boldsymbol{E}_1$ が 0 である。これは，式 (14.48) の $\sin(\beta_1 z\cos\theta_1)=0$ を満足している。とすれば，こ

の式が 0 になる他の条件のときも，すべての x に対し，$\boldsymbol{E}_1$ が 0 になるはずである。それは

$$\beta_1 z\cos\theta_i = \frac{2\pi}{\lambda_1} z\cos\theta_i = -m\pi, \qquad (m = 1, 2, 3, \cdots,) \tag{14.52}$$

のとき成立する。そうすると，その条件の成り立つ z のところはすべての x に対し電界が 0 となり，そこに完全導体があると考えてよいことになる。すなわち，その条件のところに完全導体を挿入しても電界，磁界の様子を乱すことがないということである（もちろん入射波があることを前提にしての話である）。

これらのことを**図 14.8** に示す。入射波の電界は，導体表面で位相を反転する（180° 位相が変わる）。図の中に，太い波線で電界の（入射波，反射波ともその波面上で）最大値の部分を結んだ線を，細い波線で電界の最小値をとるところを結んだ線を示す。図の点 A″ では入射する電界の最小値の波面が導体表面に到達し，そこで位相が反転し反射していくところを示している。したがってこれらの波線は，太い実線で示す入射波，反射波のポインティングベクトルに直交している。

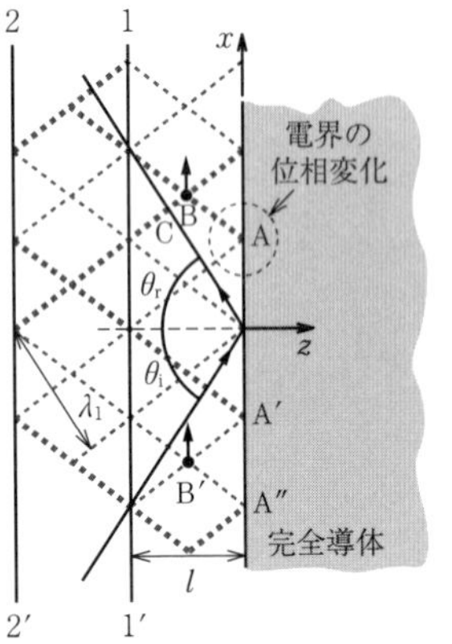

図 14.8　垂直偏波の導体への斜め入射

太い波線と細い波線の交点では電界の最大値と最小値が合成されるわけであるから，電界が 0 になる。これは，上にも述べたように，図の 1-1′ や 2-2′ など同様の条件の成立する線上のすべての点で成立する。

点 B，点 B′ はそれぞれ，入射波と反射波の電界最大のところどうしの合成された面と，同じく最小値どうしの合成された面であり，速度 V_{1x} で x 方向に進行している。1-1′ の部分に導体板を置いたとすると，二つの導体板中を伝搬する波となる。これは，**導波管**の基本原理である。このときの導波管内の伝搬モード（姿態）を TE（transverse electric）モード，TE 波などという。TE とはここでは $\boldsymbol{E}_1$ の x 成分 $E_x^1 = 0$ のことを指している。距離 AA′ =20 A′ は，そのときの x 方向に進行する波の導波管内波長 λ_g である。距離 OC が媒体 1 ないでの波長 λ_1 であるから，AA′ = OA″ あるいは 20 A は

$$\mathrm{AA}' = \lambda_g = \frac{\lambda_i}{\sin\theta_i} \tag{14.53}$$

となる。

例題 14.1 **水平偏波の場合**

水平偏波の場合（図 14.7（b））の入射波と反射波の合成電界および磁界を求めてみよう。

【解答例】

垂直偏波の場合と異なるのは，磁界が導体平面と平行で，電界が導体に対して平行でないこと，つまり，電界が x 成分，z 成分を持つことである。入射波に関して

$$\boldsymbol{E}_{\mathrm{i}}(x,z)=E_0^{\mathrm{i}}\left(\boldsymbol{a}_x\cos\theta_{\mathrm{i}}-\boldsymbol{a}_z\sin\theta_{\mathrm{i}}\right)e^{-j\beta_1\left(x\sin\theta_{\mathrm{i}}+z\cos\theta_{\mathrm{i}}\right)} \tag{14.54}$$

$$\boldsymbol{H}_{\mathrm{i}}(x,z)=\boldsymbol{a}_y\frac{E_0^{\mathrm{i}}}{\eta_0}e^{-j\beta_1\left(x\sin\theta_{\mathrm{i}}+z\cos\theta_{\mathrm{i}}\right)} \tag{14.55}$$

と書け，反射波に関しては

$$\boldsymbol{E}_{\mathrm{r}}(x,z)=E_0^{\mathrm{r}}\left(\boldsymbol{a}_x\cos\theta_{\mathrm{r}}+\boldsymbol{a}_z\sin\theta_{\mathrm{r}}\right)e^{-j\beta_1\left(x\sin\theta_{\mathrm{r}}+z\cos\theta_{\mathrm{r}}\right)} \tag{14.56}$$

$$\boldsymbol{H}_{\mathrm{r}}(x,z)=-\boldsymbol{a}_y\frac{E_0^{\mathrm{r}}}{\eta_0}e^{-j\beta_1\left(x\sin\theta_{\mathrm{r}}+z\cos\theta_{\mathrm{r}}\right)} \tag{14.57}$$

となる。境界条件から導体表面では，合成電界の x 成分は 0 でなければならない。よって

$$E_x^{\mathrm{i}}(x,0)+E_x^{\mathrm{r}}(x,0)=0 \tag{14.58}$$

から

$$E_0^{\mathrm{i}}\cos\theta_{\mathrm{i}}e^{-j\beta_1x\sin\theta_{\mathrm{i}}}+E_0^{\mathrm{r}}\cos\theta_{\mathrm{r}}e^{-j\beta_1x\sin\theta_{\mathrm{r}}} \tag{14.59}$$

となり，この条件は

$$E_0^{\mathrm{i}}=-E_0^{\mathrm{r}},\qquad \theta_{\mathrm{i}}=\theta_{\mathrm{r}} \tag{14.60}$$

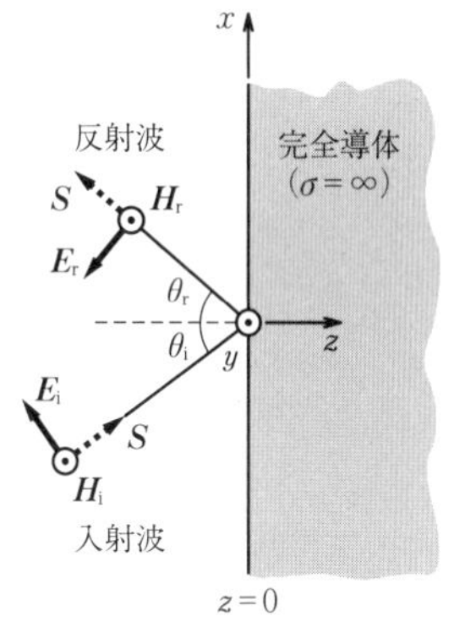

図 14.7（b） 水平偏波の場合（再掲）

となる。この条件を入れて媒質 1 側の合成電界，合成磁界を求めれば

$$\begin{aligned}\boldsymbol{E}_1(x,z)&=\boldsymbol{E}_x^{\mathrm{i}}(x,z)+\boldsymbol{E}_x^{\mathrm{r}}(x,z)\\&=\boldsymbol{a}_xE_0^{\mathrm{i}}\cos\theta_{\mathrm{i}}\left(e^{-j\beta_1z\cos\theta_{\mathrm{i}}}-e^{j\beta_1z\cos\theta_{\mathrm{i}}}\right)e^{-j\beta_1x\cos\theta_{\mathrm{i}}}-\boldsymbol{a}_zE_0^{\mathrm{i}}\sin\theta_{\mathrm{i}}\left(e^{-j\beta_1z\cos\theta_{\mathrm{i}}}+e^{j\beta_1z\cos\theta_{\mathrm{i}}}\right)e^{-j\beta_1x\sin\theta_{\mathrm{i}}}\end{aligned} \tag{14.61}$$

となる。これをさらに整理すると

$$\boldsymbol{E}_1(x,z)=-2E_0^{\mathrm{i}}\left(\boldsymbol{a}_x\,j\cos\theta_{\mathrm{i}}\sin\beta_1z\cos\theta_{\mathrm{i}}+\boldsymbol{a}_z\sin\theta_{\mathrm{i}}\cos\beta_1z\cos\theta_{\mathrm{i}}\right)e^{-j\beta_1x\sin\theta_{\mathrm{i}}} \tag{14.62}$$

と書ける。合成磁界は

$$\boldsymbol{H}_1(x,z)=\boldsymbol{H}_{\mathrm{i}}(x,z)+\boldsymbol{H}_{\mathrm{r}}(x,z)=-\boldsymbol{a}_y2\frac{E_0^{\mathrm{i}}}{\eta_0}\cos\beta_1z\cos\theta_i\,e^{-j\beta_1x\sin\theta_{\mathrm{i}}} \tag{14.63}$$

となる。

例題 14.1 の結果から，先と同様に以下のようなことがいえる。

1）z 方向すなわち境界に垂直方向には，電界の x 成分 E_x^{i} と磁界の y 成分 H_y^{i} は，周期 $2\pi/\beta_z^{\mathrm{i}}=2\pi/\beta\cos\theta_{\mathrm{i}}$ の定在波となっている。

2）x 方向すなわち境界に平行方向には，電界の z 成分 E_z^{i} と磁界の y 成分 H_y^{i} は

$$V_x^{\mathrm{p}}=\frac{\omega}{\beta_x}=\frac{\omega}{\beta_1\sin\theta_{\mathrm{i}}}=\frac{V_{\mathrm{i}}}{\sin\theta_{\mathrm{i}}} \tag{14.64}$$

なる位相速度で伝搬する。x 方向の波長は

$$\lambda_x=\frac{2\pi}{\beta_x}=\frac{\lambda_{\mathrm{i}}}{\sin\theta_{\mathrm{i}}} \tag{14.65}$$

である。

3)　$z=0$ ではすべての x に対し，$\boldsymbol{E}_1$ が 0 である。これに対して式 (14.62) の第 1 項から $\boldsymbol{E}_1$ の x 成分 E_x^1 が 0 になるのは，先の図 14.7 (a) の場合と同様，$\sin(\beta z\cos\theta_i)=0$ のときである。したがって，導体板があっても電界を乱さない条件は，垂直偏波の図 (a) の場合と同様である。

この場合は，磁界の（結果としての合成電磁界の）進行方向成分が 0 であるような，伝搬のモードを TM（transverse magnetic）モード，TM 波などという。TM とはここでは $\boldsymbol{H}_1$ の x 成分 $H_x^1=0$ のことを指している。

14.4.2　導波管について

前項で述べた TE モードの場合も TM モードの場合も，電界の x 成分が 0 になる条件は同一であった。したがって，その条件を満足させる点に導体を置いて，導波管を構成できることは，図 14.8 で説明した。

これをもう一度見ておこう。1 番目の電界 x の成分 0 のところに完全導体を置いた場合を**図 14.9** に示す。図の左方の無限遠から電磁波が来ると考えれば，図のように電磁波は導体間を反射しながら進行する。このとき z 方向には先に述べたとおり定在波が生じている。この方向へのポインティングベクトルは，反射するごとに符号が反転するから時間平均を取れば 0 となる。もし 2 番目に電界の x 成分が 0 になる点に導体を置いた場合には，図の実線矢印のように電磁波は進行する。このように，導波管の大きさによって取りうるモードはいくつかできることになる。

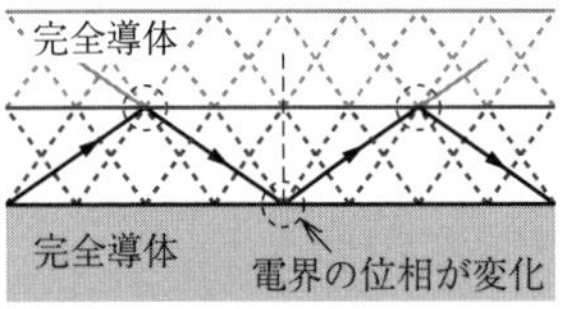

図 14.9　導波管の原理

14.4.3　ビームの反射

垂直偏波も水平偏波も，導体表面に垂直方向には定在波が生じる条件は同じで，その方向へのエネルギーの流れはない。これは本当であろうか。上の図 14.9 のように導体板に挟まれているならば，それは本当である。

では，図 14.7 のように片側が真空中の場合はどうだろうか。図 14.7 では無限の広がりを持つ平面波が入射していることを考えている。実際には，**図 14.10** のように有限の幅を持つビーム状の波が来るわけであるから，定在波の生じる現象（干渉）が起きるのは図の濃い色の領域辺りだけである。したがって，反射した

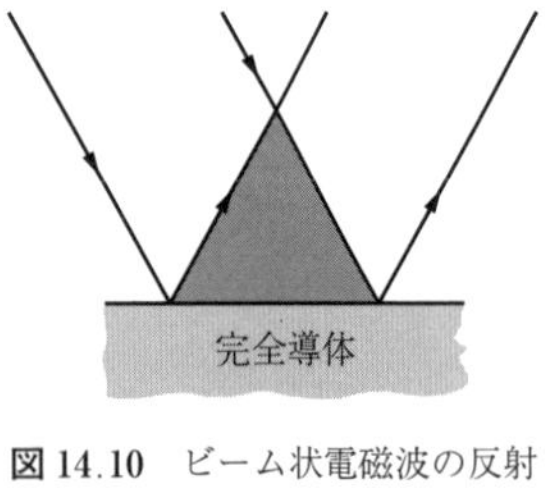

図 14.10　ビーム状電磁波の反射

電磁波はまた遠方まで伝搬していく。

14.5 誘電体への平面波の垂直入射

異なる誘電体の境界に平面波が垂直入射するときを考える。導体のときと異なり，一部が反射し，一部は透過する。完全導体のときと同様に，**図 14.11** のように入射波の電界，磁界の成分を定める。添字 i で入射，r で反射，t で透過波をそれぞれ表す。

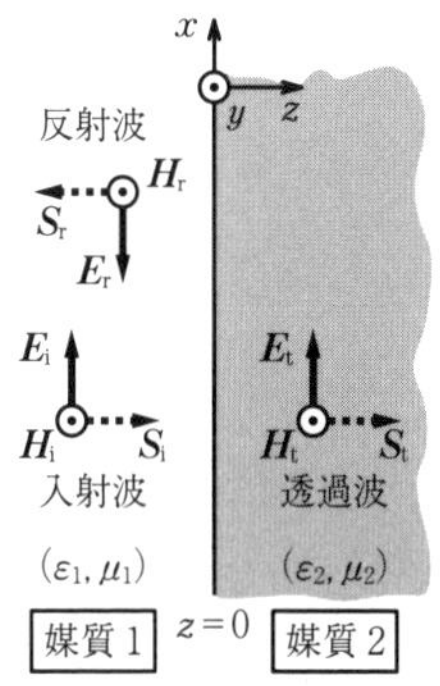

図 14.11 誘電体境界への平面波の入射

境界条件から，電界と磁界の接線成分が等しいから

$$\left.\begin{aligned} E_x^{\mathrm{i}} + E_x^{\mathrm{r}} &= E_x^{\mathrm{t}} \\ H_y^{\mathrm{i}} + H_y^{\mathrm{r}} &= H_y^{\mathrm{t}} \end{aligned}\right\} \tag{14.66}$$

を得る。それぞれの媒質の特性インピーダンスから

$$\frac{E_x^{\mathrm{i}}}{H_y^{\mathrm{i}}} = \eta_1, \qquad \frac{E_x^{\mathrm{r}}}{H_y^{\mathrm{r}}} = -\eta_1, \qquad \frac{E_x^{\mathrm{t}}}{H_y^{\mathrm{t}}} = \eta_2 \tag{14.67}$$

であるから，したがって

$$\left.\begin{aligned} E_x^{\mathrm{t}} &= \frac{2\eta_2}{\eta_1+\eta_2}E_x^{\mathrm{i}}, \qquad H_y^{\mathrm{t}} = \frac{2\eta_1}{\eta_1+\eta_2}H_y^{\mathrm{i}} \\ E_x^{\mathrm{r}} &= \frac{\eta_2-\eta_1}{\eta_1+\eta_2}E_x^{\mathrm{i}}, \qquad H_y^{\mathrm{r}} = \frac{\eta_1-\eta_2}{\eta_1+\eta_2}H_y^{\mathrm{i}} \end{aligned}\right\} \tag{14.68}$$

を得る。これらから反射波，透過波それぞれの入射波に対する比をとると，それぞれ

$$\tau_{\mathrm{r}} = \frac{E_x^{\mathrm{r}}}{E_x^{\mathrm{i}}} = \frac{\eta_2-\eta_1}{\eta_1+\eta_2} \tag{14.69}$$

$$\tau_{\mathrm{t}} = \frac{E_x^{\mathrm{t}}}{E_x^{\mathrm{i}}} = \frac{2\eta_2}{\eta_1+\eta_2} \tag{14.70}$$

となる。τ_{r} を電界の**反射率**，τ_{t} を電界の**透過率**という。η_1，η_2 の大小関係で，反射波の電界，磁界の位相が変化する。

$\eta_1 > \eta_2$ のとき，{ 電界：位相反転 / 磁界：同相

$\eta_1 < \eta_2$ のとき，{ 電界：同相 / 磁界：位相反転

である。図 14.11 は $\eta_1 > \eta_2$ の場合である。透過波については，電界も磁界も入射波と位相は同じである。

高い周波数の電磁波に対しては，磁性体中の磁化の変化が追いつかないことがある。すなわち，比透磁率は高い周波数で 1 に漸近する。このようなときは，$\mu_1 = \mu_2 = \mu_0$ である。この場合，式 (14.68) は

まとめ

	反射率	透過率
電 界	$\frac{\eta_2-\eta_1}{\eta_1+\eta_2}$	$\frac{2\eta_2}{\eta_1+\eta_2}$
磁 界	$\frac{\eta_1-\eta_2}{\eta_1+\eta_2}$	$\frac{2\eta_1}{\eta_1+\eta_2}$

$$
\left.
\begin{aligned}
E_x^{\rm t} &= \frac{2\sqrt{\varepsilon_1}}{\sqrt{\varepsilon_1}+\sqrt{\varepsilon_2}}E_x^{\rm i}, \qquad H_x^{\rm t} = \frac{2\sqrt{\varepsilon_2}}{\sqrt{\varepsilon_1}+\sqrt{\varepsilon_2}}H_x^{\rm i}, \\
E_x^{\rm r} &= \frac{\sqrt{\varepsilon_1}-\sqrt{\varepsilon_2}}{\sqrt{\varepsilon_1}+\sqrt{\varepsilon_2}}E_x^{\rm i}, \qquad H_x^{\rm r} = \frac{\sqrt{\varepsilon_2}-\sqrt{\varepsilon_1}}{\sqrt{\varepsilon_1}+\sqrt{\varepsilon_2}}H_x^{\rm i}
\end{aligned}
\right\}
\tag{14.71}
$$

となる。

14.6 誘電体への平面波の斜め入射

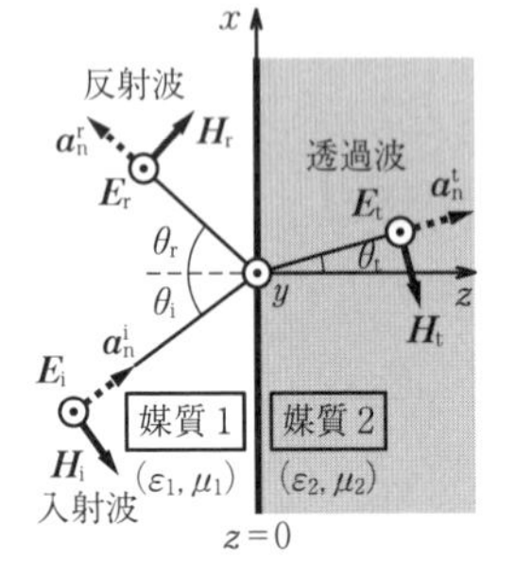

（a） 電界が入射面に対して垂直

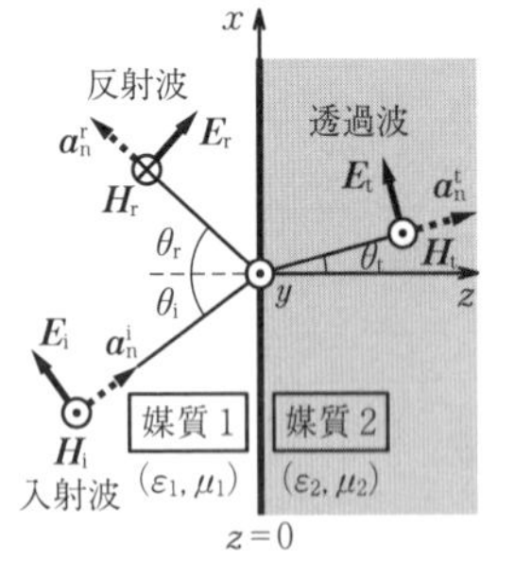

（b） 磁界が入射面に対して垂直

図 14.12 誘電体境界への平面波の斜め入射

誘電率，透磁率の異なる媒体の境界に平面波が斜め入射する場合を考える。完全導体への斜め入射のときと同様に**図 14.12** のように垂直入射と水平入射の場合がある。媒質 1 $(\varepsilon_1,\ \mu_1)$ から媒質 2 $(\varepsilon_2,\ \mu_2)$ へ入射する場合を考える。媒質が不連続な部分で，一部は反射され一部が透過する。$\theta_{\rm i}$ を入射角，$\theta_{\rm r}$ を反射角と呼び，$\theta_{\rm t}$ を屈折角と呼ぶ。**図 14.13** に示すように，平面波の進行方向に垂直な面上では電磁波の位相は等しい。OA が入射平面波の等位相面，O′A′ が反射平面波の等位相面であり，この両者は同一の媒質 1 の中を伝搬しているのであるから，距離 $\overline{\rm AO'}$ と $\overline{\rm OA'}$ とは等しくなければならない。したがって

$$
\overline{\rm OO'}\sin\theta_{\rm i} = \overline{\rm OO'}\sin\theta_{\rm r} \tag{14.72}
$$

でなければならない。すなわち

$$
\theta_{\rm i} = \theta_{\rm r} \tag{14.73}
$$

が成立する。これはよく知られた，入射角と反射角は等しいという，**反射の法則**である。媒質 2 の中で透過波が O から B までを伝搬する時間は，媒質 1 の中で A から O′ までを伝搬する時間と等しいはずである。各媒質内での電磁波の位相速度を $v_{\rm p1}$，$v_{\rm p2}$ とすると

$$
\frac{\overline{\rm AO'}}{v_{\rm p_1}} = \frac{\overline{\rm OB}}{v_{\rm p_2}} \tag{14.74}
$$

$$
\frac{\overline{\rm OB}}{\overline{\rm AO'}} = \frac{\overline{\rm OO'}\sin\theta_{\rm t}}{\overline{\rm OO'}\sin\theta_{\rm i}} = \frac{v_{\rm p_2}}{v_{\rm p_1}} \tag{14.75}
$$

となるから

$$
\frac{\sin\theta_{\rm t}}{\sin\theta_{\rm i}} = \frac{v_{\rm p_2}}{v_{\rm p_1}} = \frac{\beta_1}{\beta_2} = \frac{n_1}{n_2} \quad \left(\because \quad \beta = \frac{\omega}{v_{\rm p}}\right) \tag{14.76}
$$

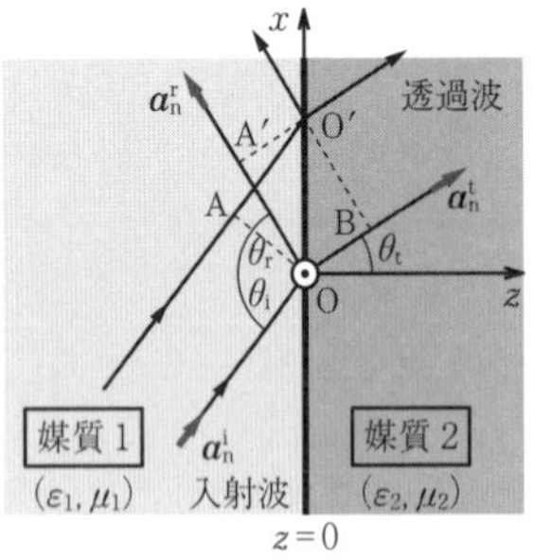

図 14.13 等位相面を表す図

が成立する。これは，**屈折の法則**（スネルの法則）である。ここで n_1 と n_2 はそれぞれ媒質 1，2 の屈折率である。媒質の屈折率とは，真空中の電磁波の位相速度 c（光速）に対する各媒質内で

の電磁波の位相速度 v_{p1}, v_{p_2} との比である。すなわち

$$n_1 = \frac{c}{v_{p_1}}, \qquad n_2 = \frac{c}{v_{p_2}} \tag{14.77}$$

である。磁性を持たない媒質，すなわち，$\mu_1 = \mu_2 = 1$ の場合は

$$\frac{\sin\theta_t}{\sin\theta_i} = \sqrt{\frac{\varepsilon_1}{\varepsilon_2}} = \frac{n_1}{n_2} = \frac{\eta_2}{\eta_1} \tag{14.78}$$

となる。媒質1が，$\varepsilon_1 = \mu_1 = 1$ の特別な場合は

$$\frac{\sin\theta_t}{\sin\theta_i} = \frac{1}{\sqrt{\varepsilon_2}} = \frac{1}{n_2} = \frac{\eta_2}{120\pi} \tag{14.79}$$

となる。

14.6.1 屈折の法則の特別な例（完全反射）

式 (14.78) で示される $\mu_1 = \mu_2 = 1$ の場合のスネルの法則において $\varepsilon_1 > \varepsilon_2$ の場合で，媒質1から2へ電磁波が入射する場合を考える。このとき $\theta_t > \theta_i$ である。θ_i の増加とともに θ_t は増加するが，$\theta_t = \pi/2$ のとき面白い状態が出現する。このとき，入射波は媒質の界面に沿って伝搬することになる。さらに入射角が増加すると媒質2への回折光はなくなり入射光はすべて反射される**完全反射**の状態になる。**図 14.14** のように $\theta_t = \pi/2$ を与える入射角を**臨界角** θ_c という。式 (14.78) で $\theta_t = \pi/2$ とおけば θ_c は

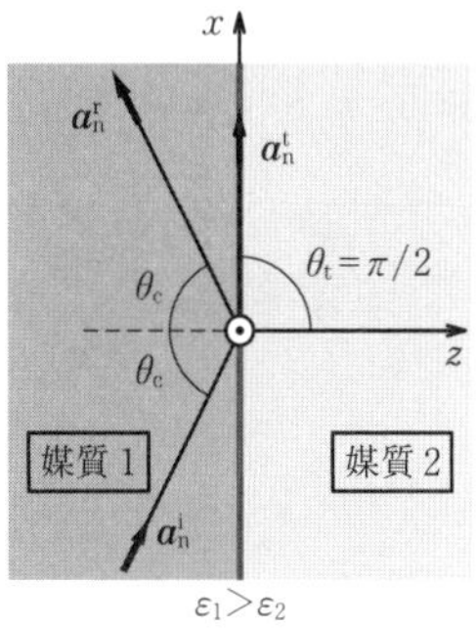

図 14.14 完全反射

$$\sin\theta_c = \sqrt{\frac{\varepsilon_2}{\varepsilon_1}} = \frac{n_2}{n_1} \tag{14.80}$$

であるから

$$\theta_c = \sin^{-1}\sqrt{\frac{\varepsilon_2}{\varepsilon_1}} = \sin^{-1}\frac{n_2}{n_1} \tag{14.81}$$

となる。このときは図 14.14 のようになり，ここで $\boldsymbol{a}_n^i$, $\boldsymbol{a}_n^r$, $\boldsymbol{a}_n^t$ は，入射波，反射波および透過波それぞれの進行方向の単位ベクトルを表す。今，入射波が臨界角 θ_c を超えたとき数学的にはどのようになるのであろうか。このときは

$$\sin\theta_t > \sin\theta_c = \sqrt{\frac{\varepsilon_2}{\varepsilon_1}} \tag{14.82}$$

でなければならないから，式 (14.78) から

$$\sin\theta_t = \sqrt{\frac{\varepsilon_1}{\varepsilon_2}}\sin\theta_i > 1 \tag{14.83}$$

となり，θ_t は実数の解を持たない。$\sin\theta_t > 1$ であるとすると，このとき

$$\cos\theta_t = \sqrt{1-\sin^2\theta_t} = \pm j\sqrt{\frac{\varepsilon_1}{\varepsilon_2}\sin^2\theta_i - 1} \tag{14.84}$$

となる。このとき透過波の進行方向を表す $\boldsymbol{a}_{\mathrm{n}}^{\mathrm{t}}$ は

$$\boldsymbol{a}_{\mathrm{n}}^{\mathrm{t}} = \boldsymbol{a}_x \sin\theta_{\mathrm{t}} + \boldsymbol{a}_z \cos\theta_{\mathrm{t}} \tag{14.85}$$

である。このときの電界と磁界の空間的変化は

$$e^{-j\beta_2 \boldsymbol{a}_{\mathrm{n}}^{\mathrm{t}}\cdot\boldsymbol{r}} = e^{-j\beta_2\left(x\sin\theta_{\mathrm{t}} + z\cos\theta_{\mathrm{t}}\right)} \tag{14.86}$$

である。これに式 (14.84)，(14.85) を代入して

$$e^{-j\beta_2 \boldsymbol{a}_{\mathrm{n}}^{\mathrm{t}}\cdot\boldsymbol{r}} = e^{-\alpha_2 z} e^{-j\beta_{2x} x} \tag{14.87}$$

を得る。ただし，式 (14.84) に示す解のうち，正の符号のほうは式 (14.86) に代入したとき，z とともに振幅が増加することを表すので適当でない。そこで，式 (14.84) の負の符号の解を用いれば，式 (14.87) の α_2，β_{2x} はそれぞれ

$$\alpha_2 = \beta_{2x}\sqrt{\frac{\varepsilon_1}{\varepsilon_2}\sin^2\theta_{\mathrm{i}} - 1} \tag{14.88}$$

$$\beta_{2x} = \beta_2\sqrt{\frac{\varepsilon_1}{\varepsilon_2}}\sin\theta_{\mathrm{i}} \tag{14.89}$$

である。したがって，z 方向には指数関数的に減衰することがわかる。

このように $\theta_{\mathrm{i}} > \theta_{\mathrm{c}}$ のときに生ずる透過波は z 方向には指数関数で急激に減衰し媒質の界面付近にのみ局在し，x 方向に伝搬する。このような界面あるいは表面に局在する波は，**表面波**と呼ばれる。また，媒質の境界で生じるこのような（ある方向には伝搬せず局在する）波を，より一般的に**エバネッセント波**（evanescent wave）という。

14.6.2　垂直偏波と水平偏波

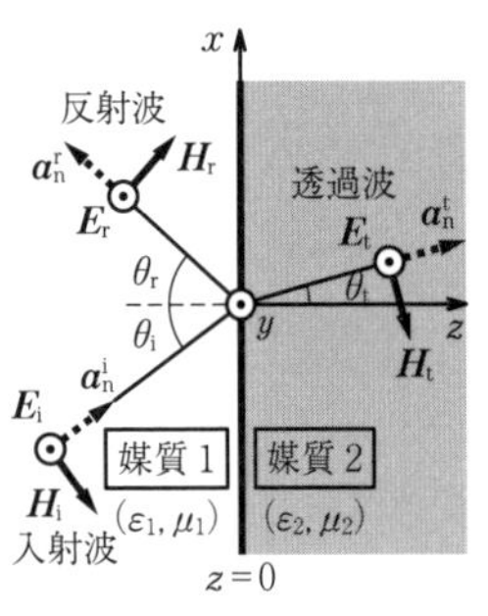

図 14.12（a）　電界が入射面に対して垂直（再掲）

媒質境界への平面波の斜め入射で垂直偏波の場合については，図 14.12（a）のように式 (14.39)，(14.40) から

$$\boldsymbol{E}_{\mathrm{i}}(x,z) = \boldsymbol{a}_y E_0^{\mathrm{i}} e^{-j\beta_1 \boldsymbol{a}_{\mathrm{n}}^{\mathrm{i}}\cdot\boldsymbol{r}} = \boldsymbol{a}_y E_0^{\mathrm{i}} e^{-j\beta_1\left(x\sin\theta_{\mathrm{i}} + z\cos\theta_{\mathrm{i}}\right)} \tag{14.90}$$

$$\boldsymbol{H}_{\mathrm{i}}(x,z) = \frac{1}{\eta_1}\left[\boldsymbol{a}_{\mathrm{n}}^{\mathrm{i}} \times \boldsymbol{E}_{\mathrm{i}}(x,z)\right]$$

$$= \frac{E_0^{\mathrm{i}}}{\eta_1}\left(-\boldsymbol{a}_x\cos\theta_{\mathrm{i}} + \boldsymbol{a}_z\sin\theta_{\mathrm{i}}\right)e^{-j\beta_1\left(x\sin\theta_{\mathrm{i}} + z\cos\theta_{\mathrm{i}}\right)} \tag{14.91}$$

となる。反射波の電界，磁界は，導体への斜め入射の式 (14.46)，(14.40) と同じく

$$\boldsymbol{E}_{\mathrm{r}}(x,z) = \boldsymbol{a}_y E_0^{\mathrm{r}} e^{-j\beta_1\left(x\sin\theta_{\mathrm{r}} - z\cos\theta_{\mathrm{r}}\right)} \tag{14.92}$$

$$\boldsymbol{H}_{\mathrm{r}}(x,z) = \frac{1}{\eta_1}\left[\boldsymbol{a}_{\mathrm{n}}^{\mathrm{r}} \times \boldsymbol{E}_{\mathrm{r}}(x,z)\right]$$

$$= \frac{E_0^{\mathrm{r}}}{\eta_1}\left(\boldsymbol{a}_x \cos\theta_{\mathrm{r}} + \boldsymbol{a}_z \sin\theta_{\mathrm{r}}\right) e^{-j\beta_1\left(x\sin\theta_{\mathrm{r}} - z\cos\theta_{\mathrm{r}}\right)} \quad (14.93)$$

であるが，ここでは $E_0^{\mathrm{r}} = -E_0^{\mathrm{i}}$ とはならない。媒質 2 の中では

$$\boldsymbol{E}_{\mathrm{i}}(x,z) = \boldsymbol{a}_y E_0^{\mathrm{t}} e^{-j\beta_2\left(x\sin\theta_{\mathrm{t}} + z\cos\theta_{\mathrm{t}}\right)} \quad (14.94)$$

$$\boldsymbol{H}_{\mathrm{t}}(x,z) = \frac{E_0^{\mathrm{t}}}{\eta_2}\left(-\boldsymbol{a}_x \cos\theta_{\mathrm{t}} + \boldsymbol{a}_z \sin\theta_{\mathrm{t}}\right) e^{-j\beta_2\left(x\sin\theta_{\mathrm{t}} + z\cos\theta_{\mathrm{t}}\right)} \quad (14.95)$$

となる。ここで，E_0^{r}，E_0^{t}，θ_{r} および θ_{t} の 4 個のパラメータが未定であるが，境界条件電界と磁界の接線成分がそれぞれ境界の両側で等しいことから，これらを決定できる。すなわち

$$\boldsymbol{E}_{\mathrm{i}}^{y}(x,0) + \boldsymbol{E}_{\mathrm{r}}^{y}(x,0) = \boldsymbol{E}_{\mathrm{t}}^{y}(x,0)$$

より

$$E_0^{\mathrm{i}} e^{-j\beta_1 x\sin\theta_{\mathrm{i}}} + E_0^{\mathrm{r}} e^{-j\beta_1 x\sin\theta_{\mathrm{r}}} = E_0^{\mathrm{t}} e^{-j\beta_2 x\sin\theta_{\mathrm{t}}} \quad (14.96)$$

となる。磁界についても同様に

$$\frac{1}{\eta_1}\left(-E_0^{\mathrm{i}}\cos\theta_{\mathrm{i}}\, e^{-j\beta_1 x\sin\theta_{\mathrm{i}}} + E_0^{\mathrm{r}}\cos\theta_{\mathrm{r}}\, e^{-j\beta_1 x\sin\theta_{\mathrm{r}}}\right)$$

$$= -\frac{E_0^{\mathrm{t}}}{\eta_2}\cos\theta_{\mathrm{t}} e^{-j\beta_2 x\sin\theta_{\mathrm{t}}} \quad (14.97)$$

となる。式 (14.96) と式 (14.97) とが x の任意の値について成り立たなければならない。すなわち，境界上のどこでも同一の条件が成立する。これを位相条件と呼ぶ。これより

$$\beta_1 x\sin\theta_{\mathrm{i}} = \beta_1 x\sin\theta_{\mathrm{r}} = \beta_2 x\sin\theta_{\mathrm{t}} \quad (14.98)$$

でなければならない。これから反射の法則 $\theta_{\mathrm{i}} = \theta_{\mathrm{r}}$ および屈折の法則 $\sin\theta_{\mathrm{t}}/\sin\theta_{\mathrm{i}} = \beta_{\mathrm{i}}/\beta_2 = n_1/n_2$ が導かれる。この条件から結局，式 (14.96) と式 (14.97) とは，つぎのように簡単に書ける。

$$E_0^{\mathrm{i}} + E_0^{\mathrm{r}} = E_0^{\mathrm{t}} \quad (14.99)$$

$$\frac{1}{\eta_1}\left(E_0^{\mathrm{i}} - E_0^{\mathrm{r}}\right)\cos\theta_{\mathrm{i}} = \frac{E_0^{\mathrm{t}}}{\eta_2}\cos\theta_{\mathrm{t}} \quad (14.100)$$

これから反射波，透過波それぞれの電界の振幅 E_0^{r}，E_0^{t} の E_0^{i} に対する比，すなわち反射率 $\Gamma_\perp$，透過率 $\tau_\perp$ はそれぞれ

$$\Gamma_\perp = \frac{E_0^{\mathrm{r}}}{E_0^{\mathrm{i}}} = \frac{\eta_2\cos\theta_{\mathrm{i}} - \eta_1\cos\theta_{\mathrm{t}}}{\eta_2\cos\theta_{\mathrm{i}} + \eta_1\cos\theta_{\mathrm{t}}} = \frac{\eta_2/\cos\theta_{\mathrm{t}} - \eta_1/\cos\theta_{\mathrm{i}}}{\eta_2/\cos\theta_{\mathrm{t}} + \eta_1/\cos\theta_{\mathrm{i}}} \quad (14.101)$$

$$\tau_\perp = \frac{E_0^{\mathrm{t}}}{E_0^{\mathrm{i}}} = \frac{2\eta_2\cos\theta_{\mathrm{i}}}{\eta_2\cos\theta_{\mathrm{i}} + \eta_1\cos\theta_{\mathrm{t}}} = \frac{2\eta_2/\cos\theta_{\mathrm{t}}}{\eta_2/\cos\theta_{\mathrm{t}} + \eta_1/\cos\theta_{\mathrm{i}}} \quad (14.102)$$

となる。ここで，⊥は垂直偏波の場合を示す。これらの式において**図 14.15** のように入射角 θ_{i} が 0 のときを考えると $\eta_1/\cos\theta_{\mathrm{i}}$，$\eta_2/\cos\theta_{\mathrm{t}}$ がそれぞれ η_1，η_2 となり，$\theta_{\mathrm{i}} = \theta_{\mathrm{r}} = \theta_{\mathrm{t}} = 0$ となる垂直入射の場合となる。このとき透過率と反射率の関係は，つぎのよう

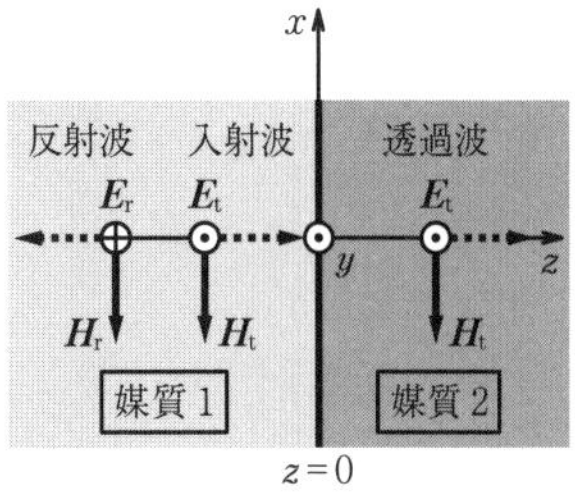

図 14.15 誘電体境界への垂直偏波の垂直入射

に与えられる。

$$1+\Gamma_{\perp}=\tau_{\perp} \tag{14.103a}$$

もし媒質2が完全導体ならば，$\eta_2=0$ であるから

$$\Gamma_{\perp}=-1 \quad \left(E_0^{\mathrm{r}}=-E_0^{\mathrm{i}}\right) \tag{14.103b}$$

となり，導体表面での電界の接線成分は0となる。また，媒質2の側にはエネルギーは伝搬せず，14.3節で述べたことが再確認できる。式(14.101)の分子は二つの項の差であるので $\Gamma_{\perp}=0$，すなわち反射0という条件が存在する。それは

$$\eta_2\cos\theta_{\mathrm{B}\perp}:=\eta_2\cos\theta_{\mathrm{i}}=\eta_1\cos\theta_{\mathrm{t}} \tag{14.104}$$

となる[†1]。上式が成り立つときの θ_{i} を $\theta_{\mathrm{B}\perp}$ とする。スネルの屈折の法則の式(14.78)から

† 1　式(14.104)の「:＝」は定義していることを明示する記号

$$\cos\theta_{\mathrm{t}}=\sqrt{1-\sin^2\theta_{\mathrm{t}}}=\sqrt{1-\left(\frac{\eta_2}{\eta_1}\right)^2\sin^2\theta_{\mathrm{i}}} \tag{14.105}$$

であるから，結局式(14.104)の条件はつぎのように書ける。

$$\sin^2\theta_{\mathrm{B}\perp}=\frac{1-\dfrac{\mu_1\varepsilon_2}{\mu_2\varepsilon_1}}{1-\left(\dfrac{\mu_1}{\mu_2}\right)^2} \tag{14.106}$$

この条件を満足する角度 $\theta_{\mathrm{B}\perp}$ を垂直偏波の**ブリュースター角**（Brewster angle）という。磁性を持たない媒質，すなわち $\mu_1=\mu_2=\mu_0$ のときは，式(14.106)の分母は0となり，$\theta_{\mathrm{B}\perp}$ は存在しない。$\varepsilon_1=\varepsilon_2$ で $\mu_1\neq\mu_2$ の場合は

$$\sin^2\theta_{\mathrm{B}\perp}=\frac{1}{\sqrt{1+\mu_1/\mu_2}} \tag{14.107}$$

となる。

例題 14.2　**水平偏波の場合**

図14.12（b）のように，水平偏波が誘電体媒体に斜め入射した場合について，14.6.2項を参考に，反射率，透過率を求めてみよう。

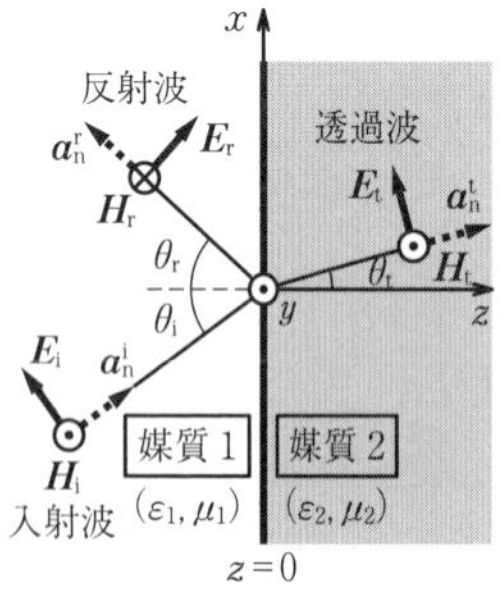

図 14.12（b）（再掲）

【解答例】

入射波，反射波の電界，磁界の強さは，つぎのように与えられる。

$$\boldsymbol{E}_{\mathrm{i}}(x,z)=E_0^{\mathrm{i}}\left(\boldsymbol{a}_x\cos\theta_{\mathrm{i}}-\boldsymbol{a}_z\sin\theta_{\mathrm{i}}\right)e^{-j\beta_1(x\sin\theta_{\mathrm{i}}+z\cos\theta_{\mathrm{i}})} \tag{14.108}$$

$$\boldsymbol{H}_{\mathrm{i}}(x,z)=\boldsymbol{a}_y\frac{E_0^{\mathrm{i}}}{\eta_1}e^{-j\beta_1(x\sin\theta_{\mathrm{i}}+z\cos\theta_{\mathrm{i}})} \tag{14.109}$$

$$\boldsymbol{E}_{\mathrm{r}}(x,z)=E_0^{\mathrm{r}}\left(\boldsymbol{a}_x\cos\theta_{\mathrm{r}}+\boldsymbol{a}_z\sin\theta_{\mathrm{r}}\right)e^{-j\beta_1(x\sin\theta_{\mathrm{r}}-z\cos\theta_{\mathrm{r}})} \tag{14.110}$$

$$\boldsymbol{H}_{\mathrm{r}}(x,z)=-\boldsymbol{a}_y\frac{E_0^{\mathrm{r}}}{\eta_1}e^{-j\beta_1(x\sin\theta_{\mathrm{i}}-z\cos\theta_{\mathrm{i}})} \tag{14.111}$$

透過波の電界，磁界の強さは

$$\boldsymbol{E}_{\mathrm{t}}(x, z) = E_0^{\mathrm{i}}\left(\boldsymbol{a}_x \cos\theta_{\mathrm{t}} - \boldsymbol{a}_z \sin\theta_{\mathrm{t}}\right) e^{-j\beta_2\left(x\sin\theta_{\mathrm{t}} + z\cos\theta_{\mathrm{t}}\right)} \tag{14.112}$$

$$\boldsymbol{H}_{\mathrm{t}}(x, z) = \boldsymbol{a}_y \frac{E_0^{\mathrm{t}}}{\eta_2} e^{-j\beta_2\left(x\sin\theta_{\mathrm{t}} + z\cos\theta_{\mathrm{t}}\right)} \tag{14.113}$$

となる。境界での電界，磁界の強さの接線成分の連続性から，垂直偏波のときと同様にスネルの反射の法則と屈折の法則が成立することに加え，つぎの関係が導出できる。

$$\left(E_0^{\mathrm{i}} + E_0^{\mathrm{r}}\right)\cos\theta_{\mathrm{i}} = E_0^{\mathrm{t}}\cos\theta_{\mathrm{i}} \tag{14.114}$$

$$\frac{1}{\eta_1}\left(E_0^{\mathrm{i}} - E_0^{\mathrm{r}}\right) = \frac{E_0^{\mathrm{t}}}{\eta_2} \tag{14.115}$$

上式を解き，E_0^{r}，E_0^{t} を E_0^{i} で表せば，反射率 $\Gamma_{\parallel}$，透過率 $\tau_{\parallel}$ は，次式となる。

$$\Gamma_{\parallel} = \frac{E_0^{\mathrm{r}}}{E_0^{\mathrm{i}}} = \frac{\eta_2\cos\theta_{\mathrm{t}} - \eta_1\cos\theta_{\mathrm{i}}}{\eta_2\cos\theta_{\mathrm{t}} + \eta_1\cos\theta_{\mathrm{i}}} \tag{14.116}$$

$$\tau_{\parallel} = \frac{E_0^{\mathrm{t}}}{E_0^{\mathrm{i}}} = \frac{2\eta_2\cos\theta_{\mathrm{i}}}{\eta_2\cos\theta_{\mathrm{t}} + \eta_1\cos\theta_{\mathrm{i}}} \tag{14.117}$$

例題 14.2 の式 (14.116) と式 (14.117) から，つぎの関係が簡単に求まる。

$$1 + \Gamma_{\parallel} = \tau_{\parallel}\frac{\cos\theta_{\mathrm{t}}}{\cos\theta_{\mathrm{i}}} \tag{14.118}$$

この式は垂直偏波の場合の式 (14.103) と垂直入射のとき，すなわち $\theta_{\mathrm{i}} = \theta_{\mathrm{t}} = 0$ を除いて少し異なっている。完全導体の場合は，$E_{\mathrm{r}} = -E_{\mathrm{i}}$ であるから図 14.5 と図 14.7 にあるように，反射波の電界は入射波のそれと位相が 180° 異なる。媒質 2 が完全導体でない場合は，反射の電界，磁界の位相は反射率によって異なることに注意する。

垂直偏波と同様に $\eta_2\cos\theta_{\mathrm{t}} = \eta_1\cos\theta_{\mathrm{i}}$ とすれば，反射率が 0 となることが式 (14.116) よりわかる。このときの θ_{i} を$\theta_{\mathrm{B}\parallel}$ とすると

$$\eta_2\cos\theta_t = \eta_1\cos\theta_{\mathrm{B}\parallel} \tag{14.119}$$

から

$$\sin^2\theta_{\mathrm{B}\parallel} = \frac{1 - \dfrac{\mu_2\varepsilon_1}{\mu_1\varepsilon_2}}{1 - \left(\dfrac{\varepsilon_1}{\varepsilon_2}\right)^2} \tag{14.120}$$

となる。このときの $\theta_{\mathrm{B}\parallel}$ を水平偏波のブリュースター角という。式 (14.120) からわかるように，これは二つの媒質が非磁性のものであってもつねに存在する。もし媒質が非磁性であれば，$\theta_{\mathrm{B}\parallel}$ に関する関係式はつぎのようになる。

$$\sin^2\theta_{\mathrm{B}\parallel} = \frac{1}{\sqrt{1 + \dfrac{\varepsilon_1}{\varepsilon_2}}} \tag{14.121}$$

垂直偏波と水平偏波におけるこのブリュースター角の違いを利用すると，特定の偏波のみを取り出すことができるようになる。すなわち無偏光の光を $\theta_{\mathrm{B}\parallel}$ なる角度で入射させれば，反射光は垂直偏波のみを含むようになる。このため，ブリュースター角を偏向角と呼ぶこともある。

14.7 時間的変化をする電磁界におけるポテンシャル

まとめ
電磁界のポテンシャル表現：
$$\boldsymbol{E} = \frac{\partial \boldsymbol{A}}{\partial t} - \mathrm{grad}\, V$$
$$\boldsymbol{B} = \mathrm{rot}\, \boldsymbol{A}$$

静電界ではスカラーポテンシャル V が，静磁界ではベクトルポテンシャル $\boldsymbol{A}$ が定義された。電界と磁界がたがいに関連し，時間的変化をする電磁界ではどのようになるであろうか。

$\boldsymbol{B} = \mathrm{rot}\, \boldsymbol{A}$ を式 (13.20b) に代入すると

$$\mathrm{rot}\, \boldsymbol{E} + \frac{\partial}{\partial t} \mathrm{rot}\, \boldsymbol{A} = 0 \tag{14.122}$$

となる。これから

$$\mathrm{rot}\left(\boldsymbol{E} + \frac{\partial \boldsymbol{A}}{\partial t}\right) = 0 \tag{14.123}$$

となり，任意のスカラーポテンシャルの rot grad は恒等的に 0 であることから

$$-\mathrm{rot}\,\mathrm{grad}\, V = 0 = \mathrm{rot}\left(\boldsymbol{E} + \frac{\partial \boldsymbol{A}}{\partial t}\right) \tag{14.124}$$

とおける。よって

$$-\mathrm{grad}\, V = \boldsymbol{E} + \frac{\partial \boldsymbol{A}}{\partial t} \tag{14.125}$$

と表すことができる。すなわち

$$\boldsymbol{E} = -\frac{\partial \boldsymbol{A}}{\partial t} - \mathrm{grad}\, V \tag{14.126}$$

である。もし，$\boldsymbol{A}$ の時間的変化が 0 ならば，$\boldsymbol{E} = -\mathrm{grad}\, V$ となり，静電界の場合を示している。動的な場合は

$$\mathrm{rot}\, \boldsymbol{E} = \frac{\partial \boldsymbol{B}}{\partial t}$$

だから，スカラーポテンシャル V だけからは導かれず，$\boldsymbol{E}$ は，式 (14.126) のように grad V と $\partial \boldsymbol{A}/\partial t$ に関係する。

つぎに $\boldsymbol{B} = \mathrm{rot}\, \boldsymbol{A}$ を式 (13.20a) に代入して

$$\mathrm{rot}\,\mathrm{rot}\, \boldsymbol{A} = \mu \boldsymbol{i} + \mu\varepsilon \frac{\partial \boldsymbol{E}}{\partial t} \tag{14.127}$$

を得る。式 (14.126) を上式に代入して

$$\mathrm{rot\,rot}\,\boldsymbol{A} = \mu\boldsymbol{i} + \mu\varepsilon\frac{\partial}{\partial t}\left(-\frac{\partial \boldsymbol{A}}{\partial t} - \mathrm{grad}\,V\right) \tag{14.128}$$

となる。ベクトル公式 $\mathrm{rot\,rot}\,\boldsymbol{A} = \mathrm{grad}\,(\mathrm{div}\,\boldsymbol{A}) - \nabla^2\boldsymbol{A}$ から

$$\nabla^2\boldsymbol{A} - \mu\varepsilon\frac{\partial^2 \boldsymbol{A}}{\partial t^2} = \mu\boldsymbol{i} + \mathrm{grad}\left(\mathrm{div}\,\boldsymbol{A} + \mu\varepsilon\frac{\partial V}{\partial t}\right) \tag{14.129}$$

を得る。ベクトルポテンシャル $\boldsymbol{A}$ を決めるときの自由度があったことを思い出してローレンツ条件

$$\mathrm{div}\,\boldsymbol{A} + \mu\varepsilon\frac{\partial V}{\partial t} = 0 \tag{14.130}$$

となるように $\boldsymbol{A}$ に条件を付ける。その結果

$$\nabla^2\boldsymbol{A} - \mu\varepsilon\frac{\partial^2 \boldsymbol{A}}{\partial t^2} = -\mu\boldsymbol{i} \tag{14.131}$$

を得る。これはベクトルポテンシャル $\boldsymbol{A}$ に関する波動方程式で，右辺の変動する電流（変位電流を含まない）が $\boldsymbol{A}$ を作ればそれが波動となって伝搬することを表している。

$$\mathrm{div}\,\boldsymbol{E} = \frac{\rho}{\varepsilon}$$

に式 (14.125) を代入して

$$\mathrm{div}\left(\frac{\partial \boldsymbol{A}}{\partial t} + \mathrm{grad}\,V\right) = -\frac{\rho}{\varepsilon} \tag{14.132}$$

となる。これから

$$\nabla^2 V + \frac{\partial}{\partial t}\mathrm{div}\,\boldsymbol{A} = -\frac{\rho}{\varepsilon} \tag{14.133}$$

となり，上式にローレンツ条件式 (14.130) を代入すると

$$\nabla^2 V - \mu\varepsilon\frac{\partial^2 V}{\partial t^2} = -\frac{\rho}{\varepsilon} \tag{14.134}$$

となる。

電流および電荷が存在しない場合は，式 (14.131)，(14.134) は真空中における波動方程式と同じ形になる。これは $\boldsymbol{A}$ および V が速度 $1/\sqrt{\mu\varepsilon}$ で伝搬していくことを示している。ところで，時間的変化がなければこれらの式は

$$\nabla^2\boldsymbol{A} = -\mu\boldsymbol{i} \tag{14.135}$$

$$\nabla^2 V = -\frac{\rho}{\varepsilon} \tag{14.136}$$

となり，ベクトルポテンシャル，スカラーポテンシャルのポアソンの方程式が得られる。すなわち，$\boldsymbol{i}$，ρ の分布から $\boldsymbol{A}$，V を以前求めたように[†1]，次式のとおり決定する。

$$\boldsymbol{A}(\boldsymbol{r}) = \frac{\mu_0}{4\pi}\int_{v'}\frac{\boldsymbol{i}(\boldsymbol{r})}{r}\,\mathrm{d}v' \tag{14.137}$$

†1 8.3 節参照。

$$V(\boldsymbol{r})=\frac{1}{4\pi\varepsilon_0}\int_{v'}\frac{\rho(\boldsymbol{r})}{r}\,\mathrm{d}v' \tag{14.138}$$

これと $\boldsymbol{A}$，V が伝搬することを考えると，$\boldsymbol{i}$，ρ の存在する場所から離れた点での $\boldsymbol{A}$，V はそれを観測している時刻より以前の $\boldsymbol{i}$，ρ により決定する。言い換えれば，あるところでの $\boldsymbol{i}$，ρ の変化がある点での $\boldsymbol{A}$，V の変化となって観測されるには伝搬時間がかかることを意味する。

時間変化のないときの $\boldsymbol{A}$，V を表す式 (14.137)，(14.138) から，時間変化のある場合のこれらは

$$\boldsymbol{A}(\boldsymbol{r},t)=\frac{\mu_0}{4\pi}\int_{v'}\frac{\boldsymbol{i}(t-\boldsymbol{r}/v)}{r}\,\mathrm{d}v' \tag{14.139}$$

$$V(\boldsymbol{r},t)=\frac{1}{4\pi\varepsilon_0}\int_{v'}\frac{\rho(t-\boldsymbol{r}/v)}{r}\,\mathrm{d}v' \tag{14.140}$$

となる。これらをそれぞれ，**遅延ベクトルポテンシャル**，**遅延スカラーポテンシャル**という。

第14章　演　習　問　題

【1】 同じ角周波数 ω を持ち，電界の強さの振幅が a で x 軸方向のみの平面波 I と電界の強さの振幅が b で y 軸方向のみの平面波 II がある。平面波 II は平面波 I より位相が ϕ 進んでいる。全電界の偏波状態を示しなさい。

【2】 周波数 $f=100$ MHz，電界の強さの振幅 $E_0=6$ mV/m で y 方向に電界を持つ平面波が真空中を x 方向に伝搬している。$x=0$ で完全導体に垂直に入射する。以下のものを求めなさい。

（a） 入射波，反射波の角周波数 ω，伝搬定数 β，空間のインピーダンス η

（b） 入射波，反射波の電界の強さ $\boldsymbol{E}$，磁界の強さ $\boldsymbol{H}$ の時間因子（$e^{j\omega t}$）を含まない表現式，時間因子を含んだ表現式

（c） 自由空間中の合成電界の強さ $\boldsymbol{E}$ と合成磁界の強さ $\boldsymbol{H}$ の式

（d） 導体に一番近い電界が 0 となる面，磁界が 0 となる面

【3】 平面波が空気中からガラス（比誘電率 9，比透磁率 1）に入射角 30° で入射するときの，屈折角 θ_t を求めなさい。

【4】 純粋の比誘電率は 80 である。空気から純水は光が入射するときの水平偏波のブリュースター角 θ_B を求めなさい。

演習問題の解答

第2章

【1】 電荷の配置図を**解図 2.1** に示す。

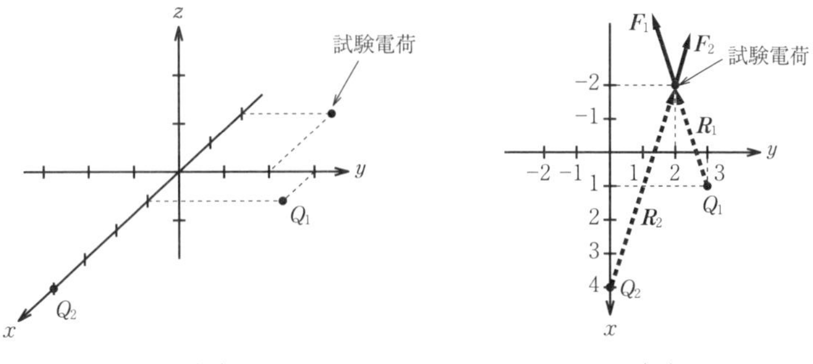

解図 2.1

電荷 Q_1，Q_2 が作る電界の強さ $\boldsymbol{E}$ は，3次元分布となる。題意より，試験電荷 δQ に働く力を考えるが，この場合，電荷 Q_1，Q_2 および試験電荷 δQ も $z=0$ の xy 平面内にあるから，試験電荷 δQ に働く力の z 成分は0となるので，$z=0$ での xy 平面上で考えればよい。その図を解図（b）に示す。

図中で，Q_1，Q_2 それぞれから δQ への距離ベクトルを $\boldsymbol{R}_1$，$\boldsymbol{R}_2$ とし，Q_1，Q_2 それぞれから δQ に働く力を $\boldsymbol{F}_1$，$\boldsymbol{F}_2$ とした。これらの力は

$$\boldsymbol{F}_1=\frac{\delta Q\,Q_1}{4\pi\varepsilon_0 R_1^2}\frac{\boldsymbol{R}_1}{R_1}=\frac{\delta Q\,Q_1}{4\pi\varepsilon_0}\frac{\boldsymbol{R}_1}{R_1^3},\qquad \boldsymbol{F}_2=\frac{\delta Q\,Q_1}{4\pi\varepsilon_0 R_2^2}\frac{\boldsymbol{R}_2}{R_2}=\frac{\delta Q\,Q_1}{4\pi\varepsilon_0}\frac{\boldsymbol{R}_2}{R_2^3}$$

である。ここで

$$\boldsymbol{R}_1=(-2-1)\mathbf{e}_x+(2-3)\mathbf{e}_y=-3\mathbf{e}_x-\mathbf{e}_y,\qquad \boldsymbol{R}_2=(-2-4)\mathbf{e}_x+(2-0)\mathbf{e}_y=-6\mathbf{e}_x+2\mathbf{e}_y$$

であるので，つぎのように表される。

$$\boldsymbol{F}_1=\frac{\delta Q\,Q_1}{4\pi\varepsilon_0}\frac{\left(-3\mathbf{e}_x-\mathbf{e}_y\right)}{\left((-3)^2+(-1)^2\right)^{\frac{3}{2}}},\qquad \boldsymbol{F}_2=\frac{\delta Q\,Q_2}{4\pi\varepsilon_0}\frac{\left(-6\mathbf{e}_x+2\mathbf{e}_y\right)}{\left((-6)^2+(2)^2\right)^{\frac{3}{2}}}$$

（a） $\boldsymbol{F}_1$ の x 方向成分 F_{1x} と，F_2 の x 方向成分 F_{2x} は

$$F_{1x}=\frac{\delta Q}{4\pi\varepsilon_0}\frac{-3Q_1}{(10)^{\frac{3}{2}}},\qquad F_{2x}=\frac{\delta Q}{4\pi\varepsilon_0}\frac{-6Q_2}{(40)^{\frac{3}{2}}}$$

であり，合成した力の x 成分は

$$F_{1x}+F_{2x}=\frac{\delta Q}{4\pi\varepsilon_0}\left(\frac{-3Q_1}{(10)^{\frac{3}{2}}}+\frac{-6Q_2}{(40)^{\frac{3}{2}}}\right)=\frac{\delta Q}{4\pi\varepsilon_0}\frac{-24Q_1-6Q_2}{(40)^{\frac{3}{2}}}$$

と表されるので，$F_{1x}+F_{2x}=0$ となるときの Q_1，Q_2 の関係は $-24Q_1-6Q_2=0$ であり，したがって $Q_1/Q_2=-0.25$ である。

（b） 問（a）と同様に，合成した力の y 成分は

$$F_{1y}+F_{2y}=\frac{\delta Q}{4\pi\varepsilon_0}\left(\frac{-Q_1}{(10)^{\frac{3}{2}}}+\frac{-2Q_2}{(40)^{\frac{3}{2}}}\right)=\frac{\delta Q}{4\pi\varepsilon_0}\frac{-8Q_1+2Q_2}{(40)^{\frac{3}{2}}}$$

と表されるので，$F_{1y}+F_{2y}=0$ となるときの Q_1，Q_2 の関係は $-8Q_1+2Q_2=0$ であり，したがって $Q_1/Q_2=0.25$ である。

【2】 **解図 2.2**（a）のように半径 a の円状の線電荷分布を，中心から見た平面角 $\mathrm{d}\theta$，長さ $a\mathrm{d}\theta$ の微小な弧に分割し，$\rho a\mathrm{d}\theta$ の点電荷 $\mathrm{d}q_1$ とみなす。$\mathrm{d}q_1$ に対して中心Oを対称点とした円の反対側にも同様の $\mathrm{d}q_2$

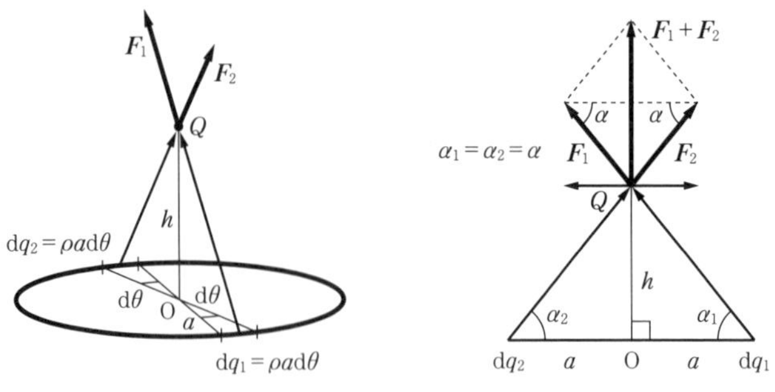

（a）　　（b）

解図 2.2

が想定できる。$dq_1 = dq_2$ であるので，これらの微小電荷による電荷 Q に働く力 $\boldsymbol{F}_1$ と $\boldsymbol{F}_2$ の絶対値は等しい。図（b）のように dq_1 と dq_2 を結ぶ線分上で考えると，$\alpha_1 = \alpha_2$ であるので，点電荷 Q に働く力の円状電荷の面に対する水平成分は打ち消され，垂直成分だけが残る。その力 $\boldsymbol{F}$ の大きさ F は，円全体で積分すると

$$F = \int_{\theta=0}^{2\pi} \frac{1}{4\pi\varepsilon_0} \frac{Q\rho a \mathrm{d}\theta}{\left(a^2 + h^2\right)} \sin\alpha = \int_{\theta=0}^{2\pi} \frac{1}{4\pi\varepsilon_0} \frac{Q\rho a \mathrm{d}\theta}{\left(a^2 + h^2\right)} \frac{h}{\left(a^2 + h^2\right)^{\frac{1}{2}}} = \frac{Q\rho a}{2\varepsilon_0} \frac{h}{\left(a^2 + h^2\right)^{\frac{3}{2}}} \quad \text{〔N〕}$$

となる。したがって，$h = 0$ のときの力の大きさは 0 となる。また，上式最後の項を変形すると

$$F = \frac{Q\rho a}{2\varepsilon_0} \frac{h}{\left(a^2 + h^2\right)^{\frac{3}{2}}} = \frac{Q\rho a}{2\varepsilon_0} \frac{1}{h^2} \frac{1}{\left(\dfrac{a^2}{h^2} + 1\right)^{\frac{3}{2}}}$$

と書けるので，$h \gg a$ の場合に，最後の項の分母内の a^2/h^2 は無視でき，近似式は

$$F = \frac{Q\rho a}{2\varepsilon_0 h^2} = \frac{Q\rho 2\pi a}{4\pi\varepsilon_0 h^2} \quad \text{〔N〕}$$

となる（最後の項は分母分子に 2π を掛けた）。これは，円状に分布した電荷の全部 $\rho 2\pi a$ が中心 O に集中した点電荷として存在する場合の結果に一致する。すなわち，円状電荷から十分離れた点では電界の強さ $\boldsymbol{E}$ は円状電荷が中心に集中した場合と同じになる。

【3】 **解図 2.3** に示すように，x 軸上の座標 x の点で，微小線分要素 $\mathrm{d}x$ を考える。この部分の微小電荷 $\mathrm{d}q = \lambda \mathrm{d}x$ を点電荷とみなして電界の強さを求め，それを $x = -l$ から $x = +l$ まで積分し，棒状電荷分布全体が作る電界の強さ $\boldsymbol{E}$ を求める。このとき，x 軸上の座標 $-x$ の部分にも微小電荷 $\mathrm{d}q = \lambda \mathrm{d}x$ が必ず存在するから，問題【2】と同様に，x の部分と，$-x$ の部分を組にして積分すれば，電界の強さの x 方向成分は打ち消される。結局残るのは z 方向成分の電界の強さだけであり，x，$-x$ の部分の合成結果を以下のように 0 から l まで積分して棒状電荷からの電界の強さ $\boldsymbol{E}$ を求める。

$$\boldsymbol{E} = \int_{x=0}^{l} \frac{2\lambda \mathrm{d}x}{4\pi\varepsilon_0\left(x^2 + a^2\right)} \cos\theta\, \mathbf{e}_z = \int_{x=0}^{l} \frac{\lambda \mathrm{d}x}{2\pi\varepsilon_0\left(x^2 + a^2\right)} \frac{a}{\left(x^2 + a^2\right)^{\frac{1}{2}}} \mathbf{e}_z$$

ここで，$\tan\theta = x/a$ とおくと，$\mathrm{d}x = \mathrm{d}\theta\, a(\cos\theta)^{-2}$ である。これを代入すると

$$\boldsymbol{E} = \int_{\theta=0}^{\theta_0} \frac{\lambda a(\cos\theta)^{-2}\mathrm{d}\theta}{2\pi\varepsilon_0\left(a^2\tan^2\theta + a^2\right)^{\frac{3}{2}}} \mathbf{e}_z = \frac{\lambda}{2a\pi\varepsilon_0} \int_{\theta=0}^{\theta_0} \frac{(\cos\theta)^{-2}\mathrm{d}\theta}{\left(\tan^2\theta + 1\right)^{\frac{3}{2}}} \mathbf{e}_z$$

$$= \frac{\lambda}{2a\pi\varepsilon_0} \int_{\theta=0}^{\theta_0} \frac{(\cos\theta)^{-2}\mathrm{d}\theta}{(\cos\theta)^{-3}} \mathbf{e}_z = \frac{\lambda}{2a\pi\varepsilon_0} \int_{\theta=0}^{\theta_0} \cos\theta\, \mathrm{d}\theta \mathbf{e}_z = \frac{\lambda}{2a\pi\varepsilon_0} \sin\theta_0\, \mathbf{e}_z$$

となる。ここで，$\sin\theta_0 = l/\sqrt{l^2 + a^2}$ であるので，つぎのようになる。

$$\boldsymbol{E} = \frac{\lambda}{2a\pi\varepsilon_0} \frac{l}{\sqrt{l^2 + a^2}} \mathbf{e}_z \quad \text{〔V/m〕}$$

【4】 **解図 2.4** のように，半径 r，x 軸からの角度 φ の xy 面内上の点に，微小面積要素 $\mathrm{d}s = r\mathrm{d}r\mathrm{d}\varphi$ を考え，

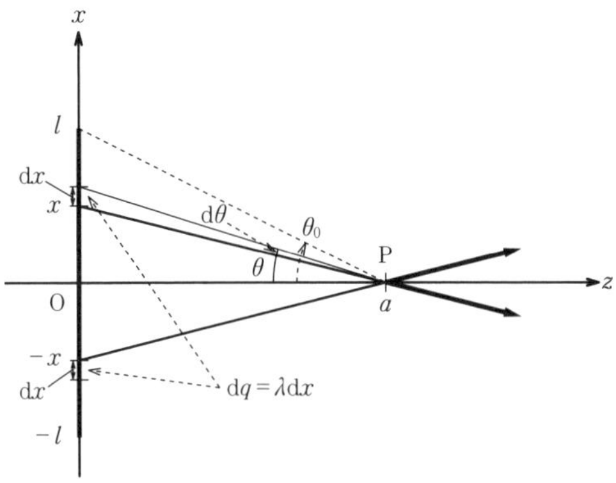

解図 2.3

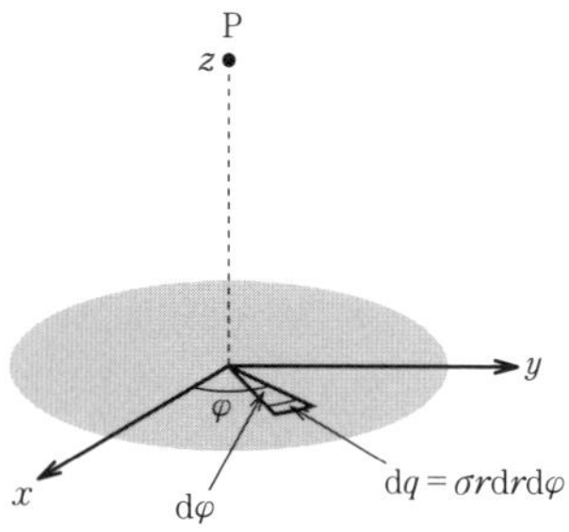

解図 2.4

この部分の微小電荷 $\mathrm{d}q=\sigma r\mathrm{d}r\mathrm{d}\varphi$ を点電荷と見なす。その微小電荷と，軸対称（円板中心軸に対して）の位置に同様の微小電荷が存在する。どの位置の微小電荷に対しても，必ず軸対称位置に同一の値の微小電荷が存在する。すなわち，問題【2】の円状の電荷のときと同様に，電界の強さ $\boldsymbol{E}$ は xy 平面に垂直な成分しか存在しない。問題【2】と異なるのは，この場合の電荷分布は円状ではなく円板状なので，1周の積分と半径方向の積分の両方があり

$$\boldsymbol{E}=\int_{r=0}^{R}\int_{\varphi=0}^{2\pi}\frac{\sigma r\mathrm{d}r\mathrm{d}\theta}{4\pi\varepsilon_0\left(r^2+z^2\right)}\frac{z}{\left(r^2+z^2\right)^{\frac{1}{2}}}\mathbf{e}_z$$

となる。これより

$$\boldsymbol{E}=\frac{\sigma z}{2\varepsilon_0}\left(\frac{1}{z}-\frac{1}{\sqrt{R^2+z^2}}\right)\mathbf{e}_z \quad \text{〔V/m〕}$$

と求まる。ここで

$$\frac{\sigma z}{2\varepsilon_0}\left(\frac{1}{z}-\frac{1}{\sqrt{R^2+z^2}}\right)=\frac{\sigma}{2\varepsilon_0}\left(1-\frac{\dfrac{z}{R}}{\sqrt{1+\dfrac{z^2}{R^2}}}\right)$$

であるので，$1\gg z/R$ の場合，すなわち $R\gg z$ の場合は

$$\boldsymbol{E}=\frac{\sigma}{2\varepsilon_0}\mathbf{e}_z \quad \text{〔V/m〕}$$

と近似でき，無限平板電荷と同じ結果になる。

【5】

$$\begin{aligned}\mathrm{grad}\,V(x,y)&=\frac{\partial V(x,y)}{\partial x}\mathbf{e}_x+\frac{\partial V(x,y)}{\partial y}\mathbf{e}_y=\frac{\partial}{\partial x}\frac{1}{\sqrt{x^2+y^2}}\mathbf{e}_x+\frac{\partial}{\partial y}\frac{1}{\sqrt{x^2+y^2}}\mathbf{e}_y\\&=-\frac{x}{\left(x^2+y^2\right)^{\frac{3}{2}}}\mathbf{e}_x-\frac{y}{\left(x^2+y^2\right)^{\frac{3}{2}}}\mathbf{e}_y=-\frac{x\mathbf{e}_x+y\mathbf{e}_y}{\left(x^2+y^2\right)^{\frac{3}{2}}}=-\frac{x\mathbf{e}_x+y\mathbf{e}_y}{r^3}=-\frac{\mathbf{r}}{r^3}\end{aligned}$$

【6】

$$\begin{aligned}\mathrm{rot}\,B&=\begin{vmatrix}\mathbf{e}_x & \mathbf{e}_y & \mathbf{e}_z\\ \dfrac{\partial}{\partial x} & \dfrac{\partial}{\partial y} & \dfrac{\partial}{\partial z}\\ B_x(x,y,z) & B_y(x,y,z) & B_z(x,y,z)\end{vmatrix}\\&=\left(\frac{\partial}{\partial y}B_z(x,y,z)-\frac{\partial}{\partial z}B_y(x,y,z)\right)\mathbf{e}_x+\left(\frac{\partial}{\partial z}B_x(x,y,z)-\frac{\partial}{\partial x}B_z(x,y,z)\right)\mathbf{e}_y+\left(\frac{\partial}{\partial x}B_y(x,y,z)-\frac{\partial}{\partial y}B_x(x,y,z)\right)\mathbf{e}_z\\&=\left(\frac{\partial}{\partial y}\left(-(x+1)z^2\right)-\frac{\partial}{\partial z}\left(2(x+1)yz\right)\right)\mathbf{e}_x+\left(\frac{\partial}{\partial z}\left(y^2z\right)-\frac{\partial}{\partial x}\left(-(x+1)z^2\right)\right)\mathbf{e}_y+\left(\frac{\partial}{\partial x}\left(2(x+1)yz\right)-\frac{\partial}{\partial y}\left(y^2z\right)\mathbf{e}_z\right)\\&=-2(x+1)y\mathbf{e}_x+\left(y^2+z^2\right)\mathbf{e}_y\end{aligned}$$

第3章

【1】（a）**解図3.1**に示すように，点電荷 q は半径 $\boldsymbol{r}$ の閉曲面内にある。ガウスの定理では，閉曲面の中から出ていく電気力線の総数 $\Phi=\oint_S \boldsymbol{E}\cdot \mathrm{d}\boldsymbol{s}$ は閉曲面内に含まれる電荷の量の $1/\varepsilon_0$ 倍に等しく，この場合，閉曲面に含まれる電荷の量は q〔C〕であるので，$\oint_S \boldsymbol{E}\cdot \mathrm{d}\boldsymbol{s}=q/\varepsilon_0$ は成り立つ。

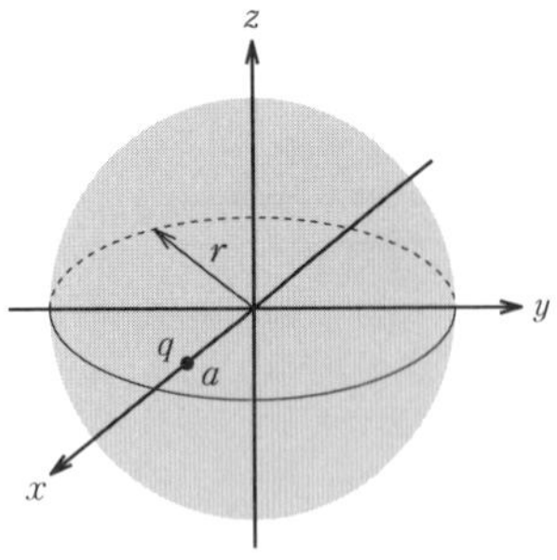

解図3.1

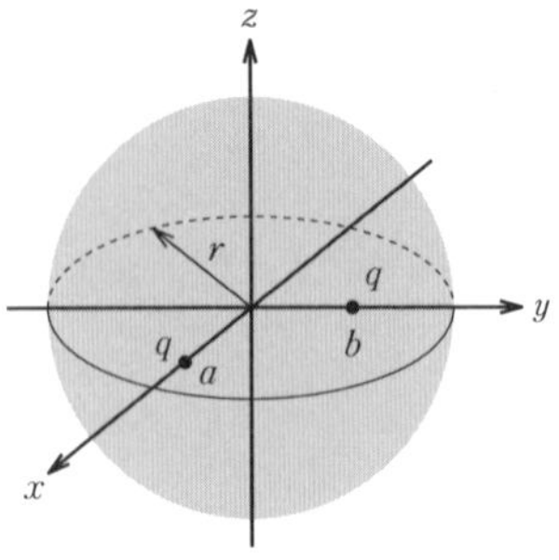

解図3.2

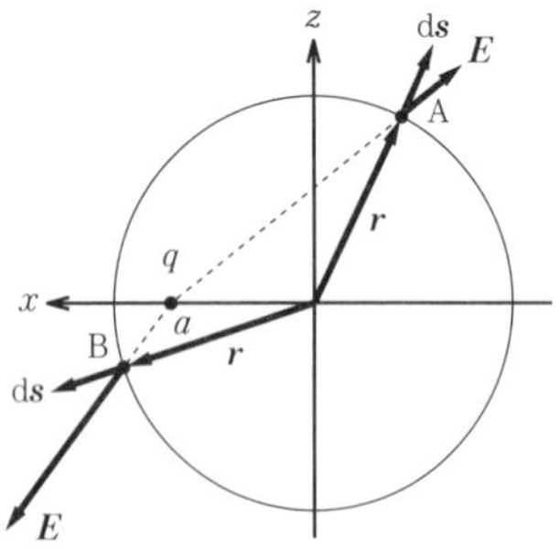

解図3.3

（b）**解図3.2**のように，閉曲面内には2か所にそれぞれ q〔C〕の電荷がある。閉曲面に含まれる電荷の量は $2q$〔C〕であるので，$\oint_S \boldsymbol{E}\cdot \mathrm{d}\boldsymbol{s}=2q/\varepsilon_0$ となり，左辺は閉曲面から出てくる電気力線の総数であるので，その値は $2q/\varepsilon_0$ である。

（c）半径 $\boldsymbol{r}$ の球面上すべての積分を考える必要があるが，理解しやすいように解図3.1の $\boldsymbol{xz}$ 平面での断面図を**解図3.3**により説明する。解図3.3の点Aと点Bを例に考えると，点Aでも点Bでも原点から等距離の球面上であるので，その部分の微小面積ベクトル $\mathrm{d}\boldsymbol{s}$ は中心点から放射状に外に向かっている。一方，電荷 q から発生する電界の強さ $\boldsymbol{E}$ は，点Aでは電荷からの距離が遠いため，点Bでの $\boldsymbol{E}$ よりも小さい。このために，$\boldsymbol{E}$ の球面上の位置による関数を明示しないと実際の積分計算は解析的にはできない。さらに，点A，点Bそれぞれにおいて $\boldsymbol{E}$ と $\mathrm{d}\boldsymbol{s}$ は平行でないため，$\oint_S \boldsymbol{E}\cdot \mathrm{d}\boldsymbol{s}=q/\varepsilon_0$ の左辺の積分計算の中で $\boldsymbol{E}\cdot \mathrm{d}\boldsymbol{s}=E\mathrm{d}s\cos\theta$ となり，$\cos\theta$ の値は球面上の位置による関数となり，積分計算が簡単ではなくなる。

一方，点電荷 q が原点にある場合は，$\boldsymbol{E}$ の絶対値は球面上では原点から等距離であるので一定と考えられ，$\boldsymbol{E}$ と $\mathrm{d}\boldsymbol{s}$ はつねに平行であるため $\boldsymbol{E}\cdot \mathrm{d}\boldsymbol{s}=E\mathrm{d}s$ となるので，積分計算が非常に簡単になる。このように，ガウスの定理を使うときは，電荷分布の対称性を考え，閉曲面を配置し積分計算が容易になるようにするとよい。

【2】与えられた点電荷による電界の強さ $\boldsymbol{E}$ は，$\boldsymbol{E}=\dfrac{0.05}{4\pi\varepsilon_0 \boldsymbol{r}^2}\mathbf{e}_r$ であるので，これを用いて電気力線の総数 $\Phi=\int_S \boldsymbol{E}\cdot \mathrm{d}\boldsymbol{s}$ を求めればよい。

（a）

$$\Phi=\int_{\theta=0}^{\frac{\pi}{2}}\int_{\phi=0}^{\frac{\pi}{2}}\frac{0.05}{4\pi\varepsilon_0 \boldsymbol{r}^2}\mathbf{e}_r\cdot \boldsymbol{r}^2\sin\theta\,\mathrm{d}\theta\mathrm{d}\phi\mathbf{e}_r=\frac{0.05}{4\pi\varepsilon_0}\int_{\theta=0}^{\frac{\pi}{2}}\int_{\phi=0}^{\frac{\pi}{2}}\sin\theta\,\mathrm{d}\theta\mathrm{d}\phi$$

$$=\frac{0.05}{4\pi\varepsilon_0}\times\frac{\pi}{2}\int_{\theta=0}^{\frac{\pi}{2}}\sin\theta\,\mathrm{d}\theta=\frac{0.05}{4\pi\varepsilon_0}\times\frac{\pi}{2}\times 1=\frac{1}{160\varepsilon_0}$$

（b）

$$\Phi=\int_{\theta=0}^{\frac{\pi}{4}}\int_{\phi=\frac{\pi}{5}}^{\frac{\pi}{2}}\frac{0.05}{4\pi\varepsilon_0 \boldsymbol{r}^2}\mathbf{e}_r\cdot \boldsymbol{r}^2\sin\theta\,\mathrm{d}\theta\mathrm{d}\phi\mathbf{e}_r=\frac{0.05}{4\pi\varepsilon_0}\int_{\theta=0}^{\frac{\pi}{4}}\int_{\phi=\frac{\pi}{5}}^{\frac{\pi}{2}}\sin\theta\,\mathrm{d}\theta\mathrm{d}\phi$$

$$=\frac{0.05}{4\pi\varepsilon_0}\times\frac{3\pi}{10}\int_{\theta=0}^{\frac{\pi}{4}}\sin\theta\,\mathrm{d}\theta=\frac{0.05}{4\pi\varepsilon_0}\times\frac{3\pi}{10}\times\frac{2-\sqrt{2}}{2}=\frac{3\left(2-\sqrt{2}\right)}{1\,600\varepsilon_0}$$

【3】**解図3.4**の断面図は，図（a）に閉曲面の半径 $\boldsymbol{r}$ が一様な電荷密度 ρ を持つ半径 b の球状の電子雲より小さい場合，図（b）に半径 $\boldsymbol{r}$ が半径 b より大きい場合を示す。

図（a）の場合は，閉曲面内に含まれる総電荷量 Q は，$Q=(4/3)\pi r^3\rho$ であり，半径 $\boldsymbol{r}$ の関数である。一方，図（b）の場合は，$Q=(4/3)\pi b^3\rho$ であり，$\boldsymbol{r}$ の関数ではない。この点に注意してガウスの定理を使えばよい。具体的な手順は例題3.1で求めた手順であり，つぎのとおりである。

図（a）の場合：　$\oint_S \boldsymbol{E}\cdot \mathrm{d}\boldsymbol{s} = \dfrac{1}{\varepsilon_0}\int_V \rho \mathrm{dv} = \dfrac{4}{3\varepsilon_0}\pi r^3 \rho$

$\boldsymbol{E}$ と $\mathrm{d}\boldsymbol{s}$ は閉曲面上でつねに平行であるので $\boldsymbol{E}\cdot \mathrm{d}\boldsymbol{s} = E\mathrm{d}s$ であり，また $\boldsymbol{E}$ の絶対値は閉曲面上でつねに一定であるという例題 3.1 での議論を考慮すると

$$4\pi r^2 E = \frac{4}{3\varepsilon_0}\pi r^3 \rho \qquad \boldsymbol{E} = \frac{\rho}{3\varepsilon_0} r \mathbf{e}_r \text{〔V/m〕}$$

図（b）の場合：　$\oint_S \boldsymbol{E}\cdot \mathrm{d}\boldsymbol{s} = \dfrac{1}{\varepsilon_0}\int_V \rho \mathrm{dv} = \dfrac{4}{3\varepsilon_0}\pi b^3 \rho$

$\boldsymbol{E}$ と $\mathrm{d}\boldsymbol{s}$ は閉曲面上でつねに平行であるので $\boldsymbol{E}\cdot \mathrm{d}\boldsymbol{s} = E\mathrm{d}s$ であり，また $\boldsymbol{E}$ の絶対値は閉曲面上でつねに一定であることは図（a）の場合と同じなので，左辺は同一の結果であり

$$4\pi r^2 E = \frac{4}{3\varepsilon_0}\pi b^3 \rho \qquad \boldsymbol{E} = \frac{\rho b^3}{3\varepsilon_0 r^2}\mathbf{e}_r \text{〔V/m〕}$$

これらの関数をまとめて図にすると，**解図 3.5** のようになる。

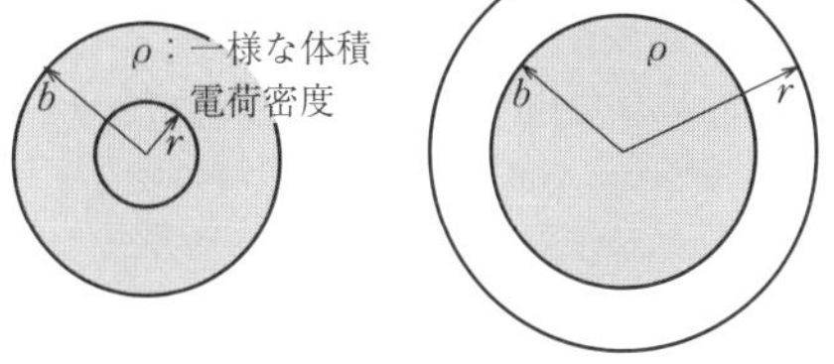

（a）　$r<b$ の場合　　（b）　$r>b$ の場合

解図 3.4　断面図

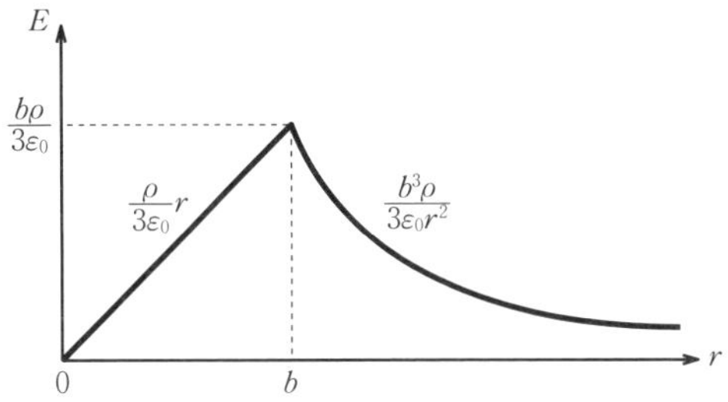

解図 3.5

【4】　例題 3.4 を見てみよう。無限平板電荷から発生する電界の強さ $\boldsymbol{E}$ は平板に平行な成分はなく，平板に垂直成分しか存在せず，また，$\boldsymbol{E}$ の絶対値は $\sigma/(2\varepsilon_0)$ であった。プラスの無限平板とマイナスの無限平板が，**解図 3.6**（a）のように平行に置かれているときは，図（b）のようにプラスとマイナスのそれぞれの無限平板による電界の強さを重ね合わせの理で考えると，図（c），（d）のように電極間で 2 倍の値となり，平行平板の外側では打ち消されて 0 となる。したがって，導体間の電界分布は $E=\sigma/\varepsilon_0$〔V/m〕となる（電界の方向はプラス電極からマイナス電極に向かう方向）。また，極板間の電界は一様なので，電位差 V は，$V = -\int_{x=d}^{0} \sigma/\varepsilon_0 \mathrm{d}x = \sigma d/\varepsilon_0$〔V〕となる。

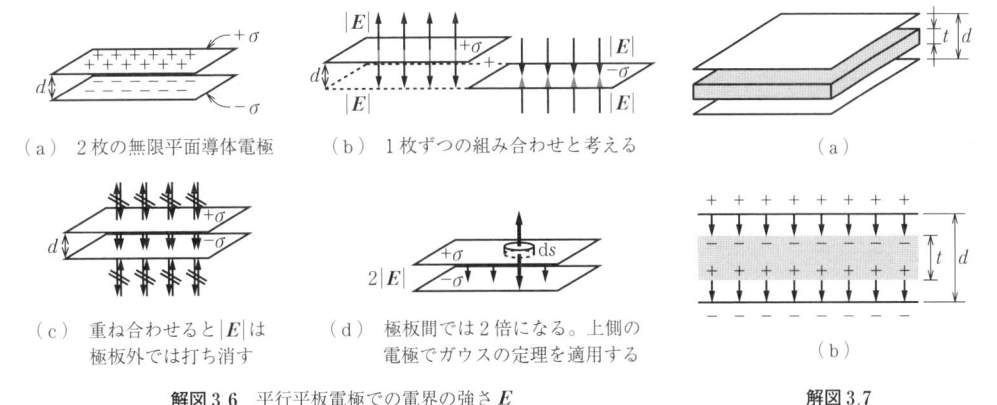

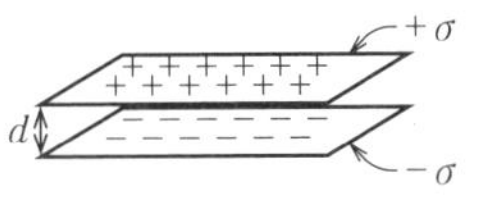

（a）　2 枚の無限平面導体電極

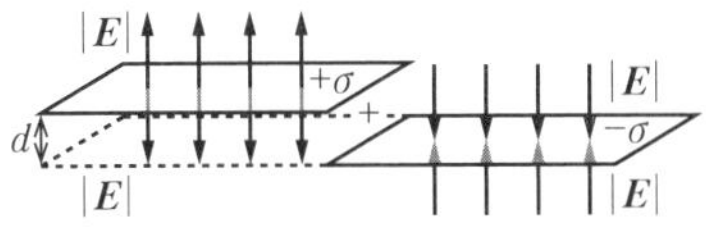

（b）　1 枚ずつの組み合わせと考える

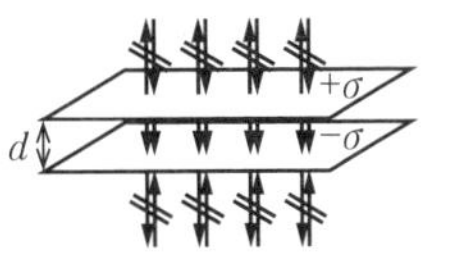

（c）　重ね合わせると $|\boldsymbol{E}|$ は
極板外では打ち消す

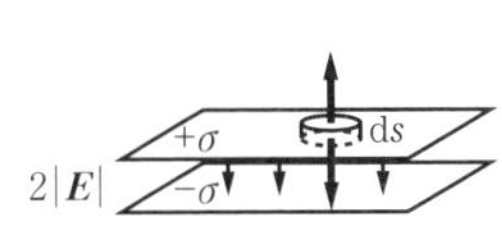

（d）　極板間では 2 倍になる。上側の
電極でガウスの定理を適用する

解図 3.6　平行平板電極での電界の強さ $\boldsymbol{E}$

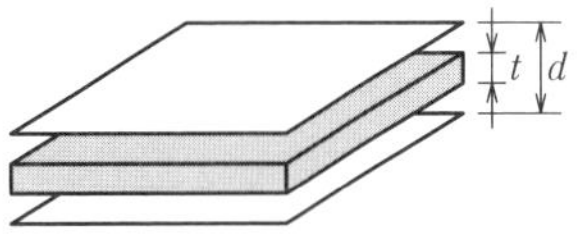

（a）

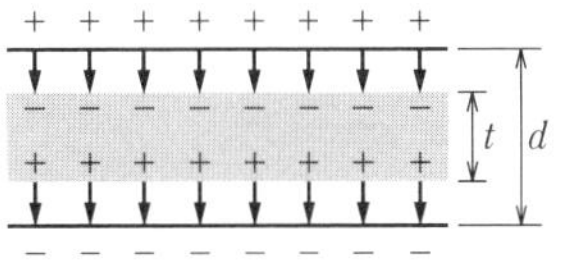

（b）

解図 3.7

解図 3.7（a）のように，電極間に厚さ t の導体板を挿入すると，導体中は電界が 0 であるので，解図（b）のようにプラス電極に対向する導体板表面にはマイナスの電荷が一様に発生し，マイナス電極に対向する導体板表面にはプラスの電荷が一様に発生し，それぞれの面電荷密度の絶対値は σ〔$\mathrm{C/m^2}$〕

となる。したがって，平行平板と電極との間の電界の強さは変わらず，その大きさは $E=\sigma/\varepsilon_0$〔V/m〕である。また，電極間の電位差は，電界の強さが 0 となる部分の厚さが t だけあるので，合計の積分範囲が $(d-t)$ となり，$V=\sigma(d-t)/\varepsilon_0$〔V〕となる。

【5】（a）$\operatorname{div}\boldsymbol{E}=\dfrac{\partial}{\partial x}E_x+\dfrac{\partial}{\partial y}E_y+\dfrac{\partial}{\partial z}E_z=\dfrac{\partial x}{\partial x}+\dfrac{\partial y}{\partial y}+\dfrac{\partial z}{\partial z}=1+1+1=3$

（b）$\operatorname{div}\boldsymbol{E}=\dfrac{\partial}{\partial x}E_x+\dfrac{\partial}{\partial y}E_y+\dfrac{\partial}{\partial z}E_z=\dfrac{\partial y}{\partial x}+\dfrac{\partial z}{\partial y}+\dfrac{\partial x}{\partial z}=0+0+0=0$

第4章

【1】大きさ M の双極子モーメントが一様に同一方向を向いているので，分極の大きさは $P=(M$〔C·m〕×1 m^3 に存在する水分子の個数)/1 m^3〔C/m^2〕で求められる。水の比重を 1 とすると 1 m^3 は 10^6 g であり，10^6 g を分子量 18 で割るとモル数がわかる。したがって

$$P=6.1\times10^{-30}\times\left(\frac{10^6}{18}\times6.02\times10^{23}\right)=0.204\quad〔\mathrm{C/m^2}〕$$

である。

【2】**解図 4.1** のように分極 $\boldsymbol{P}$ が一様であり，その境界面に垂直で外向きの単位ベクトルを $\mathbf{e}_n$ とすると，表面に現れる分極電荷密度は $\sigma_p=\boldsymbol{P}\cdot\mathbf{e}_n$ であった。したがって，図の右側境界に現れる分極電荷密度はプラス，左側境界はマイナスであり，境界面は垂直なので，$|\boldsymbol{P}|=\sigma_P$ である。また，誘電体中では，$\boldsymbol{D}=\varepsilon_0\boldsymbol{E}+\boldsymbol{P}$ であり，また $\boldsymbol{D}=\varepsilon_0\varepsilon_r\boldsymbol{E}$ であるから，これを整理すると $\varepsilon_0\varepsilon_r\boldsymbol{E}=\varepsilon_0\boldsymbol{E}+\boldsymbol{P}$ である。すなわち

$$E=\frac{P}{\varepsilon_0(\varepsilon_r-1)}=\frac{\rho_P}{\varepsilon_0(\varepsilon_r-1)}=\frac{0.5}{4\varepsilon_0}\quad〔\mathrm{V/m}〕$$

である。また

$$D=\varepsilon_0\varepsilon_r E=\frac{\varepsilon_r\rho_P}{\varepsilon_r-1}=\frac{2.5}{4}\quad〔\mathrm{C/m^2}〕$$

であり，$\boldsymbol{E}$，$\boldsymbol{D}$ の方向は $\boldsymbol{P}$ と同一方向を向く。

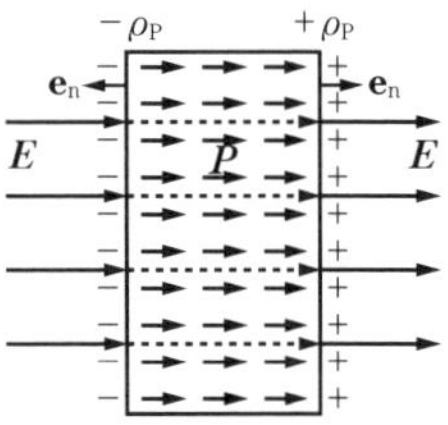

解図 4.1

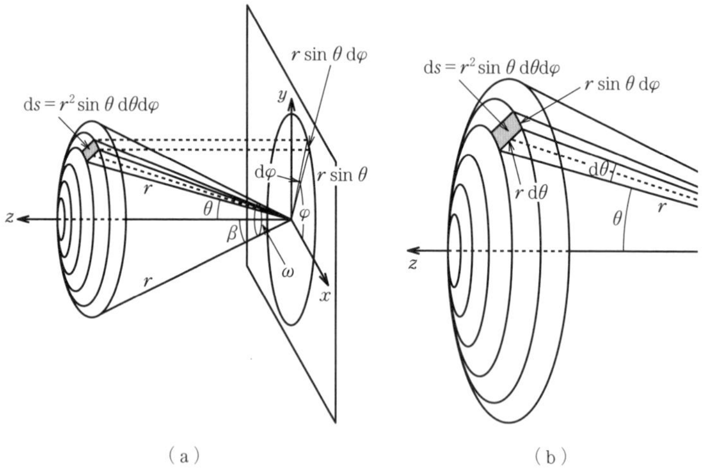

解図 4.2

【3】平板の円板の面積 πa^2 を円板までの距離の 2 乗 r^2 で割ってと $\omega=\pi a^2/r^2$ とするのは誤り。円板が切り取る球面上面積を，球面との距離の 2 乗で割って立体角を求めなければいけない。**解図 4.2**（a）に示す原点から距離 r の面上での（極座標表示）の微小面積要素は $\mathrm{d}s=r\sin\theta\,\mathrm{d}\theta\mathrm{d}\varphi$ であり，中心軸から平面角 β 内に含まれる球面の面積 S は

$$S=\int_{\theta=0}^{\beta}\int_{\varphi=0}^{2\pi}r^2\sin\theta\,\mathrm{d}\theta\mathrm{d}\varphi=2\pi r^2\int_{\theta=0}^{\beta}\sin\theta\,\mathrm{d}\theta=2\pi r^2(1-\cos\beta)$$

したがって，$\omega = S/r^2 = 2\pi(1-\cos\beta)$ である。

第5章

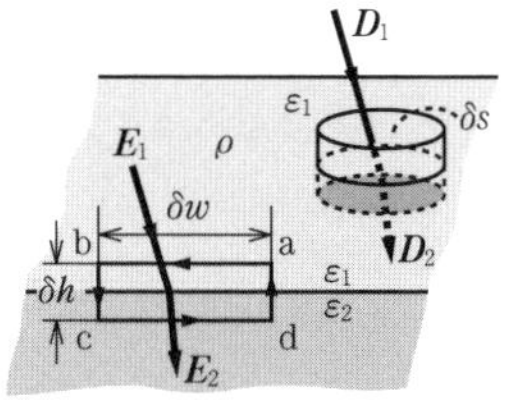

図5.1　誘電体の境界での境界条件（再掲）

【1】（a）5.1.1項で求めたとおり，電束密度 $\boldsymbol{D}$ の境界条件から $D_{2n} - D_{1n} = \sigma_S$ であるが，この問題では，境界面に真電荷がないので，$D_{1n} = D_{2n}$ である。また，電界の強さ $\boldsymbol{E}$ の接線成分に関する境界条件から，$E_{1t} = E_{2t}$ である。また，$D_{1n} = D_{2n}$ から問題に与えられた角度を用いて $D_1\cos\theta_1 = D_2\cos\theta_2$ を得る。$E_{1t} = E_{2t}$ から，$E_1\sin\theta_1 = E_2\sin\theta_2$ である。これらから $\dfrac{E_1\sin\theta_1}{D_1\cos\theta_1} = \dfrac{E_2\sin\theta_2}{D_2\cos\theta_2}$ であり，$\dfrac{E_1}{\varepsilon_1 E_1}\tan\theta_1 = \dfrac{E_2}{\varepsilon_2 E_2}\tan\theta_2$ となる。これを整理すると $\dfrac{\tan\theta_2}{\tan\theta_1} = \dfrac{\varepsilon_2}{\varepsilon_1} = \dfrac{\varepsilon_0\varepsilon_r}{\varepsilon_0} = \varepsilon_r$ であるから，$\tan\theta_2 = \varepsilon_r\tan\theta_1$ であり，$\theta_2 = \arctan(\varepsilon_r\tan\theta_1)$ が導かれる。

（b）与えられた変数，$\boldsymbol{E}_1$，$\boldsymbol{D}_1$，ε_r，θ_1 を用いて $\boldsymbol{E}_2$，$\boldsymbol{D}_2$ を求める。$E_2^2 = E_{2t}^2 + E_{2n}^2$ および $D_2^2 = D_{2t}^2 + D_{2n}^2$ から E_{2t}，E_{2n}，D_{2t}，D_{2n} を求め，$\boldsymbol{E}_2$，$\boldsymbol{D}_2$ を導こう。

$\boldsymbol{E}_2$ の境界面垂直成分 E_{2n} は，$\boldsymbol{D} = \varepsilon_0\varepsilon_r\boldsymbol{E}$ であり，$D_{1n} = D_{2n}$ 用いて以下のとおりとなる。

$$E_{2n} = \frac{D_{2n}}{\varepsilon_0\varepsilon_r} = \frac{D_{1n}}{\varepsilon_0\varepsilon_r} = \frac{D_1\cos\theta_1}{\varepsilon_0\varepsilon_r} = \frac{\varepsilon_0 E_1\cos\theta_1}{\varepsilon_0\varepsilon_r} = \frac{E_1\cos\theta_1}{\varepsilon_r}$$

一方，境界面に平行な成分 E_{2t} は，$E_{1t} = E_{2t}$ から，$E_{2t} = E_{1t} = E_1\sin\theta_1$ である。$E_2^2 = E_{2t}^2 + E_{2n}^2$ から，$E_2 = \sqrt{E_{2t}^2 + E_{2n}^2} = \sqrt{E_{1t}^2 + E_{2n}^2}$ であるから，これに上の関係式を代入し $E_2 = E_1\sqrt{\varepsilon_r^2\sin^2\theta_1 + \cos^2\theta_1}/\varepsilon_r$ を得る。

$D_{1n} = D_{2n}$，$D_{2n} = D_{1n} = D_1\cos\theta_1$ および，つぎの境界面に平行な成分 D_{2t}

$$D_{2t} = \varepsilon_0\varepsilon_r E_{2t} = \varepsilon_0\varepsilon_r E_{1t} = \varepsilon_0\varepsilon_r E_1\sin\theta_1 = \varepsilon_0\varepsilon_r\frac{D_1}{\varepsilon_0}\sin\theta_1 = \varepsilon_r D_1\sin\theta_1$$

を用いて，$D_2^2 = D_{2t}^2 + D_{2n}^2$ から $D_2 = \sqrt{D_{2t}^2 + D_{2n}^2} = D_1\sqrt{\varepsilon_r^2\sin^2\theta_1 + \cos^2\theta_1}$ を得る。

（c）（a）の解答に与えられた条件を代入すると，$\theta_2 = 60°$ である。また，（b）の解答に与えられた条件と求めた $\theta_2 = 60°$ を代入して $\boldsymbol{E}_2$ を求め，それを $\boldsymbol{P} = (\varepsilon - \varepsilon_0)\boldsymbol{E}_2$ に代入すれば $\boldsymbol{P} = \varepsilon_0 E_1\left(\mathbf{e}_t + \mathbf{e}_n/\sqrt{3}\right)$ と求まる。

（d）以上から，$\theta_2 = 60°$ で（c）で求めた分極 $\boldsymbol{P}$ が誘電体中に発生していることがわかった。その表面の分極電荷の面電荷密度は，**解図5.1** に示されるように誘電体から外に向かう境界面に垂直な単位ベクトルと分極 $\boldsymbol{P}$ との内積で求められ，$\rho_s = P_n = \boldsymbol{P}\cdot\mathbf{e}_n = P\cos\theta_2 = \left(\sqrt{3}/3\right)\varepsilon_0 E_1$〔$\mathrm{C/m^2}$〕である。

【2】半径 a の一様な電荷分布の球内の，中心から r の点に正の電荷を置き，その電荷に加わる力を求める。このため，一様な電荷分布球と同じ中心を持つ半径 r（$r < a$）の閉曲面を考える。ガウスの定理により半径 r の点での電界の強さ $\boldsymbol{E}$ を求め，これから力を求める。

解図5.2 に一様に電荷が分布した半径 a の球の断面図を示す。半径 r 内の電荷密度 ρ は，一様分布であることから，$\rho = -q_0/(4\pi a^3/3)$〔$\mathrm{C/m^3}$〕である。半径 r（$r < a$）の閉曲面でガウスの定理を適用すると

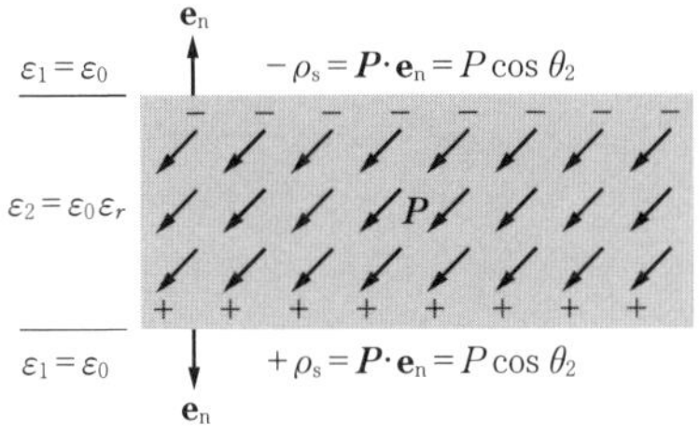

解図5.1

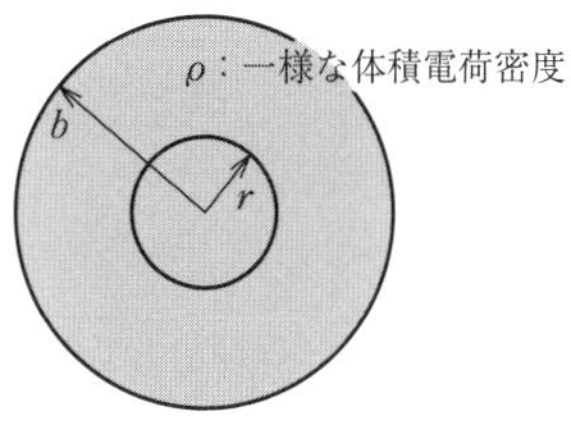

解図5.2

$$\oint_S \boldsymbol{E}\cdot \mathrm{d}\boldsymbol{s} = \frac{1}{\varepsilon_0}\int_V \rho \mathrm{d}v = \frac{4}{3\varepsilon_0}\pi r^3 \rho = \frac{-q_0}{\varepsilon_0 a^3} r^3$$

$\boldsymbol{E}$ と $\mathrm{d}\boldsymbol{s}$ は閉曲面上でつねに平行であり，$\boldsymbol{E}\cdot \mathrm{d}\boldsymbol{s} = E\mathrm{d}s$ であり，また $\boldsymbol{E}$ の絶対値 E は閉曲面上でつねに一定であるので定数として積分の外に出し，結局，$4\pi r^2 E = -q_0/(\varepsilon_0 a^3) r^3$ となり

$$\boldsymbol{E} = \frac{-q_0}{4\pi\varepsilon_0 a^3} r\mathbf{e}_r \ \text{〔V/m〕}$$

である。したがって，プラスの電荷 q_0 を半径 r に置いたときに働く力は

$$\boldsymbol{F} = \frac{-q_0^2}{4\pi\varepsilon_0 a^3} r\mathbf{e}_r \ \text{〔N〕}$$

であり，プラスの電荷は半径 a の中心方向に力を受ける。

第6章

【1】 第3章の演習問題【4】の解答と同様に，挿入した導体内部では電界の強さが0である（**解図 6.1** 参照）。このとき，上下の極板での電荷密度をそれぞれ $+\sigma$，$-\sigma$〔C/m²〕とすると，解図のように導体板表面には上面に密度 $-\sigma$，下面に密度 $+\sigma$〔C/m²〕の電荷が現れ，導体内部の電界の強さは0である。したがって，導体板の上下に平行平板コンデンサがそれぞれ一つずつ存在することと等価で，解図のようにそれらのコンデンサ内の電界の強さは一様で $\boldsymbol{E} = (\sigma/\varepsilon_0)\mathbf{e}_z$ となる。与えられた極板間の電位差 V は，電界の強さ $\boldsymbol{E}$ が0の部分が x の区間だけ存在するので積分範囲は $d-x$ となるため

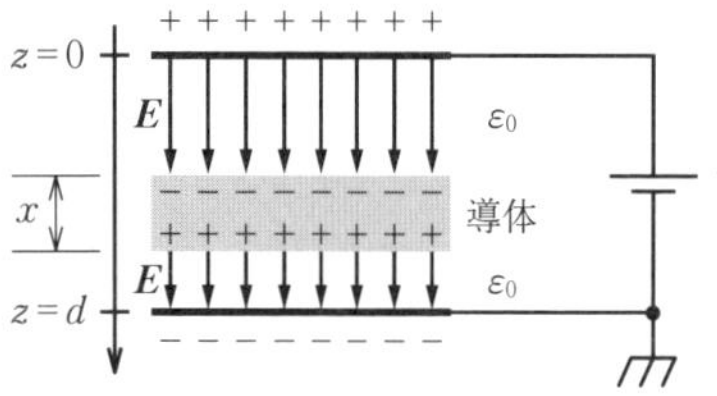

解図 6.1

$$V = -\int_{z=d}^{0} \boldsymbol{E}\cdot \mathrm{d}\boldsymbol{l} = \frac{\sigma}{\varepsilon_0}(d-x)$$

である。したがって，単位面積当りの静電容量は

$$C = \frac{\sigma}{V} = \varepsilon_0 \frac{1}{d-x} \quad \text{〔F/m}^2\text{〕}$$

である。また，$\sigma = \varepsilon_0 V(d-x)$ であるから，極板間で導体以外の部分の電界の強さの大きさを与えられた V で表すと

$$E = \frac{V}{d-x} \quad \text{〔V/m〕}$$

であり，単位体積当りのエネルギー密度は

$$\frac{1}{2}ED = \frac{1}{2}\varepsilon_0 E^2 = \frac{1}{2}\varepsilon_0 \left(\frac{V}{d-x}\right)^2 \quad \text{〔J/m}^3\text{〕}$$

である。よって，平行板コンデンサの単位面積当りに蓄えられるエネルギーは次式となる。

$$\frac{1}{2}\varepsilon_0 \left(\frac{V}{d-x}\right)^2 \times (d-x) = \frac{\varepsilon_0 V^2}{2(d-x)} \quad \text{〔J/m}^2\text{〕}$$

【2】 極板間の電位差は V であり，$V = -\int_d \boldsymbol{E}\cdot \mathrm{d}\boldsymbol{l}$ となるために，平行平板の極板間の電界の強さの大きさ E は，空気部分と誘電体部分で同一で

$$E = \frac{V}{d} \quad \text{〔V/m〕}$$

である。一方，空気部分と誘電体部分の誘電率は異なるので，それぞれの領域での D は異なる。すなわち，空気部分の領域では

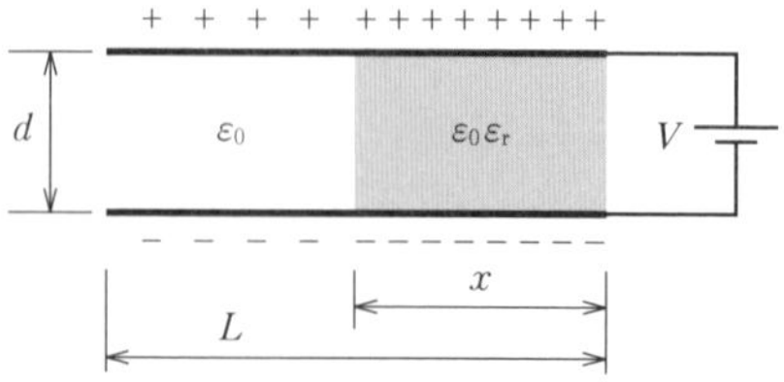

解図 6.2

$$D = \varepsilon_0 E = \varepsilon_0 \frac{V}{d} \quad \text{〔C/m}^2\text{〕}$$

誘電体部分の領域では

$$D = \varepsilon_0 \varepsilon_r E = \varepsilon_0 \varepsilon_r \frac{V}{d} \quad \text{〔C/m}^2\text{〕}$$

である。ここで，誘電体の比誘電率は $\varepsilon_r > 1$ であるので，誘電体部分の D は空気部分の D より大きい。第3章の演習問題【4】の解答で示したように，誘電体がない場合は二つの電極の面電荷密度 $\pm\sigma$ の平

行平板間での電界の強さの大きさ E は $E=\sigma/\varepsilon_0$〔V/m〕であり，これを電束密度で考えると電束密度の絶対値は極板の電荷密度に等しい（$D=\sigma$〔$\mathrm{C/m^2}$〕）。このことは，**解図 6.2** に示すように，誘電体部分の極板には，空気部分の極板の ε_r 倍の電荷密度があることを意味している。すなわち，空気部分の極板に蓄えられる電荷密度は $\varepsilon_0 V/d$〔$\mathrm{C/m^2}$〕，誘電体部分の領域では $\varepsilon_0\varepsilon_1 V/d$〔$\mathrm{C/m^2}$〕である。誘電体を δx 挿入して変化する電荷量は，$\varepsilon_0(\varepsilon_r-1)V/d\times\delta x\times L$〔C〕であり，この電荷は電源からコンデンサに電荷が供給される。

【3】 問題【2】の結果を用いて，誘電体部分全体と空気部分全体での静電エネルギーが等しくなる条件は

$$\varepsilon_0\left(\frac{V}{d}\right)^2\times(L-x)\,d=\varepsilon_0\varepsilon_r\left(\frac{V}{d}\right)^2\times xd$$

であるから

$$x=\frac{L}{1+\varepsilon_r}$$

である。

【4】 問図 6.3 の上向きを正の力とする。この場合，D は誘電体の有無に依らず，極板間で $D=\sigma=Q/S$ である。

（a） 上部の空気領域では，$E=D/\varepsilon_0=Q/(\varepsilon_0 S)$ であり，この領域の単位体積当りの静電エネルギー密度 w_e は $ED/2=Q^2/(2\varepsilon_0 S^2)$ である。**解図 6.3**（a）のように上部極板を上向きに δl 移動すると $Q^2/(2\varepsilon_0 S^2)\times\delta l\times S$ だけエネルギーが増える。したがって，上部極板に働く単位面積当りの力は $f_1=-\delta w_e/\delta l$ である（外部に電源が接続されていない場合，極板が力を受けて動くとき内部のエネルギーが使われる）ので

$$f_1=-\frac{\dfrac{Q^2}{2\varepsilon_0 S^2}\delta l}{\delta l}=-\frac{1}{2}\frac{Q^2}{\varepsilon_0 S^2}\quad〔\mathrm{N/m^2}〕$$

である。すなわち，その力の方向は図の下方向であり，極板間を狭める方向に力が働く。

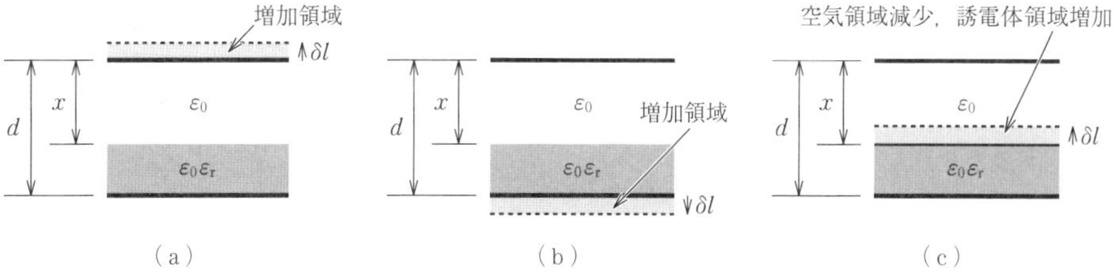

解図 6.3

（b） 下部の誘電体領域では，電界の強さ $\boldsymbol{E}$ の大きさは，$E=\dfrac{D}{\varepsilon_0\varepsilon_r}\dfrac{Q}{\varepsilon_0\varepsilon_r S}$ であり，単位体積当りの静電エネルギー密度は

$$\frac{1}{2}ED=\frac{Q^2}{2\varepsilon_0\varepsilon_r S^2}$$

である。解図（b）のように，下部電極を下方に δl 移動すると単位面積当たり $Q^2/\left(2\varepsilon_0\varepsilon_r S^2\right)\delta l$ だけエネルギーが増えるので，下部電極に働く単位面積当りの力は

$$f_2=-\frac{\delta w_e}{\delta l}=-\frac{\dfrac{Q^2}{2\varepsilon_0\varepsilon_r S^2}\delta l}{\delta l}=-\frac{Q^2}{2\varepsilon_0\varepsilon_r S^2}\quad〔\mathrm{N/m^2}〕$$

である。δl 方向を正に方向としているので，f_2 は負なので，δl が減る方向に力が働く。すなわち，極板間を狭める方向に力が働く。

（c） 誘電体と空気との境界では，境界面を上方に δl 移動すると，解図（c）のように，単位面積当り $Q^2/\left(2\varepsilon_0 S^2\right)\delta l$ だけエネルギーが減り，また $Q^2/\left(2\varepsilon_0\varepsilon_r S^2\right)\delta l$ だけエネルギーが増加する。すなわち，

単位面積当り

$$\left(\frac{Q^2}{2\varepsilon_0 S^2}-\frac{Q^2}{2\varepsilon_0\varepsilon_r S^2}\right)\delta l=\frac{Q^2}{2\varepsilon_0 S^2}\left(1-\frac{1}{\varepsilon_r}\right)\delta l$$

だけエネルギーが減少する。したがって，働く単位面積当りの力は

$$f_3=-\frac{\delta w_e}{\delta l}=-\frac{-\dfrac{Q^2}{2\varepsilon_0 S^2}\left(1-\dfrac{1}{\varepsilon_r}\right)\delta l}{\delta l}=\frac{Q^2}{2\varepsilon_0 S^2}\left(1-\frac{1}{\varepsilon_r}\right)\ \text{〔N/m}^2\text{〕}$$

である。力の方向は図の上方向であり，誘電体領域が増加する方向に働く。

【5】（a） 極板の電荷 Q〔C〕が一定であるときは，演習問題【4】の（a）とまったく同様に求めることができ，単位面積当りに働く力は

$$f_1=-\frac{\dfrac{Q^2}{2\varepsilon_0 S^2}\delta l}{\delta l}=-\frac{1}{2}\frac{Q^2}{\varepsilon_0 S^2}\ \text{〔N/m}^2\text{〕}$$

であるが，これを別の方法で求めてみる。極板間に蓄えられるエネルギー W〔J〕は

$$W_e=\frac{1}{2}\frac{Q^2}{C}=\frac{1}{2}\frac{d}{\varepsilon_0 S}Q^2$$

であり

$$\boldsymbol{F}=-\text{grad}\,W_e=-\frac{\partial}{\partial d}\left(\frac{1}{2}\frac{d}{\varepsilon_0 S}Q^2\right)\mathbf{e}_d=-\frac{1}{2}\frac{Q^2}{\varepsilon_0 S}\mathbf{e}_d$$

である。ここで $\mathbf{e}_d$ は d を増やす方向の単位ベクトルを示す。したがって，単位面積当りの力は

$$\boldsymbol{f}=-\frac{1}{2}\frac{Q^2}{\varepsilon_0 S^2}\mathbf{e}_d\ \text{〔N/m}^2\text{〕}$$

となり，上記結果と等しい。

（b） 極板間に電位差 V〔V〕の電源か接続されているときは，極板間の電界の強さ $\boldsymbol{E}$ の大きさは，$E=V/d$ であり，$D=\varepsilon_0 V/d$ であるので，単位体積当りに蓄えられる静電エネルギーは

$$w_e=\frac{1}{2}ED=\frac{1}{2}\varepsilon_0\frac{V^2}{d^2}$$

である。よって，このコンデンサに蓄えられている静電エネルギーは

$$W_e=w_e\times d\times S=\frac{1}{2}\varepsilon_0\frac{SV^2}{d}$$

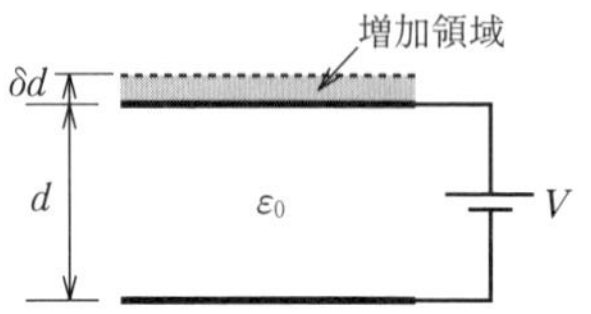

解図 6.4

である。**解図 6.4** のように d を δd だけ増加すると，増加する静電エネルギーは

$$\delta W_e=\frac{1}{2}\varepsilon_0\frac{SV^2}{d+\delta d}-\frac{1}{2}\varepsilon_0\frac{SV^2}{d}=\frac{1}{2}\varepsilon_0 SV^2\left(\frac{1}{d+\delta d}-\frac{1}{d}\right)$$

である。よって，極板に働く力の大きさは，電源を接続した場合なので

$$F=\frac{\delta W_e}{\delta d}=\frac{1}{2}\varepsilon_0 SV^2\frac{\left(\dfrac{1}{d+\delta d}-\dfrac{1}{d}\right)}{\delta d}=\frac{1}{2}\varepsilon_0 SV^2\frac{d-(d+\delta d)}{d^2+\delta d\cdot d}\frac{1}{\delta d}=\frac{1}{2}\varepsilon_0 SV^2\frac{-1}{d^2+\delta d\cdot d}$$

この $\delta d\to 0$ を求めると

$$F=\lim_{\delta d\to 0}\frac{\delta W_e}{\delta d}=-\frac{1}{2}\frac{\varepsilon_0 SV^2}{d^2}$$

であり，単位面積当りにすると，$f=-\dfrac{1}{2}\dfrac{\varepsilon_0 V^2}{d^2}$〔N/m²〕である。力の向きは δd 増加方向が正の力であるので，力は極板を狭める方向に働く。

これを，電源をつないであるときの静電エネルギーによる力を求める式 ($\boldsymbol{F}=\text{grad}\,W_e$) を用いて力を求めると

$$W_e = w_e \times d \times S = \frac{1}{2}\varepsilon_0 \frac{SV^2}{d}$$

であったから

$$\boldsymbol{F} = \frac{\partial}{\partial d}\left(\frac{1}{2}\varepsilon_0 \frac{SV^2}{d}\right)\mathbf{e}_d = -\frac{\varepsilon_0}{2}\frac{SV^2}{d^2}\mathbf{e}_d$$

である。ここで $\mathbf{e}_d$ は d を増やす方向の単位ベクトルを示す。また，単位面積当りの力は

$$\boldsymbol{f} = -\frac{1}{2}\frac{\varepsilon_0 V^2}{d^2}\mathbf{e}_d \quad 〔\mathrm{N/m^2}〕$$

であり，前の結果と同じである。

第 7 章

【1】 **解図 7.1** のように円筒の断面半径が b〔m〕になるまで導体を覆ったとする。このとき，導体を覆う前，覆った導体部分のみに対する単位長さ当りの抵抗値を R_1，R_2 とすると，全体の抵抗値 R は次式で表される。

$$\frac{1}{R} = \frac{1}{R_1} + \frac{1}{R_2} = \sigma\pi a^2 + 0.1\sigma\pi\left(b^2 - a^2\right) \quad \rightarrow \quad R = \frac{1}{\sigma\pi a^2 + 0.1\sigma\pi\left(b^2 - a^2\right)}$$

よって，$R = R_1/2 = 1/(2\sigma\pi a^2)$ になるまで覆った導体の厚さ $b-a$ は以下となる。

$$b - a = \left(\sqrt{11} - 1\right)a \quad 〔\mathrm{m}〕$$

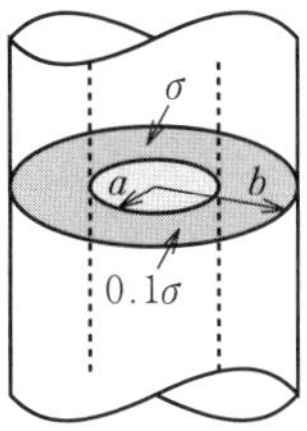

解図 7.1

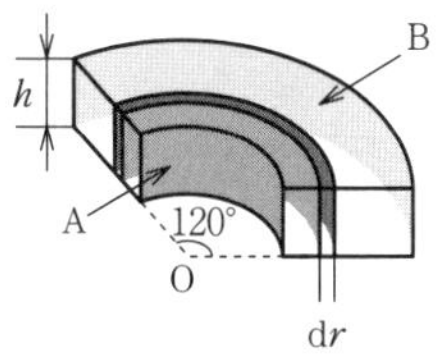

解図 7.2

【2】 **解図 7.2** のように対象を微小部分に分割して全体の抵抗を求める。ドーナツ状構造の中心から距離 r のところに半径方向に厚さ $\mathrm{d}r$ の微小部分を考える。この部分の電極に平行な面積 $2\pi rh/3$，厚さ $\mathrm{d}r$ の微小体積部分の抵抗 $\mathrm{d}R$ を a から b まで積分すると以下のとおりとなる。

$$R = \int \mathrm{d}R = \frac{1}{\sigma}\int_{r=a}^{b} \frac{3}{2\pi rh}\,\mathrm{d}r = \frac{3}{2\pi\sigma h}\ln\frac{b}{a}$$

【3】 $R = \rho L/S = 1.68 \times 10^{-8} \times 100/(\pi(0.5 \times 10^{-3})^2) = 2.14$ 〔Ω〕

電圧降下 $V = RI = 2.14$ 〔V〕

【4】 電流は連続であることから，損失のある誘電体 1 と 2 の境界において $\mathrm{div}\,\boldsymbol{i} = 0$，すなわち，**解図 7.3** のように電流密度の法線方向成分 i_n が等しいことから

$$i_{1n} = i_{2n} = i_n$$

電界の強さに関する 1 周積分より，境界において電界の接線成分 E_{1t}，E_{2t} が等しいことから

$$\frac{i_{1t}}{\sigma_1} = \frac{i_{2t}}{\sigma_2}$$

また，境界で電束密度に関するガウスの法則を用いると，境界を挟んで電束密度の法線方向成分に差があることから，下記の電荷が蓄積されることが導かれる。

$$i_n\left(\frac{\varepsilon_2}{\sigma_2} - \frac{\varepsilon_1}{\sigma_1}\right) \quad 〔\mathrm{C/m^2}〕$$

以上が，境界を通して流れる電流の境界条件である。

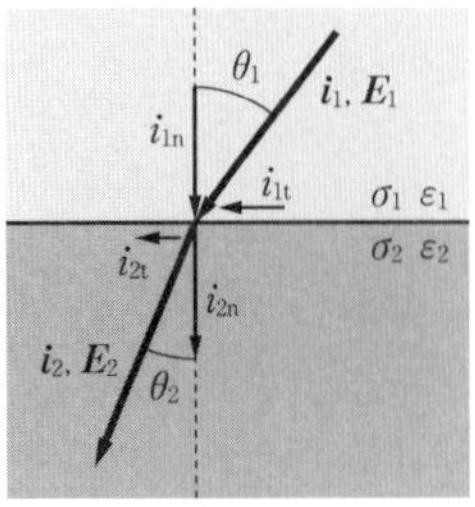

解図 7.3

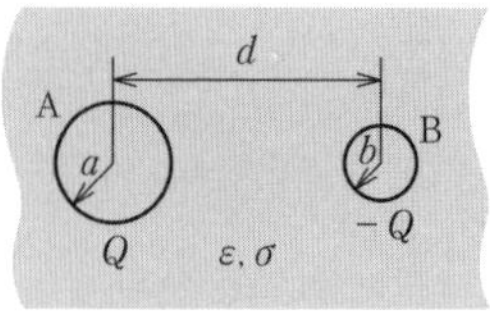

解図 7.4

【5】 **解図 7.4** のように半径が a〔m〕の球 A，半径が b〔m〕の球 B それぞれに $+Q$〔C〕，$-Q$〔C〕の電荷を与えた場合，$d \gg a$，b の条件の下，球 A，B それぞれの電位 V_A，V_B が相手の電荷に影響されないと仮定すると，導体球 B を基準とした 2 導体球間の電位差 V は

$$V = V_A - V_B = \frac{Q(a+b)}{4\pi\varepsilon ab} \text{〔V〕} \qquad \because V_A = \frac{Q}{4\pi\varepsilon a},\quad V_B = \frac{-Q}{4\pi\varepsilon b}$$

よって 2 導体球間の静電容量 C は定義より

$$C = \frac{Q}{V} = \frac{4\pi\varepsilon ab}{a+b} \text{〔F〕}$$

また静電界と電流の場の類似性から，$RC = \varepsilon\rho = \varepsilon/\sigma$ の関係を用いてつぎのようになる。

$$R = \frac{\varepsilon}{\sigma C} = \frac{a+b}{4\pi\sigma ab} \text{〔Ω〕}$$

第 8 章

【1】 無限長かつ軸対称な電流分布が作る磁束密度 $\boldsymbol{B}$ は軸対称な分布となると予想されるので，**解図 8.1** のようにアンペアの周回積分の法則を，周回積分路を軸中心から半径 r の円周上に選び適用する。

（a） $0 \leqq r < a$ の領域では，積分路と鎖交する電流は 0 であり，$B=0$ となる。

（b） 導体の内部 $a \leqq r \leqq b$ での $\boldsymbol{B}$ の分布は次式のとおり。

$$\boldsymbol{B} = \frac{\mu_0 I (r^2 - a^2)}{2\pi r (b^2 - a^2)} \boldsymbol{a}_\phi$$

（c） 導体外部領域 $b \leqq r$ での $\boldsymbol{B}$ の分布は次式のとおり。

$$\boldsymbol{B} = \frac{\mu_0 I}{2\pi r} \boldsymbol{a}_\phi$$

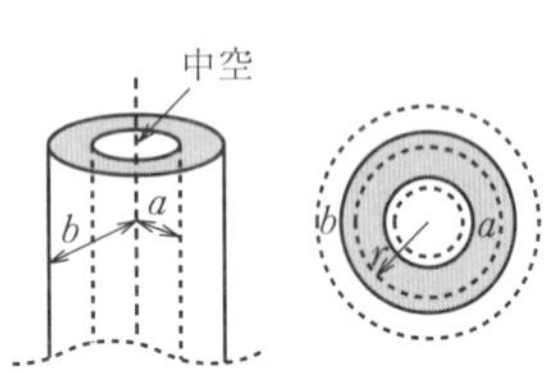

（a） 導体の構造（b） 導体断面と積分路

解図 8.1

【2】（a） 点 P のベクトルポテンシャル $\boldsymbol{A}$ は，電流 $\boldsymbol{I} = I\boldsymbol{k}$，微小電流素 $I\mathrm{d}z\boldsymbol{k}$ から点 P までの距離 $r = (z^2 + R^2)^{1/2}$ を用いて，以下のように表せる。

$$\boldsymbol{A} = \frac{\mu_0 I}{4\pi} \int_{z=-L}^{L} \frac{1}{(z^2 + R^2)^{1/2}} \mathrm{d}z\, \boldsymbol{k}$$

ここで，積分公式

$$\frac{\mathrm{d}}{\mathrm{d}z}\left\{\ln\left(z + \sqrt{z^2 + R^2}\right)\right\} = \frac{1}{(z^2 + R^2)^{1/2}}$$

を利用して積分を行う。

$$\boldsymbol{A} = \frac{\mu_0 I}{4\pi} \int_{z=-L}^{L} \frac{1}{(z^2 + R^2)^{1/2}} \mathrm{d}z\, \boldsymbol{k} = \frac{\mu_0 I}{4\pi} \left[\ln\left(z + \sqrt{z^2 + R^2}\right)\right]_{-L}^{L} \boldsymbol{k}$$

$$= \frac{\mu_0 I}{4\pi} \ln \frac{L + \sqrt{L^2 + R^2}}{-L + \sqrt{L^2 + R^2}} \boldsymbol{k} = \frac{\mu_0 I}{2\pi} \ln \frac{L + \sqrt{L^2 + R^2}}{R} \boldsymbol{k}$$

つぎに，$\boldsymbol{A}$ に対して円筒座標系における回転演算を行って $\boldsymbol{B}$ を求める。

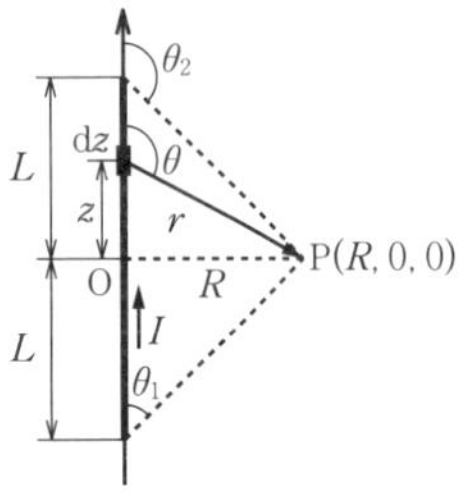

解図 8.2

$$
\boldsymbol{B}=\mathrm{rot}\,\boldsymbol{A}=\begin{vmatrix}\boldsymbol{a}_\rho/\rho & \boldsymbol{a}_\phi & \boldsymbol{a}_z/\rho\\ \partial/\partial\rho & \partial/\partial\phi & \partial/\partial z\\ A_\rho & \rho A_\phi & A_z\end{vmatrix}=-\frac{\mu_0 I}{2\pi}\frac{\partial}{\partial R}\ln\frac{L+\sqrt{L^2+R^2}}{R}\boldsymbol{a}_\phi=\frac{\mu_0 I}{2\pi R}\frac{L}{\sqrt{L^2+R^2}}\boldsymbol{a}_\phi
$$

（b） ビオ・サバールの法則から求める。

まず，ビオ・サバールの法則より，点Pの磁束密度 $\boldsymbol{B}$ は，電流 $\boldsymbol{I}=I\boldsymbol{k}$，微小電流素 $I\mathrm{d}z\boldsymbol{k}$ から点Pまでの距離 $r=(z^2+R^2)^{1/2}$ を用いて，以下のように表される。

$$
\boldsymbol{B}=\frac{\mu_0 I}{4\pi}\int_{z=-L}^{L}\frac{\mathrm{d}z\boldsymbol{k}\times\boldsymbol{a}_r}{r^2}=\frac{\mu_0 I}{4\pi}\int_{z=-L}^{L}\frac{\sin\theta}{r^2}\mathrm{d}z\,\boldsymbol{a}_\phi
$$

ここで，この積分計算を実行できるよう，**解図 8.2** に示す変数の関係により，$\tan(\pi-\theta)=R/z$ の関係から積分変数を z から θ へ変換して計算をする。

$$
\boldsymbol{B}=\frac{\mu_0 I}{4\pi}\int_{z=-L}^{L}\frac{\sin\theta}{r^2}\mathrm{d}z\,\boldsymbol{a}_\phi=\frac{\mu_0 I}{4\pi R}\int_{\theta=\theta_1}^{\theta_2}\sin\theta\,\mathrm{d}\theta\,\boldsymbol{a}_\phi=\frac{\mu_0 I}{4\pi R}\left(\cos\theta_1-\cos\theta_2\right)\boldsymbol{a}_\phi=\frac{\mu_0 I}{2\pi R}\frac{L}{\sqrt{L^2+R^2}}\boldsymbol{a}_\phi
$$

【3】 問題【2】の（b）から，有限長直線状電流の作る磁場は

$$
\boldsymbol{B}=\frac{\mu_0 I}{4\pi R}\left(\cos\theta_1-\cos\theta_2\right)\boldsymbol{a}_\phi=\frac{\mu_0 I}{2\pi R}\frac{L}{\sqrt{L^2+R^2}}\boldsymbol{a}_\phi
$$

で表される。**解図 8.3** のように正方形状電流を四つの有限長直線状電流に分けて考える。

よって，点pの磁束密度 $\boldsymbol{B}_\mathrm{p}$ は，次式のとおり。

$$
\boldsymbol{B}_\mathrm{p}=\frac{\mu_0 I}{2\pi R}\frac{\dfrac{a}{2}}{\dfrac{\sqrt{2}}{2}a}\boldsymbol{k}\times 4=-\frac{2\sqrt{2}\,\mu_0 I}{\pi a}\boldsymbol{k}
$$

また，点qの磁束密度 B_q は，次式のとおり。

$$
B_\mathrm{q}=-\frac{\mu_0 I}{\pi a}\left(\frac{1}{\sqrt{5}}-\frac{3}{\sqrt{13}}\right)\boldsymbol{k}-\frac{2\mu_0 I}{3\pi a}\left(\frac{2}{\sqrt{13}}\right)\boldsymbol{k}-\frac{2\mu_0 I}{\pi a}\left(\frac{2}{\sqrt{5}}\right)\boldsymbol{k}
$$

$$
=-\frac{\mu_0 I}{\pi a}\left(\sqrt{5}+\sqrt{13}/3\right)\boldsymbol{k}
$$

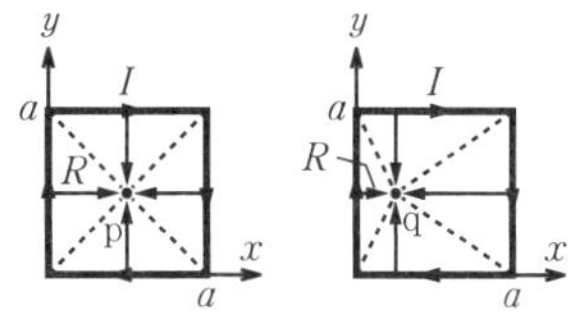

解図 8.3

【4】 巻線が密であることおよび磁性体の透磁率が大きいことから磁束密度 $\boldsymbol{B}$ は，磁性体内部のみに存在する。このことを「漏れ磁束がない」という。また，磁性体内部の $\boldsymbol{B}$ の分布は半径 r のみの関数になるものとする。

まず，**解図 8.4** のように，積分路を磁性体内部の半径 r の円周上にとり，$\boldsymbol{B}$ をアンペアの周回積分の法則を利用して求める。

$$
\oint\boldsymbol{B}\cdot\mathrm{d}\boldsymbol{l}=\mu_0 NI\quad\rightarrow\quad B=\frac{\mu_0 NI}{2\pi r}
$$

また，外部では，鎖交電流が存在しないため $B=0$ である。

つぎに，磁性体内部の磁束 ϕ を求める。

$$
\phi=\int\boldsymbol{B}\cdot\mathrm{d}\boldsymbol{s}=\int_{r=a}^{b}\frac{\mu_0 NI}{2\pi r}h\,\mathrm{d}r=\frac{\mu_0 NIh}{2\pi}\ln\frac{b}{a}
$$

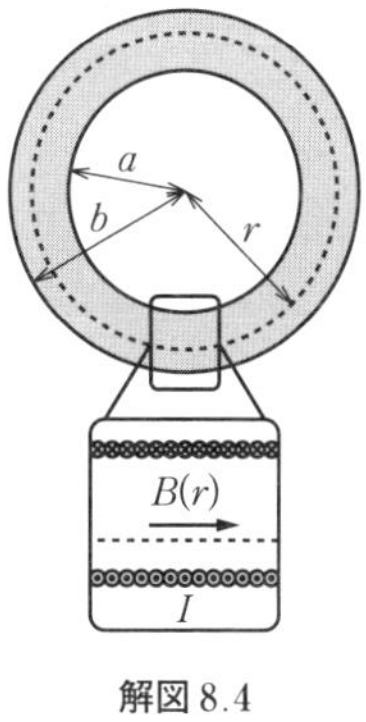

解図 8.4

よって，鎖交磁束数 $\Phi=N\phi$ および自己インダクタンス L は以下のとおりとなる。

$$
\Phi=N\phi=\frac{\mu_0 N^2 Ih}{2\pi}\ln\frac{b}{a}
$$

$$
L=\frac{\Phi}{I}=\frac{\mu_0 N^2 h}{2\pi}\ln\frac{b}{a}
$$

第 9 章

【1】 磁界の強さ $\boldsymbol{H}$ の定義 $\boldsymbol{H}=\boldsymbol{B}/\mu_0-\boldsymbol{M}$ を用いて導く。

磁気特性は等方的であるとすると，$H=B/\mu_0-M$，$B=\mu_0\mu_\mathrm{r}H$ より

$$B = \mu_0\mu_r H = 4\pi 10^{-7}\,〔\mathrm{H/m}〕\cdot 1\,000 \cdot 100\,〔\mathrm{A/m}〕= 0.126\,〔\mathrm{T}〕$$

$$M = \frac{B}{\mu_0} - H = \frac{0.126\,〔\mathrm{T}〕}{4\pi\times10^{-7}\,〔\mathrm{H/m}〕} - 100\,〔\mathrm{A/m}〕= 9.99\times10^4\,〔\mathrm{A/m}〕$$

$$\chi_m = \frac{M}{H} = \frac{9.99\times10^4\,〔\mathrm{A/m}〕}{100\,〔\mathrm{A/m}〕} = 999$$

【2】 境界に自由電流のない場合の境界条件より

$$B_{1n} = B_{2n}, \qquad H_{1t} = H_{2t}, \qquad \mu_1 H_{1n} = \mu_2 H_{2n}$$

よって

$$\tan\alpha = \frac{H_{1t}}{H_{1n}} = H_{2t}\frac{\mu_1}{\mu_2 H_{2n}}, \qquad \tan\beta = \frac{H_{2t}}{H_{2n}} = \frac{\mu_2}{\mu_1}\tan\alpha$$

また

$$B_{2t} = \mu_2 H_{2t} = \frac{{\mu_2}^2}{\mu_1} H_{2n}\tan\alpha = \frac{\mu_2}{\mu_1} B_{2n}\tan\alpha, \qquad H_{2n} = \frac{\mu_1}{\mu_2} H_{1n} = \frac{\mu_1}{\mu_2}\frac{H_{1t}}{\tan\alpha}$$

以上より，境界に対する法線方向および接線方向の単位ベクトル $\boldsymbol{a}_n$，$\boldsymbol{a}_t$ を用いて

$$\boldsymbol{B}_2 = B_{2n}\boldsymbol{a}_n + B_{2t}\boldsymbol{a}_t = B_{1n}\left(\boldsymbol{a}_n + \frac{\mu_2}{\mu_1}\tan\alpha\,\boldsymbol{a}_t\right) = B_1\cos\alpha\left(\boldsymbol{a}_n + \frac{\mu_2}{\mu_1}\tan\alpha\,\boldsymbol{a}_t\right) = B_1\left(\cos\alpha\,\boldsymbol{a}_n + \frac{\mu_2}{\mu_1}\sin\alpha\,\boldsymbol{a}_t\right)$$

$$\boldsymbol{H}_2 = H_{2n}\boldsymbol{a}_n + H_{2t}\boldsymbol{a}_t = H_{1t}\left(\frac{\mu_1}{\mu_2\tan\alpha}\boldsymbol{a}_n + \boldsymbol{a}_t\right) = H_1\sin\alpha\left(\frac{\mu_1}{\mu_2\tan\alpha}\boldsymbol{a}_n + \boldsymbol{a}_t\right) = H_1\left(\frac{\mu_1}{\mu_2}\cos\alpha\,\boldsymbol{a}_n + \sin\alpha\,\boldsymbol{a}_t\right)$$

となる。

【3】 問題【2】の結果より，磁性体 1，2 の条件を代入すると，以下のとおりとなる。

$$\tan\beta = \frac{\mu_2}{\mu_1}\tan\alpha = \frac{1\,000\mu_0}{\mu_0}\tan 20° \;\rightarrow\; \beta \approx 89.8°$$

$$\boldsymbol{B}_2 = B_1\left(\cos\alpha\,\boldsymbol{a}_n + \frac{\mu_2}{\mu_1}\sin\alpha\,\boldsymbol{a}_t\right) = 4\pi\times10^{-7}\,〔\mathrm{H/m}〕\cdot 100\,〔\mathrm{A/m}〕\left(\cos\alpha\,\boldsymbol{a}_n + 1\,000\sin\alpha\,\boldsymbol{a}_t\right)$$

$$= 1.18\times10^{-4}\boldsymbol{a}_n + 0.043\boldsymbol{a}_t\,〔\mathrm{T}〕$$

$$\boldsymbol{H}_2 = H_1\left(\frac{\mu_1}{\mu_2}\cos\alpha\,\boldsymbol{a}_n + \sin\alpha\,\boldsymbol{a}_t\right) = 100\,〔\mathrm{A/m}〕\left(\frac{1}{1\,000}\cos\alpha\,\boldsymbol{a}_n + \sin\alpha\,\boldsymbol{a}_t\right)$$

$$= 0.094\,\boldsymbol{a}_n + 34.2\,\boldsymbol{a}_t\,〔\mathrm{A/m}〕$$

【4】 n 回巻きの円状コイルの磁気モーメント $\boldsymbol{m}$ は**解図 9.1** に示すとおり（例として $n=3$ の場合）。

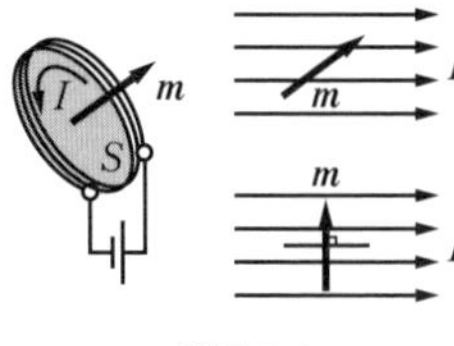

解図 9.1

一様な磁束密度 $\boldsymbol{B}$ 中で，これに働くトルク $\boldsymbol{T}$ は，$\boldsymbol{T}=\boldsymbol{m}\times\boldsymbol{B}$ で表される。よって，$\boldsymbol{m}$ と $\boldsymbol{B}$ が垂直であるとき，すなわち円状コイルの作る面と $\boldsymbol{B}$ が平行であるとき最も大きなトルクを示す。

円状コイルの磁気モーメントの大きさは

$$m = nIS = 200\,〔回巻〕\times 1\,〔\mathrm{A}〕\times\left(\pi\times(0.05)^2\right)〔\mathrm{m^2}〕= 1.57\,〔\mathrm{Am^2}〕$$

$\boldsymbol{m}$ と $\boldsymbol{B}$ が垂直となるよう配置したとき，この磁気モーメントに働くトルク $\boldsymbol{T}$ の大きさ T は

$$T = |\boldsymbol{T}| = |\boldsymbol{m}\times\boldsymbol{B}| = mB\sin 90° = mB = 1.57\,〔\mathrm{Am^2}〕\times 0.2\,〔\mathrm{T}〕= 0.31\,〔\mathrm{Nm}〕$$

となる。

第 10 章

【1】（a） 8 倍，（b） フェリ磁性体，（c） A 格子 8.19×10^{21} 個，B 格子 1.23×10^{22} 個

【2】（a） 物質が示す多くの化学的性質は，原子内に存在する電子のうち，後述する最外殻電子の振舞いによるものが多い。このような性質を原子量順に整理すると似た性質を持つ元素が周期的に現れ，これを整理したものが周期表である。現在の周期表では，第 1，2 および 12 ～ 18 族元素から構成される「典型元素」と第 3 ～ 11 族元素から構成される「遷移元素」に分類されている。遷移とは「移り変わり」「移行」という意味で，昔メンデレーエフが周期表を作成した際，原子

量が増えるのに従って元素の性質が規則的に変化する典型元素から，つぎの周期の典型元素へ移り変わる間に存在する元素という意味で遷移元素と名付けられた。典型元素は同族元素で似た性質を示すが，遷移元素では隣り合う元素で似た性質を示す。現代においては，より詳細な理解が進み，各元素の示す性質が原子内の電子構造の特徴に依ることがわかっている。原子内に捕らわれた電子は自由には振舞えず，ある決まった軌道の運動しか許されない。軌道の空間的特徴からs軌道，p軌道，d軌道，f軌道，…などと名前が付けられ，それぞれ収納可能な電子数は，2個，6個，10個，14個，…である。また，電子軌道の集まりを電子殻と呼び，原子核に近い内側の殻からK殻，L殻，M殻，…もしくは1殻，2殻，3殻，…と名前が付けられている。例えばK殻（1殻）にはs軌道のみ存在し，1殻に属するs軌道であることを1s軌道と表す。一方，M殻（3殻）には，s軌道，p軌道，d軌道が存在し，3殻に属する軌道であるので，それぞれ3s軌道，3p軌道，3d軌道という。原子番号が一つ増えると，原子の持つ電子の数が一つ増えることを意味し，おおむね内側の軌道から詰まっていく規則があるが，遷移元素の特徴として，最外殻よりも内側の電子軌道が途中までしか占められていない（閉殻でない）ことが挙げられ，典型元素とは異なる化学的性質や磁気的性質を示す。特に，Fe，Ni，Coは，閉殻でない軌道が3d軌道であるため，3d遷移元素とも呼ばれる。このように最外殻よりも内側に閉殻でない軌道を持つことで，不対電子と呼ばれる状態を安定して取り得ることが強磁性に重要な役割を担う。興味がある諸君には固体物理の入門書，例えば『キッテル固体物理学入門』等をお勧めする。

（b） Fe　体心立方格子構造（bcc：body-centered cubic）
Ni　面心立方格子構造（fcc：face-centered cubic）
Co　六方細密充填構造（hcp：hexagonal close-packed）

（c） それぞれのキュリー温度はつぎのとおり。Fe：1 043 K，Ni：627 K，Co：1 388 K

ここで，Kはケルビンと読み，絶対0度を基準とした温度単位である。なお，273.15 Kが1℃である。

室温における磁化の大きさはつぎのとおり。Fe：1.707×10^6 A/m，Ni：0.485×10^6 A/m，Co：1.400×10^6 A/m

（参考）磁気分野では，依然として物理量を表す単位系の使用において複雑な状況が続いている。本書では，磁化の単位として，国際単位系（SI単位系）に基づいて［A/m］で表記しているが，その他にも，CGSガウス単位系での［emu/cm^3］や，E-H対応MKSA単位系での［Wb/m^2］など種々の単位系が用いられている。［A/m］はE-B対応MKSAともいえる。なお，1 emu/cm^3 = $4\pi\times10^{-4}$ Wb/m^2 = 10^3 A/mである。

【3】 題意より磁化曲線を幅$2H_c$，高さ$2B_r$の長方形に近似する。その面積が磁化曲線を1回循環したときのヒステリシス損失となる。したがって1サイクル当りの損失は

$$\oint \boldsymbol{H}\cdot \mathrm{d}\boldsymbol{B} = 4H_cB_r$$

である。これから，磁性体の体積をvとすれば，毎秒のヒステリシス損失は，$W_H = fv4H_cB_r$となる。

【4】 円盤上で磁気記録用磁性材料が塗布されている面積Sは

$$S = \pi\left\{\left(\frac{b}{2}\right)^2 - \left(\frac{a}{2}\right)^2\right\} = \pi\left\{\left(1.75\times2.54\times10^{-2}\right)^2 - \left(0.25\times2.54\times10^{-2}\right)^2\right\} = 6.08\times10^{-3}\ [\mathrm{m}^2]$$

である。よって，記録容量C_{recod}は，8ビット＝1バイトより

$$C_{recod} = D_{recod}S = \frac{1\times10^{12}}{\left(2.54\times10^{-2}\right)^2}\left[\frac{\text{ビット}}{\mathrm{m}^2}\right]\times6.08\times10^{-3}\ [\mathrm{m}^2]/8 = 1.18\times10^{12}\ [\text{バイト}] = 1.18\ [\text{Tバイト}]$$

記録情報読み出し速度が1 Gビット/sとして，5 Mバイトのデジタルカメラの画像1枚のデータを読み出すのに必要な時間t_{read}〔s〕は

$$t_{recod} = \frac{5\times10^6\ [\text{バイト}]\times8}{1\times10^9\ [\text{ビット/s}]} = 0.04\ [\mathrm{s}] = 40\ [\mathrm{ms}]$$

であり，記録に必要な面積S_{recod}〔m^2〕は

$$S_{\mathrm{recod}}=\frac{5\times10^6\text{〔バイト〕}\times8}{\dfrac{1\times10^{12}\text{〔ビット/inch}^2\text{〕}}{(0.025\,4)^2}}=2.58\times10^{-8}\text{〔m}^2\text{〕}=0.025\,8\text{〔mm}^2\text{〕}$$

である。身近な情報記録装置であるハードディスクドライブでは実際に上記に近い状況が実現されている。身近な物・事を具体的定量的に捉えると，理解が深まるとともに，技術のすごさに実感がわく。強くお勧めする。

第11章

【1】 電極の法線ベクトルを $\boldsymbol{a}_{\mathrm{n}}$ とするとガウスの定理より $E_{\mathrm{n}}=\boldsymbol{a}_{\mathrm{n}}\cdot\boldsymbol{E}=\sigma/\varepsilon_0$ である。正側極板では $\boldsymbol{a}_{\mathrm{n}}=-\boldsymbol{a}_y$ より

$$E_{\mathrm{n}}=-\boldsymbol{a}_y\cdot\left(-\boldsymbol{a}_y\frac{v_0}{d}\right)=\frac{v_0}{d}=\frac{\sigma}{\varepsilon_0}$$

となる。ゆえに

$$\sigma=\varepsilon_0\frac{v_0}{d}$$

が求まる。

【2】 z 方向に一様だから V は任意の z について，すべて同じになる。すなわち，ラプラスの方程式の変数 z に関する項は省略してよい。ゆえに

$$r\frac{\partial}{\partial r}\left(r\frac{\partial V}{\partial r}\right)+\frac{\partial^2 V}{\partial\phi^2}=0$$

であり，変数分離法を用いて $V=R(r)\Phi(\phi)$ として前式に代入して整理すると

$$\frac{1}{R}\left(r\frac{\partial R}{\partial r}+r^2\frac{\partial^2 R}{\partial r^2}\right)=-\frac{1}{\Phi}\left(\frac{\partial^2\Phi}{\partial\phi^2}\right)$$

となる。左辺右辺ともに独立した変数の関数になっているので，前式が成立するためには，それぞれ r，ϕ を含まない定数になっていればよい。

$$\left(\frac{\partial^2\Phi}{\partial\phi^2}\right)=-n^2\Phi,\qquad r\frac{\partial R}{\partial r}+r^2\frac{\partial^2 R}{\partial r^2}=-n^2R$$

とおくと，それぞれの解は $n=0$ のとき

$$\Phi=a_0\phi+b_0,\qquad R=c_0\log r+d_0$$

となり，$n\neq0$ のとき

$$\Phi=a_n\cos n\phi+b_n\sin n\phi,\qquad R=c_nr^{-n}+d_nr^{-n}$$

となる。以上より

$$V=(a_0\phi+b_0)(c_0\log r+d_0)+\sum_{n=1}^{\infty}(a_n\cos n\phi+b_n\sin n\phi)(c_nr^{-n}+d_nr^{-n})$$

が求まる。

【3】 この場合1次元問題であり，解くべきポアソンの方程式は

$$\frac{\mathrm{d}^2V}{\mathrm{d}y^2}=-\frac{\rho(y)}{\varepsilon_0}$$

となる。$\rho(y)=\rho$ より

$$\frac{\mathrm{d}V}{\mathrm{d}y}=-\frac{1}{\varepsilon_0}\int\rho(y)\mathrm{d}y=-\frac{\rho}{\varepsilon_0}y+\mathrm{C}_1\ \rightarrow\ V(y)=-\frac{\rho}{2\varepsilon_0}y^2+\mathrm{C}_1y+\mathrm{C}_2$$

となる。極板間を d とすると，$y=0$ で $V=0$，$y=d$ で $V=V_0$ という境界条件を代入して

$$V(0)=0=\mathrm{C}_2,\qquad V(d)=V_0=-\frac{\rho d^2}{2\varepsilon_0}+\mathrm{C}_1d$$

となる。これより C_1 が求まり

$$V(y)=-\frac{\rho}{2\varepsilon_0}y^2+\left(\frac{\rho d}{2\varepsilon_0}+\frac{V_0}{d}\right)y$$

を得る。

【4】 導体球表面を0電位にするような影像電荷を考える。その影像電荷は Q と反対符号のはずである。その位置を点 P′とし，大きさを Q' とする。問図 11.3 のように三角形 OPC の部分を抜き出してみる。

$$\frac{\overline{\mathrm{OP'}}}{\overline{\mathrm{OC}}}=\frac{\overline{\mathrm{OC}}}{\overline{\mathrm{OP}}}$$

となるように点 P′を選ぶと，三角形 OPC と三角形 OCP′は相似になり

$$\frac{\overline{\mathrm{OP'}}}{\overline{\mathrm{OC}}}=\frac{\overline{\mathrm{OC}}}{\overline{\mathrm{OP}}}=\frac{d}{a}=\frac{\overline{\mathrm{OC}}-\overline{\mathrm{OP'}}}{\overline{\mathrm{OP}}-\overline{\mathrm{OC}}}=\frac{\overline{\mathrm{P'D}}}{\overline{\mathrm{PD}}}=\frac{r_1}{r_2}$$

となる。すなわち点 C は，$r_1 : r_2=\overline{\mathrm{P'D}} : \overline{\mathrm{PD}}$ の比を一定にするような点になっている。そのような点の軌跡は点 O を中心とする円になり，軸 $\overline{\mathrm{OP}}$ に関する対称性から，点 O を中心とする半径 $\overline{\mathrm{OC}}=a$ の球になる。そこで，点 P′の位置に

$$Q'=-\frac{\overline{\mathrm{OC}}}{\overline{\mathrm{OP}}}Q=-\frac{a}{d}Q$$

なる電荷 Q' を置くと，点 C の電位 V が

$$V=\frac{1}{4\pi\varepsilon_0}\left(\frac{Q}{r_2}+\frac{Q'}{r_1}\right)$$

より

$$\frac{Q}{r_2}-\frac{\overline{\mathrm{OC}}}{\overline{\mathrm{OP}}}\frac{Q}{r_1}=\frac{Q}{r_2}-\frac{Q}{r_2}=0$$

となる。このようにして，半径 a の球を0電位にすることができ，導体球表面を置き換えることができる。

【5】 球面上の点 C での誘導電荷密度は球面上の全誘導電荷量を q とすると，ガウスの定理より

$$E=\frac{q}{4\pi a^2\varepsilon_0}=\frac{\sigma}{\varepsilon_0}$$

なので，$\sigma=\varepsilon_0 E$ となる。

$$E=-\mathrm{grad}\,V=-\frac{\partial V}{\partial r}$$

および，余弦定理

$$r_1=\sqrt{r^2+\left(\frac{a^2}{d}\right)^2-2r\left(\frac{a^2}{d}\right)\cos\theta},\qquad r_2=\sqrt{r^2+d^2-2rd\cos\theta}$$

より，点 C における電位 V は

$$V=\frac{1}{4\pi\varepsilon_0}\left(\frac{Q}{\sqrt{r^2+d^2-2rd\cos\theta}}+\frac{Q'}{\sqrt{r^2+\left(\dfrac{a^2}{d}\right)^2-2r\left(\dfrac{a^2}{d}\right)\cos\theta}}\right)$$

となる。よって

$$\sigma=\varepsilon_0\frac{\partial V}{\partial r}\bigg|_{r=a}=\frac{Q}{4\pi}\left(\frac{a-d\cos\theta}{(a^2+d^2-2ad\cos\theta)^{\frac{3}{2}}}-\frac{a}{d}\frac{a\left(1-\dfrac{a}{d}\cos\theta\right)}{\left(a^2+\left(\dfrac{a^2}{d}\right)^2-2\left(\dfrac{a^3}{d}\right)\cos\theta\right)^{\frac{3}{2}}}\right)$$

$$=-\frac{Q}{4\pi a}\frac{d^2-a^2}{\sqrt{a^2+d^2-2ad\cos\theta}}$$

となる。

【6】 まず，導体 l_1 上の位置の電位を0にするために，点 P_2 に電荷 $-Q$ を置く。つぎに点 P_2 の電荷により導体 l_2 上の位置に誘起する電位を0にするために，点 P_5 に電荷 Q を置く。さらに点 P_5 の電荷により導体 l_1 上の位置に誘起する電位を0にするために点 P_4 に電荷 $-Q$ を置く。そして点 P_4 の電荷により導体 l_2 に誘起する電位を0にするために，点 P_3 に電荷 Q を置く。最後に点 P_3 の電荷により導体 l_1 上の位置に誘起する電位を0にするために，点 P_6 に電荷 $-Q$ を置く。点 P_6 の電荷と元からある点 P_1 の電荷により，導体 l_2 上の位置の電位は0となる。

$$\overline{\mathrm{P_1P}} = r_1,\quad \overline{\mathrm{P_2P}} = r_2,\quad \overline{\mathrm{P_3P}} = r_3,\quad \overline{\mathrm{P_4P}} = r_4,\quad \overline{\mathrm{P_5P}} = r_5,\quad \overline{\mathrm{P_6P}} = r_6$$

とすると

$$V = \frac{Q}{4\pi\varepsilon_0}\left(\frac{1}{r_1} - \frac{1}{r_2} + \frac{1}{r_3} - \frac{1}{r_4} + \frac{1}{r_5} - \frac{1}{r_6}\right)$$

となる。

第 12 章

【1】 このベクトル計算の結果が問図 12.1 の平行六面体の体積 V となることを証明すればよい。まず $\boldsymbol{B}\cdot(\delta\boldsymbol{r}\times\delta\boldsymbol{l})$ を考える。$\delta\boldsymbol{r}$ と $\delta\boldsymbol{l}$ で張られる平行四辺形の面積は $|\delta\boldsymbol{r}\times\delta\boldsymbol{l}|$ であり，この平行四辺形 X を底面としたときの平行六面体の高さは $|\boldsymbol{B}|\cos\theta$ となる（**解図 12.1**）。よって，体積 V は

$$V = |\boldsymbol{B}|\cos\theta\,|\delta\boldsymbol{r}\times\delta\boldsymbol{l}| = \boldsymbol{B}\cdot(\delta\boldsymbol{r}\times\delta\boldsymbol{l})$$

となる。同様に $(\boldsymbol{B}\times\delta\boldsymbol{r})\cdot\delta\boldsymbol{l}$ も異なる底面積と高さであるが，同じ平行六面体であるから（**解図 12.2**）

$$V = |\boldsymbol{B}\times\delta\boldsymbol{r}|\,|\delta\boldsymbol{l}|\cos\phi = (\boldsymbol{B}\times\delta\boldsymbol{r})\cdot\delta\boldsymbol{l}$$

となる。証明終わり。

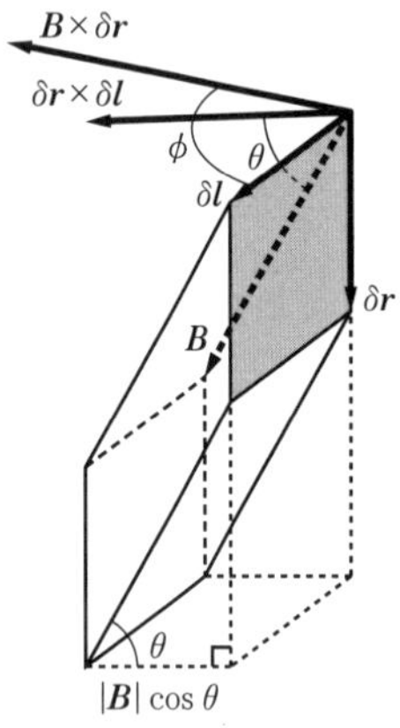

解図 12.1

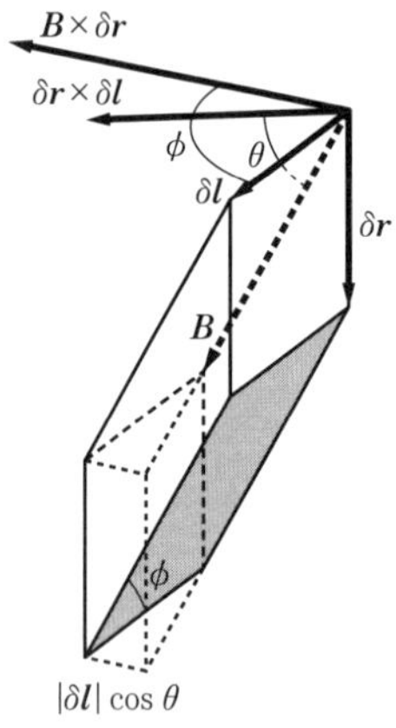

解図 12.2

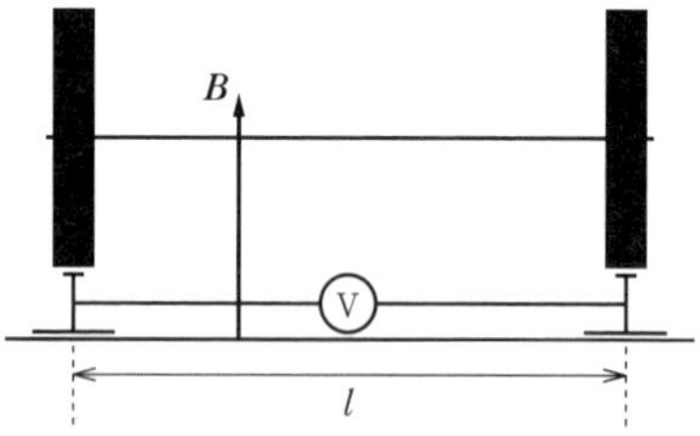

解図 12.3

【2】 起電力 $e = -\dfrac{\mathrm{d}\phi}{\mathrm{d}t} = -\displaystyle\int\frac{\partial\boldsymbol{B}}{\partial t}\cdot\mathrm{d}\boldsymbol{S} = -\frac{\partial B}{\partial t}S = -\frac{\partial}{\partial t}(2t) = -2$ 〔V〕

【3】 コイル内の点 (x, y) の微小面積 $\mathrm{d}x\mathrm{d}y$ を通る磁束は $\mathrm{d}\phi = B\mathrm{d}x\mathrm{d}y\sin 2\pi ft$ となる。よって

$$\phi = \int\mathrm{d}\phi = \sin 2\pi ft\int B\mathrm{d}x\mathrm{d}y = \sin 2\pi ft\int_0^1 3\sin\pi x\,\mathrm{d}x\int_0^1\sin\pi y\,\mathrm{d}y = \frac{12}{\pi^2}\sin 2\pi ft$$

よって，起電力は周波数の関数として

$$e(f) = -\frac{\mathrm{d}\phi}{\mathrm{d}t} = -\frac{24}{\pi}f\cos 2\pi ft$$

と求まる。よって

$$e(50) = -\frac{1\,200}{\pi}\cos 314t\ 〔\mathrm{V}〕,\qquad e(100) = -\frac{2\,400}{\pi}\cos 628t\ 〔\mathrm{V}〕$$

が求まる。

【4】 式 (12.16) より，$e = vBl = 60\times10^3\times0.15\times10^{-4}\times1.5 = 1.35$ 〔V〕（**解図 12.3** 参照）

【5】 式 (12.40) より，$f = \dfrac{\mu I_1 I_2}{2\pi d} = \dfrac{4\pi\times10^{-7}\times1\times10^3\times(-1)\times10^3}{2\pi\times1} = 0.2$ 〔N/m〕

第 13 章

【1】 $\mathrm{i_d}(t)$ の複素電流 $\dot{I}$ は

$$\dot{I} = j\omega C \frac{E_m}{\sqrt{2}}$$

なので

$$i_d(t) = \omega C E_m \cos\omega t$$

となる。一方

$$\frac{\partial D}{\partial t} = \varepsilon_0 \frac{\partial E}{\partial t} = \varepsilon_0 \frac{\partial}{\partial t}\left(\frac{e(t)}{d}\right) = \frac{\varepsilon_0 \omega}{d} E_m \cos\omega t$$

となり，平行平板の面積を S とすると，コンデンサ全体の変位電流 $i_c(t)$ は

$$i_c(t) = S\frac{\varepsilon_0}{d}\omega E_m \cos\omega t = \omega C E_m \cos\omega t = i_d(t)$$

となり，$i_d(t)$ と $i_c(t)$ は等しいことがいえる。

【2】 $\alpha/(\omega\varepsilon) \gg 1$ より $f \ll \sigma/(2\pi\varepsilon) = 4/(2\pi\times 72\times 8.855\times 10^{-12}) = 1$ 〔GHz〕なので，$f = 5\times 10^6 = 5$ kHz では導体とみなしてよい。

（a） $\eta = \sqrt{j\omega\mu/\sigma} = \sqrt{j}\,3.14 = 3.14\,e^{\frac{j}{4}} = 2.22(1+j)$ 〔Ω〕

（b） 近似的には $\gamma = \sigma\eta = 8.88(1+j)$ となり，よって，$\alpha = 8.88$，$\beta = 8.88$ となる。（直接，式(13.99) に数値を代入して求めてもよい。）

（c） $\gamma = 8.88(1+j) = (1+j)/0.113$ より $\delta = 0.113$ m

【3】（a） $\ln e^{\frac{z}{\delta}} = -\frac{z}{\delta} = \ln(1/1\,000)$ より，$z = 6.91\delta = 0.781$ m

（b） $\hat{\boldsymbol{E}}(z,t) = \boldsymbol{a}_x E_0 e^{-\gamma z} e^{j\omega t} = \boldsymbol{a}_x E_0 e^{-\frac{z}{\delta}} e^{-j\frac{z}{\delta}} e^{j\omega t} = \boldsymbol{a}_x E_0 e^{-\frac{z}{\delta}} e^{j\left(\omega t - \frac{z}{\delta}\right)}$

$$\Rightarrow \boldsymbol{E}(z,t) = \boldsymbol{a}_x 100 e^{-8.88z}\cos\left(10^7\pi t - 8.88z\right)$$

$$\Rightarrow \boldsymbol{E}(1,t) = \boldsymbol{a}_x 0.0140\cos\left(10^7\pi t - 8.88\right) \text{〔V/m〕}$$

$$\hat{\boldsymbol{H}}(z,t) = \boldsymbol{a}_y \frac{\gamma}{j\omega\mu} E_0 e^{-\gamma z} e^{j\omega t} = \boldsymbol{a}_y \frac{E_0}{\omega\mu\delta}(1-j) e^{-\frac{z}{\delta}} e^{-j\frac{z}{\delta}} e^{j\omega t}$$

$$= \boldsymbol{a}_y \frac{E_0}{\omega\mu\delta}\sqrt{2}\, e^{-j\frac{\pi}{4}} e^{-\frac{z}{\delta}} e^{-j\frac{z}{\delta}} e^{j\omega t} = \boldsymbol{a}_y \frac{E_0}{\omega\mu\delta}\sqrt{2}\, e^{-\frac{z}{\delta}} e^{-j\left(\frac{z}{\delta}+\frac{\pi}{4}\right)} e^{j\omega t}$$

$$= \boldsymbol{a}_y \frac{E_0}{\omega\mu\delta}\sqrt{2}\, e^{-\frac{z}{\delta}} e^{-j\left(\frac{z}{\delta}+\frac{\pi}{4}\right)} e^{j\omega t} = \boldsymbol{a}_y \frac{E_0}{\omega\mu\delta}\sqrt{2}\, e^{-\frac{z}{\delta}} e^{j\left(\omega t - \frac{z}{\delta} - \frac{\pi}{4}\right)}$$

$$\Rightarrow \boldsymbol{H}(z,t) = \boldsymbol{a}_y 31.7 e^{-8.88z}\cos\left(10^7\pi t - 8.88z - \frac{\pi}{4}\right)$$

$$\Rightarrow \boldsymbol{H}(1,t) = \boldsymbol{a}_y 0.004\,41\cos\left(10^7\pi t - 8.09\right) \text{〔A/m〕}$$

【4】 $\int_S \boldsymbol{S}\cdot \mathrm{d}\boldsymbol{s} = \int_V \mathrm{div}(\boldsymbol{E}\times\boldsymbol{H})\,\mathrm{d}V = \int_V (\boldsymbol{H}\cdot\mathrm{rot}\,\boldsymbol{E} - \boldsymbol{E}\cdot\mathrm{rot}\,\boldsymbol{H})\,\mathrm{d}V = 0$

（∵静電界，静磁界では $\mathrm{rot}\,\boldsymbol{E} = \mathrm{rot}\,\boldsymbol{H} = 0$）

第 14 章

【1】 平面波 I を $E_1 = a\cos(\omega t - \beta z)$，平面波 II を $E_2 = b\cos(\omega t - \beta z + \phi)$ とする。加法定理より

$$E_2 = b\left\{\cos(\omega t - \beta z)\cos\phi + \sin(\omega t - \beta z)\sin\phi\right\}$$

と変形できる。この式に E_1 を代入すると

$$E_2 = b\left\{\frac{E_1}{a}\cos\phi + \sin(\omega t - \beta z)\sin\phi\right\} \Rightarrow \sin(\omega t - \beta z) = \frac{\frac{E_2}{b} - \frac{E_1}{a}\cos\phi}{\sin\phi}$$

となる。よって

$$\cos^2(\omega t-\beta z)+\sin^2(\omega t-\beta z)=1 \quad \Rightarrow \quad \left(\frac{E_1}{a}\right)^2+\left(\frac{\dfrac{E_2}{b}-\dfrac{E_1}{a}\cos\phi}{\sin\phi}\right)^2=1$$

$$\Rightarrow \quad \left(\frac{E_1}{a}\right)^2-2\frac{E_1}{a}\frac{E_2}{b}\cos\phi+\left(\frac{E_2}{b}\right)^2=\sin^2\phi$$

となり，この式は楕円の式（標準形 $x^2/a^2+y^2/b^2=1$）である。したがって，全電界は楕円偏波となっている。

【2】（a）入射波と反射波の添字をそれぞれ i，r とする。

$$\omega_i=\omega_r=2\pi f=2\times3.14\times100\times10^6=628 \ \text{〔Mrad/s〕}$$

$$\beta_i=\beta_r=\omega\sqrt{\mu_0\varepsilon_0}=\frac{\omega}{c}=2.09 \ \text{〔rad/m〕} \qquad \eta_i=377\ \Omega, \qquad \eta_r=-377\ \Omega$$

（b）

$$\boldsymbol{E}_i=\boldsymbol{a}_y E_0^i e^{-j\beta_i x}e^{j\omega t}=\boldsymbol{a}_y 6e^{-j2.09x}e^{j628t} \ \text{〔mV/m〕}$$

$$\boldsymbol{H}_i=\boldsymbol{a}_z \frac{E_0^i}{\eta_1}e^{-j\beta_i x}e^{j\omega t}=\boldsymbol{a}_z 1.59e^{-j2.09x}e^{j628t} \ \text{〔μH/m〕}$$

$$\boldsymbol{E}_r=-\boldsymbol{a}_y E_0^i e^{-j\beta_r x}e^{j\omega t}=\boldsymbol{a}_y 6e^{j2.09x}e^{j628t} \ \text{〔mV/m〕}$$

$$\boldsymbol{H}_r=-\boldsymbol{a}_z \frac{E_0^i}{\eta_2}e^{-j\beta_i x}e^{j\omega t}=\boldsymbol{a}_z 1.59e^{-j2.09x}e^{j628t} \ \text{〔μH/m〕}$$

（c）

$$\boldsymbol{E}=\boldsymbol{E}_i+\boldsymbol{E}_r=-\boldsymbol{a}_y j2E_0^i\sin\beta_i x\, e^{j\omega t}=-\boldsymbol{a}_y j12\sin 2.09x\, e^{j628t} \ \text{〔mV/m〕}$$

$$\boldsymbol{H}=\boldsymbol{H}_i+\boldsymbol{H}_r=\boldsymbol{a}_z 2\frac{E_0^i}{\eta_i}\cos\beta_i x\, e^{j\omega t}=\boldsymbol{a}_z 3.18\cos 2.09x\, e^{j628t} \ \text{〔mH/m〕}$$

（d）電界：$x=-\dfrac{\pi}{\beta_i}=-\dfrac{3.14}{2.09}=-1.50$ 〔m〕，磁界：$x=-\dfrac{\pi}{2\beta_i}=-0.750$ 〔m〕

【3】式（14.84）より，$\sin\theta_t=\dfrac{1}{\sqrt{\varepsilon_r}}\sin\theta_i=\dfrac{1}{\sqrt{9}}\sin\dfrac{\pi}{6}=0.167 \ \Rightarrow \ \theta_t=9.59°$

【4】式（14.121）より，$\theta_B=\sin^{-1}\dfrac{1}{\sqrt{1+(\varepsilon_1/\varepsilon_2)}}=\sin^{-1}\dfrac{1}{\sqrt{1+(1/80)}}=83.6°$

索　　引

【あ】

アルニコ磁石　131
アンペアの周回積分の法則　85
アンペアの力の法則　115
アンペア・マクスウェルの法則　158

【い】

イオン分極　51
泉ありの場　35
位相速度　162
位相定数　167
一様な電界　8
インダクタンス　91
　外部――　94
　自己――　92
　相互――　91
　内部――　94

【う，え】

運動する電荷の相対論的効果　153
永久磁石　106, 128
　――の動作点　129
影像電荷　141
影像法　140
エバネッセント波　192
遠隔作用説　6
円偏波　181

【お】

オームの法則　70
　――の微分形　71

【か】

外部インダクタンス　94
ガウスの定理　21
ガウスの定理（積分形）　23
ガウスの定理（微分形）　33
カー効果　134
重ね合わせの理　6
完全反射　191

【き】

（電位の）基準点　13
起磁力　109
キュリー温度　120
キュリー点　120
強磁性体　120
強誘電体　53
キルヒホッフの法則　72
近接作用　6

【く】

空間の特性インピーダンス　165
屈折の法則　190
クーロンの法則　5
クーロン力　5

【け，こ】

減衰定数　167
コアメモリの原理　132
コイルに蓄えられた磁気的エネルギー　111
硬磁性体　125
抗磁力　121
光　速　161
抗電力　53
交流消磁　126
固有抵抗　71
コンダクタンス　70
コンデンサ　55

【さ】

最大 *BH* 積　129
最大透磁率　121
鎖　交　86
鎖交数　86
残留磁気　121
残留分極　53

【し】

磁　化　101
　――に等価な電流密度　103
磁　荷　108
磁界の強さ *H*　104
　――に関するアンペアの周回積分の法則　104
磁化過程　126
磁化曲線　121
磁気回路　108
磁気記録　125, 132
磁気光学効果　133
磁気双極子　98
磁気抵抗　108
磁　区　126
試験電荷　7
自己インダクタンス　92
磁束密度　84
自発磁化　126
自発分極　53
磁　壁　126
自由電荷　43
自由電子近似　77
自由電流　104
ジュールの法則　73
小円状電流　100
常磁性体　119
初期透磁率　121
初磁化曲線　121
真電荷　43
侵入の深さ　169
振幅変調波　176

【す】

垂直偏波　184
垂直磁化膜　133
水平偏波　184
スカラー磁気ポテンシャル　117
スカラー場　7
スネルの法則　185, 190
スピネル形フェライト　130

【せ】

静電界　4

静電シールド 30
静電誘導係数 59
静電容量 55
　2導体間の―― 55
　単一導体の―― 55
　――と抵抗の関係 75
静電容量係数 59
全鎖交磁束数 92
線積分 10

【そ】

双極子 8, 37
双極子モーメント 37
相互インダクタンス 91
　――に関するノイマンの公式 96
相互交換作用 128
側波帯 176
ソレノイドコイル 93

【た】

帯構造 80
帯電導体表面の力 64
楕円偏波 181
単極磁荷 117
単独磁荷 117

【ち，て】

遅延スカラーポテンシャル 198
遅延ベクトルポテンシャル 198
抵抗率 71
　――の温度特性 75
定在波 183
定常電流 72
電　位 9, 13
　――の傾き 15
電位係数 58
電位勾配 15
電位差 9
電　界 4
　一様な―― 8
　――の強さ 7
　――の強さの大きさ 7
電荷の保存性 72
電荷保存則 157
電気双極子 8, 37
電気抵抗 70
電気的感受率 40
電気二重層 44
電気力線 7
　導体表面での―― 29
　――の総数 23
　――の発散 32
　――の密度 7
電子分極 51
電磁誘導 146
電束電流 158
電束密度 42
　――の力線 43
点電荷 4
天然磁石 130
電　場 4
電離層 173
電流相互間の力 152
電流連続則 157
電　力 73
電力損失 73

【と】

透過率 189
動作点 129
　永久磁石の―― 129
透磁率 105
等電位面 14
導電率 70
導波管 186
ドルーデモデル 76

【な】

内　積 9
内部インダクタンス 94
ナブラ演算子 16
軟磁性体 125
ネオジム鉄ボロン 131

【の，は】

ノイマンの公式 147
　相互インダクタンスに
　　関する―― 96
配向分極 51
波　数 162
発　散 33
　電気力線の―― 32
波動方程式 159
場の作用 6
バルクハウゼンジャンプ 127
反磁性体 119
反射率 189
半導体 79
バンド構造 80

【ひ】

ビオ・サバールの法則 90
光アイソレータ 182
光磁気記録 133
ヒステリシス曲線 53, 121
ヒステリシス損失 125
ヒステリシスループ 125
比抵抗 71
比透磁率 105
比誘電率 43
表皮効果 169
表面自由電流密度 106
表面波 192

【ふ】

ファラデーの法則 146
フェライト 120
フェリ磁性体 120
複素伝搬定数 166
プラズマ角周波数 174
プラズマ周波数 174
ブリュースター角 194
フレミングの左手の法則 152
フレミングの右手の法則 148
分　域 53
分　極 40
分極現象 37
分極電荷 38
分極率 40
分　散 176
分散性媒質 176
分子磁界 127
分子場 127

【へ】

閉曲面 21
平面角 22
平面波 160
ベクトル場 7
　――の回転 19, 83

ベクトルポテンシャル　87
変位電流　158
偏　波　181
偏波面　181

【ほ】

ポアソンの方程式　136
ポインティングベクトル　172
保磁力　121
補足方程式　158
保存的な場　12
ホール定数　155
ホール電圧　155

【ま】

マイナーループ　126
マクスウェルの基礎方程式　158
マクスウェルの電磁方程式　158

【め】

メジャーループ　126
面積ベクトル　10

【ゆ】

誘電体　37
誘電分散　52
誘電率　43
誘導電荷　30

【ら，り，れ，ろ】

ラプラスの方程式　74, 136
立体角　22
リラクタンス　109
履歴曲線　121
臨界角　191
レンツの法則　146
ローレンツ力　83
――の式　83

【数字，欧文】

1 周積分　12
3d 遷移金属　120
4f 遷移金属　120
div $\boldsymbol{E}$　33
E-B 対応　117
E-H 対応　117
grad V　16
KS 鋼　131
MD　182
MK 鋼　131
MO　182
NdFeB　131
OP 磁石　131
rot $\boldsymbol{B}$　84
rot $\boldsymbol{E}$　19
TE 波　186
TE モード　186
TM 波　188
TM モード　188

—— 編著者・著者略歴 ——

伊藤　彰義（いとう　あきよし）
1971年　日本大学大学院理工学研究科博士課程
　　　　単位取得退学（電気工学専攻）
　　　　日本大学助手
1975年　日本大学専任講師
1978年　工学博士（日本大学）
1981年　日本大学助教授
1987年　カーネギーメロン大学客員助教授
1989年　日本大学教授
2013年　日本大学名誉教授

細野　裕行（ほその　ひろゆき）
1987年　東北大学電気工学科卒業
　　　　日本大学副手
1989年　日本大学助手
2002年　博士（工学）（日本大学）
2003年　日本大学専任講師
2008年　日本大学准教授
2014年　日本大学教授
　　　　現在に至る

中川　活二（なかがわ　かつじ）
1982年　日本大学大学院理工学研究科修士課程修了
　　　　（電子工学専攻）
1982年　日本電気株式会社勤務
1989年　日本大学助手
1993年　博士（工学）（日本大学）
1993年　日本大学専任講師
1997年　日本大学助教授
2004年　日本大学教授
　　　　現在に至る

塚本　新（つかもと　あらた）
1999年　日本大学大学院理工学研究科博士課程修了
　　　　（電子工学専攻）
　　　　博士（工学）（日本大学）
　　　　日本大学助手
2002年　ナイメーヘン大学（現ラダバウト大学）
　　　　客員研究員（オランダ）
2005年　日本大学専任講師
2012年　日本大学准教授
2015年　日本大学教授
　　　　現在に至る

図でよくわかる **電磁気学**
Introduction to Electromagnetics

2014年 6月12日　初版第1刷発行　★
2021年 6月15日　初版第3刷発行

検印省略

編著者　伊　藤　彰　義
著　者　中　川　活　二
　　　　細　野　裕　行
　　　　塚　本　　　新
発行者　株式会社　コロナ社
　　　　代表者　牛来真也
印刷所　新日本印刷株式会社
製本所　有限会社　愛千製本所

112-0011　東京都文京区千石4-46-10
発行所　株式会社　**コロナ社**
CORONA PUBLISHING CO., LTD.
Tokyo Japan
振替 00140-8-14844・電話(03)3941-3131(代)
ホームページ https://www.coronasha.co.jp

ISBN 978-4-339-00863-0　C3054　Printed in Japan　（柏原）